Exakte Geheimnisse

Walter R. Fuchs: Knaurs Buch der modernen Mathematik

Mit einem Geleitwort
von Professor Hermann Bondi F.R.S.

200 meist farbige Abbildungen
von Klaus Bürgle

Droemer Knaur

Inhaltsverzeichnis

Die zwingende Genauigkeit, deren das mathematische Denken fähig ist, hat manche zu einem Stil verführt, der den Leser in eine grell erleuchtete Zelle einschließt, wo jede Kleinigkeit mit schwindelnder Helligkeit ohne Relief hervorsticht. Ich liebe die offene Landschaft unter einem heiteren Himmel mit tiefer Perspektive, wo der Reichtum naher, scharfer Details langsam zum Horizonte verschwindet.

Hermann Weyl

Professor Dr. Hermann Bondi F.R.S. (»Fellow of the Royal Society«) wurde 1919 in Wien geboren und studierte Mathematik und Physik am Trinity College in Cambridge (England). 1943 wurde er in den Lehrkörper des Trinity College berufen. Zusammen mit den Astronomen Hoyle und Gold arbeitete er die bedeutsamste kosmologische Theorie der Gegenwart aus, die »Steady-State«-Theorie vom stationären Universum. Seinen wissenschaftlichen Ruf verdankt er zudem seinen Forschungsarbeiten zur allgemeinen Relativitätstheorie und Gravitationstheorie. 1954 wurde Bondi Professor für angewandte Mathematik an der Londoner Universität (King's College), 1956 ernannte ihn die Royal Astronomical Society zu ihrem Sekretär. Im britischen Fernsehen (BBC) hielt er 1963 eine vielbeachtete Vorlesungsreihe über die spezielle Relativitätstheorie. 1964 berief ihn der Verteidigungsminister zum Vorsitzenden des Ausschusses für die britische Weltraumforschung. In der angesehenen Wochenzeitschrift »Illustrated London News« erschien seine allgemeinverständliche Artikelserie »The Universe at large–views of cosmology« (deutsch unter dem Titel »Das Weltall und wir«). Er ist also nicht nur den Fachkollegen bestens bekannt, sondern besitzt vor allem im englischen Sprachraum auch eine große Leserschaft von interessierten Laien.

Geleitwort

Von Professor Hermann Bondi F.R.S.

Kaum ein Beruf gilt nach Art und Betätigung dem Außenstehenden als so außergewöhnlich schwierig wie der des Mathematikers. Auf den ersten Blick scheint es sich um eine geradezu phantastisch schwere Angelegenheit zu handeln, die offenbar eine ganz besondere Geistesverfassung fordert, sonderbarer noch als die in manchen anderen Berufen, etwa in dem des Monteurs, der beim Bau eines Hochhauses hundert Meter über dem Boden auf schmalster Laufplanke mit riesigen Stahlträgern umgeht, oder in dem des Forschers, der sich mit enormer Gelehrsamkeit in der Sprache und Geschichte Alt-Chinas auskennt. Was aber dem Laien oft noch eigenartiger vorkommt als die Fähigkeit des Mathematikers, seine komplizierten Dinge zu tun, ist sein Wunsch, sie zu tun. Was kann und soll denn an dieser nutzlosen Geistesakrobatik schon faszinierend sein? Wer will schon seine kostbare Zeit an das Lösen von Problemen verschwenden, die nicht nur neunundneunzig Prozent aller Menschen unverständlich erscheinen, sondern sogar dem gleichen Prozentsatz des Lehrkörpers einer Universität?

In diesem prächtigen Buch gelingt es dem Verfasser, uns auf bestechend einfache Weise zu überzeugen, daß Mathematiker keinesfalls so seltsame Leute sind, wie das zunächst den Anschein haben mag. Ganz im Gegenteil: Wir alle vermögen den Gedankengängen der Mathematiker zu folgen, wenn wir uns ein wenig Mühe geben. Und wir alle vermögen dabei etwas von der Faszination des mathematischen Arbeitens zu spüren. Dr. Fuchs erweckt allerdings keineswegs den Eindruck, als sei alles Mathematische höchst einfach oder gar langweilig. Was er überzeugend zu zeigen vermag, ist dies: Mathematische Tätigkeit ist nicht grundsätzlich verschieden von anderem menschlichen Tun. Jedermann weiß schließlich, daß es einiger Anstrengung bedarf, eine Fremdsprache, etwa Französisch, zu lernen, aber niemand wird wohl deshalb behaupten wollen, daß nur Menschen mit außergewöhnlichen Verstandesgaben Französisch lernen oder ihr Vergnügen daran haben können, Französisch zu sprechen. Indem dieses Buch mit aller Klarheit zeigt, daß die Mathematik noch nicht ein Zehntel so schwierig ist, als man es gemeinhin darstellt, erwirbt es sich sein wohl größtes Verdienst. Dabei ist das Buch jedoch weit davon entfernt, gröbliche Vereinfachungen zu praktizieren. Seine Aufgabe, die Faszination der mathematischen Landschaft zu schildern, erfüllt es so vortrefflich, daß es mir selbst schwerfiel, es aus der Hand zu legen, wenn ich die Lektüre unterbrechen mußte.

Vielleicht sollte ich in diesem Zusammenhang meine eigene Beziehung zur Mathematik erwähnen. Ich führe zwar den Titel eines Professors der Mathematik, doch ist das lediglich die Folge eines Zufalls, der Tatsache nämlich, daß man an den englischen Universitäten auch die theoretisch arbeitenden Naturforscher, wie ich einer bin, der Mathematik zuordnet. Meine Interessen liegen in der theoretischen Astronomie und in einigen Disziplinen der theoretischen Physik, zum Beispiel der Gravitationstheorie. So bin ich alles andere als ein »reiner« Mathematiker, obwohl ich mich selbstverständlich mathematischer Werkzeuge bei meinen physikalischen und astronomischen Arbeiten bediene. Deshalb konnte ich aber auch mich selbst beim Lesen dieses Buches im wesentlichen als ein »Laie« fühlen. Einige Gefilde der Mathematik, durch die Dr. Fuchs führt, kannte ich natürlich aus meiner mathematischen Praxis, andere dagegen nicht. In allen Fällen jedoch hat mich der Verfasser überzeugt – und so wird er auch jeden anderen Leser überzeugen –, daß die reine Mathematik etwas höchst Fesselndes ist. (Denn es ist doch wohl sicher, daß ihm das bei jedermann gelingen wird, wenn es ihm bei einem Professor der Mathematik gelungen ist!)

Jeder, der heute versucht, irgendeinen Zweig der Mathematik aus irgendeinem der üblichen Lehrbücher zu erlernen, wird auf den ersten Seiten die offenkundigen Tatsachen dieses Gebietes in nachdrücklichen Worten geschildert bekommen. Schon das mag seine Konzentration ein wenig schwächen, und auf den folgenden Seiten ist er dann bereits verloren. Denn dieser plötzliche Übergang vom selbstverständlich Trivialen zum Unverständlichen bereitet meist die größten Schwierigkeiten. Dr. Fuchs vermeidet gerade diese Schwierigkeit sorgfältig, teils indem er geschickt klarzumachen versteht, daß eine ausführliche Erläuterung einfacher Tatsachen durchaus nicht trivial zu sein braucht, teils durch eine kluge Auswahl des behandelten Stoffes. Und da er sich fast ausschließlich mit moderner Mathematik beschäftigt, läßt er solche mathematischen Disziplinen beiseite, die wir bereits in der Schule gelernt haben und die uns deshalb gut bekannt oder aber in schrecklicher Erinnerung sind. Im Bereich der modernen Mathematik durchstreift er mit uns weite Gebiete der Logik und Axiomatik, der Mengenlehre und Gruppentheorie, der Rechenautomaten und nicht-euklidischen Geometrie. Es ist gut, daß er damit beginnt, auf plastische Weise zu schildern, wie ein Mathematiker denkt, wie er beweist, wie er argumentiert – und wo Mathematiker nicht immer einer Meinung sind. Diese Darlegungen machen dem Leser die Lektüre des gesamten Buches leicht und vergnüglich. Und er wird durch manches zunächst ungewöhnlich erscheinende Argument nicht verwirrt. Dieses Buch wird ganz wesentlich dazu beitragen, eine böse Krankheit unserer Zeit zu bekämpfen: die weit verbreitete Neigung, den Wissenschaftler, und ganz besonders den Mathematiker, als den Hohenpriester einer dunkel mysteriösen, aber höchst mächtigen Form von Zauberkult anzusehen. Es gilt, der in dieser unserer Welt ständig wachsenden Bedeutung der Mathematik entsprechend, die Vorurteile gegen sie und die Angst vor ihren angeblichen Schrecken abzubauen. Gelingt dies nicht, so können unserer Gesellschaft erhebliche Gefahren erwachsen. »Knaurs Buch der modernen Mathematik« zeigt, daß jeder Bürger von normaler, wacher Intelligenz Zugang zur Mathematik haben kann, ja, daß er sie sogar zu meistern vermag, wenn er ihr nur genügend Zeit widmet. Mathematik ist eine sinnvolle menschliche Aktivität. Weil dieses Buch uns das plastisch vor Augen führt, bereitet es nicht nur seinem Leser Vergnügen, sondern es leistet unserer Gesellschaft zudem einen großen Dienst.

Hermann Bondi

»...daß alles mathematisch zugehe in der ganzen weiten Welt«

Eine Einführung

»Als Leser dieses Buches hatte ich einen weiteren Kreis als den der gelehrten Spezialisten im Sinn. Es meidet die Mathematik nicht. Damit würde es seinen Zweck verfehlen. Die vollständige mathematische Behandlung der betrachteten Probleme liegt allerdings außerhalb seines Zielbereichs.« Diese Sätze können wir im Vorwort eines Werkes finden, das von einem bedeutenden Mathematiker verfaßt wurde. Hermann Weyl, der von 1885 bis 1955 lebte und in Deutschland, den USA und der Schweiz wirkte, hat also nicht nur für seine Fachkollegen geschrieben. Aber braucht sich denn ein Nichtmathematiker überhaupt für diese angeblich so hochgestochene Wissenschaft zu interessieren?

»Ob es uns nun gefällt oder nicht, wir befinden uns alle in einer Zeit, in der wir an jeder Straßenecke auf die Ergebnisse der exakten Wissenschaften treffen: ob wir sie verachten, vor ihnen zittern oder ob wir sie schätzen, wenn sie unsere Schmerzen lindern oder einen uns lieben Menschen vor dem Tode schützen. Das einzige, was wir tun könnten, wäre, sie zu verbannen. So wird jeder Bürger unserer zweiten Jahrhunderthälfte gut beraten sein, wenn er, so gut er kann, sowohl die exakten Wissenschaften als auch die Wissenschaftler verstehen lernt.« Ratschläge wie dieser – der amerikanische Physiker James B. Conant hat ihn erteilt – werben seit Jahren für ein besseres Verhältnis zwischen moderner Wissenschaft und Öffentlichkeit. An der Spitze der exakten Wissenschaften aber steht als »reinste« Vertreterin die Mathematik.

Jeder interessierte Mitbürger hat das Recht auf Information aus der exakten Forschung – so heißt es meistens in Resolutionen zu diesem Problem. Mit anderen Worten: Es muß auch dem Prokuristen Henselmann verständlich gemacht werden, was eine »atomare Kettenreaktion« in der Kernphysik, was ein »Transuran« in der Chemie ist. Der Autoelektriker Müller darf Informationen über die »Desoxyribonukleïnsäure« (DNS) der Molekularbiologie verlangen. Er liest ja in der Zeitung davon. Also wird er auch wissen wollen, was sich in dieser neuesten Forschungsrichtung der exakten Naturwissenschaften abspielt. Aber auch der Apothekenhelferin Kleinschroth und dem Bibliothekar Maierhofer muß geholfen werden, wenn sie sich dafür interessieren, wer »Bourbaki« ist, was mit dem Wort »mathematische Logik« gemeint ist.

Fachbücher, Lexika, Zeitschriften- und Zeitungsaufsätze helfen da meist wenig. Und amüsante Anekdoten aus dem Leben des Physikers Albert Einstein oder des Mathematikers Bertrand Russell, oberflächliche Plaudereien über ihre Arbeiten führen wohl auch nicht so recht zum Ziel. Vor allem populärwissenschaftliche Schriften über Mathematik können zudem oft beim Leser die irrige Annahme wecken, die mathematische Landschaft sei einer großen Spielwiese vergleichbar. Allerlei Beispiele aus der »Unterhaltungsmathematik« – sie mögen noch so anregend oder amüsant sein – sagen jedoch über die eigentlichen Fragen und Probleme der modernen *Wissenschaft Mathematik* fast nichts aus. Sie sind eben vor allem ergötzlicher »Denksport«. Doch die Frage nach der Mathematik selbst bleibt unbeantwortet.

Genau hier will aber unser Buch helfend eingreifen: »An jeder Straßenecke«, um mit dem Physiker Conant zu sprechen, stoßen wir nämlich auf diese Mathematik, auf »Mathematisches« im weitesten Wortsinn natürlich. Wir begegnen dieser Mathematik beim Kaufmann, wenn die Registrierkasse klingelt, zu Hause, wenn wir den Lottoschein ausfüllen, selbst dann, wenn wir auf die Armbanduhr blicken. Sie ist bei uns, wenn wir einen Brief schreiben – natürlich auf Papier im »mathematisch« genormten DIN-Format –, wenn wir die Tageszeitung aufschlagen, um den »dreispaltigen Aufmacher« aus der Weltpolitik, um eine »zehnzeilige Nachricht« im Wirtschaftsteil zu lesen. Ob wir nun gegen die Barometerscheibe klopfen oder zum Fernsprecher mit seiner Loch- und Ziffernscheibe greifen: Um uns ist Mathematik.

Es scheint zu stimmen, was der große Philosoph und Mathematiker Gottfried Wilhelm Leibniz schon vor mehr als einem Vierteljahrtausend behauptete, nämlich *»daß alles mathematisch zugehe in der ganzen weiten Welt«*. Halten wir also vorläufig fest: Unsere gesamte Umwelt ist »mathematisch« im weitesten Sinn. Sobald sich der Mensch in seiner Außenwelt bewegt, sie mit dem Gesichts- und Tastsinn wahrnimmt, begegnet ihm auch die Mathematik. Sein räumliches und zeitliches Erleben führt ihn zu ihr hin. Seine Fähigkeit, die Dinge dieser Außenwelt verschiedenartig zu erfassen und zu ordnen, macht ihn zum Mathematiker. Schon in jungen Jahren begreift er die natürliche räumliche Ordnung der Umwelt, erkennt er allmählich die Perspektive.

Unsere Außenwelt setzt sich nun aber aus einer *natürlichen* und einer *technischen Umwelt* zusammen, wobei sich die Technisierung immer stärker auswirkt. Das können wir bedauern oder nicht: Fest steht in jedem Fall, daß in unserer Zeit die Umwelt auch des »einfachen« Menschen nicht mehr die »natürliche« Umwelt des einstigen Hirtenknaben ist. Auch das Weltbild des Industriearbeiters unterscheidet sich deshalb wesentlich von dem des ehemaligen Tagelöhners. Die munteren Lesebuchgestalten des flötespielenden Ziegenhirten, des brotsuppeschlürfenden Kräuterweibleins und des brav dienenden Holzknechts gehören längst ins Fabelreich. Heute fachsimpelt der Kaufmannslehrling mehr oder weniger präzis mit seinem Friseur über den Hubraum von Automotoren. Der Elektromechaniker errechnet sich den jährlichen Prämiengewinn seines Bausparvertrages. Der Maurerpolier ärgert sich über seine Lohnsteuerabzüge. Die Hausangestellte staunt über Nahaufnahmen von der Mondoberfläche. Ohne Zweifel reizt diese neue, vielgestaltige Umwelt auch die Aktivität unserer Gehirnzellen, regt zum Nachdenken an. Mehr oder weniger bewußt müssen die neuen Tatsachen immer gedanklich verarbeitet werden. Alle sind sie mehr oder weniger »mathematisch«. Das bloße Staunen genügt hier nicht mehr. Jede Trägheit der Gedanken kann Gefahren in sich bergen, vordergründige und langsam zehrende. Gewiß, das Schlagwort mit der vereinfachenden Formel »Wissen gleich Macht« liegt in unserer Zeit bereits tief in der Mottenkiste. An ihre Stelle ist die nicht weniger schematische »Hast du was, bist du was« getreten. Aber die Unwissenheit, die nicht vor der Strafe schützt, kann eines Tages plötzlich wieder erschreckend aktuell werden...

Warum wissen aber dann die meisten Menschen so wenig von der Mathematik, wo sie doch ständig um uns ist? Viele Leute haben doch wenigstens einen Hauch von Kenntnis, wenn von Scheibenbremsen, vom Sputnik, von Atomkernen oder vom Polio-Virus die Rede ist. Mit Ausdrücken wie »Analysis« oder »Mengenlehre« stößt man dagegen meist auf völliges Unverständnis. Sogar die

Namen von berühmten Physikern mögen noch bekannt sein: Wilhelm Conrad Röntgen, Albert Einstein, Werner Heisenberg. Aber wer kennt Georg Cantor, David Hilbert, Luitzen Brouwer, Henri Poincaré, John von Neumann?
Tatsächlich ist es heute noch so, daß junge Menschen, wenn sie ihre Hochschulreife erlangen, ungefähr das *mathematische Weltbild des ausklingenden 18. Jahrhunderts* besitzen. Ihr mathematisches Tatsachenwissen entspricht damit etwa dem Forschungsstand zur Zeit von Leonhard Euler, der, ein Schweizer, von 1707 bis 1783 lebte und in St. Petersburg und Berlin Mathematik lehrte. Abiturienten in der zweiten Hälfte des 20. Jahrhunderts können, um nur einige Beispiele zu nennen, lineare und quadratische Gleichungen lösen, sie kennen die reellen und komplexen Zahlen, sie sind mit dem Abc des Differenzierens und Integrierens vertraut. Von der »Russellschen Antinomie« jedoch, vom »Digital-Computer« oder von der »Gruppentheorie« in der modernen Mathematik dürften dagegen die wenigsten etwas gehört haben. Übertragen wir diese äußerst eigenartige Situation auf die beiden Naturwissenschaften Physik und Chemie, so dürften die zum Hochschulstudium Berechtigten kaum etwas von der Elektrizitätslehre erfahren haben und gerade noch über den chemischen Mechanismus der Verbrennung Bescheid wissen. Diese Situation, die allerdings sehr typisch ist, sei nur am Rande erwähnt.
Das Dilemma der Mathematik in ihrem Verhältnis zu einer breiteren Öffentlichkeit, zu den »interessierten Laien«, liegt wohl vor allem in ihrer ausgeprägten Kontaktarmut: Deshalb wird sie von vielen entweder als banales »Zahlenrechnen« abgestempelt oder aber mit dem Glorienschein einer hochgeistigen Betätigung für wenige Auserwählte umwoben. Beides schadet zweifellos dieser lebendigen Wissenschaft. Ganz gewiß ist Mathematik weit mehr als nur ein wirtschaftlicher Verhaltensmodus für häusliche Besorgungen. Aber Mathematik ist auch nicht immer und ausschließlich »Sphärenharmonie«, die sich in den Himmelsgefilden der Philosophen Pythagoras und Platon abspielt. Beim mathematisch Interessierten lediglich auf ein zweifelhaftes Erahnen von »inneren Schönheiten« zu spekulieren, müßte eigentlich außerhalb des redlichen Bemühens eines jeden Wissenschaftlers liegen: Auf einen »göttlichen Funken« zu warten, mit dem sich beim verstandenen mathematischen Beweis ein ähnliches Hochgefühl einstellt wie beim Lauschen einer Sonate, das dürfte hier in den allermeisten Fällen ein müßiges Unterfangen sein. Bevor sich ein solches Gefühl nämlich einstellen kann, muß meistens harte gedankliche Vorarbeit geleistet werden. Es gibt eben weit mehr »musikalische« Menschen als vergleichbare »mathematikalische«. Unser Buch jedenfalls will sich weder dem Erahnen mathematischer Schönheiten noch der Pflege mathematischer »Bildung« widmen. Es will lediglich auf möglichst unterhaltsame, vor allem aber auf verständliche Weise über die Probleme der modernen Mathematik informieren. Dazu bedienen wir uns fast ausschließlich der Sprache des Alltags. Was an einfachen Formeln im Text erscheint, wird anschaulich entwickelt.
Die vielzitierte Äußerung des Nikolaus Kopernikus: »Über Mathematik schreibt man nur für Mathematiker«, eignet sich also gewiß nicht als Leitmotiv für unser Buch. Der große Astronom lebte Anfang des 16. Jahrhunderts und schrieb natürlich nur in lateinischer Sprache. Damals konnte sich die Wissenschaft noch eine solch stolze Haltung leisten. Schon seit den Tagen Galileis aber,

des ersten Vertreters der modernen exakten Wissenschaft, ist das anders geworden: Der italienische Forscher, der von 1564 bis 1642 lebte, bediente sich bereits bei zahlreichen Veröffentlichungen seiner Muttersprache. Nicht vergessen sei in diesem Zusammenhang der Naturforscher und Arzt Theophrastus Paracelsus, der den Weg von der Alchimie zur Chemie wies: Er schrieb schon in der ersten Hälfte des 16. Jahrhunderts in deutscher Sprache. Sowohl Paracelsus als auch Galilei wollten eben nicht nur von ihren Fachkollegen verstanden werden. Genauso ging es dann im 19. Jahrhundert dem Physiker Michael Faraday, dem Chemiker Justus von Liebig, dem Arzt und Physiker Hermann von Helmholtz. In unserem Jahrhundert sind hier vor allem die Physiker Max Planck, Albert Einstein, Arthur Eddington, Werner Heisenberg und George Gamow zu nennen, von den Mathematikern Bertrand Russell, Alfred N. Whitehead, Lancelot Hogben und Hermann Weyl. Diesem 1955 in Zürich verstorbenen Wissenschaftler verdanken wir das klare Motto unseres Buches: *»Die zwingende Genauigkeit, deren das mathematische Denken fähig ist, hat manche zu einem Stil verführt, der den Leser in eine grell erleuchtete Zelle einschließt, wo jede Kleinigkeit mit schwindelnder Helligkeit ohne Relief hervorsticht. Ich liebe die offene Landschaft unter einem heiteren Himmel mit tiefer Perspektive, wo der Reichtum naher, scharfer Details langsam zum Horizonte verschwindet.«* Genau auf diese Weise – unter einem heiteren Himmel mit tiefer Perspektive – wollen wir versuchen, die reiche Landschaft der modernen Mathematik zu sehen. Aber was heißt denn eigentlich »moderne Mathematik«? Drückt diese Bezeichnung nicht ungewollt einen Stempel des Modisch-Vergänglichen auf? Schließlich spricht man gewöhnlich von vielen Jahrtausenden, wenn von dieser Wissenschaft die Rede ist. Man beginnt mit den Zahlzeichen der Sumerer und Babylonier, der Inder und Römer, der Chinesen und Maya. Das alles wird uns hier nur am Rande beschäftigen. Unsere Aufmerksamkeit soll nämlich vor allem den Problemen gelten, die sich den Mathematikern im 19. und 20. Jahrhundert gestellt haben. Natürlich werden wir auch manchmal zurück in die Geschichte der mathematischen Forschung blicken. Vorwiegend gilt es jedoch für uns, die Probleme der exakten Wissenschaft par excellence aus der heutigen Sicht zu sehen und zu diskutieren. Und dafür eignet sich weder recht der Blickwinkel des altägyptischen Landvermessers noch der des Nikolaus Kopernikus.

Unser Ansatzpunkt in der Mathematikgeschichte sind die zwanziger und dreißiger Jahre des vorigen Jahrhunderts, als der Russe Lobatschewsky, der Ungar Bolyai und der Deutsche Gauß die *»nichteuklidische« Geometrie* schufen. Dabei werden wir die mathematische Disziplin der Geometrie als Modelfall eines *»reinen Formalismus«* kennenlernen. Es wird sich dabei deutlich herausstellen, daß die weitverbreitete Furcht vor der mathematischen Formel eigentlich unbegründet ist. Gerade der mathematische Formalismus ist nämlich in seinem Ursprung »anschaulich« und kann verständlich gemacht werden. Auch die moderne Mathematik kann in großen Bereichen als eine *Bilderwelt der Zahlen und Formen* gesehen werden. Eine seit 1935 unter dem Decknamen »Nicolas Bourbaki« publizierende Mathematikergruppe aus Frankreich macht in diesem Zusammenhang die Feststellung:

»Die Anschauung des Mathematikers ist nicht notwendig räumlicher oder auch nur sinnlicher Natur, wie das bisweilen angenommen wird. Sie

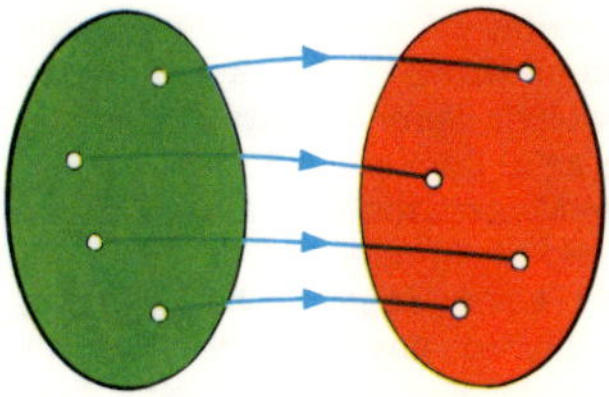

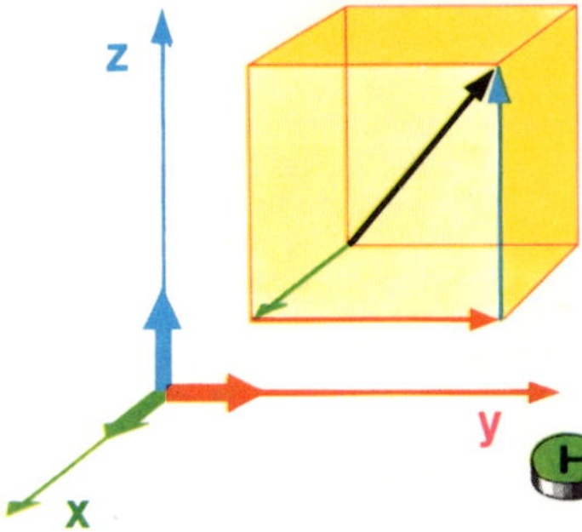

Die Anschauung des Mathematikers »kann durch Bilder unterschiedlichster Art unterstützt werden, vor allem aber durch die ständige Beschäftigung mit ihnen«, schreibt Nicolas Bourbaki. Diese mathematische Bilderwelt soll in unserem Buch »erwandert« werden.

stellt vielmehr eine gewisse Kenntnis des Verhaltens von mathematischen Gegenständen dar. Sie kann durch *Bilder unterschiedlichster Art* unterstützt werden, vor allem aber durch die ständige Beschäftigung mit ihnen.« Der Umgang mit den künstlichen Gebilden der modernen Mathematik bildet also einen neuen Begriff der »Anschaulichkeit«, der keineswegs abstrakt zu sein braucht, sondern ein deutlich bildhaftes Fundament besitzt.

Mit solchen »Bildern unterschiedlichster Art« wollen wir versuchen, gegen verstaubte Vorwürfe anzukämpfen: die Mathematik sei trocken, dürr und langweilig. Sonst so beliebte Anekdötchen und Kabinettstückchen der Unterhaltungsmathematik bleiben dabei allerdings bewußt in der Rüstkammer. Daß auch Wissenschaftler, »sogar« Mathematiker, »Menschen wie du und ich« sind, ist in zahlreichen Bänden bereits hinreichend bestätigt worden: daß Albert Einstein recht und schlecht Violine gespielt hat, daß David Hilbert galant zu Frauen war, daß Bertrand Russell eigenwillige politische Ansichten auf ungewöhnliche Weise vertritt, sagt bestimmt weder über die Relativitätstheorie noch über die »Metamathematik« oder die »Principia Mathematica« Wesentliches aus. Es ist unsere Überzeugung, daß ein Verständnis für die Fragen der modernen Mathematik nicht mit den Mitteln des ergötzlichen Plauderers gewonnen wird. Die mathematische Landschaft ist nämlich farbig und formenreich genug, um selbst interessant und unterhaltend zu wirken.

Tatsächlich zählt die Mathematik unseres Jahrhunderts zu den umfassendsten Wissensgebieten, die sich der menschliche Geist jemals geschaffen hat. Es gibt heute wohl keinen Mathematiker, der die weite Landschaft, die den Namen »Mathematik« trägt, vollständig überblicken kann. Die moderne Mathematik ist

– wie alle Disziplinen der exakten Forschung – zur »explodierenden Wissenschaft« geworden. Der Vorwurf des Philosophen Schopenhauer, die Mathematik zähle zu den niedersten Geistestätigkeiten, war ganz gewiß schon im vorigen Jahrhundert ein für diesen großen Denker peinliches Fehlurteil. Diese Attacke auch in unserer Zeit noch ernst zu nehmen, wäre jedoch absurd. Das gleiche gilt übrigens für gewisse Kommentare aus dem 19. Jahrhundert zum Thema »Logik«. Ein Beispiel Hegels möge hier genügen: »Alle Menschen sind sterblich. Cajus ist ein Mensch. Also ist Cajus sterblich. Ich wenigstens habe nie so plattes Zeug gedacht.« Solche »Beweisführungen« bestechen natürlich auf den ersten Blick. Aber auf diese »platte« Weise läßt sich gegen *jede* Wissenschaft ins Feld ziehen. Hier trifft ein Satz der Dichterin Ingeborg Bachmann genau ins Schwarze: »Für eine Pointe wird eine Wahrheit geopfert, und gut gesagt ist halb gelogen.« Mathematik läßt sich nicht einfach mit »Rechenkram«, Logik mit »banaler Denkweise« gleichsetzen. Schon Gauß spottete gegen diese Absicht: »Der Mangel an mathematischer Bildung gibt sich durch nichts so auffallend zu erkennen wie durch maßlose Schärfe im Zahlenrechnen.« Genausowenig wie wir heute mit Schopenhauer und Hegel der Situation in der modernen Mathematik gerecht werden, können wir ihr jedoch mit den schwärmerischen Lobgesängen aus dem ausklingenden 18. Jahrhundert gerecht werden. Friedrich von Hardenberg, der sich Novalis nannte, durfte da noch unwidersprochen verkünden: »Die Mathematiker sind die einzig Glücklichen. Wer ein mathematisches Buch nicht mit Andacht ergreift und es wie Gottes Wort liest, der versteht es nicht.« Ob den Dichter der Blauen Blume deutscher Romantik die gleichen weihevollen Gefühle erfaßt hätten, wenn er in den mathematischen Fachzeitschriften unserer Zeit hätte blättern können, muß ernsthaft angezweifelt werden. Auch das mathematische Denken und das Denken *über* Mathematik ist nämlich einem ständigen Wandel unterzogen. Es kennt keine dogmatische Starrheit. Wir können uns heute nur schwer vorstellen, daß ein exponierter Forscher der exakten Wissenschaft noch wie Novalis bekennt: »Reine Mathematik ist Religion.«

Wo aber bleibt dann die exakte Definition dieser exakten Wissenschaft Mathematik? Kurz gefragt: Was *ist* Mathematik? Leider muß jeder Versuch, nun anzusetzen: »Mathematik ist . . .«, von vornherein scheitern. So viele Sätze dann auch folgen mögen: Selbst die längste und scheinbar umfassende Definition mit diesem Anlauf könnte niemals vollständig sein. Immer müßten starke Lücken in dieser Wesensbestimmung verbleiben. Zu verschieden sind nämlich die Vorstellungen der Mathematiker von ihrer Wissenschaft. Das entspricht ganz dem Formenreichtum der mathematischen Landschaft. Hans Hermes hat einmal versucht, der Frage nach seiner Wissenschaft mit einem vorsichtigen Bild nahezukommen: »Es mag erlaubt sein, die mathematische Forschung mit der Erschließung eines Gebirges zu vergleichen. Es wird immer Menschen geben, die in erster Linie daran interessiert sind, an schwierigen Felsklettereien ihre Kräfte zu erproben und schwer zugängliche Gipfel zu ersteigen. Andere hingegen sehen ihre Aufgabe darin, das Gebirge als Ganzes zu erschließen durch die Anlage bequemer Straßen in den Tälern und über die Pässe. Auch sie dringen gelegentlich zu Gipfeln vor, aber vor allem der schönen Aussicht wegen, und nach Möglichkeit mit einer Seilbahn.«

Natürlich werden wir im folgenden, soweit möglich, diese »Seilbahn« benützen, um uns an den Ausblicken auf die vielgestaltige Landschaft der

Mathematik zu erfreuen. Gipfelstürmerei soll uns dabei fremd bleiben. Die »Direttissima« wird uns nicht locken. Trotzdem werden wir es vermeiden, die ausgetretenen »Trampelpfade« tief unten zu benützen. Es gibt zwar noch immer keinen »Königsweg« zur Mathematik, der völlig mühelos die Schönheiten dieser Landschaft vor Augen legt. Die von uns ausgewählte Route ist aber für jeden begehbar, der die moderne Mathematik vorurteilsfrei kennenlernen möchte.

Einen bequemen »Königsweg« in die Mathematik für solche, die jede Anstrengung scheuen, ein »Hintertreppchen« für Privilegierte, die das Nachdenken zu mühsam finden, hat es natürlich niemals gegeben: Bereits vor mehr als zwei Jahrtausenden mußte der damals exponierteste Vertreter seiner Zunft, der Mathematiker Euklid, diesen völlig mühelosen Zugang zur Geometrie einem gekrönten Haupte ausreden, das offensichtlich nicht viel vom Denken hielt. So sagt es uns eine Anekdote, die, falls sie historisch nicht stimmen sollte, doch gut erfunden ist: Die Mathematik ist eine großartige, weite Landschaft, *die allen Menschen offen steht, denen das Denken Freude bereitet.*

Wären wir romantisch veranlagt, könnten wir sogar vom »Abenteuer des präzisen Denkens« sprechen. Es ist aber auch nicht Sinn dieses Buches, aus David Hilbert und Paul Lorenzen, aus Bertrand Russell und John von Neumann Figuren eines mäßigen Abenteuerromans zu konstruieren. Gewiß, oft denken die Mathematiker ganz ähnlich wie scharfsinnige Detektive, vor allem, wenn diese sich wie Hercule Poirot verhalten: »Man kann der Lösung eines Problems näherkommen, wenn man sich in einen Lehnstuhl mit geschlossenen Augen zurücklehnt; denn dann sieht man mit den *Augen des Geistes.*« Dieser Monsieur Poirot ist eine quicklebendige Romanfigur der englischen Kriminalschriftstellerin Agatha Christie: »Methode, Ordnung und die kleinen grauen Gehirnzellen« sind Poirots Waffen. Wenn wir sie auch zu den unseren machen, kann die unbekannte mathematische Landschaft manch reizvolles Gefilde für uns bereit haben. Benötigt wird ausschließlich die wache, kritische Intelligenz, die im englischen Sprachgebiet »common sense« genannt wird, und – ein bißchen Phantasie. Jedermann, der Vertrauen zu seinen »kleinen grauen Gehirnzellen« besitzt, hat auch diesen common sense, der ein klein wenig mehr umfaßt als unser oft mißbrauchter »gesunder Menschenverstand« . . .

»Schau, was der Beweis beweist«

Kurzer »Fahrplan« des vorliegenden Buches

Wie sehen nun aber die einzelnen Stationen unserer mathematischen Wanderung aus? Zunächst müssen wir uns mit dem Begriff der *mathematischen Theorie* ein wenig vertraut machen. Als erstes Beispiel dazu nehmen wir uns die *»Euklidische Geometrie«* unter die Lupe, eine für die Geschichte der Mathematik höchst bedeutsame Theorie, die bereits im dritten vorchristlichen Jahrhundert entwickelt wurde. Dabei begegnen wir bereits dem äußerst wichtigen Begriff des *Beweises,* der uns ständig begleiten wird (s. Seite 26).
Die Buntheit und Vielfalt der mathematischen Landschaft ist vor allem auf die formende Kraft der verschiedenartigsten Beweise zurückzuführen, die der Mathematiker gebraucht. Die Beweise bilden nämlich die Fäden des fast unüberschaubaren Netzes, das die Sätze einer mathematischen Theorie verknüpft. Dem Philosophen Ludwig Wittgenstein, der zu den markantesten Denkern unseres Jahrhunderts zählt, verdanken wir den trefflichen Ratschlag:
»Wenn du wissen willst, was ein mathematischer Satz sagt, schau, was sein Beweis beweist.«
Diesen Ausspruch Wittgensteins werden wir stets beherzigen. Einen wesentlichen Gedanken für jeden Beweis hat Galileo Galilei im 17. Jahrhundert formuliert:
»Wir gehen mittels *schrittweiser Erörterung* weiter von Schluß zu Schluß.«
Von den »Beweisfäden«, die das Netz der Sätze in der mathematischen Theorie verknüpfen, war bereits die Rede: Eine Theorie, die von gewissen Sätzen, den »Grundsätzen« oder »Axiomen«, ausgeht und mit Hilfe der Beweise zu anderen Sätzen übergeht, wird *»axiomatisch«* genannt. Das Netzwerk bilden hier die (logischen) Schlüsse, von denen Galilei gesprochen hat. Damit stellt sich natürlich die nächste Frage: Wie sehen solche *logischen Schlüsse* aus?
In der klassischen *»mathematischen Logik«* wurde diesem Problem systematisch nachgegangen. Der Engländer Boole, der Italiener Peano und der Deutsche Frege waren die Pioniere dieser Wissenschaft (s. Seite 35).
Wieder kann uns Wittgenstein weiterhelfen: »Die Sätze der Logik sind ›Denkgesetze‹, ›weil sie das Wesen des menschlichen Denkens zum Ausdruck bringen‹ – richtiger aber: weil sie das Wesen, die *Technik des Denkens* zum Ausdruck bringen, und auch Arten des Denkens.« Das ist bereits eine Präzisierung eines Gedankens von Immanuel Kant, der im 18. Jahrhundert definierte, daß die Logik jene Wissenschaft sei, die »nichts als die *formalen Regeln alles Denkens* ausführlich darlegt und strenge beweiset«. Kant gibt uns damit das Stichwort *»formal«*. Ein Schluß ist nämlich genau dann ein formal-logischer, wenn seine Gültigkeit ausschließlich von der *Form,* nicht jedoch vom Inhalt der Sätze abhängt, die in diesem Schluß vorkommen (s. Seite 49).
So ist etwa die Feststellung »Weil Otto durstig ist, geht er ins Wirtshaus« kein formal-logischer Schluß. Erst wenn wir von den beiden Sätzen »*Wenn* Otto durstig ist, *dann* geht er ins Wirtshaus« und »Otto ist durstig« auf den Satz schließen: »Otto geht ins Wirtshaus«, dann liegt ein formal-logischer Schluß vor: Wir können jetzt nämlich den Satz »Otto ist durstig« durch die *»Variable«* A ersetzen, den Satz »Otto geht ins Wirtshaus« durch die Variable B. Solche Variablen dienen in Logik und Mathematik als bedeutungsleere

Zeichen (s. Seite 36). Dadurch erhalten wir folgendes »Satzschema«:
Es gilt: »Wenn A, dann B«.
Außerdem gilt: »A«.
Also gilt: »B«.
Nun können die Variablen A und B auch durch beliebige andere Sätze ersetzt werden. A und B deuten im Schema ja nur Leerstellen an, die mit Sätzen »ausgefüllt« werden können. Nehmen wir einmal an, daß ein gewisses Fräulein Emma immer dann Kriminalromane liest, wenn es regnet. Dann können wir A durch den Satz »Es regnet« ersetzen und B durch den Satz »Emma liest Kriminalromane«. Der formal-logische Schluß sieht dann so aus:
Es gilt: »Wenn es regnet, dann liest Emma Kriminalromane.«
Außerdem gilt: »Es regnet.«
Also gilt auch: »Emma liest Kriminalromane.«
Wie leicht zu erkennen ist, können bestimmte Ausdrücke dieses einfachen »Beweisschemas« *nicht* durch Variablen ersetzt werden. Dazu gehören vor allem Wörter wie »und«, »oder«, »wenn ..., dann ...« und »nicht«. Diesen Ausdrücken gilt die Untersuchung der klassischen mathematischen Logik (s. Seite 37). Mit ihnen können beliebige Sätze oder Aussagen verknüpft werden. Man spricht deshalb auch von einer »Aussagenlogik«.
Die klassische Aussagenlogik betrachtet nur Aussagen, von denen eindeutig festgestellt werden kann, daß sie entweder *wahr* oder *falsch* sind. Die Aussage »Es regnet« ist etwa wahr, wenn es regnet. Dagegen ist sie falsch, wenn es nicht regnet. Allgemein läßt sich sagen: Die Aussage »A« ist genau dann wahr, wenn A (s. Seite 31). Diese Schreibweise mit und ohne Anführungszeichen ist sehr wichtig und nicht so überflüssig, wie sie auf den ersten Blick scheint: So sollten wir etwa scharf zwischen dem *Begriff* Großvater und dem *Wort* »Großvater« unterscheiden. Die beiden Aussagen »Großvater ist ein freundlicher alter Herr« und »›*Großvater*‹ besteht aus neun Buchstaben« sind nämlich wahr, die Aussagen »›*Großvater*‹ ist ein freundlicher alter Herr« und »Großvater besteht aus neun Buchstaben« dagegen sind falsch.
Wahre und falsche Aussagen, die durch Wörter wie »oder« und »wenn ..., dann« verknüpft werden, ergeben zusammengesetzte Aussagen, die auch wieder einmal wahr, einmal falsch sind. Es entstehen aber auch solche, die *stets wahr* sind, ganz gleich, ob nun die Teilsätze wahr oder falsch sind (s. Seite 42). So ist etwa die Aussage »Es regnet *oder* es regnet *nicht*« immer wahr, ganz gleich, ob nun die Aussage »Es regnet« wahr oder falsch ist. Wenn nämlich »Es regnet« wahr ist, dann ist »Es regnet nicht« falsch, und umgekehrt.
Auch Aussagen wie »Es ist falsch, daß es regnet und nicht regnet«, »Wenn es falsch ist, daß es nicht regnet, dann regnet es« besitzen diese Eigenschaft: Für ihre Wahrheit ist es ohne Belang, ob es nun gerade regnet oder nicht. Sie machen nämlich keinerlei Aussagen über die Wirklichkeit. Weitere Beispiele solcher stets wahren (logisch-wahren) Aussagen: »Wenn es regnet und schneit, dann regnet es«, »Wenn es regnet und schneit, dann schneit es« usw.
Solche Sätze sind oft auf den ersten Blick scheinbar banal: Wer hier jedoch *Einsichtigkeit* mit *Trivialität* verwechselt, verfällt einem zwar naheliegenden, aber sehr folgenschweren Irrtum: Jede Wissenschaft, auch die exakteste, also auch Logik und Mathematik, müssen mit *möglichst einfachen Grundtatsachen* oder auch Grundsätzen beginnen. Diese sollten so einfach und klar sein, daß man sich nicht über sie zu streiten braucht.
Es wäre doch niemand so töricht,

einen Baumeister, der ein prächtiges Bauwerk geschaffen hat, deshalb zu belächeln oder sein Tun als banal zu erklären, nur weil sich sein Gebäude vorwiegend aus einfach geformten Ziegelsteinen zusammensetzt. Ganz ähnlich verhält es sich aber in Mathematik und Logik: Aller Anfang sollte hier nicht schwer, sondern möglichst einfach sein. Dabei lohnt es sich gerade, über das Einfache, über das nur scheinbar Nebensächliche und Selbstverständliche nachzudenken. Völlig zu Recht beteuert nämlich der Schweizer Mathematiker Andreas Speiser:

»Unsere Aufgabe ist ja nicht die, möglichst komplizierte Begriffsgebäude aufzustellen, sondern vielmehr, *einfache, aber kräftige Anschauungen* zu entdecken.«

Und plötzlich wird dann das Selbstverständliche ungewöhnlich, nachdenkenswert, faszinierend: Natürlich gilt stets die Aussage »Es regnet oder es regnet nicht«. Ihr allgemeines Schema lautet »A oder nicht-A«. Erst zu Beginn unseres Jahrhunderts erkannte jedoch der niederländische Mathematiker Brouwer, daß dieses Schema für bestimmte mathematische Konstruktionen nicht immer gilt (s. Seite 66). Die klassische mathematische Logik hat Brouwer daher »unzuverlässig« genannt. Erst seine »intuitionistische« Logik schaltete diese Unzulänglichkeit aus. Die von uns dargestellte *»effektive Logik«* von Paul Lorenzen ist der Brouwerschen Logik äquivalent, gleichwertig (s. Seite 74).

Rein mathematisches Terrain betreten wir dann mit den Betrachtungen der *natürlichen Zahlen* 1, 2, 3, usw., die nach Ansicht vieler Mathematiker der »liebe Gott gemacht« haben könnte. Tatsächlich »stellt sich hier das Problem der Erkenntnis in seiner schlichtesten Form«, wie es Hermann Weyl ausgedrückt hat. Wieder müssen wir also warnen: Einfaches braucht nicht trivial zu sein. »Der Streit ist alt: Schon Leibniz sucht zu *beweisen,* daß 2 und 2 gleich 4 ist.« Diese Feststellung des französischen Mathematikers Henri Poincaré klingt höchst ungewöhnlich für jeden Nichtmathematiker. Daß 2 und 2 gleich 4 ist, das ist doch eine Tatsache, die sich jedes Kind an seinen Fingern abzählen kann, ist man geneigt, hier zu kommentieren. Tatsächlich lassen sich auf solche und ähnliche Weisen verschiedenartige Rechnungen mit natürlichen Zahlen durchführen. Sie können weit komplizierter sein als Poincarés elementares Beispiel. Aber »ein Schachspieler erschafft keine Wissenschaft, indem er eine Schachpartie gewinnt. Eine Wissenschaft kann sich nur auf *allgemeine Wahrheiten* beziehen.« Auch unser wohlvertrautes »kleines Einmaleins« muß also erst einmal allgemein bewiesen werden. Mit der *»elementaren Arithmetik«* (»arithmos«, griechisch »Zahl«) lernen wir dabei den Urtyp einer *konstruktiven* mathematischen Theorie kennen (s. Seite 83).

Der Gedanke des »Konstruktiven« wird uns bei allen Fragen beschäftigen, die sich um die Grundlegung der Mathematik drehen: »Das Element der *konstruktiven Erfindung,* der *schöpferischen Intuition* entzieht sich einer einfachen philosophischen Formulierung. Trotzdem bleibt es der Kern jeder mathematischen Leistung, auch auf den abstraktesten Gebieten«, schreiben die beiden Mathematiker Richard Courant und Herbert Robbins. Für sie und viele ihrer Kollegen sind Intuition und Konstruktion die »treibenden Kräfte« der mathematischen Wissenschaft: »Der Lebensnerv der Mathematik ist bedroht durch die Behauptung, sie sei nichts anderes als ein System von Schlüssen aus Definitionen und Annahmen, die zwar in sich widerspruchsfrei sein müssen, sonst aber von der Willkür des Mathematikers geschaffen werden. Wäre das wahr, dann würde die Mathematik keinen intelligenten Menschen anziehen. Sie wäre eine Spielerei mit Definitionen, Regeln und Schlußweisen ohne Ziel und Sinn.« Unser Gang durch die mathematische Landschaft soll diesen Gedankengang von Courant und Robbins bestätigen und lebendig erscheinen lassen.

Die Betrachtungen, die sich an die Konstruktion der natürlichen Zahlen anschließen, gelten der Mathematik als »Wissenschaft vom Unendlichen« (s. Seite 95). Dabei werden wir uns ausführlich mit der Cantorschen *»Mengenlehre«* beschäftigen, einer historisch bedeutsamen Theorie, die einen »anschaulich-naiven« Aufbau besitzt (s. Seite 101). Hier wird die Unendlichkeit ganz anders behandelt als in der elementaren Arithmetik (s. Seite 115). In der Mengenlehre »besteht zwischen dem Endlichen und dem Unendlichen keine grundsätzliche Schranke«, kommentierte Hermann Weyl. Cantors zentraler Begriff, den wir gründlich darstellen werden, ist die *»Abzählbarkeit«* von unendlichen Gesamtheiten. Wir werden aber dann sehen, daß es Mathematiker gibt, die Cantors Behandlung des Unendlichen kritisieren. Unsere Betrachtungen zum Unendlichkeitsproblem werden die Feststellung des Physikers Max Born bestätigen:

»All die tönenden Worte, die mit dem Begriff der Unendlichkeit zu tun haben, bedeuten nichts, wenn sie sich nicht auf einen bestimmten Bereich von Gedanken und ein bestimmtes Problem beziehen.«

Während unseres Ausflugs in die Cantorsche Mengenlehre lernen wir auch die systematische *Erweiterung des Zahlbegriffs* durch den Mathematiker kennen. Dabei gehen wir von den mathematischen Tätigkeiten aus: Um die Operation der Subtraktion unbegrenzt ausführen zu können, müssen die *negativen Zahlen* erfunden werden (s. Seite 118). Die unbeschränkte Tätigkeit des Teilens oder Dividierens erfordert dagegen die Einführung der Brüche oder *gebrochenen Zahlen* (s. Seite 126).

Mit der Menge aller *reellen Zahlen* stoßen wir dann auf eine unendliche Gesamtheit, die – im Sinne Cantors – »überabzählbar« ist: Hier setzt unsere offene Kritik an der Begriffsbildung der Cantorschen Mengenlehre ein. Dabei kommen vor allem die konstruktivistisch gesinnten Mathematiker zu Wort: Poincaré, Brouwer, Weyl, Lorenzen. Wer sich nämlich mit Brouwer zum Satz bekennt: *»Die Mathematik ist mehr ein Tun als eine Lehre«,* für den gibt es keine sinnvolle Deutung der Cantorschen »Überabzählbarkeit« (s. Seite 141): Wir können zwar zählen; was sollen wir aber darüber hinaus *tun?*

Den Weg zum Verständnis der reellen Zahlen hat uns bereits ein Denker des klassischen Griechenland gewiesen, Anaxagoras von Klazomenai: *»Im Kleinen gibt es kein Kleinstes.* Es gibt stets noch ein Kleineres. Denn was ist, kann durch keine noch so weit getriebene Teilung je aufhören zu sein.« Dies ist der Grundgedanke der konstruktivistischen Theorie der reellen Zahlen, der Theorie des nicht-statischen *»Kontinuums«* (s. Seite 147).

Daß die Begriffsbildung der »naiven« Mengenlehre Cantors zu offenkundigen Widersprüchen führt, zeigt am deutlichsten die *»Russellsche Antinomie«* (s. Seite 155): Es läßt sich in Cantors Theorie nämlich »die Menge aller Mengen bilden, die sich selbst nicht als Elemente enthalten«. Für diese Menge kann man die Frage stellen, ob sie sich selbst als Element enthält oder nicht. Ganz gleich, wie wir diese Frage auch beantworten, stets entsteht ein *Widerspruch.*

Es gibt eine reizvolle Einkleidung dieser widerspruchsvollen Mengenbildung: Der Barbier von A-Dorf rasiert alle Männer der Gemeinde genau dann, wenn sie sich selbst nicht rasieren. Rasiert sich der Barbier nun selbst oder nicht? Der Versuch, diese einfache Frage zu beantworten, zieht uns in einen Teufelskreis, aus dem es kein Entrinnen gibt (s. Seite 156). Diese Geschichte vom A-Dorfer Barbier wird uns noch ausführlich beschäftigen. Da wir aber gerade dabei sind, unsere Gehirnzellen zu reizen, können wir noch über folgendes hübsches »Denk-Puzzle« nachgrübeln: Von einer Weggabelung führen zwei Wege zu zwei Nachbardörfern. Das eine ist das Dorf der Wahrheitssager, die niemals lügen. Nennen wir es »W-Dorf«. Im anderen Dorf dagegen lügen die Bewohner unentwegt. Diese Lügnersiedlung wollen wir »F-Dorf« nennen, weil wir dort ständig angelogen werden, falsche Antworten bekommen, ganz gleich, was wir auch fragen.

Nun will es das Schicksal, daß wir an der Weggabelung stehen und nach W-Dorf wollen. Ein Wegweiser ist nicht da. Aber ein Einheimischer kommt uns entgegen. Wir wissen natürlich nicht, ob es sich um einen aufrichtigen W-Dorfer oder um einen notorischen Lügner aus dem F-Dorf handelt. Wie erfahren wir nun den richtigen Weg nach W-Dorf, wenn wir nur eine einzige Frage an unseren Gesprächspartner richten dürfen? Es ist klar, daß wir nicht einfach fragen können »Geht es hier entlang nach W-Dorf?« und auf einen der beiden Wege deuten. Damit lassen wir nämlich vier Deutungsmöglichkeiten zu:

1. Haben wir einen Bewohner von W-Dorf vor uns und er bejaht unsere Frage, dann stimmt der Weg.
2. Ist der Befragte ein W-Dorfer und verneint die Frage, dann müssen wir den anderen Weg einschlagen.
3. Nickt uns der Lügner zu oder antwortet mit einem fadenscheinigen »Ja«, dann ist die andere Richtung einzuschlagen.
4. Der lügnerische F-Dorfer verneint unsere Frage. Also ist der erfragte Weg der richtige.

Da wir aber nicht wissen, ob der von uns Angesprochene tatsächlich richtig oder falsch antwortet, nützt uns diese Fragestellung nichts. Wir müssen, um diese Nuß zu knacken, schon etwas »raffinierter« fragen. Aber wie? Die Auflösung dieser amüsanten Aufgabe aus der Unterhaltungsmathematik wollen wir erst am Schluß des Buches verraten (s. Seite 274). Der Leser kann dann, je nach Laune, über diese Frage nachdenken oder die Lösung gleich aufschlagen. Mit den Problemstellungen dieses Buches hat dieses Denk-Puzzle nämlich nur am Rande zu tun (vgl. Seite 74). Es zeigt jedoch, daß auch Nachdenken eine vergnügliche Tätigkeit sein kann.

Doch zurück zum »Fahrplan« unseres Buches: Während wir in den ersten Kapiteln die Mathematik und Logik vorwiegend als sinnvolle Tätigkeit des schöpferischen Menschen darstellen werden, lernen wir im 7. Kapitel Mathematik als *»Lehre von den Strukturen«* kennen, betrachten diese Landschaft also durch eine andere Brille. Mit den *»komplexen Zahlen«* lernen wir diese bedeutsame Betrachtungsweise gründlicher kennen als bei der Hilbertschen Geometrie (1. Kapitel), wo wir sie nur angedeutet haben. Als zentraler Begriff dieser Untersuchung wird uns die *»Isomorphie«* beschäftigen, eine Beziehung, die der »Gleichheit« sehr ähnelt (s. Seite 170). Weitere Illustrationen zur strukturellen Betrachtungsweise in der modernen Mathematik sind die Betrachtungen zur *»Algebra«*, zu *»Verbandstheorie«* und *»Gruppentheorie«*. Natürlich müssen wir uns hier mit der Diskussion der Grundgedanken begnügen. Die ganze Aufmerksamkeit der strukturellen Betrachtung gilt den *Beziehungen*, die sich zwischen beliebigen Gegenständen herstellen lassen, ihren »Relationen« also.

Die gleiche Art der Problembehandlung empfiehlt sich in der *angewandten Mathematik* (s. Seite 165), dort also, »wo die Mathematik durch die Physik in den Prozeß der theoretischen Weltkonstruktion mit hineingenommen wird«, wie Hermann Weyl sagte. Das gilt bereits für die *»Wahrscheinlichkeitsrechnung«* und die *»Spieltheorie«,* deren praktische Bedeutung immer offenkundiger wird. Die Spieltheorie soll nämlich zeigen, »daß es möglich ist, menschliche Handlungen, die hauptsächlich auf psychologischen Momenten beruhen, mathematisch zu untersuchen«. Dieses Programm haben John von Neumann und O. Morgenstern aufgestellt. Hier ist die Mathematik in Zonen vorgestoßen, die bisher als »nicht berechenbar« galten.

Ausführlich wird dann die *Geometrie* als Wissenschaft der räumlichen Ordnung dargestellt: Nicht erst in der mathematischen Formel, bereits in der geometrischen Figur hat sich, wie Andreas Speiser meint, die exakte Wissenschaft »von der Sprache freigemacht«. In dieser Betrachtung überwiegen wieder die inhaltlichen Überlegungen, obwohl die nicht-euklidischen Geometrien, die präsentiert werden, als Modellfälle für den »reinen Formalismus« gelten (s. Seite 206). Uns geht es jedoch vorwiegend um die Frage der *Anschaulichkeit* dieser Gebilde, so daß die strukturelle Betrachtung in den Hintergrund tritt. Dimensionstheoretische und topologische Überlegungen ergänzen diese Darstellung der geometrischen Wissenschaft.

Ohne große Schwierigkeiten vollzieht sich der Übergang zur *theoretischen Physik,* die unsere Welt und ihre Geschehnisse symbolisch zu gestalten versucht. Die Physik »handelt gar nicht von dem Materiellen, Inhaltlichen der Wirklichkeit, sondern was sie erkennt, ist lediglich deren formale Verfassung«, kommentierte Weyl diese Situation der modernen Physik. Die maßgeschneiderten Theorien liefert daher der Mathematiker. Ein »zeitloses Gewand« hat jedoch noch kein Couturier der theoretischen Physik schneidern können; denn »wie sehr uns auch eine bestimmte physikalische Theorie ansprechen mag; der Zweck einer jeden solchen Theorie ist es, Beobachtungen zu veranlassen, durch die sie unter Umständen widerlegt werden kann«. Auf diesen wesentlichen Gesichtspunkt weist Hermann Bondi hin. Damit wird der Ausspruch Albert Einsteins verständlich: »Insofern sich die Sätze der Mathematik auf die Wirklichkeit beziehen, sind sie nicht sicher, und insofern sie nicht sicher sind, beziehen sie sich nicht auf die Wirklichkeit.« Ein äußerst wichtiges Instrument aus dem mathematischen Werkzeugkasten, das der Physiker immer wieder braucht, ist die *»Infinitesimalrechnung«.* Sie wollen wir vor allem unter dem Blickwinkel der physikalischen Praxis untersuchen (s. Seite 241).

Mit den *»Elektronen-Rechnern«* (s. Seite 253) lernen wir dann ein wertvolles Arsenal von Arbeitsgeräten kennen, die in der exakten Naturforschung heute schon praktisch unentbehrlich geworden sind. Sie stellen vorwiegend hochgezüchtete Zählmaschinen (»Computer«) dar, die mit unvorstellbarer Geschwindigkeit gewünschte Rechenoperationen durchführen. Der praktisch tätige Forscher schätzt sie deshalb, weil sie ihm mühselige und langwierige Rechnereien abnehmen können.

Auch für die »reine« Mathematik ist der Gedanke eines rein mechanisch arbeitenden maschinellen Rechners nicht mehr unwesentlich: Mit der *»Turingmaschine«* konnte nämlich das Prinzip eines allgemeinen Rechenverfahrens (»Algorithmus«) glänzend präzisiert werden (s. Seite 259). Die für eine konstruktive Mathematik wesentlichen Begriffe *Berechenbarkeit, Aufzählbarkeit* und *Entscheidbarkeit* werden in diesem Zusammenhang betrachtet.

Gedanken zum Problemkreis *Mathematik und Philosophie* beschließen unseren Gang durch die mathematische Landschaft. Möglichkeiten und Grenzen der mathematischen Methode werden hier noch einmal diskutiert, sofern sie nicht schon im entsprechenden Kapitel erläutert worden sind. Dieses Buch ist ja, wenn man so will, auch ein bescheidener Beitrag zur Philosophie der Mathematik. Ludwig Wittgenstein hat nämlich die Aufgabe des »mathematischen« Philosophen so gesehen: »Nicht ein Gebäude ist aufzuführen, oder eine neue Brücke zu schlagen, sondern die Geographie, wie sie jetzt ist, zu beurteilen.« Das wollen wir im folgenden tun. Wir können hier nicht Heinrich Scholz folgen, wenn er die Frage »Warum Mathematik?« so beantwortet wissen will: »Um der Menschen willen, die von der Schönheit der Mathematik so erleuchtet sind, daß diese Frage für sie nicht mehr existiert.« Denn das würde für uns bedeuten: Die Mathematik gleicht dem Tempel, den nur wenige Menschen, »Auserwählte«, betreten dürfen. Wir können aus diesem Grund auch nicht dem Mathematiker Karl E. J. Jacobi folgen, der in der ersten Hälfte des vorigen Jahrhunderts feststellte: »Die Mathematik dient einzig und allein der Ehre des menschlichen Geistes.« Diese Ideale sind für unseren Gang durch die mathematische Landschaft viel zu hoch.

Warum also dann Mathematik? Weil sie eine im hohen Maße *sinnvolle Tätigkeit* des Menschen ist. Weil ohne Verständnis für die Mathematik ein wichtiger Aspekt des Verständnisses der Welt, in der wir leben, nicht mehr möglich ist: Wir können ohne sie keine tieferen Einsichten in das *Wesen von Raum, Zeit und Materie* gewinnen. Weil sie uns hilft, unsere *technische Umwelt* besser zu begreifen und zu meistern. Weil die Mathematik *zu den großen Kulturleistungen des Menschen* gehört. Weil, wie Andreas Speiser sagt, *»die Formeln die Flügel der Phantasie«* sind: »Ohne sie kommt man nicht vom Fleck, sondern man dreht sich im Kreise einiger Maximen herum, die man unbewußt verwendet.« Diese unsere Welt soll uns verständlicher werden: Das ist ein Streben, das ganz einfach unserer Vitalität und Intelligenz entspricht.

1. Natürliche Sprache und mathematische Konstruktion

1.1 »Nichts wert als die Form«

Die Entdeckung der Strukturen

»Die Mathematiker sind eine Art Franzosen: Redet man zu ihnen, so übersetzen sie es in ihre Sprache, und dann ist es alsobald ganz etwas anderes.« So drückte Johann Wolfgang von Goethe Anfang des vorigen Jahrhunderts sein Mißtrauen gegenüber der mathematischen Wissenschaft aus. Seine Attacken gegen die Mathematik richteten sich jedoch nicht so sehr gegen die exakte Wissenschaft als solche. Er, ein bedeutender Naturforscher seiner Zeit, wehrte sich vor allem gegen die »Mathematisierung« in den Naturwissenschaften. Da polemisierte er etwa gegen die Behandlung der Erscheinungen des Lichts durch den englischen Physiker Isaac Newton: »So wäre denn endlich die Untersuchung *in die Geheimnisse der Mathematik gehüllt,* damit doch ja niemand so leicht wage, sich diesem Heiligtum zu nähern.«
Wir wissen, daß es in unserer Zeit von höchstem Unverstand zeugen würde, wenn man eine ähnliche Bemerkung über eine physikalische Theorie äußern wollte. »Von nun an wird es keine physikalische Abhandlung mehr geben, die nicht in erster Linie eine mathematische ist«, bekennt in den dreißiger Jahren unseres Jahrhunderts Paul Adrian M. Dirac, der zu den bedeutendsten Physikern der Gegenwart zählt.
Immerhin kann unsere Neugier geweckt werden, wenn Goethe ironisch von den »Geheimnissen« der Mathematik spricht oder sie gar als »Heiligtum« bespöttelt. Wie viele Denker seiner Zeit hielt nämlich auch der Naturforscher Goethe die Mathematik für eine bloße »Rechenkunst«, die nicht sinnvoll auf eine Erfahrungswissenschaft angewandt werden kann: »Die Mathematik ist wie die Dialektik ein Organ des inneren höheren Sinns. In der Ausübung ist sie eine Kunst wie die Beredsamkeit. Für beide hat *nichts Wert als die Form;* der Gehalt ist ihnen gleichgültig. Ob diese Mathematik Pfennige oder Guineen berechne, die Rhetorik Wahres oder Falsches verteidigt, ist beiden vollkommen gleich.«
Goethe war nun zweifellos ein höchst scharfsinniger Beobachter. Die im ersten Satz dieses Kapitels zitierte »Übersetzung« eines Problems in die Sprache der Mathematik ist Tatsache. Warum machen die Mathematiker das? Warum verfeinern sie nicht einfach unsere Alltagssprache, so wie das der Naturforscher Goethe tat? »Unsere gewöhnliche Sprache ist zu arm, aber auch *zu unbestimmt,* um die zarten, genauen und inhaltsreichen Beziehungen der mathematischen Wissenschaft auszudrücken.« So verteidigte Henri Poincaré, Denker von der »Art der Franzosen«, wie Goethe sagt, seine Wissenschaft. Auch das Instrument einer verfeinerten Alltagssprache ist dem Mathematiker nämlich noch zu wenig exakt, als daß er mit der geforderten Klarheit über seine Gegenstände sprechen könnte. Daß er dabei gewichtige Argumente vorzubringen weiß, werden wir im folgenden auseinandersetzen. Außerdem ist dieser Blickwinkel nicht der einzige, um Probleme zu betrachten, die sich um unsere natürliche Sprache und die mathematische Konstruktion drehen (vgl. Seiten 63 u. 76).
Auch Goethes Feststellung, der Mathematik sei »nichts wert als die

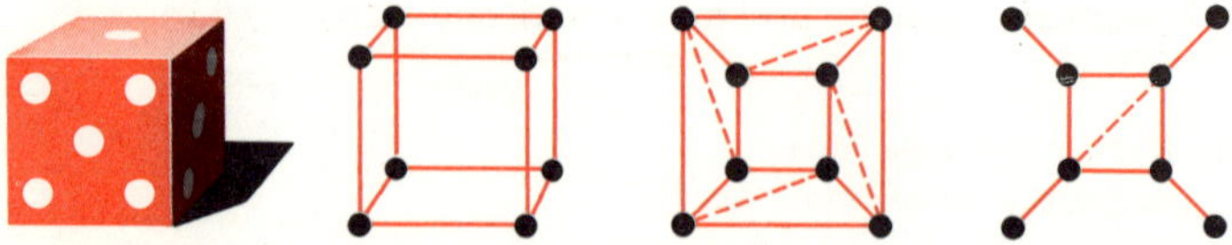

»Die moderne Mathematik interessiert sich in erster Linie für Strukturen. Die Dinge, in denen solche Strukturen verwirklicht werden, sind für den Mathematiker nur das Substrat, auf dem die Strukturen wachsen.« So kennzeichnet Hans Hermes ein bedeutsames Streben seiner Wissenschaft heute.

Form«, ist eine gute Beobachtung. Sie braucht jedoch nicht unbedingt als Vorwurf gewertet zu werden. Wir wissen ja bereits, daß Goethe sich vor allem gegen die *Anwendung* der Mathematik wandte. Lesen wir dagegen wieder bei dem bedeutenden französischen Mathematiker Henri Poincaré: »Die mathematische Wissenschaft hat *nicht* den Zweck, uns über die wahre Natur der Dinge aufzuklären. Ihr Ziel ist es, Gesetze miteinander zu verknüpfen, die uns die Erfahrung zwar erkennen läßt, die wir jedoch ohne mathematische Hilfe nicht aussprechen können.« Soweit die Argumente eines Mathematikers zu Beginn unseres Jahrhunderts. Hans Hermes schreibt schließlich um die Jahrhundertmitte: »Die moderne Mathematik interessiert sich in erster Linie für *Strukturen.* Die Dinge, in denen solche Strukturen verwirklicht werden, sind für den Mathematiker nur das Substrat, auf dem die Strukturen wachsen.«
Diese Bezeichnung »Struktur« hat sich aber leider zu einem verwaschenen Modewort unserer Zeit entwikkelt. Nicht nur in der Mathematik, sondern auch wenn von Poesie, von Landwirtschaft oder Kaufgewohnheiten die Rede ist, fallen Worte wie »lyrische Strukturen«, »Strukturwandel« und »Versorgungsstruktur«. Wir werden während unseres Gangs durch die mathematische Landschaft sehen, wie hier der Begriff der Struktur verwendet wird. Wieder läßt sich nicht einfach definieren: »Struktur ist...« Auch hier weicht der Sprachgebrauch bei verschiedenen Wissenschaftlern mehr oder weniger deutlich ab. Wir werden diesem Begriff in verschiedenen Kapiteln begegnen. Das Instrument Mathematik wird zwar auf einheitliche Weise benützt. Um die Mathematik als Wissenschaft zu begründen und zu rechtfertigen, sind jedoch von ihren Forschern verschiedene Wege gegangen worden.
Noch einmal soll uns eine als Vorwurf gedachte Formulierung Goethes weiterhelfen, um der Mathematik näherzukommen. Bekanntlich bedient sich die moderne Mathematik eines konsequenten *»Formalismus«,* um ihre Erkenntnisse auszudrücken – diesem mathematischen Formelapparat ist es schließlich zu verdanken, daß die Mathematik so wenige Freunde besitzt. Auch Goethe nahm hier Anstoß: »Eben diese Vorliebe für die Anwendung von Formeln macht nach und nach diese zur Hauptsache. Ein Geschäft, das eigentlich zugunsten eines Zweckes geführt werden sollte, wird nun der Zweck selbst, und keine Art von Absicht wird erfüllt.«
Diesem Ausspruch werden auch heute noch viele Menschen zustimmen: Die mathematische Formel sei »Selbstzweck«. Doch das ist gerade das Trügerische dieses Vorwurfs: Mathematik soll nämlich *nicht* »zugunsten eines Zwecks geführt werden«. Darin sind sich nun wirklich alle Mathematiker einig, daß ihre

Forschung zunächst völlig *zweckfrei* ist. Wenn dann die Naturforscher entdecken, daß sich mathematische Gebilde, etwa »Matrizen«, vorzüglich dazu eignen, gewisse atomphysikalische Prozesse zu beschreiben, wird das von den Mathematikern natürlich nicht als Mißbrauch deklariert. Ihre ursprüngliche Absicht ist es trotzdem nicht, nur für die Physiker dazusein und ihnen scharfgeschliffene Werkzeuge für die Konstruktion exakter naturwissenschaftlicher Theorien zu liefern.

Primär ist die Mathematik einfach wichtiges *Mittel reiner Erkenntnis*. Damit steht sie eigentlich der theoretischen Philosophie näher als den Naturwissenschaften. *Mathematiker fragen nicht nach der »Nutzanwendung« ihrer Wissenschaft.* Solch edles Streben, allein dem Mehren menschlichen Wissens zu dienen, geht auf die Mathematik des antiken Griechenland zurück. Diese klassische Strömung der exakten Wissenschaft ist vor allem mit den Namen Thales, Pythagoras, Euklid und Platon verbunden. Euklid soll einmal von einem Schüler gefragt worden sein, wozu denn die Mathematik zu gebrauchen sei. Euklid ließ dem Frager ein paar Geldstücke aushändigen: »Er will studieren, um Profit zu machen!«, kommentierte der Mathematiker verächtlich. Vieles von diesem Geist steckt auch noch in der modernen Mathematik. Allerdings können wir uns geistigen Hochmut gegenüber der angewandten Mathematik im Zeitalter der exakten Naturwissenschaften und der Technik nicht mehr leisten.

Bleiben wir aber noch beim Griechen Euklid, der um 300 v.Chr. sein bedeutendes Lehrbuch, die »Elemente« (der Geometrie), zusammengestellt hat. In seiner »Euklidischen Geometrie« wird mit drei mathematischen »Gegenständen« operiert, mit »Punkten«, »Geraden« und »Ebenen«. Die *Geometrie* beschäftigt sich nämlich mit den mathematischen Eigenschaften des Raumes, mit *räumlichen Beziehungen,* wie wir gleich feststellen werden. Der Mathematiker versucht, diese Raumeigenschaften möglichst umfassend und vollständig zu beschreiben. Wie geht er dabei vor? In der griechischen Mathematik ist zu diesem Zweck eine Methode entwickelt worden, die *»Axiomatik«* genannt wird. Diese Verfahrensweise und ihre Veränderungen werden uns im folgenden ausführlich beschäftigen.

Machen wir uns das zu ihrer Zeit ganz neuartige Vorgehen der Griechen an einem einfachen Beispiel klar: Bereits viele Jahrhunderte vor Euklid wußten die Geometer in Babylon, wie man mit einem Lehrsatz umgeht, der uns heute allen unter der Bezeichnung »Satz des Pythagoras« mehr oder weniger deutlich vertraut ist. Für die altorientalischen Geometer stellte sich dieses Problem etwa so: An eine Hauswand ist ein Balken gelehnt, der fünf Maßeinheiten lang ist. Der Einfachheit halber sagen wir, er sei 5 Meter lang. Dieser Balken gleitet nun an der Wand ab, rutscht also etwas zur Seite. Damit steht er jetzt schräg an der Wand. Seine obere Kante befindet sich nach dieser Bewegung einen Meter tiefer an der Hauswand als vorher. Um wieviel Meter ist er dann am Boden zur Seite gerutscht? Läßt sich das präzise berechnen?

In Abbildung Seite 26 wird diese Situation ganz klar: Der Balken bildet nun zusammen mit der Hauswand und dem Erdboden ein »Dreieck«. Der Winkel zwischen Wand und Boden ist ein »rechter«, weil die Hauswand rechtwinklig, also senkrecht zum Boden errichtet wurde. Damit ist unser Dreieck ein »rechtwinkliges Dreieck«. Die eine Seite dieses Dreiecks, die Hauswandseite, läßt sich dann leicht zu fünf abzüglich einem Meter, also zu vier Meter, berechnen. Auf eine etwas schwierigere Weise,

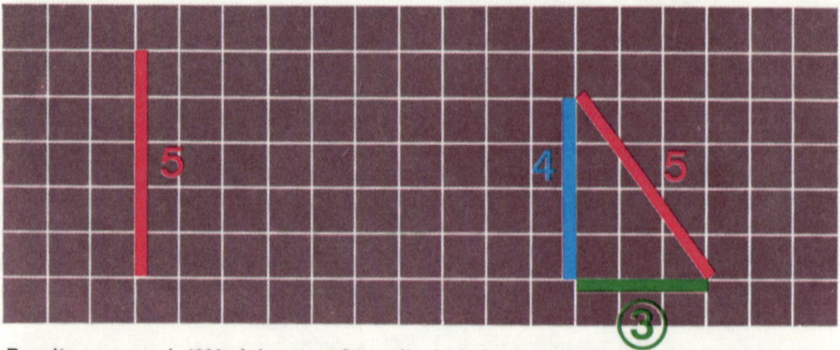

Bereits vor rund 4000 Jahren wußten die babylonischen Geometer, wie mit einer mathematischen Formel gerechnet wird, die heute als »Satz des Pythagoras« allgemein bekannt ist: Ein Brett rutscht an einer Hauswand ab. Wenn es sich an der Wand um eine Einheit senkt, wie weit rückt es dann am Boden zur Seite?

die wir aber im Detail gar nicht betrachten wollen, *rechneten* dann die babylonischen Geometer die untere Dreiecksseite zu drei Meter aus. Wie diese Rechnung aussieht – jeder der die Anfangsgründe der Geometrie in der Schule gelernt hat, weiß es sowieso –, interessiert uns an dieser Stelle überhaupt nicht. Wichtig für unsere Betrachtung ist nur, daß es ein allgemeines *Rechenverfahren* gibt, das diese praktische Aufgabe löst. Soweit zeigt sich unsere Betrachtung des Problems von der Warte der Geometrie im alten Mesopotamien.

Woher wußten aber die Geometer vor rund viertausend Jahren, daß ihr Rechenverfahren »stimmte«? Prüften sie es, indem sie die einzelnen Strecken nachmaßen? Oder konnten sie für ihre Rechnung einen *»Beweis«* erbringen? Damit sind wir bei einem zentralen Begriff der Mathematik angelangt. Der Mathematiker Paul Lorenzen kommentiert die Situation aus der heutigen Sicht so: »Wie es mit einem Beweis der Gültigkeit dieses Rechenverfahrens stand, dürfen wir nicht fragen: Den Begriff eines Beweises gibt es in der altorientalischen Geometrie gar nicht. Es besteht vielmehr die so äußerst folgenreiche griechische Entdeckung der *Geometrie als Wissenschaft* ja gerade darin, die Möglichkeit gesehen und verwirklicht zu haben, das geometrische Erfahrungswissen zu einem *System von Sätzen* auszubauen, die untereinander durch Ketten von *logischen Schlüssen,* eben den Beweisen, verbunden sind.«

Damit sind wir wieder bei Euklid und seiner Geometrie als *»axiomatischer Theorie«.* Was ist nun darunter zu verstehen? Eine gewisse Anzahl von Sätzen, ein »System von Sätzen«, wie der Mathematiker sagt, steht in einem bestimmten Zusammenhang: Sie sind verkettet durch Beweise oder »logische Schlüsse«, wie sie auch genannt werden. Damit haben wir bereits eine Fülle von wichtigen mathematischen Begriffen angesprochen. Nehmen wir sie jetzt einzeln unter die Lupe:

Da sind zunächst einmal die *Sätze der Theorie.* Sie müssen die geometrischen Tatsachen formulieren, aussagen. In ihnen werden Wörter wie »Gerade«, »Winkel«, »Dreieck« usw. verwendet. Diese Wörter benennen die Begriffe Gerade, Winkel, Dreieck usw. Was ist aber unter einem Begriff wie dem des Punktes oder der Geraden zu verstehen?

Euklid hat versucht, diese »Gegenstände« seiner Theorie zu definieren. Es erscheint auch auf den ersten Blick nicht weiter schwierig zu sein, auszudrücken, was mit einem »Punkt« gemeint ist. Euklid definierte etwa: »Ein Punkt ist, was keinen Teil hat.« Das gefiel den Mathematikergenerationen nach Euklid aber gar nicht. Der Satz besagt ja eigentlich nur, was ein Punkt *nicht* ist: »Etwas, das keinen Teil hat« ist für die Anschauung ein Unding, ein Nichts. Es ist weder gedanklich noch durch irgendeine schematische Operation zu fassen.

Genauso dunkel und unpräzis schien Euklids Definition für die Gerade: »Eine Gerade ist eine Linie, die gleich liegt mit den Punkten auf ihr selbst.« Diese Formulierung ist eigentlich noch verwirrender. Für Jahrhunderte haben Mathematiker versucht, diese Definition zu interpretieren und zu präzisieren. Ein befriedigender Ausweg wurde nicht gefunden. Man versuchte es im Falle des Punktes etwa so: »Ein Punkt ist etwas, das zwar eine Lage, aber keine Ausdehnung hat.« Im anderen Fall: »Eine Gerade ist die kürzeste Verbindung zwischen zwei Punkten.«

Doch was ist mit solchen Definitionen gewonnen? An die Stelle der Begriffe Punkt und Gerade sind keineswegs klarere getreten: Lage, Ausdehnung, kürzeste Verbindung. Dadurch, daß *Größe* und *Entfernung* in der Definition erscheinen, wird der Sachverhalt nur noch weiter kompliziert. Gibt es also keinen Ausweg? Muß die exakte Wissenschaft diesen »unpräzisen Rest« in Kauf nehmen?

Erst im 17. Jahrhundert wurde dieser Gedanke von dem französischen Philosophen und Mathematiker Blaise Pascal klar erkannt und formuliert. In seiner klugen Abhandlung »Vom Geist der Geometrie« empfahl er als Regeln für die mathematischen Definitionen: »1. Keines der Dinge zu definieren versuchen, die von sich selbst her so bekannt sind, daß man keine noch klareren Begriffe hat, sie zu erklären. 2. Keinen der etwas dunklen oder zweideutigen Begriffe undefiniert lassen. 3. Bei der Definition der Begriffe nur vollkommen bekannte oder schon erklärte Wörter verwenden.« Es kommt also darauf an, daß der Mathematiker seine *»Grundbegriffe«* so wählt, daß sie völlig einsichtig sind: selbstverständlich. Doch welcher Begriff hält schon einer solchen Forderung stand? Was für den einen die selbstverständlichste Sache der Welt ist, scheint einem anderen nicht ganz so einfach oder gar kompliziert.

Doch damit nicht genug: Eine Theorie besteht aus Sätzen, die durch Beweise verknüpft sind – das haben wir bereits festgestellt. Auch hier müssen aber gewisse Sätze am Anfang der Theorie stehen. Diese *»Grundsätze«* werden im allgemeinen *»Axiome«* genannt. Ohne Beweis müssen sie am Anfang des Systems von Sätzen stehen. Wieder erläutert Pascal: »Zu Axiomen nur Dinge fordern, die von sich selbst her vollkommen einleuchtend sind.« Der Logiker Gottlob Frege (1848–1925) drückte es ähnlich aus: »Axiome nenne ich Sätze, die wahr sind, die aber nicht bewiesen werden, weil ihre Erkenntnis aus einer von der logischen verschiedenen Erkenntnisquelle fließt, die man Raumanschauung nennen kann.« Die Grundsätze (Axiome) werden also nach den Ansichten dieser Denker als »wahre« Sätze »erkannt«, anschaulich begriffen. Man konnte es drehen und wenden wie man wollte, immer blieb ein solcher unpräziser Rest, der sich an die »Anschauung« der Menschen wandte. Da fand schließlich der deutsche Mathematiker David Hilbert (1862–1943) einen neuen Weg, diese Probleme anzupacken: Alle Versuche, mathematische Gegenstände wie Punkt, Gerade, Ebene usw. exakt zu definieren, waren gescheitert. Also wäre es am besten, wenn auf diese Definitionen ganz verzichtet werden könnte. Hilbert empfand nämlich, daß die anschauliche Seite der geometrischen Grundbegriffe »mathematisch belanglos« sei. Nur ihre »Verknüpfung durch Axiome« sei interessant, meinte er. Das Revolutionierende des Hilbertschen Ansatzes würdigte sein Fachkollege Heinrich Scholz:

»Alle Axiomatiker vor Hilbert haben die Axiome der Euklidischen Geometrie als *Wahrheiten* aufgefaßt, als Wahrheiten, die so einleuchtend sind, daß sie keines Beweises bedürfen. Für Hilbert sind diese Axiome ganz etwas anderes. Sie sind nicht Sätze, sondern Satz*gerüste,* die erst nachträglich durch eine ›Deutung‹ der in ihnen vorkommenden ›Variablen‹ in effektive Sätze übergehen. Satzgerüste sind weder wahr noch falsch, sondern entweder erfüllbar oder unerfüllbar.«

Das ist die klare Sprache, die in der *Logik* gesprochen wird. Natürlich klingt sie für uns zunächst noch ein wenig fremd. Aber ihre »Fachausdrücke« sind im Grunde nicht sehr schwierig. Betrachten wir sie wieder im einzelnen: Was ist etwa ein »Satzgerüst«? Bekanntlich hat jede Sprache, die deutsche, die englische, die russische usw. ihre eigene Grammatik, die einem beim Studium von Fremdsprachen oft genug größere Schwierigkeiten bereiten kann. Einfache, kurze Sätze sind aber meist auch grammatikalisch einfach. Ihre »Satz*struktur«* ist einfach, wie wir auch sagen können.

»Heute regnet es in Zürich«

ist ein solcher verhältnismäßig einfach gebauter Satz. Dieser Satz hat die Eigenschaft, *wahr oder falsch* zu sein, *richtig oder unrichtig.* Das wird immer davon abhängen, ob es nun in Zürich gerade regnet oder nicht regnet. Das gleiche gilt natürlich für die Sätze »Heute regnet es in Stockholm« oder »Heute regnet es in Bremen«.

Die Satzstruktur zeigt sich deutlicher, wenn wir schreiben »Heute regnet es in . . .« Diese Pünktchen deuten dem Logiker eine *»Leerstelle«* an. In der Regel ersetzt er diese Punkte aber durch die kleinen Buchstaben x, y oder z. Ist dieses Gebilde »Heute regnet es in x« aber noch ein Satz? Hat es noch Sinn zu fragen, ob es wahr oder falsch ist? Tatsächlich kann diese Frage nicht mehr gestellt werden: An die Stelle von Wörtern wie »Zürich«, »Stockholm« und »Bremen«, die Namen für Städte sind, ist nämlich bloß ein Buchstabe »x« getreten, der eine Lücke im Satz

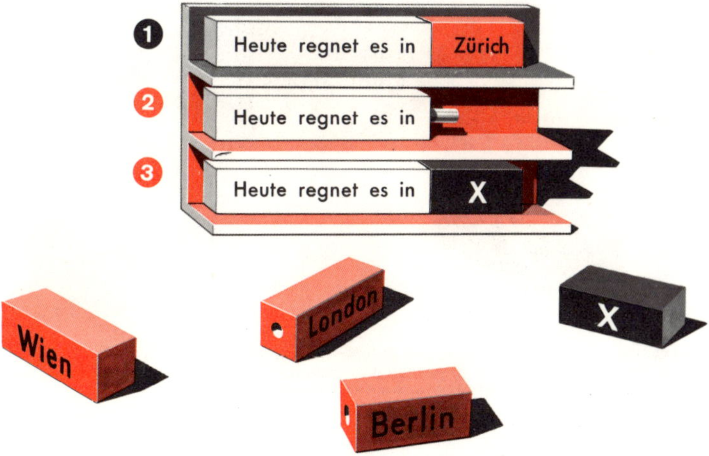

Aus dem Satz »Heute regnet es in Zürich« kann das Satzschema »Heute regnet es in x« gebildet werden. Die schwarzen Klötzchen (x) deuten in diesem Spiel nur die Leerstelle im Satz an. (2) und (3) drücken also die gleiche Situation (des Satzschemas) aus. Unsere Bausteine sind mit Zapfen und Bohrungen versehen, so daß sie zusammengesteckt werden können. Sie sind so geformt, daß sie aneinander passen.

andeutet, der auf eine Leerstelle hinweist. Dieses »x«, das im Gegensatz zu »Zürich« *kein Name* ist, wird »Variable« genannt, was soviel wie »Veränderliche« bedeutet. Das sprachliche Gebilde »Heute regnet es in x« bekommt die Benennung *»Satzgerüst«* oder *»Satzschema«.*

Jetzt ist die Scholzsche Formulierung auch leicht zu begreifen, daß Satzgerüste weder wahr noch falsch, sondern *erfüllbar oder unerfüllbar* sind. Das hängt ausschließlich von der *Deutung* der Variablen x ab. Wird sie durch die Wörter »München«, »London« oder »Antwerpen« ersetzt, entsteht wieder ein Satz, der wahr oder falsch sein kann. Deuten wir x dagegen mit Wörtern wie »Büroklammer«, »Primzahl« oder »Geometrie«, wird der so gebildete Satz sinnlos: »Heute regnet es in der Geometrie.«

Die Veränderlichen x, y, z deuten also stets Leerstellen im Satzschema an, die auf einen bestimmten Gegenstandsbereich bezogen sind. Wir können sagen: Ein Symbol, dessen Bedeutung nicht bestimmt ist, wird »Variable« genannt. Der Zeichenvorrat für die Variablen ist unerschöpflich. Wir können sie beliebig vermehren, wenn wir schreiben »x_1, x_2, x_3, x_4, x_5, . . ., y_1, y_2, y_3, y_4, . . ., z_1, z_2, z_3, . . .« In unserem »Regen«-Beispiel zählen zu diesem Gegenstandsbereich Städte, Stadtteile, Straßen, aber auch ganze Landstriche, Länder usw.

Natürlich können wir auch einen Satz durch *mehrere Leerstellen* in ein Satzschema verwandeln. Aus dem Satz »Peter ist Bruder von Hans« können wir das Fragment »x ist Bruder von y« bilden. Den Satz »Michael reicht Onkel Max die Abendzeitung« können wir zum Satzgerüst »x reicht y die z« verwandeln. Eine andere Deutung »füllt« das Satzgerüst wieder: »Erna reicht Großvater die Pfeife« ist ein wahrer oder

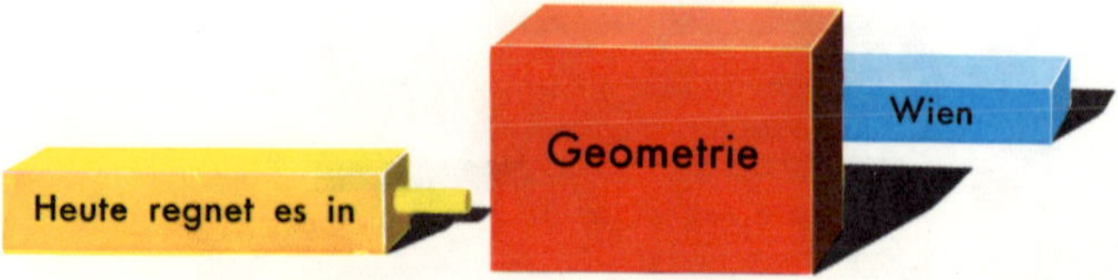

Satzschemata sind entweder erfüllbar oder unerfüllbar. Dieser Sachverhalt wird in unserem Baukasten durch Klötzchen dargestellt, die eindeutig zusammenpassen oder aber nicht aneinandergesteckt werden können.

Das Satzgerüst »x reicht y die z« kann in wahre oder falsche Sätze verwandelt werden, wenn die Variablen x, y, z, die Leerstellen andeuten, durch entsprechende Wörter ersetzt werden: »Erna reicht Großvater die Pfeife« ist ein solcher sinnvoll gebildeter Satz. Die neben der Steckleiste liegenden Spielfiguren können in die jeweils passenden Leerstellen gesetzt werden.

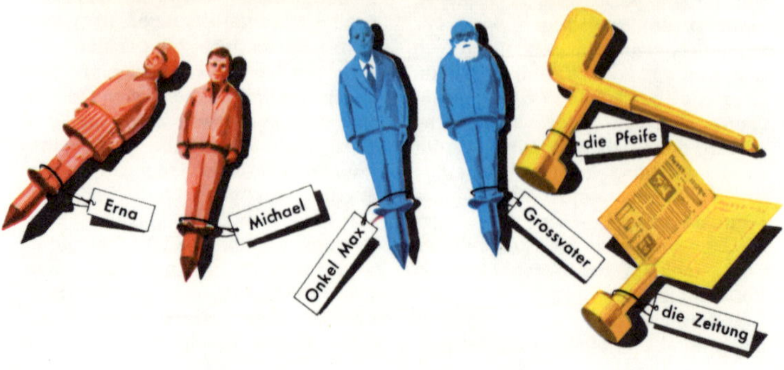

Im Klötzchenspiel wird das »reine« Schema des ersten Hilbertschen Axioms unmittelbar verständlich: Zwei A-Dinge stehen zu einem B-Ding in einer C-Beziehung.

falscher Satz. Der polnische Logiker Alfred Tarski, der jetzt in den Vereinigten Staaten lehrt, hat die Entscheidung, ob ein Satz wahr oder falsch ist, durch eine sehr einfache Definition festgelegt, die, auf unser Beispiel angewandt, so lautet:
Der Satz »Erna reicht Großvater die Pfeife« ist genau dann wahr, wenn Erna Großvater die Pfeife reicht.
Doch was haben Großvaters Pfeife und das verregnete Zürich mit der Geometrie zu tun, mit Hilberts Deutung der Euklidischen Theorie? In Hilberts »Grundlagen der Geometrie« (1899 erschienen) begegnen uns die von Euklid unbefriedigend definierten Gebilde Punkte, Geraden, Ebenen wieder, diesmal als Gegenstandsbereiche, die durch Variablen angedeutet werden. Hilbert nennt sie »Elemente der räumlichen Geometrie oder des Raumes«. Auf diese Weise gelingt es ihm, seine Elemente so zu verknüpfen, daß in den Axiomen nicht wie bei Euklid *Sätze* entstehen, sondern *bloße Satzgerüste*. Betrachten wir unter diesem Blickwinkel Hilberts erstes Axiom:
»Zu zwei Punkten x_1 und x_2 gibt es stets eine Gerade y, so daß x_1 und x_2 auf y liegen.«
Daß dieses Schema »anschaulich« wird, sobald wir es mit den Euklidischen Punkten und Gerade deuten, also immer noch formal deuten, ist nach der Ansicht des »Formalisten« Hilbert mathematisch ohne Belang. Wir sprechen hier von einer *formalen* Deutung, weil die Punkte und Geraden der Euklidischen Geometrie »gedankliche« Gebilde sind und nicht konkrete Zeichen, die aufs Papier gezeichnet sind. Natürlich ist eine Bezeichnung wie »gedankliches« – wenn man will, auch »geistiges«

oder »ideelles« – Gebilde wissenschaftlich unpräzise. Aber das soll uns vorerst einmal nicht stören. Bei Hilbert wird ohnehin überhaupt *kein inhaltlicher Bezug auf die räumliche Wirklichkeit mehr genommen.* Die Axiome aus den »Grundlagen der Geometrie« können so formuliert werden, daß von Punkten, Geraden und Ebenen überhaupt nicht mehr die Rede ist. Damit wird die Theorie zu einem *»reinen Formalismus«*. Wir merken nun gar nicht mehr, daß von Geometrie gesprochen wird:

»Man muß jederzeit anstelle von ›Punkten, Geraden, Ebenen‹ ›Tische, Stühle, Bierseidel‹ sagen können«, soll Hilbert einmal scherzhaft geäußert haben. Das erste Hilbertsche Axiom läßt sich nämlich als reine Struktur auch so formulieren:

»Zu zwei A-Dingen x_1 und x_2 gibt es stets ein B-Ding y so, daß x_1 und x_2 in der C-Beziehung zu y stehen.«

Nun ist von einem eigentlichen »Inhalt« des Axioms überhaupt nichts mehr zu spüren. Es ist zum bloßen Schema geworden. Vor unseren Augen wird über verschiedene Variablen mit Hilfe von Buchstaben eine

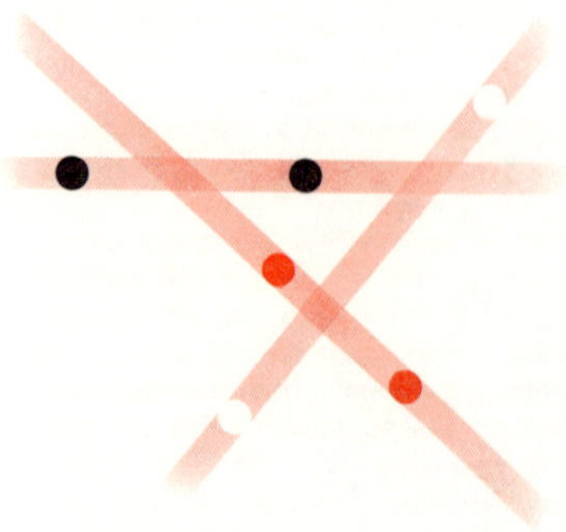

Deutet man das erste Hilbertsche Axiom mit den Euklidischen Punkten und Geraden, so entsteht ein völlig einsichtiges Schema: »Zu zwei Punkten gibt es stets eine Gerade, so daß die Punkte auf der Geraden liegen.«

Struktur angedeutet. Sie scheint mit den *Mitteln der Alltagssprache* mitteilbar zu sein: Wörter wie »Ding« oder »Beziehung« erscheinen im Text. Sie benennen jedoch nichts. Um uns auch noch von den »zufälligen grammatischen Formen der Sprache« freizumachen, wie Hermann Weyl es ausdrückte, wollen wir daher anstelle der sprachlichen Gebilde ein einfaches *Klötzchenspiel* treten lassen. Auf diese Weise können wir die Struktur deutlicher repräsentiert sehen als im Satzgerüst mit seinen Variablen. Wie unsere Abbildung zeigt, brauchen wir uns lediglich eine Holzleiste vorzustellen, auf der Zapfen mit verschiedenem Profil angebracht sind. Farbige Kugeln und Klötzchen, die mit den entsprechenden Bohrungen versehen sind, können dann am passenden Pflock aufgesteckt werden.

Nun wird ganz leicht verständlich, was David Hilbert mit seiner Bemerkung über Tische und Stühle gemeint hat: Wir können sie als A-Dinge und B-Dinge betrachten. Aus dem Satzgerüst »Zu zwei A-Dingen x_1 und x_2 gibt es stets ein B-Ding y derart, daß x_1 und x_2 in der C-Beziehung zu y stehen« wird dann in der realen Deutung das Axiom »Zu zwei Stühlen x_1 und x_2 gibt es stets einen Tisch y so, daß x_1 und x_2 am Tisch y stehen«. Vergleichen wir es mit dem formal gedeuteten geometrischen Axiom, so stellen wir lediglich fest, daß anstatt von Punkten und einer Geraden von Stühlen und von einem Tisch die Rede ist, daß die Beziehung »liegen auf« durch die Beziehung »stehen an« ersetzt worden ist. Natürlich kann dieses »Axiom für Tische und Stühle« in einem kleinen Caféhaus erfüllbar sein. Es könnte sich also auch das Innere eines Restaurants in der Form einer axiomatischen Theorie beschreiben lassen. Es stellt sich allerdings die Frage, ob das zweckmäßig ist.

»Man muß jederzeit anstelle von ›Punkten, Geraden, Ebenen‹ ›Tische, Stühle, Bierseidel‹ sagen können.« Wenden wir dieses Rezept Hilberts frei auf sein erstes Axiom an, so können wir folgendes Ergebnis erhalten: »Zu zwei Stühlen gibt es stets einen Tisch, so daß die Stühle am Tisch stehen.«

Betrachten wir auf diese Weise noch das dritte Hilbertsche Axiom aus seinem Werk »Die Grundlagen der Geometrie«. Zunächst wollen wir wieder die formale Deutung des Schemas anschreiben:

»Es gibt wenigstens drei Punkte x_1, x_2, x_3, zu denen es *keine Gerade* y derart gibt, daß x_1, x_2 und x_3 auf y liegen.«

Ohne Bezug auf das geometrische »Modell« zu nehmen, formulieren wir dann das reine Schema, »nichts als Form«, wie Goethe sagte:

»Es gibt wenigstens drei A-Dinge x_1, x_2, x_3, zu denen es *kein B-Ding* y derart gibt, daß x_1, x_2 und x_3 in der C-Beziehung zu y stehen.«

In unserem ganz willkürlich gewählten »Caféhaus-Modell« (siehe nebenstehende Zeichnung) deuten wir nun das Schema zum erfüllbaren Caféhaus-Axiom:

»Es gibt wenigstens drei Stühle x_1, x_2, x_3, zu denen es *keinen Tisch* y derart gibt, daß x_1, x_2 und x_3 am Tisch y stehen.«

Natürlich gibt es zahlreiche Caféhäuser, in denen auch drei oder mehr Stühle an einem Tisch stehen. Aber Hilberts Axiomensystem *bestimmt* eben ein Modell, bei dem nur jeweils zwei Stühle an einem Tisch stehen.

Wir haben nun schon zweimal einen wichtigen Begriff verwendet, den es hier noch zu erklären gilt, das *Modell:*

Ein wie Hilbert formalistisch gesinnter Mathematiker oder Logiker nennt die Deutungen (Interpretationen) von Axiomensystemen »Modelle«. So ist die Hilbert-Euklidische Geometrie ein *formales Modell*, unser Caféhaus-Beispiel ein *reales Modell* eines Axiomensystems.

1.2 »Spielzeug« Aussage

Grundbegriffe der mathematischen Logik

Mit unseren Betrachtungen zur Euklidischen Geometrie von Euklid bis Hilbert haben wir bereits eine stattliche Anzahl von Begriffen kennengelernt, die in der Mathematik und Logik in Gebrauch sind. Von zentraler Bedeutung war für uns zunächst alles, was sich auf dem weiten Feld der »Axiomatik« abspielt. Fassen wir noch einmal mit David Hilbert und Paul Bernays zusammen, die in ihrem 1934 erschienenen Werk »Grundlagen der Mathematik« feststellten: »Der Terminus ›axiomatisch‹ wird teils in weiterem, teils in engerem Sinne gebraucht. In der weitesten Bedeutung des Wortes nennen wir die Entwicklung einer Theorie axiomatisch, wenn die Grundbegriffe und Grundvoraussetzungen als solche an die Spitze gestellt werden und aus ihnen der weitere Inhalt der Theorie mit Hilfe von Definitionen und Beweisen logisch abgeleitet wird. In diesem Sinne ist die Geometrie von Euklid axiomatisch begründet worden.«

Wie der Mathematiker Euklid seine geometrische Theorie als System von inhaltlichen Sätzen aufgebaut hatte, so machten es im 17. Jahrhundert Isaac Newton mit seiner berühmten Mechanik und der Philosoph Spinoza mit seiner Ethik, einer Lehre vom sittlichen Verhalten des Menschen und den sittlichen Werten. Spinoza wollte *»more geometrico«* – nach Art der Geometrie – »die menschlichen Handlungen und Begierden genauso betrachten, als handle es sich um Linien, Flächen oder Körper«. Bekannter ist die in den 1687 erschienenen »Mathematischen Grundlagen der Naturwissenschaften« axiomatisch entwickelte Newtonsche Mechanik. Ihr erstes Axiom lautet: »Jeder Körper verharrt in seinem Zustand der geradlinigen und gleichförmigen Bewegung, wenn er nicht durch eine einwirkende Kraft gezwungen wird, diesen Zustand zu ändern.« Newtons Werk zählt auch heute noch zu den großartigsten Abhandlungen der exakten Naturwissenschaften.

Dennoch haben wir gesehen, daß eine derartige inhaltliche Axiomatik, wie sie Euklid und Newton verwendet haben, nicht mehr den strengen Forderungen der Mathematik unseres Jahrhunderts genügt, seitdem Hilberts grundlegendes Werk erschienen ist. »Eine Verschärfung, welche der axiomatische Standpunkt in den ›Grundlagen der Geometrie‹ erhalten hat, besteht darin, daß man von dem sachlichen Vorstellungsmaterial, aus dem die Grundbegriffe einer Theorie gebildet sind, in dem axiomatischen Aufbau der Theorie nur dasjenige beibehält, was als Extrakt in den Axiomen formuliert ist, von allem sonstigen Inhalt aber abstrahiert.« So schrieben wieder Hilbert und Bernays.

Diese rigorose Beschränkung auf den »Extrakt« des Materials, das »Abstrahieren vom sonstigen Inhalt«, entspricht der Goetheschen Kennzeichnung, für die Mathematik habe »nichts Wert als die Form«. Anhand von einfachen Sätzen haben wir durch systematische Erzeugung von Leerstellen den Prozeß dieser Abstraktion erläutert. Durch Variablen deutet der Mathematiker diese Leerstellen im reinen Satzgerüst an. Mit Hilfe eines einfachen Klötzchenspiels konnten wir diesen Vorgang eigentlich ganz anschaulich interpretieren. Aus Euklids Axiomen, den selbstverständlich wahren Sätzen, entstanden auf diese Weise Hilberts Axiomenschemata, die mit formalen und realen Modellen gedeutet werden können.

Unser einfaches Baukastenspiel zeigt dabei, daß die mathematischen »Gegenstände« nicht unbedingt als ideelle »Wesenheiten« aufgefaßt zu werden brauchen, wie das der griechische Philosoph Platon im vierten vorchristlichen Jahrhundert vorgeschlagen hat. Platon schrieb nämlich in seinem Buch vom »Staat« über die Geometer:

»Nicht wahr, auch das weißt du, daß sie« – die Geometer – »sich der sinnlich sichtbaren Dinge bedienen und ihre Demonstrationen auf jene beziehen, während doch nicht auf diese als solche ihre Gedanken zielen, sondern nur auf das, wovon jene sinnlich sichtbaren Dinge *nur Schattenbilder* sind?« Die Schattenbilder von Gegenständen aus einer sinnlich nicht wahrnehmbaren Welt, aus einer Welt der Ideen, waren ein beliebtes Motiv des großen Philosophen. In seinem berühmten Höhlengleichnis vom erkennenden Menschen zeichnete er ein schönes Bild von der Begegnung des Menschen mit diesem Ideenreich, das unveränderlich und ewig existiert: Der nach Erkenntnis strebende Mensch gleicht einem mit dem Rücken zur Höhlenöffnung Liegenden, der, gefesselt an allen Gliedern, nur auf die Wand der Höhle blicken kann. Hier wirft das Licht aber lediglich Schattenbilder ans Gemäuer, unvollständige Abbildungen der »wahren« Gegenstände. Um vom Schatten der »wahren« Dinge zu diesen selbst zu gelangen, muß der

Mensch mit dem Geist wahrnehmen. Lesen wir dazu weiter in Platons »Staat«:
»Selbst die Körper, die die Geometer bilden und zeichnen, wovon es auch Schatten und Bilder im Gewässer gibt, eben diese Körper gebrauchen sie weiter auch nur als Schattenbilder und suchen dadurch zur Schauung eben jener Gedanken-Urbilder zu gelangen, die niemand anders schauen kann als mit dem Auge des Geistes.« Gedanken-Urbilder – das sind Platons »wahre Dinge«: seine »Ideen«.

Platon sah also die Mathematik als ein mächtiges Ideenreich an. Diese übersinnliche Welt tritt auch noch in unserer Zeit in Gestalt mehr oder weniger poetischer Weltbildkonstruktionen entgegen. Das »immaterielle«, das »geistige« Gesicht der mathematischen Gegenstände verleitet offensichtlich dazu, platonische Gedanken nachzuempfinden. Nun sind aber solche ätherischen Begriffsbildungen wissenschaftlich äußerst schwierig zu fassen. Entweder müssen die Fundamente in der Metaphysik oder in der Psychologie gelegt werden. Beides ist nicht nach dem Geschmack der meisten Mathematiker. Von diesem *Grundlagenproblem* der Mathematik wird noch die Rede sein. Die Faszination der Ideenwelt Platons hat selbst manche theoretische Physiker berauscht. So schreibt der Schweizer Physiker Walter Heitler noch Anfang der 60er Jahre: »Irgendwie werden wir nicht dem Schlusse entgehen können, daß auch *außerhalb von uns* etwas Geistiges existiert, ein *geistiges Prinzip,* das sowohl mit den Gesetzen und Geschehnissen der materiellen Welt als auch mit unserer Geistestätigkeit zusammenhängt. Wir werden also an die *Grenze der Metaphysik* geführt.« Da dieser Weg offenbar nicht in die Mathematik hinein, sondern von ihr weg führt, müssen wir eine andere Route einschlagen . . .

Wenden wir uns deshalb wieder den technischen Details in unserer Untersuchung zu: Wir haben bereits andeutungsweise von den *Beweisen* gesprochen, die Axiome und übrige Sätze einer Theorie »als Ketten von logischen Schlüssen« verbinden. Dieses Verknüpfen von Sätzen ist übrigens eines der hervorstechendsten Merkmale jeglichen mathematischen Tuns: Die Sätze dieser exakten Wissenschaft werden *Schritt für Schritt* bewiesen. Schrittweise führt der Beweis von den Axiomen zum behaupteten Satz. Die Aussagekraft des Beweises unterstreicht die treffende Bemerkung des Philosophen und Logikers Ludwig Wittgenstein (1889 bis 1951): *»Wenn du wissen willst, was ein mathematischer Satz sagt, schau, was sein Beweis beweist.«* Auch die vielgestaltige Landschaft der Mathematik versuchte Wittgenstein durch den Beweis zu erläutern: »Die Mathematik ist ein buntes Gemisch von Beweistechniken. Darauf beruht ihre mannigfache Anwendbarkeit und ihre Wichtigkeit.«

Den methodisch klaren Sachverhalt des Beweises Schritt für Schritt wollen wir uns innerhalb einer Disziplin klarmachen, die *»mathematische Logik«* genannt wird. In englischsprechenden Ländern ist die Bezeichnung »symbolische Logik« für diesen grundlegenden mathematischen Erkenntnisbereich gebräuchlicher, der im wesentlichen auf Gedanken von Gottfried Wilhelm Leibniz (1646 bis 1716), Georges Boole (1815–1864) und Gottlob Frege (1848–1925) gegründet ist. Hier wurde der Begriff der *»Variablen«,* den wir schon oft gebraucht haben, präzise festgelegt. (Variablen wurden übrigens schon vom berühmtesten Logiker der Antike in seinen Schriften benutzt, von Aristoteles.) 1903 schrieb der englische Logiker Bertrand Russell (1872–1970) über den Gebrauch von Variablen in dieser bedeutsamen Wissenschaft:
»In der mathematischen Logik wird

jedes Symbol, dessen Bedeutung nicht eindeutig bestimmt ist, eine Variable genannt. Die verschiedenen Bestimmungen, die ihre Bedeutung aufnehmen kann, heißen *Werte der Variablen.* Machen wir etwa eine Aussage über ›Herrn A und Herrn B‹, dann sind ›Herr A‹ und ›Herr B‹ Variablen, deren Werte auf Menschen beschränkt sind.«

In der mathematischen Logik werden aber auch Variablen benützt, die nur durch ganze Sätze sinnvoll ersetzt werden können. Diese Sätze müssen jedoch die Eigenschaft besitzen, *entweder wahr oder falsch zu sein.* Diese Methode bietet den großen Vorteil, daß nun mit beliebigen Sätzen A, B, C operiert werden kann, *ohne auf ihren Inhalt Bezug zu nehmen.* A, B, C werden »Satzvariablen«, meistens *»Aussagenvariablen«* genannt. Da sich außerdem die Bezeichnung *»Aussagenlogik«* im wissenschaftlichen Sprachgebrauch eingebürgert hat, werden wir die Wörter »Satz« und »Aussage« gleichbedeutend (»synonym«) verwenden. Die Aussagenvariable A können wir etwa durch die wahre Aussage (den wahren Satz) »Winston Churchill war ein Zigarrenraucher« sinnvoll ersetzen. Die falsche Aussage (der falsche Satz) »Mexico City ist die Hauptstadt der Sowjetunion« kann an die Stelle der Aussagenvariablen B treten usw.

Natürlich gibt es auch zahlreiche Formulierungen in der Umgangssprache, die weder wahr noch falsch sind: Die Formulierung »Wie spät ist es jetzt?« oder »Wohin fährt diese Straßenbahn?« besitzt wie alle *Fragen* diese Eigenschaft nicht. *Ausrufe* wie »Hilfe, meine Brieftasche!« oder »Hört, hört!« sind genausowenig wahr oder falsch wie *Befehle* »Links um!«, »Holen Sie mir die Akten zu diesem Vorgang!« usw. Trotzdem sind diese sprachlichen Gebilde in ihrem jeweiligen »Sprachspiel« nicht sinnlos. Innerhalb der klassischen Aussagenlogik werden sie jedoch nicht betrachtet. Das gleiche gilt natürlich für die wirklich *sinnlosen Sätze,* die zwar grammatikalisch richtig gebildet sind, aber doch mehr oder weniger Unsinn verkünden: »Rechtwinklige Dreiecke sind liebenswürdiger als Quadrate« ist etwa ein solcher Satz, ein anderer »Der Berliner Funkturm liebt grünen Käse«.

Da uns in der Betrachtungsweise der Aussagenlogik nur interessiert, ob eine beliebige Aussage A wahr oder falsch ist, können wir mit Aussagen operieren, *ohne auf ihren Inhalt zu achten.* Wenn wir im folgenden von einer »Aussage« sprechen, meinen wir ganz konkret das *materielle Zeichen.* Um es noch deutlicher auszudrücken: Gemeint ist innerhalb unseres Buches eine gewisse Anhäufung von Druckerschwärze, in anderen Fällen von Tinte oder Kugelschreiberpaste. Aber auch das Bündel Schallwellen kann damit angesprochen sein, das sich bildet, wenn wir den Satz aussprechen.

Wir können jetzt also sagen: Eine Aussage ist ein *Ausdruck,* der genau dann sinnvoll ist, wenn er den *Sinn* wahr oder falsch besitzt. Keinesfalls dürfen wir dieses materielle Zeichen »Aussage« mit dem verwechseln, was das Zeichen *bedeutet,* was es *meint.* Auf diesen bedeutsamen Unterschied zwischen Sinn und Bedeutung hat Gottlob Frege nachdrücklich hingewiesen. Für uns ist wieder wichtig, daß sich das konkrete Zeichen »Aussage« wie ein Klötzchen behandeln läßt, mit dem wir nach bestimmten Regeln sinnvoll spielen können. Die Aussage ist damit zum *materiellen Transportmittel* für einen Gedanken geworden, zum »Zeichen-Fahrzeug«, wie es der amerikanische Logiker C. W. Morris treffend gekennzeichnet hat: Er spricht vom »sign-vehicle« Aussage.

Dieser durch eine *Definition,* also durch willkürliche Festlegung, durch bloße Verabredung vereinbarte Sprachgebrauch zeugt keineswegs von einer materialistischen Geisteshaltung, sondern ist ganz einfach *zweckmäßig.* Nur wenn die Logiker ihre Aussagen als materielle Gebilde auffassen, können sie mit ihnen so operieren, als seien es Spielklötzchen. Erst dann brauchen sie auf den Inhalt der Aussagen nicht mehr zu achten, können sie alle Aussagen auf die gleiche Weise behandeln. Ein solches »Zeichenspiel« hatte schon der große Mathematiker und Philosoph G. W. Leibniz vorgeschlagen. Aber erst im vorigen Jahrhundert konnte es auf befriedigende Weise verwirklicht werden. Wie kann aber ein solches Spiel mit »sinnentleerten« Aussagen sinnvoll sein? Lassen wir Heinrich Scholz antworten:

»Die neue Logik hat also nichts weniger als ein System von ›sinnlosen‹ Zeichen zur Basis? Diese immer wiederkehrende, gänzlich abwegige Behauptung erledigt sich dadurch mit einem Schlage, daß nur das *Operieren* mit diesen Zeichen – dieses allerdings – so eingerichtet ist, daß man *während* des Operierens mit ihnen an ihre Bedeutung nicht zu denken braucht, ja am besten überhaupt von ihr abstrahiert, damit man sicher ist, nichts erschlichen zu haben, was nur auf inhaltlichen Überlegungen beruht.«

Von zentraler Bedeutung in der mathematischen Logik ist also das Operieren mit beliebigen Zeichen. Nicht *mit* was gespielt, operiert wird, ist zunächst entscheidend, sondern *wie* gespielt wird. Um ein sinnvolles Spiel zu gewährleisten, müssen natürlich klare *Spielregeln* aufgestellt werden. Nur diese Regeln erlauben es, daß mit den Aussagen »gerechnet« werden kann.

Doch beginnen wir unsere Betrachtung vorerst wieder in der Alltagssprache. Hier können einfache Aussagen mit Wörtern wie »und«, »oder«, »wenn, dann«, »weder ... noch«, »nicht« usw. zu komplexeren Aussagen zusammengesetzt werden. Glücklicherweise wird von solchen Verknüpfungen in nicht allzu umfangreichem Maße Gebrauch gemacht. Die Sätze werden sonst leicht unübersichtlich.

Wichtig ist, daß auch in der Umgangssprache sehr häufig Wörter wie »also«, »deshalb«, »darum«, »folglich«, »demnach« usw. gebraucht werden. Offensichtlich drücken sie einen allgemein anerkannten Übergang von zunächst ausgesprochenen oder niedergeschriebenen Sätzen zu einem oder mehreren nachfolgenden Sätzen aus. Damit ist ein stillschweigend angenommener *Verbindlichkeitsanspruch* ausgedrückt: Wer die ersten Sätze anerkennt, die vor dem Wörtchen *»also«* stehen, muß auch die folgenden Sätze anerkennen. Man kann nun die Logik als Wissenschaft von eben jenem »also« auffassen:

»Wenn das Erste, dann das Zweite.
Nun gilt aber das Erste.
Also gilt auch das Zweite.«

So »schlossen« schon im vierten vorchristlichen Jahrhundert die Aristoteles-Schüler Theophrast und Eudemos. »Das Zutrauen zu diesem *Schluß* liegt im Glauben, daß, wenn die ersten beiden Behauptungen nicht irrig seien, es auch die Endbehauptung nicht sei«, kommentierte Bertrand Russell diesen Übergang von zwei wahren Sätzen zu einem weiteren, nun ebenfalls als wahr anerkannten Satz. Recht amüsant ist wieder einmal, was Goethe zu dieser »altehrwürdigen« logischen Regel zu sagen hat, die den Namen *»Modus ponens«* trägt. Im »Faust« doziert sein verkleideter Beelzebub Mephistopheles:

»Der Philosoph, der tritt herein
Und beweist Euch, es müßt' so sein:
Das Erst' wär' so, das Zweite so,
Und drum das Dritt' und Vierte so.
Und wenn das Erst' und Zweit' nicht wär',
Das Dritt' und Viert' wär' nimmermehr.«

Der Philosoph, dem Goethe hier eins auszuwischen versucht, ist natürlich durch die Schule der formalen Logik gegangen. Und Goethe vertrat den Standpunkt, daß Theoretisieren innerhalb einer Wissenschaft nichts mit Abstrahieren zu tun habe.

Fahren wir trotzdem fort in unserem »collegium logicum«: In der Alltagssprache lassen sich einfache Aussagen zu komplexeren Aussagen verknüpfen. Sehr oft läßt sich dabei die Wahrheit oder Falschheit einer derart zusammengesetzten Aussage feststellen, indem wir prüfen, ob die beiden Teilaussagen wahr oder falsch sind. Nehmen wir ein Beispiel: »Wolfgang ist hungrig« und »Peter ist durstig« sind einfache Aussagen, die entweder wahr oder falsch sind. Das wird immer von dem jeweiligen leiblichen Wohlbefinden der beiden abhängen. Für den Logiker aber ist nur wichtig, daß die Aussagen *den Sinn* wahr oder falsch besitzen. Für ihn sind also vier Möglichkeiten von Bedeutung:

1. Die Aussage »Wolfgang ist hungrig« ist wahr.
2. Die Aussage »Wolfgang ist hungrig« ist falsch.
3. Die Aussage »Peter ist durstig« ist wahr.
4. Die Aussage »Peter ist durstig« ist falsch.

Das gleiche können wir nun für beliebige Aussagenpaare A und B formulieren. Der Inhalt einer Aussage interessiert ja den Logiker nicht. Die vier möglichen Fälle von Wahrheit und Falschheit zweier Aussagen A und B sind dann:

1. Die Aussage A ist wahr.
2. Die Aussage A ist falsch.
3. Die Aussage B ist wahr.
4. Die Aussage B ist falsch.

Die verallgemeinerte Situation wollen wir wieder im Baukastenspiel mit Klötzchen darstellen: Nehmen wir zunächst zwei kreisrunde Scheibchen, ein gelbes und ein blaues. Wir können sie noch zusätzlich mit den Buchstaben A und B bedrucken. Diese Buchstaben dienen jedoch nur der besseren Übersicht. Erforderlich wären sie eigentlich nicht, denn durch die verschiedene Färbung der Scheibchen ist eine Verwechslung ausgeschlossen. Wie sollen wir nun aber in unserem Spiel ausdrücken, daß die Aussage A wahr ist? Das läßt sich einfach bewerkstelligen: Wir legen zu dem gelben Scheibchen (A-Scheibchen) ein grünes Dreieck. Um später bei komplexeren Figuren unseres Spiels eine gute Übersicht zu erhalten, legen wir das dreieckige grüne Klötzchen an die untere Stelle des A-Scheibchens. Außerdem lassen wir es mit der Spitze nach oben, zum A-Scheibchen hin, zeigen. Diese einfache Figur aus zwei Bau-

In unserem Baukastenspiel können wir auf einfache Weise ausdrücken, daß die Aussage A wahr bzw. falsch ist. Um es ganz deutlich zu machen, sind die Bausteine mit Buchstaben (A, W, F) bedruckt.

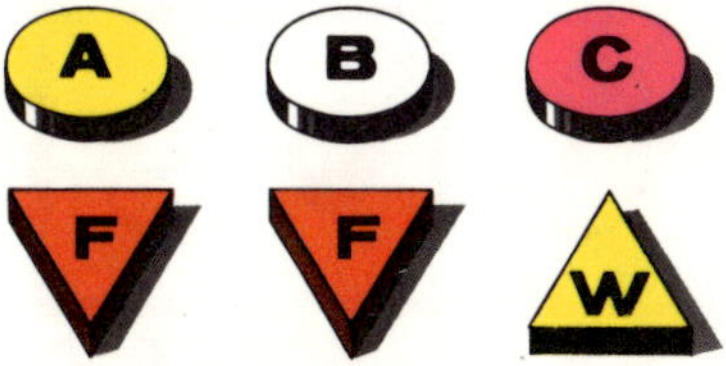

Diese drei einfachen Figuren aus je einem Scheibchen und Dreieck drücken folgende Situationen aus: 1. Die Aussage A ist falsch. 2. Die Aussage B ist falsch. 3. Die Aussage C ist wahr.

steinen spiegelt dann im Spiel die Situation: Die Aussage A ist wahr. Wieder wollen wir der Deutlichkeit halber das Dreieck mit dem Buchstaben W (»wahr«) bedrucken.

Ähnlich einfach können wir verfahren, um auszudrücken, daß A falsch ist: Dieses Mal legen wir zum A-Scheibchen ein rotes Dreieck, das wir mit der Spitze nach unten zeigen lassen. Um es ganz unmißverständlich zu machen, wird dieses Scheibchen auch noch mit einem F (»falsch«) bedruckt. Nun können wir für beliebige Aussagen A, B, C ohne Schwierigkeit ausdrücken, ob sie wahr oder falsch sind: Die A-, B- und C-Scheibchen werden einfach mit je einem grünen W-Dreieck oder je einem roten F-Dreieck zusammengelegt.

Wir wollen nun betrachten, wie die Alltagssprache ihre Aussagen durch bestimmte Wörter verändern kann. Nehmen wir zunächst das unscheinbare Wörtchen *»nicht«*. Wie unterscheidet sich die Aussage »Wolfgang ist hungrig« von der Aussage »Wolfgang ist nicht hungrig«? Nun, ganz offensichtlich *verneint* die zweite Aussage die erste. Nehmen wir also an, die erste Aussage sei wahr, dann müssen wir die zweite als falsch betrachten. Das Wörtchen »nicht« hat die wahre Aussage zu einer falschen gemacht. Genau umgekehrt verhält es sich dann, wenn die Aussage »Wolfgang ist hungrig« falsch ist. Dann wird nämlich »Wolfgang ist nicht hungrig« zur wahren Aussage. »Die ›Wahrheitswerte‹ sind vertauscht worden«, kommentiert der Logiker diese Situation. *»Wahrheitswert«* ist ein Begriff, den G. Frege geprägt hat. In der »klassischen« Aussagenlogik gibt es nur zwei Wahrheitswerte, nämlich wahr und falsch. Allgemein können wir also feststellen: Ist A eine beliebige Aussage, dann ist nicht-A eine Aussage, die den entgegengesetzten Wahrheitswert besitzt: Wahr wird falsch und falsch wird wahr.

Ändert sich auf die geschilderte Weise der Wahrheitswert einer Aussage, wird das Wort, das diesen Vorgang bewirkt, in der Logik eine *»logische Partikel«* genannt. Wenn von einem »logischen Verknüpfungszeichen« oder einem »Junktor« die Rede ist, ist das gleiche Gebilde gemeint. Diese logischen Partikeln sind deshalb neue Bausteine in unserem Legespiel. Durch sie wird die Ausdrucksmöglichkeit des Spiels vergrößert, d. h., wir können nun eine Zahl neuer sinnvoller Figuren legen. Beginnen wir also mit der Verneinung einer Aussage A, die wir »nicht-A« genannt haben. Der Logiker ersetzt das wortsprachliche »nicht-A« durch die Bezeichnung »$\neg$ A«. Im Baukasten verwenden wir ein kleines schwarzes Scheibchen mit dem Zeichen »$\neg$« als logische Partikel der Verneinung oder »Negation« einer Aussage: »$\neg$ A« ist also »nicht-A« zu lesen. Um zu sehen, wie diese logische Partikel den Wahrheitswert einer Aussage ändert, bauen wir in unserem Spiel eine *»Wahrheitstafel«* auf: Sie besitzt zwei Spalten. In der einen stehen die Wahrheitswerte von A, in der anderen die entsprechenden Wahrheitswerte von $\neg$ A. Im Baukastenspiel bedeutet das in diesem Fall: Genau dann, wenn unter dem A-Scheibchen ein W-Dreieck liegt, erscheint unter der Figur, die sich aus dem $\neg$-Scheibchen und dem A-Scheibchen zusammensetzt, also unter dem ¬ A, ein F-Dreieck und umgekehrt.

Um das Wörtchen *»und«* als logische Partikel zu gebrauchen, sind dagegen zwei Aussagen A und B notwendig. Der Wahrheitswert einer Aussage ändert sich bekanntlich nicht, wenn wir lediglich ein »und« vor sie setzen: »Wolfgang ist hungrig« oder »Und Wolfgang ist hungrig« sind völlig gleichwertig. Anders verhält es sich dagegen, wenn wir aus zwei Aussagen A und B die zusammengesetzte Aussage A ∧ B (gelesen »A und B«) bilden.

Betrachten wir wieder unser vertrautes Beispiel: »Wolfgang ist hungrig *und* Peter ist durstig.« Diese zusammengesetzte Aussage ist genau dann wahr, wenn sowohl die erste als auch die zweite Teilaussage wahr ist. Die Bezeichnung »Teilaussage« ist dabei nicht ganz so treffend. Jede dieser beiden Aussagen kann ja für sich selbst stehen. Zunächst hatten wir auch von »einfachen Aussagen« A und B gesprochen. Da es nun jedoch auch einfach gebaute zusammengesetzte Aussagen gibt, wollen wir künftig von »primitiven Aussagen« A und B, kurz von *»Primaussagen«* sprechen. Doch das sei als sprachtechnische Regelung nur nebenbei erwähnt. Kehren wir zur Und-Verknüpfung zweier beliebiger Aussagen A und B zurück. Wir können dann ganz allgemein formulieren:

Die zusammengesetzte Aussage A ∧ B (»A und B«) ist dann und *nur* dann wahr, wenn sowohl A als auch B wahre Primaussagen sind.

Damit ist ausgedrückt, daß alle anderen Kombinationen der Wahrheitswerte, nämlich A wahr und B falsch, A falsch und B wahr, A falsch und B falsch, für A ∧ B den Wert falsch ergeben. Legen wir mit unseren Klötzchen die Wahrheitstafel für den Fall der Und-Verknüpfung:

1. Unter dem A-Scheibchen und dem B-Scheibchen liegt jeweils das W-Dreieck (»A ist wahr, B ist wahr«).

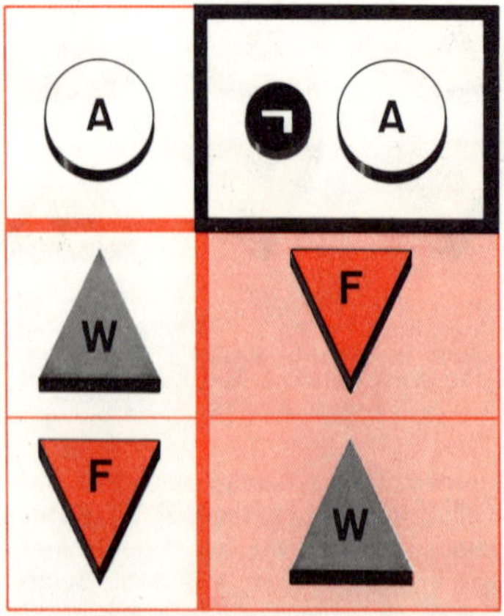

Im Baukasten dient uns ein schwarzes Scheibchen, auf dem das Zeichen »¬« aufgedruckt ist, als logische Partikel für die Verneinung einer Aussage: ¬A wird »nicht-A« gelesen. In der Wahrheitstafel werden einfach die W-Dreiecke und F-Dreiecke vertauscht.

Unsere Spielregel sagt dann für diese Situation: Wird eine Zeichenkombination A-Scheibchen, ∧-Partikel, B-Scheibchen (»A und B«) gebildet, dann muß unter diese Spielfigur ebenfalls ein W-Dreieck gelegt werden (»›A und B‹ ist wahr«).

2. Unter dem A-Scheibchen liegt das W-Dreieck, unter dem B-Scheibchen das F-Dreieck: Dann muß unter die Figur A ∧ B das F-Dreieck gelegt werden.

3. Unter A liegt das F-Dreieck, unter B das W-Dreieck. Auch für diese Situation besagt die Spielregel: Lege unter die Zeichenkombination A ∧ B das F-Dreieck.

4. Sowohl unter A als auch unter B liegt das F-Dreieck. Dann muß auch unter A ∧ B das F-Dreieck gelegt werden.

Die zusammengesetzte Aussage A ∧ B (»A und B«) wird auf diese Weise bei der Wahrheits-Verteilung von wahr und falsch auf die Primaussagen A und B in drei von vier möglichen Fällen falsch. Nur wenn sowohl A

als auch B den Wahrheitswert wahr erhalten, wird auch A ∧ B wahr.
Genau umgekehrt verhält es sich dagegen mit einer anderen aussagenlogischen Verknüpfung: Mit dem Wörtchen *»oder«* läßt sich die zusammengesetzte Aussage »Wolfgang ist hungrig oder Peter ist durstig« bilden. Mit Aussagenvariablen und der entsprechenden logischen Partikel schreibt der Logiker wiederum allgemein: A ∨ B (gelesen »A oder B«). Das Zeichen »∨« für diese Oder-Verknüpfung steht für den ersten Buchstaben des lateinischen Wortel »vel«, das »oder« bedeutet. Die Aussagenverknüpfung A ∨ B ist nun zwar ebenfalls dann falsch, wenn A und B falsch sind, im Gegensatz zur Aussagenverknüpfung A ∧ B jedoch in allen anderen Fällen wahr. Betrachten wir die Wahrheitstafel für die Oder-Verknüpfung mit bloßen Buchstaben als Zeichen:

A	B	A ∨ B
W	W	W
W	F	W
F	W	W
F	F	F

Der alltägliche Sprachgebrauch weicht allerdings häufig von dieser

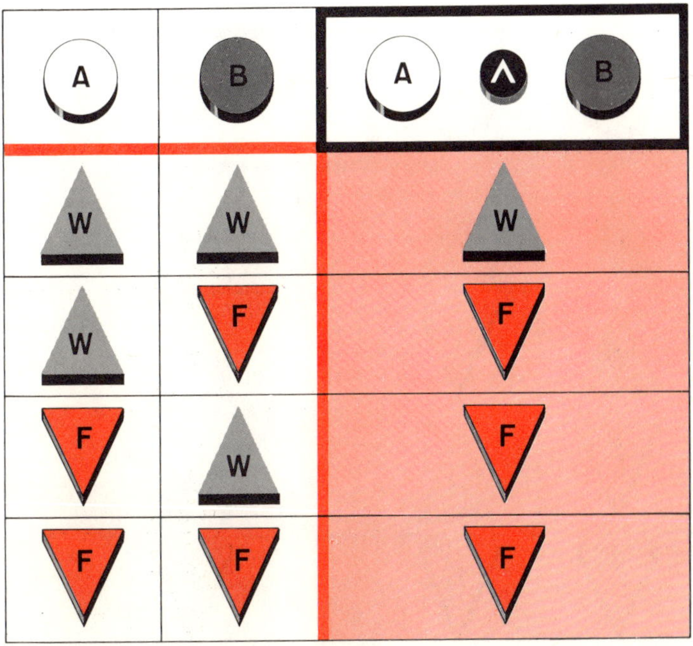

Mit dem Zeichen »∧« können zwei Aussagen A und B verknüpft werden: A∧B wird »A und B« gelesen. Wie die Wahrheitstafel zeigt, hängt die Wahrheit oder Falschheit dieser Verknüpfung ausschließlich davon ab, ob A und B beide wahr, beide falsch oder sowohl wahr als auch falsch sind.

Festlegung in der Aussagenlogik ab: Gewiß wird jedermann die Wahrheit der Aussage »Wolfgang ist hungrig oder Peter ist durstig« dann akzeptieren, wenn *nur eine* der beiden Primaussagen wahr ist. Es muß also entweder Wolfgang hungrig oder aber Peter durstig sein. Während aber der Logiker A ∨ B definitionsgemäß auch dann als wahr betrachtet, wenn sowohl A als auch B wahr sind, legt sich hier die Alltagssprache gar nicht präzise fest: Wir zögern beim obengenannten Beispiel, uns rigoros für wahr oder falsch zu entscheiden, wenn sowohl Wolfgang hungrig als auch Peter durstig ist. Bei einer Aussage wie »Sportler oder Journalisten dürfen das neue Stadion besichtigen« werden wir dagegen auch dann für die Wahrheit der Aussage stimmen, wenn ein aktiv Sport betreibender Pressemann oder ein Sportler mit Journalistenausweis das Stadion betreten hat.

Jetzt haben wir bereits drei Junktoren, drei aussagenlogische Verknüpfungszeichen also, kennengelernt: Das Zeichen »¬« wird einfach »nicht« gelesen. Die anderen Zeichen sind »∧« für »und«, dazu »∨« für »oder«. Während Primaussagen A, B, C entweder wahr oder falsch sind, können wir nun aber mit Hilfe der logischen Partikeln ¬, ∨, ∧ zusammengesetzte Aussagen bilden, die in jedem Fall

A	B	A ∨ B
W	W	W
W	F	W
F	W	W
F	F	F

Die Aussagenverknüpfung A∨B (gelesen »A oder B«) ist genau dann falsch, wenn sowohl A als auch B falsch sind. In allen anderen Fällen ist sie wahr. Mit Hilfe der Wahrheitstafel läßt sich diese Situation klar ausdrücken.

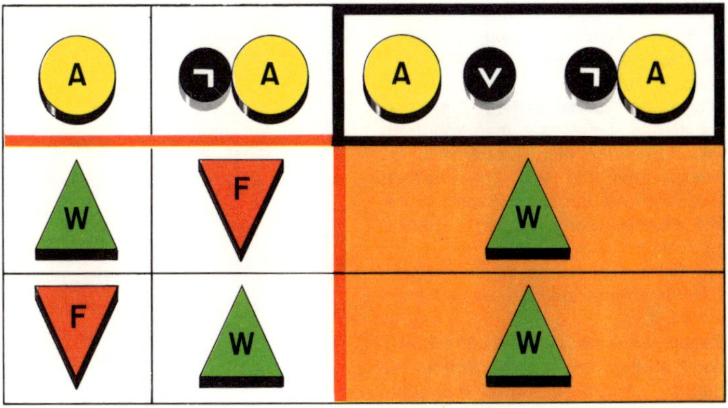

A ∨ ¬A ist eine Aussageform, die immer wahr ist: »A oder nicht-A«. In der hinteren Spalte der Wahrheitstafel erscheinen deshalb nur die grünen W-Dreiecke.

der Wahrheitswert-Verteilung auf A, B, C den Wert wahr ergeben. Zusammengesetzte Aussagen mit dieser bemerkenswerten Eigenschaft werden *»logisch-wahr«* genannt. Betrachten wir dazu eine äußerst einfach gebaute Aussage, die aber eine zentrale Bedeutung in der Aussagenlogik hat: A ∨ ¬ A (»A oder nicht-A«) ist eine logisch-wahre Aussage. Sie ist stets wahr, gleichgültig, ob A den Wert wahr oder falsch besitzt. Man spricht hier vom *Satz vom »ausgeschlossenen Dritten«*. Schauen wir uns zunächst die Wahrheitstafel für die Aussage an:

A	¬ A	A ∨ ¬ A
W	F	W
F	W	W

Die Tafel hat wie die der Verneinung nur zwei Zeilen: Wir operieren zwar mit zwei Partikeln ¬ und ∨, aber nur mit einem Scheibchentyp, den gelben A-Scheibchen nämlich. Wir sehen, daß dieses Mal, im Gegensatz zu allen bisher betrachteten Wahrheitstafeln, in der hinteren Spalte nur das W-Dreieck bzw. der Buchstabe W erscheint. Das heißt aber: *Die Aussage A ∨ ¬ A ist in jedem Fall wahr.* Natürlich lassen sich für die Primaussage A durch Ersetzen der Variablen A zahlreiche einleuchtende Beispiele finden: »Es regnet heute oder es regnet nicht«, »Peter geht ins Kino oder er geht nicht ins Kino«, »Herr Hirnbeiß lebt in München oder er lebt nicht in München« usw.

Auch komplexer zusammengesetzte Aussagen können wir mit ihrer jeweiligen Wahrheitstafel untersuchen. Mit unseren Bauklötzchen und den Regeln für die Grundfiguren ¬ A, A ∧ B, A ∨ B lassen sich diese Tafeln leicht herstellen. Auf diese Weise können wir eindeutig feststellen, ob die zusammengesetzte Aussage logisch-wahr ist oder nicht. Logisch-wahr ist sie genau dann, wenn in der letzten Spalte ihrer Wahrheitstafel nur grüne W-Dreiecke liegen bzw. jeweils nur der grüne Buchstabe W steht. Die Wahrheitstafel kann deshalb als *»Entscheidungsverfahren«* für den Logiker dienen, mit dessen Hilfe er festzustellen vermag, ob eine vorgelegte Aussagenverknüpfung lo-

gisch-wahr (»gültig«) ist, ob sich also in allen möglichen Fällen der Wahrheitswert-Verteilung stets der Wert wahr ergibt.
Wir wollen unter diesem Gesichtspunkt nun die Aussagenverknüpfung »A und B oder: nicht-A oder nicht-B« untersuchen, die wir der klareren Übersicht wegen mit Klammern als Hilfszeichen anschreiben wollen: $(A \wedge B) \vee (\neg A \vee \neg B)$.
Ist diese nun schon etwas größere zusammengesetzte Aussage stets wahr?
Bevor wir zum präzisen Werkzeug der Wahrheitstafel greifen, wollen wir diese Verknüpfung durch ein wortsprachliches Beispiel erläutern:
Ersetzen wir z.B. die Aussagenvariable A durch die Aussage »Die Sonne scheint«, B durch »Kinder spielen im Garten«, so ergibt sich: »Die Sonne scheint, und Kinder spielen im Garten, oder aber: Die Sonne scheint nicht, oder Kinder spielen nicht im Garten.« Es ist mit *inhaltlichen* Überlegungen – wie es denn nun mit der Sonne und den Kindern ist – hier nicht ganz einfach zu entscheiden, ob diese Aussage die Eigenschaft besitzt, immer wahr zu sein. Schwierigkeiten mit dem Wörtchen »oder« kommen hinzu, von denen wir schon gehört haben (s. Seite 41) und vor allem noch hören werden (s. Seite 175). Ganz besonders aber sei nochmals betont, daß inhaltliche Überlegungen in der Logik immer wieder aufs Glatteis führen. Greifen wir also lieber wieder zu den bunten Klötzchen oder den Buchstaben und Zeichen unseres Wahrheitstafel-Spiels: Auf den ersten Blick sehen wir, daß $(A \wedge B) \vee (\neg A \vee \neg B)$ aus zwei Zeichenkomplexen besteht, zwischen denen ein $\vee$-Zeichen steht. Wenn wir unsere Wahrheitstafel schrittweise aufbauen, nehmen wir zunächst den ersten Zeichenkomplex in der vorderen Klammer. Die Tafel für die Und-Verknüpfung kennen wir ja bereits (s. Abb. Seite 41):

(1)

A	B	$A \wedge B$
W	W	W
W	F	F
F	W	F
F	F	F

Um für die Zeichenfolge in der zweiten Klammer die Tafel der W- und F-Zeichen zu legen, erinnern wir uns an die Wahrheitstafel der Verneinung (s. Seite 40) und der Oder-Verknüpfung (s. Seite 42). Beide zusammen ergeben schließlich folgende Tafel:

A	B	$\neg A$	$\neg B$	$\neg A \vee \neg B$
W	W	F	F	F
W	F	F	W	W
F	W	W	F	W
F	F	W	W	W

Nun brauchen wir nur noch die Oder-Verknüpfung von $A \wedge B$ (1) und $\neg A \vee \neg B$ (2) in der endgültigen Wahrheitstafel herstellen:

(1)	(2)	$(A \wedge B) \vee (\neg A \vee \neg B)$
W	F	W
F	W	W
F	W	W
F	W	W

Unsere Prüfung mit der Wahrheitstafel-Methode ist also positiv ausgefallen: Die Tafel zeigt uns, daß die Aussagenverknüpfung oder *»Aussageform«* $(A \wedge B) \vee (\neg A \vee \neg B)$ wie die bereits untersuchte Aussageform $A \vee \neg A$ immer wahr, also logisch-wahr ist. Diese Art der Aussagenverknüpfung ist stets wahr, ganz gleich, ob die in ihr vorkommenden Primaussagen A und B beide falsch, beide wahr oder die eine wahr und die andere falsch ist. Die Aussageform ist »allgemeingültig«.

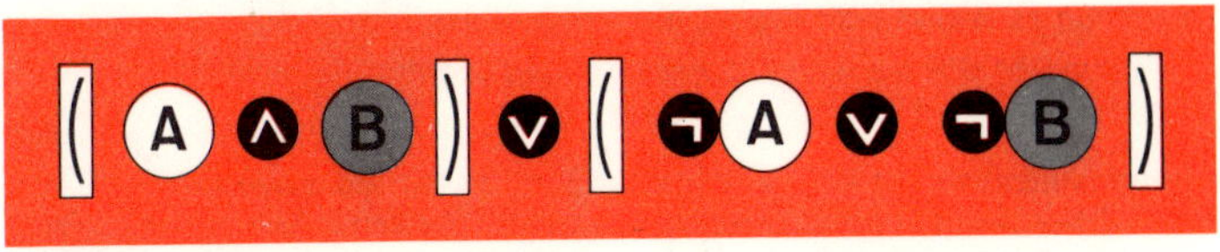

Auch diese etwas komplexere Aussagenverknüpfung mit den drei Zeichen »∧«, »∨« und »¬« stellt sich als immer wahre, also logisch-wahre Aussageform heraus. Die Wahrheitstafel dient dafür als Entscheidungsverfahren.

Was jedoch haben wir mit der Erkenntnis gewonnen, daß die Aussagenverknüpfungen allgemeingültig sind, daß sie »immer wahr« sind? Ganz gewiß liefern solche Aussageformen kein Wissen über die Wirklichkeit, die uns umgibt: »Ich weiß nichts über das Wetter, wenn ich weiß, daß es regnet oder nicht regnet.« So hat es Ludwig Wittgenstein erläutert. Aber die *mathematische Logik ist* ja *keine Naturwissenschaft.* Für sie ist die (logische) Wahrheit der Aussage »Es regnet *oder* es regnet *nicht*« allein durch die logischen Partikeln »oder« und »nicht« wesentlich bestimmt. Es ist ja eine zusammengesetzte Aussage: Die Primaussage »Es regnet« wird mit ihrer Verneinung »Es regnet *nicht*« durch die Oder-Verknüpfung verbunden. Diese Primaussage »Es regnet« ist natürlich nicht immer wahr. Wenn es nämlich nicht regnet, ist sie falsch. Genau umgekehrt verhält es sich mit der verneinten Aussage »Es regnet *nicht*«. In beiden Aussagen kommt also der Ausdruck »es regnet« *wesentlich* vor: Je nachdem, ob es nun tatsächlich regnet oder nicht regnet, kehrt sich der Wahrheitswert der Aussage um. Im einen Fall ist er wahr, im anderen Fall falsch bzw. umgekehrt.

Dagegen ist die scheinbar triviale zusammengesetzte Aussage »Es regnet oder es regnet nicht« in jedem Fall wahr. Sie kann niemals falsch sein. Das gilt übrigens für die Aussage*form* in gleicher Weise: Während wir in der Aussage »Es regnet nicht« den Ausdruck »es regnet« nicht stets durch Ausdrücke wie »es schneit«, »es blitzt« oder »es hagelt« ersetzen können, ohne den Wahrheitswert zu verändern – es kann ja schneien, blitzen oder hageln, wenn es nicht regnet –, entsteht bei der zusammengesetzten Aussage stets wieder eine wahre Aussage:

»Es regnet *oder* es regnet *nicht*« ist wahr.

»Es schneit *oder* es schneit *nicht*« ist wahr.

»Es hagelt *oder* es hagelt *nicht*« ist wahr, usw.

In diesen Aussagen kommen eben nur die beiden logischen Partikeln wesentlich vor. Ausdrücke wie »es regnet«, »es schneit« usw. sind hier unwesentlich.

Solche stets wahren (logisch-wahren) Aussageformen wie A ∨ ¬A sind von unmittelbarer Bedeutung für das *Beweisverfahren des logischen Schließens*, das wir im folgenden kennenlernen werden. Es kommt dabei nicht nur darauf an, »daß man sich von der Wahrheit des Schlußsatzes überzeuge, sondern man muß sich auch zum Bewußtsein bringen, wodurch diese Überzeugung gerechtfertigt wird«, erläuterte der Mathematiker G. Frege: »Dazu sind feste Geleise erforderlich, in denen sich das Schließen bewegen muß, und solche sind in den Wortsprachen nicht ausgebildet.«

1.3 »Wenn es regnet oder regnet, dann regnet es«

Axiom und Beweis in der mathematischen Logik

»Der Mathematiker ist ein Hersteller von Schemata«, sagt der englische Vertreter der »exakten Zunft« G. H. Hardy. »Er interessiert sich in erster Linie für Strukturen«, drückt es sein deutscher Kollege Hans Hermes aus. Der Gehalt dieser Behauptungen ist uns nun schon ziemlich deutlich vor Augen geführt worden: Wir haben erkennen können, daß David Hilbert mit seiner Präzisierung der modernen Mathematik, die wir mit dem Schlagwort *»Mathematik als Wissenschaft der formalen Systeme«* kennzeichnen wollen, einen durchaus einsichtigen Standpunkt geschaffen hat, um die verschiedenen Gebiete der mathematischen Forschung zu betrachten. »Man muß jederzeit anstelle von ›Punkten, Geraden, Ebenen‹ ›Tische, Stühle, Bierseidel‹ sagen können«, soll Hilbert gesagt haben. Dieser Feststellung sind wir im Rahmen unserer Betrachtung der geometrischen Axiome nachgegangen. Wir haben angedeutet, wie ein »Caféhaus-Modell« des Axiomensystems aussehen könnte, das Hilbert für die Euklidische Geometrie entworfen hat. Die Gegenstände, »Dinge« oder »Elemente«, wie Hilbert sagte, können ja nach Belieben gewählt werden. Ihre »Eigenschaften« werden allerdings durch die Satzgerüste der Axiome festgelegt, nämlich, daß es zu zwei Punkten stets eine Gerade, zu zwei Stühlen im Restaurant stets einen Tisch gibt usw. Der Theoretiker muß nur »sämtliche Axiome als Beziehungen zwischen den Dingen annehmen«. So schrieb Hilbert an Frege: »Dann gelten die Sätze, z.B. der ›Pythagoras‹, auch von diesen Dingen. Mit anderen Worten: Eine jede Theorie kann stets auf unendlich viele Systeme von Grundelementen angewandt werden.«

Auch in der mathematischen Logik konnten wir ein gutes Bild vom »formalen Denken« des Mathematikers und Logikers bekommen. Nicht auf den Inhalt von Aussagen, sondern auf die Art ihrer Verknüpfung wird zunächst das Augenmerk gerichtet, auf die »Aussage*formen*«. Deshalb spricht man auch von den »Formalwissenschaften« Mathematik und »formale« Logik. Um nicht allzusehr in psychologische oder metaphysische Gebilde abzuirren, haben wir die Methode dieser Wissenschaften als Klötzchenspiel betrachtet, bei dem mit Hilfe von einfachen Bausteinen verhältnismäßig komplexe Figuren gelegt werden können. Unsere Aussagen wurden zu ganz konkreten materiellen Gebilden, zu Druckbuchstaben oder Scheibchen verschiedener Färbung. In der Wahrheitstafel haben wir den A- und B-Scheibchen W- und F-Dreiecke zugeordnet.

Die Wahrheitstafel haben wir auch als sehr einfaches Instrument kennengelernt, um die logisch-wahren Aussagen zu erkennen. Immer wenn in der letzten Spalte der Tafel nur W-Dreiecke bzw. lauter W-Buchstaben

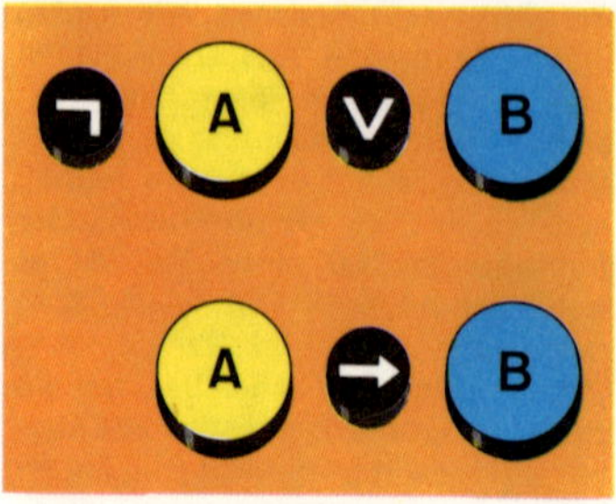

»Das Symbol $A \rightarrow B$ meint nichts anderes als $\neg A \vee B$ und bezeichnet keinen darüber hinausgehenden Zusammenhang zwischen den Aussagen A und B«, schrieb Hermann Weyl.

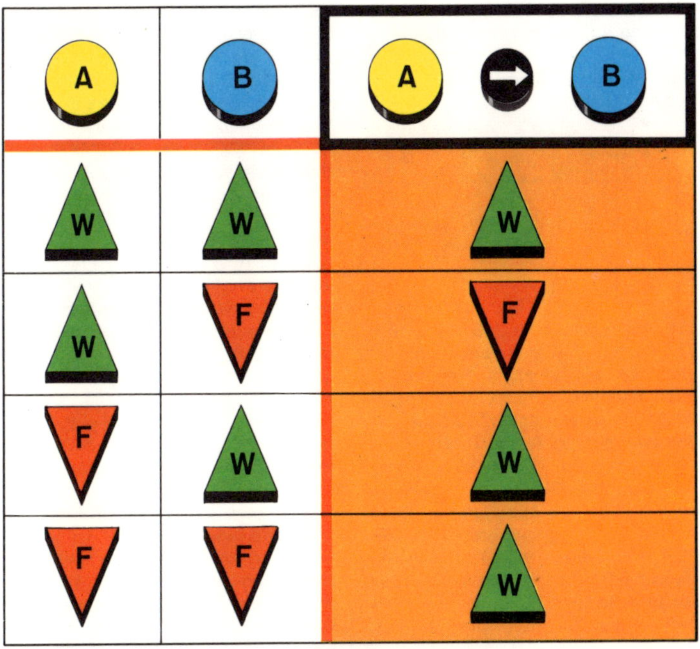

Die Aussageform A → B (»Wenn A, dann B«) ist nur genau dann falsch, wenn A wahr und B falsch ist. In allen anderen Fällen ist A → B wahr.

zu finden sind, ist das der Fall. Diese Methode wird *»Entscheidungsverfahren«* genannt. Um die *axiomatische Methode* nun weiter zu analysieren, müssen wir den Begriff des Beweises ausführlicher betrachten. Es wurde schon festgestellt, daß durch Beweise die Axiome und übrigen Sätze einer Theorie »als Kette von logischen Schlüssen« verbunden werden. Diese Verkettung wird durch das Wörtchen *»also«* ausgedrückt. Bisher haben wir uns ja nur mit den Wörtern »nicht«, »und«, »oder« beschäftigt. Wie wir sehen werden, genügt für das »also« leider nicht eine einzige weitere Wahrheitstafel.

Um den *logischen Schluß* begreiflich zu machen, ist es zunächst einmal zweckmäßig, die Aussageform $\neg A \vee B$ (»nicht-A oder B«) mit Hilfe folgender Zeichenreihe auszudrücken: »$A \rightarrow B$«. Diese Verknüpfung $A \rightarrow B$ ist zu lesen: »Wenn A, dann B«. Mit dieser anderen Schreibweise ist keine neue Erkenntnis gewonnen. Es wird lediglich festgesetzt, daß die Aussageform $A \rightarrow B$ definitorisch gleich der Aussageform $\neg A \vee B$ ist. H. Weyl kommentierte dieses Vorgehen: »Das Symbol $A \rightarrow B$ meint nichts anderes als $\neg A \vee B$ und bezeichnet keinen darüber hinausgehenden tieferen Zusammenhang zwischen den Aussagen A und B.« Die logische Partikel $\rightarrow$ drückt also die Wenn-dann-Verknüpfung zweier Aussagen aus. Die Wahrheitstafel von $A \rightarrow B$ entspricht also genau der von ¬ A ∨ B, die wir ohne Schwierigkeiten bilden können, wenn wir noch einmal die Wahrheitstafeln Seite 40 und Seite 42 betrachten:

A	B	¬ A	¬ A ∨ B
W	W	F	W
W	F	F	F
F	W	W	W
F	F	W	W

Die Aussageform A → B (was, wie dargelegt, ¬ A ∨ B bedeutet) ist also nur ein einziges Mal falsch, dann nämlich, wenn A wahr und B falsch ist. In den anderen Fällen der »Belegung« von A und B mit Wahrheitswerten ist A → B eine wahre Aussageform. Die Wahrheitstafel in unserer farbigen Abbildung (s. Seite 47) entspricht genau der Tafel für ¬ A ∨ B. Was ist aber nun so zweckmäßig an der Tatsache, daß wir anstelle des Ausdrucks »¬ A ∨ B« den etwas kürzeren »A → B« verwenden? Dafür, daß wir nun statt zweier logischer Partikeln nur noch eine einzige in der »Formel« haben, lohnt sich diese Schreibweise doch nicht! Bevor wir aber ein zu vorschnelles Urteil abgeben, wollen wir scharf nachdenken:

1. Die Aussageform A → B ist dann und nur dann falsch, wenn A wahr und B falsch ist.
2. Es gibt nur noch eine einzige weitere Möglichkeit, die Wahrheitswerte so zu verteilen, daß A wahr ist, dann nämlich, wenn auch B wahr ist (vgl. dazu die erste Zeile in der Wahrheitstafel für A → B).
3. Ist also die zusammengesetzte Aussage A → B wahr und ist außerdem die Primaussage A wahr, dann können wir auch behaupten, daß B wahr ist.

Aus der Gültigkeit der Aussageform A → B und der Gültigkeit der Aussage, die vor dem Pfeil steht, kann also auf die Aussage hinter dem Pfeil *geschlossen* werden. Erinnern wir uns an die logische Regel der Aristoteles-Schüler Theophrast und Eudemos, die in der Logik unter dem Namen »Modus ponens« bekannt ist (s. Seite 37). Diese Regel läßt sich also auf die logische Wahrheit von Aussagen zurückführen. Eine Bezugnahme auf den Inhalt der Aussagen ist überflüssig. Weil auf die Aussage geschlossen wird, die hinter dem Pfeil »→« steht, wollen wir sie *»Abtrennungsregel«* nennen.

Die Aussageform haben wir nun ausführlich als Zeichenreihen kennengelernt, in denen Aussagenvariablen A, B, C und Verknüpfungszeichen (Junktoren) ¬, ∧, ∨, → auftreten. In unserem Klötzchenspiel bilden sie mehr oder weniger langgestreckte Figuren aus aneinandergereihten bunten und schwarzen Scheibchen. Diese Aussageformen, bei denen der Inhalt der Aussagen wirklich ohne Bedeutung ist, können auch *»Formeln«* genannt werden. Die präzisere Bezeichnung wäre zwar »junktorenlogische Formel«, aber diesen langen Ausdruck wollen wir uns ersparen. Was wir also bisher mehr oder weniger »spielend« kennengelernt haben, sind die berüchtigten Formeln der Lehrbücher, die vielen Menschen so großes Kopfzerbrechen bereiten.

Wir haben unterscheiden gelernt zwischen einer Aussage und einer Aussageform oder Formel. Aussagen haben wir durch Aussagenvariablen A, B, C angedeutet. Dadurch konnten wir allgemein von einer Aussage A oder einer Aussage B sprechen. Auf die gleiche allgemeine Weise wollen wir aber nun auch von Formeln wie A ∨ ¬ B, B → C, (A ∨ B) ∧ C usw. sprechen. Das läßt sich leicht durchführen, wenn wir diese Aussageformen durch die Variablen $\mathfrak{A}$, $\mathfrak{B}$, $\mathfrak{C}$ andeuten, die nur durch Aussageformen sinnvoll ersetzt werden können.

Eine Variable 𝔄 kann also durch die Formel B ∨ C ebenso sinnvoll ersetzt werden wie die Variable A durch die Aussage »2 + 3 = 5«. Im Baukasten verwenden wir für diese Variablen quadratische Scheibchen, die wir mit den Buchstaben 𝔄, 𝔅, ℭ bedrucken. Mit Hilfe dieser »Formelvariablen« können wir die Abtrennungsregel allgemein formulieren:
𝔄 und 𝔄 → 𝔅 sind wahre Aussageformen.
Also ist auch 𝔅 eine wahre Aussageform.
Diese logische Grundregel ist der »Modus ponens« in modernerer Gestalt. Mit dieser Abtrennungsregel können dann die Axiome einer Theorie mit den anderen »gültigen« Sätzen der Theorie verknüpft werden. Es waren übrigens erst die mathematischen Logiker des 19. und 20. Jahrhunderts, die den Begriff des Beweises oder logischen Schlusses präzise definierten. Natürlich beweisen bereits die altgriechischen Mathematiker, die Logiker des Mittelalters, die Mathematiker und Physiker seit Galilei und Newton die Sätze ihrer Theorien. Aber »was wir eigentlich tun, wenn wir schließen, wissen wir, soweit wir es pünktlich wissen, erst durch die mathematische Logik«, erläuterte Heinrich Scholz in seinem großartigen Büchlein »Abriß der Geschichte der Logik« (1931).
Wir wollen nun anhand eines verhältnismäßig kurzen Beweises den Mechanismus eines logischen Schlusses in allen Einzelheiten betrachten. Dazu brauchen wir zunächst ein *»Axiomensystem«.* Die beiden Mathematiker Alfred N. Whitehead (1861 bis 1947) und Bertrand Russell (1872 bis 1970) haben zu Beginn unseres Jahrhunderts ein monumentales Werk über die Fundamente der mathematischen Wissenschaft verfaßt, die »Principia Mathematica«. In drei stattlichen Bänden erschien diese umfassende Studie zwischen 1910

Aussageformen können durch Variablen 𝔄, 𝔅, ℭ angedeutet werden. Im Baukasten verwenden wir für sie quadratische Klötzchen. Mit ihrer Hilfe kann die Abtrennungsregel ganz allgemein ausgedrückt werden.

und 1913. Die aussagenlogischen Axiome aus den »Principia Mathematica« sind sehr einsichtig. Deshalb wollen wir sie zu unserer Demonstration benützen.
Für die Formel A ∨ ¬ A haben wir mit Hilfe der Wahrheitstafel festgestellt, daß sie logisch-wahr, also gültig ist. Eine solche Formel kann also *behauptet* werden. Um Aussageformen solcher Art vor den anderen auszuzeichnen, die diese Eigenschaft nicht besitzen, wollen wir das Zeichen »⊢« vor die gültige Formel setzen. Nach G. Frege wird dieses Zeichen *»Behauptungszeichen«* genannt. ⊢ A ∨ ¬ A kann also so gelesen werden: »A oder nicht-A ist eine logisch-wahre Formel« oder einfach »Es gilt: A oder nicht-A«. Wir schreiben deshalb auch die unbewiesenen, selbstverständlichen Formeln der Axiome mit diesem Behauptungszeichen. Besonders kritische Leser können zur Kontrolle die Wahrheitstafeln für die Axiome herstellen. Es wird sich immer die logische Wahrheit herausstellen.
Axiom 1: ⊢ A ∨ A → A
»Es gilt: Wenn A oder A, dann A.«

Diese Behauptung einer Aussageform leuchtet unmittelbar ein, wie zahlreiche Beispiele zusammengesetzter Aussagen belegen können: »Wenn es regnet oder regnet, dann regnet es«, »Wenn Peter durstig oder durstig ist, dann ist er durstig« usw.

Axiom 2: ⊢ A → A ∨ B

»Es gilt: Wenn A, dann A oder B.« Wenn wir behaupten »Es regnet«, dann können wir auch behaupten »Es regnet oder schneit«. Die Aussage ist nur »abgeschwächt«.

Axiom 3: ⊢ A ∨ B → B ∨ A

»Es gilt: Wenn A oder B, dann B oder A.« Bleiben wir auch in diesem Fall beim Beispiel von Axiom 2. »Wenn es regnet oder schneit, dann schneit oder regnet es.«

Axiom 4: ⊢ (B → C) → (A ∨ B → A ∨ C)

»Es gilt: Wenn B, dann C, dann auch: Wenn A oder B, dann A oder C.« Dieses Axiom erscheint nur beim ersten Anblick ein wenig kompliziert. Mit Hilfe eines Beispiels werden aber die Zweifel genommen: Wenn wir behaupten »Wenn es regnet (B), dann ist der Himmel grau (C)«, dann können wir auch behaupten »Wenn es schneit (A) oder regnet (B), dann schneit es (A) oder der Himmel ist grau (C)«.

Am besten für das Verständnis der Logik und um einen »sicheren Blick« für Formeln zu gewinnen ist es jedoch, sich von solchen inhaltlichen Beispielen möglichst freizumachen. Das wichtigste Merkmal einer solchen Formel oder Aussageform ist ja ihre Struktur. Und diese Struktur wird ausschließlich durch Verknüpfungszeichen bestimmt. Unsere farbige Abbildung der Axiome als Legefiguren ist ein weit besseres und der Sache dienlicheres Hilfsmittel. Unser Klötzchenspiel hilft uns auch am besten weiter, wenn wir die beiden *Regeln* betrachten, die zu den vier Axiomen hinzukommen. Die erste Regel wird *»Einsetzungsregel«* genannt.

Regel 1: Von der Aussageform $\mathfrak{A}$ – wir erinnern uns: Aussageform meint dasselbe wie Aussageverknüpfung – können wir zur Aussageform $\mathfrak{B}$ übergehen, wenn $\mathfrak{B}$ aus $\mathfrak{A}$ derart hervorgeht, daß eine oder mehrere Aussagevariablen überall dort,

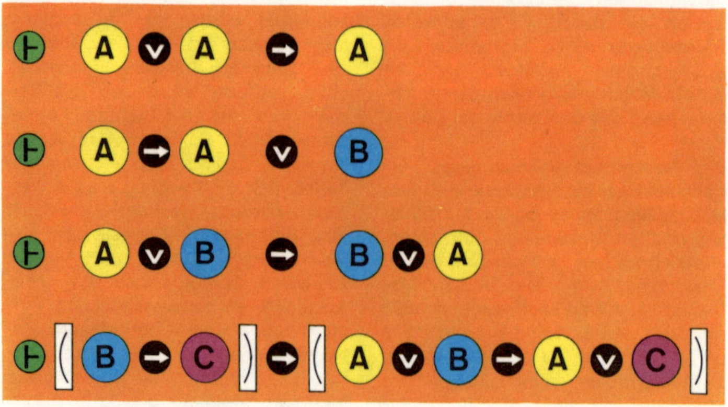

Das Axiomensystem für die Aussagenlogik der Russell-Whiteheadschen »Principia Mathematica« können wir mit Hilfe eines zusätzlichen Baustein-Typs legen: Das jeweils vorangestellte grüne Scheibchen trägt das Fregesche Behauptungszeichen »⊢«.

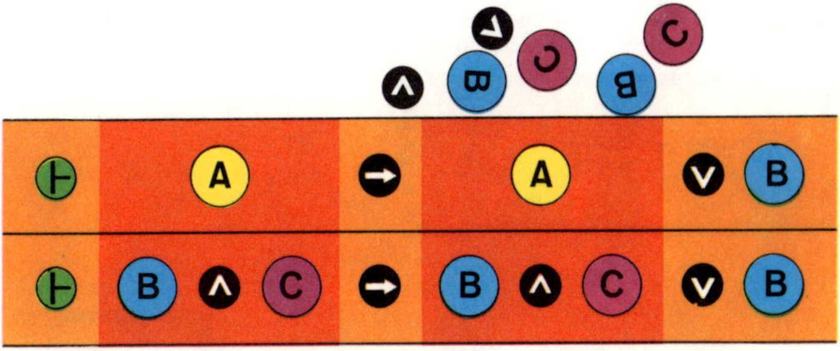

Die Einsetzungsregel der Aussagenlogik wird im Baukasten-Spiel leicht verständlich: Aus der Aussageform $\mathfrak{A}$ (oben) entsteht durch regelgerechten Klötzchenaustausch die Aussageform $\mathfrak{B}$ (unten).

wo sie in $\mathfrak{A}$ auftreten, durch die gleiche einfache oder zusammengesetzte Aussage ersetzt werden.
Das klingt zunächst wieder ziemlich kompliziert, weil es ganz allgemein formuliert ist. Aber zu solchen allgemeinen Formulierungen sind die Logiker und Mathematiker verpflichtet. Wir wollen uns jedoch wieder mit einem Beispiel helfen. Dieses Mal allerdings greifen wir zu den Scheibchen unseres Baukastens. Dabei werden wir merken, daß diese Einsetzungsregel nichts anderes ist als eine äußerst einfache *Spielregel* für unser Klötzchenspiel. Nachdem wir das Fregesche Behauptungszeichen »$\vdash$« kennengelernt haben, das wir als grünes, mit diesem Zeichen bedrucktes Scheibchen in den Baukasten aufnehmen wollen, brauchen wir die W-Dreiecke nicht mehr.
Nehmen wir an, aus den Spielklötzchen sei folgende Figur gelegt worden: grünes $\vdash$-Scheibchen, gelbes A-Scheibchen, schwarzes $\rightarrow$-Scheibchen, gelbes A-Scheibchen, schwarzes $\vee$-Scheibchen, blaues B-Scheibchen. Das ist dann unser Axiom 2 aus den »Principia Mathematica«. In Schriftzeichen angeschrieben:
$\vdash A \rightarrow A \vee B$.
Die Einsetzungsregel als Spielregel besagt nun nichts weiter als das: Nimmst du das A-Scheibchen aus der Reihe der Klötzchen und ersetzt es durch eine andere sinnvolle Legefigur, dann mußt du diese Figur auch überall dort einsetzen, wo ein anderes A-Scheibchen liegt. Das A-Scheibchen wird in jedem Fall aus der Figur herausgenommen. Wollen wir also in unserer Figur, die ein Bild der Formel $\vdash A \rightarrow A \vee B$ gibt, das A-Scheibchen durch die Klötzchenfolge B-Scheibchen, $\wedge$-Scheibchen, C-Scheibchen $(B \wedge C)$ ersetzen, so ergibt sich folgendes neues Bild:
Aus $\vdash A \rightarrow A \vee B$ wird
$\vdash (B \wedge C) \rightarrow (B \wedge C) \vee B$.
In unserer Abbildung wird diese Einsetzung schließlich völlig klar. Neben dieser Einsetzungsregel, auch »Substitutionsregel« genannt, müssen wir die bereits vertraute Abtrennungsregel benützen:
Regel 2: Wenn $\mathfrak{A}$ und $\mathfrak{A} \rightarrow \mathfrak{B}$ gilt, dann ist auch $\mathfrak{B}$ gültig.
Ersetzen wir also in einem Beispiel die Variable $\mathfrak{A}$ durch die Aussage C und die Variable $\mathfrak{B}$ durch die Aussageform $C \vee D$. Aus $\vdash C$ und $\vdash C \rightarrow C \vee D$ folgt dann $\vdash C \vee D$.
Mit Hilfe dieser beiden Regeln können wir nun alle bedeutsamen logisch-wahren Aussageformen Schritt für Schritt aus den Axiomen gewinnen. Die Verknüpfung von Axiomen mit der Formel ist der Beweis. In

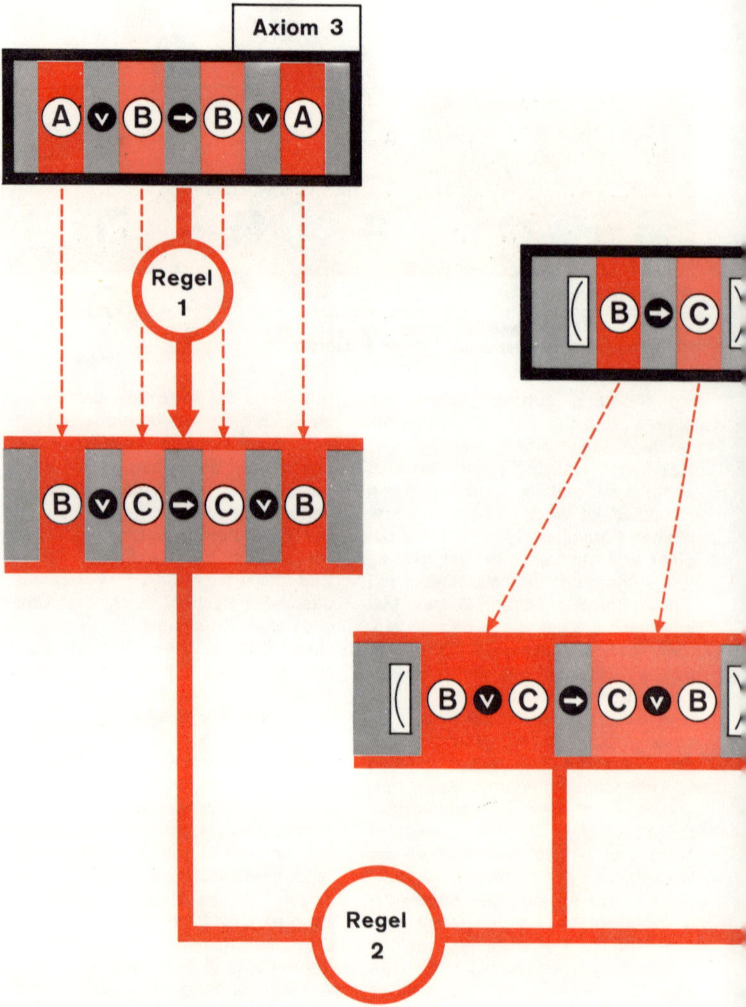

den »Principia Mathematica« steht etwa folgende Aussageform:

$\vdash A \vee (B \vee C) \rightarrow A \vee (C \vee B)$

Daß diese Formel gültig ist, leuchtet eigentlich schon bei flüchtiger Betrachtung ein. Daß sie jedoch logisch-wahr ist, müssen wir erst beweisen. Wie sieht dieser Beweis aus? Schritt für Schritt müssen wir dabei vorgehen. Auf welches Axiom können wir die Formel zurückführen? Das ist die erste Frage, die wir uns

Die gültige Formel ⊢ A ∨ (B ∨ C) → A ∨ (C ∨ B) wird durch die »Beweisfäden« der Einsetzungs- und Abtrennungsregel mit den Axiomen 3 und 4 verknüpft.

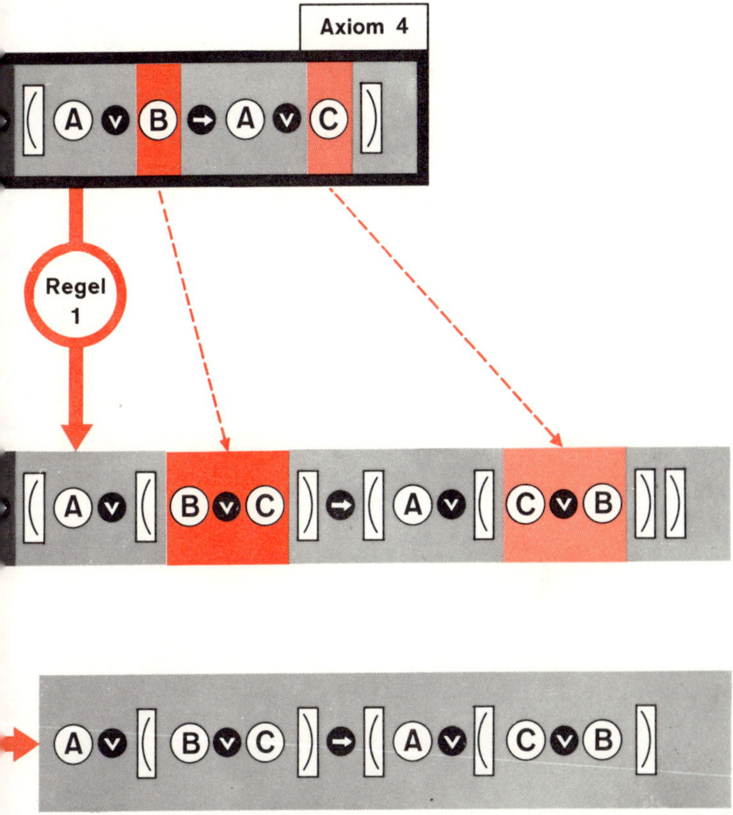

stellen müssen. Mit Axiom 1 und 2 scheint die Aussageform nicht vieles gemeinsam zu haben. Unverkennbar ist die Ähnlichkeit mit Axiom 3. Versuchen wir es also mit der Einsetzungsregel (Regel 1) und Axiom 3.

1. Wir wählen Axiom 3 und ersetzen nach Regel 1 A durch B und B durch C. Dann sieht unsere erste Formel so aus:

⊢ B ∨ C → C ∨ B

2. Die eben gewonnene Formel ist

von ähnlicher Struktur wie die Aussageform, die in Axiom 4 in der hinteren Klammer steht. Ersetzen wir deshalb in Axiom 4 nach der Regel 1 B durch $B \vee C$ und C durch $C \vee B$. Die bewiesene Formel sieht so aus:

$\vdash (B \vee C \rightarrow C \vee B)$
$\rightarrow (A \vee (B \vee C) \rightarrow A \vee (G \vee B))$

3. Jetzt ist es ganz einfach, zur behaupteten Aussageform zu kommen: Aus $\vdash B \vee C \rightarrow C \vee B$, das wir im ersten Schritt bewiesen haben, und der im zweiten Schritt bewiesenen Formel $\vdash (B \vee C \rightarrow C \vee B) \rightarrow (A \vee (B \vee C) \rightarrow A \vee (C \vee B))$, können wir mit der Abtrennungsregel auf die behauptete Formel $\vdash A \vee (B \vee C) \rightarrow A \vee (C \vee B)$ schließen.

Mit Hilfe unserer zweiseitigen Abbildung können wir diesen Schritt im Beweisgang deutlich verstehen: Bekanntlich gestattet die Regel 2 den Schluß von einer beliebigen Aussageform $\mathfrak{A}$ und der Verknüpfung zweier Aussageformen $\mathfrak{A} \rightarrow \mathfrak{B}$ auf die Gültigkeit von $\mathfrak{B}$. Wird also im vorliegenden Fall die Variable $\mathfrak{A}$ durch die Formel $B \vee C \rightarrow C \vee B$ ersetzt, die wir durch Anwendung der Regel 1 auf das Axiom 3 gewonnen haben, dann können wir die durch Anwendung der Regel 1 auf Axiom 4 gewonnene Formel $(B \vee C \rightarrow C \vee B) \rightarrow (A \vee (B \vee C) \rightarrow A \vee (C \vee B))$ als Verknüpfung zweier Aussageformen $\mathfrak{A} \rightarrow \mathfrak{B}$ deuten: Der erste Klammerausdruck entspricht ja genau der aus Axiom 3 gewonnenen Formel. Also kann die Variable $\mathfrak{B}$ sinnvoll durch $A \vee (B \vee C) \rightarrow A \vee (C \vee B)$ ersetzt werden. Ihre Gültigkeit ist damit nach der Regel 2 bewiesen.

Haben wir auf diese Weise eine unumstößliche, »absolute« Wahrheit gewonnen? Sieht so ein Blick ins Platonische Reich der ewigen, unveränderlichen Ideen aus? Wir können es auch anders, nüchterner betrachten: »Sieh den Beweis nicht als einen Vorgang an, der dich *zwingt,* sondern der dich *führt*«, hat Ludwig Wittgenstein einmal gesagt. Und »es ist ein eigentümliches Vorgehen: daß ich den Beweis *durchlaufe* und dann sein Ergebnis annehme. – Ich meine: So *machen* wir es eben. Das ist so bei uns der Brauch, oder eine Tatsache der Naturgeschichte ...«

2. Mathematik als Tätigkeit

2.1 Ein mathematischer »Strickstrumpf«

Betrachtungen über Kalküle

Mit dem Beweis einer größeren Aussagenverknüpfung haben wir feststellen können, daß unser Spiel mit den Schriftzeichen (Buchstaben) oder mit den farbigen Klötzchen des Baukastens nun schon sehr leistungsfähig geworden ist. Wir haben das Vorgehen des beweisenden Logikers ausführlich beobachtet. Weitere Beispiele von Beweisen können wir uns damit ersparen. Der *Beweismechanismus* für die Formel $\vdash A \vee (B \vee C) \rightarrow A \vee (C \vee B)$ zeigt uns die Verkettung einer Formel mit den Axiomen schon sehr gut: Wir müssen zwei Axiome auswählen, Axiom 3

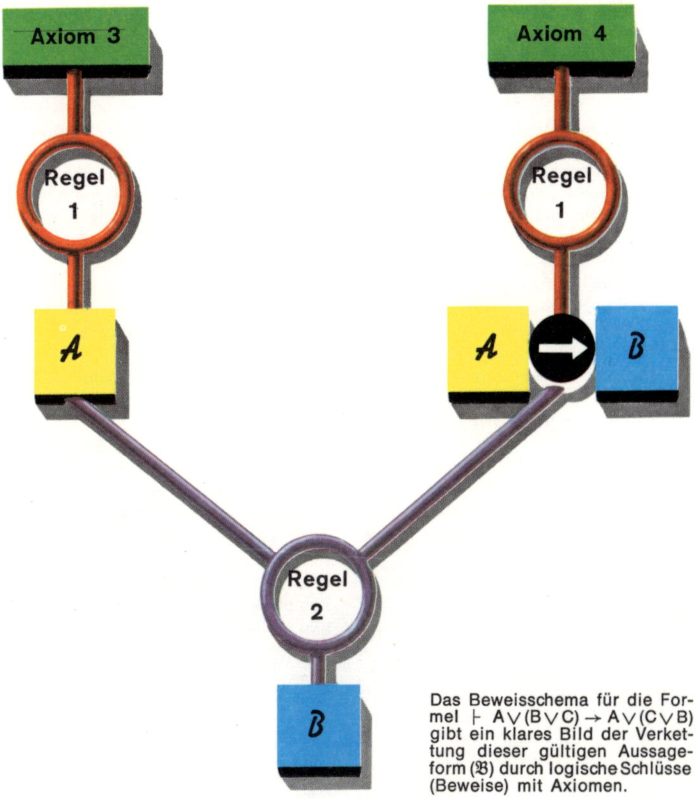

Das Beweisschema für die Formel $\vdash A \vee (B \vee C) \rightarrow A \vee (C \vee B)$ gibt ein klares Bild der Verkettung dieser gültigen Aussageform ($\mathfrak{B}$) durch logische Schlüsse (Beweise) mit Axiomen.

und 4. Manchmal genügt es, bei einem solchen Beweis nur ein einziges Axiom zu benützen. Oft müssen allerdings auch mehr als zwei Axiome verwendet werden. In unserem Beispiel haben wir mit zwei Regeln operiert, wobei die Einsetzungsregel (Regel 1) zweimal, die Abtrennungsregel (Regel 2) einmal angewandt wurde. Auf mehr oder weniger ähnliche Weise – manchmal einfacher, oft komplizierter – werden alle logisch-wahren Formeln eines *aussagenlogischen Systems* bewiesen. Das System dieser Aussageformen wird durch ein mehr oder weniger verzweigtes Netz aus »Beweisfäden« zusammengehalten. Alle in einem Beweisschema (s. Abb. Seite 55) erscheinenden Formeln $\mathfrak{A}$, $\mathfrak{B}$, $\mathfrak{A} \rightarrow \mathfrak{B}$ usw. sind gültige Aussageformen des Systems.
Auf die geschilderte Weise kann ein axiomatisches System der Aussagenlogik aufgebaut werden. Dieses System ist eindeutig bestimmt durch seine Axiome und seine Regeln. Die vier Axiome, die wir betrachtet haben, sind dem aussagenlogischen System der Russell-Whiteheadschen »Principia Mathematica« entnommen, das von David Hilbert und Wilhelm Ackermann präzisiert wurde. Ihr Werk ist übrigens unter dem Titel »Grundzüge der theoretischen Logik« erschienen. Wie schon in Hilberts »Grundlagen der Geometrie« sind Axiome hier keine inhaltlichen Sätze mehr wie bei Euklid oder Newton. Hier wird weder auf eine räumliche Wirklichkeit inhaltlich Bezug genommen noch auf eine übersinnliche Realität, wie wir sie mit dem Platonischen Ideenreich angedeutet haben. Axiome sind in der Hilbertschen Betrachtung Aussageformen, bloße Zeichenreihen, die »regelgerecht« gebildet wurden. Aber auch in der streng formalisierten Gestalt einer Logik muß klar zwischen Axiomen und Regeln unterschieden werden, zwischen *Aussageformen* und *Handlungsvorschriften.* Bei unserem Klötzchenspiel können wir dabei von »Spielregeln« sprechen.
Wir wollen nun noch kurz einen der wichtigsten Ansprüche untersuchen, die an ein solches formales Axiomensystem gestellt werden. Schon Aristoteles hatte für die »klassischen« Systeme der griechischen Mathematik und Logik die *»Widerspruchsfreiheit«* gefordert. Das gilt als präzise formulierter Anspruch:
»Charakteristisch ist für die verschärfte Form der Axiomatik, daß sie einen Nachweis der Widerspruchsfreiheit erforderlich macht, während die inhaltliche Axiomatik ihre Grundbegriffe durch den Hinweis auf bekannte Erlebnisse einführt und ihre Grundsätze entweder als einsichtige Tatsachen hinstellt, die man sich klarmachen kann, oder sie als den Extrakt von Erfahrungskomplexen formuliert und damit dem Glauben Ausdruck gibt, daß man Gesetzen der Natur auf die Spur gekommen ist, zugleich mit der Absicht, diesen Glauben durch den Erfolg der Theorie zu stützen.«
Was können wir aber unter der Widerspruchsfreiheit eines Systems von Formeln verstehen? Schon bei dem Griechen Parmenides, der von 540 bis 480 v.Chr. lebte, findet sich eine Art *»Satz vom Widerspruch«*: »Dasselbe kann nicht zugleich sein und nicht sein.« Ein modernes axiomatisches System verliert seine Widerspruchsfreiheit genau dann, wenn eine Aussagenverknüpfung von der Form »A und nicht-A« ($A \wedge \neg A$) bewiesen werden kann. Die Wahrheitstafel zeigt uns, daß diese Formel immer falsch ist, ganz gleich, ob A nun wahr oder falsch ist.

A	¬ A	A ∧ ¬ A
W	F	F
F	W	F

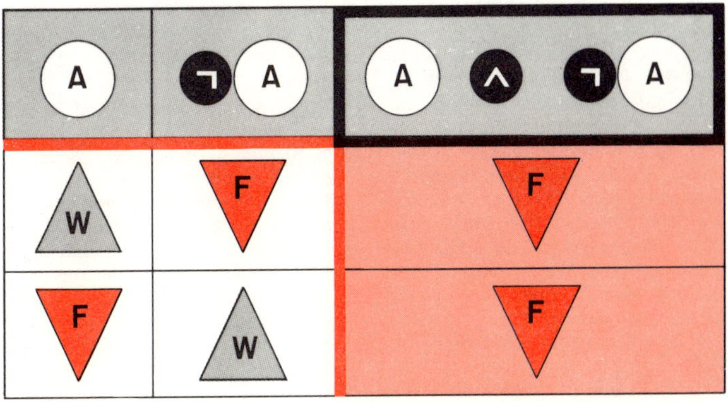

Ein axiomatisches System verliert seine Widerspruchsfreiheit genau dann, wenn eine Aussageform von der Gestalt »𝔄 und nicht-𝔄« bewiesen werden kann: Die Formel $A \wedge \neg A$ ist immer falsch, wie die Wahrheitstafel zeigt.

Durch eine solche immer falsche Aussage tritt ein Widerspruch in dem System auf, in dem sie erscheint. Das hat dann sehr unangenehme Folgen: Aus der Beweisbarkeit von $A \wedge \neg A$ kann nämlich jede beliebige, also auch falsche Aussagenverknüpfung bewiesen werden. Die Folgen dieser Tatsache sind katastrophal: Es gibt dann nämlich überhaupt keinen Unterschied mehr zwischen einer gültigen und einer ungültigen Formel. Jede wissenschaftliche Tätigkeit ist aber damit zunichte gemacht. Es läßt sich dann beweisen, daß Eins gleich Eins und Eins nicht gleich Eins ist, daß der Kreis rund und viereckig ist usw. So etwas ist aber immer möglich, wenn in einem formalen System sowohl eine Aussageform A als auch ihre Verneinung $\neg$ A bewiesen werden kann. In diesem Falle verlangte Hilbert mit seiner Forderung nach der Widerspruchsfreiheit *»Sicherheit«*, Sicherheit nämlich, daß dieser Fall niemals im System eintreten kann: »Es geht nicht um Wahrheit, sondern um ›Sicherheit‹.«

Fassen wir also noch einmal zusammen, was David Hilbert und sein *»Formalismus«* der alten inhaltlichen Axiomatik mit ihrem fragwürdigen Zutrauen in »einsichtige« Axiome entgegengesetzt hat: Seine verschärfte Form der Axiomatik betrachtete eine formalisierte Theorie mit Axiomen und Regeln »als etwas, was ein bloßes Figurenspiel sein könnte, aber nicht ist«. Auf diese knappe, treffende Weise hat Paul Lorenzen Hilberts Standpunkt charakterisiert. Ein solches scheinbares Figurenspiel wird *»Kalkül«* genannt, übrigens wieder eine Bezeichnung, die ähnlich der »Struktur« zu einem Modewort geworden ist. Kalküle im Hilbertschen Sinne sind nur »Formalisierungen« von mathematischen Theorien. Als typisches Beispiel haben wir die Formalisierung der Euklidischen Geometrie in dem Werk »Grundlagen der Geometrie« kennengelernt (s. Seite 31). Für diese Kalküle muß stets die Widerspruchsfreiheit bewiesen werden.

Dieses Programm der Widerspruchsfreiheit erhielt von Hilbert die Bezeichnung *»Metamathematik«*: Damit ist eine mathematische Theorie gemeint, deren Gegenstandsbereich die gesamte Mathematik ist. Diese

Mathematik muß jedoch als axiomatische Theorie vorliegen. Für den mathematischen »Formalismus« ist also der *axiomatische Aufbau der Mathematik* von entscheidender Bedeutung. Diese geforderte enge Verbindung von Mathematik und Axiomatik drückt sich im folgenden Ausspruch von Hilbert am deutlichsten aus: »Alles, was Gegenstand des wissenschaftlichen Denkens überhaupt sein kann, verfällt, sobald es der Bildung einer Theorie reif ist, der axiomatischen Methode und damit mittelbar der Mathematik.«

Betrachten wir nun aber unter diesem Blickwinkel unser Baukastenspiel: Für den formalistisch gesinnten Mathematiker ist der Kalkül etwas, das ein bloßes Figurenspiel *sein könnte.* Er tut zwar immer so, *als ob* die formalisierte Theorie ein Klötzchenspiel wäre. Auch die bunten Scheibchen akzeptiert er wohl noch als »Kalkülfiguren«, als *»Zeichen«.* Niemals wird er jedoch vergessen, darauf hinzuweisen, daß unser Spiel tatsächlich eben die Formalisierung einer mathematischen Theorie ist.

Treiben wir also dann nicht mehr Mathematik, wenn wir einfach mit den Klötzchen aus unserem Baukasten nach gewissen Regeln spielen, ohne Bezug darauf zu nehmen, daß wir eigentlich eine formalisierte mathematische Theorie vor uns haben? »Natürlich nicht«, würde darauf der formalistische Mathematiker aus der »Hilbert-Schule« antworten. Nun gibt es aber auch Mathematiker, die diese Frage nicht so entschieden verneinen werden. Der Amerikaner Haskell B. Curry etwa versteht unter der Mathematik die »Theorie der Kalküle«. Damit ist gemeint, daß jedes beliebige Zeichenspiel mit Buchstaben, Klötzchen oder Steinchen, das nach klaren Regeln gespielt wird, als »mathematisch« betrachtet werden kann. Paul Lorenzen schwächt diese Behauptung etwas ab, wenn er einschränkt: »Die Theorie der Kalküle gehört jedenfalls zur Mathematik.«

In einer solchen Betrachtung ist ein Kalkül nichts anderes als ein System von Handlungsvorschriften (Regeln), das ein kontrollierbares schematisches Operieren mit *beliebigen Figuren* gestattet. Im Kalkül können wir mit Spielklötzchen, mit Aussagen, ja mit einfachen Steinchen gleichermaßen sinnvoll operieren. Von zentraler Bedeutung sind hier die Spielregeln. Das Operieren besteht nämlich darin, daß »räumlich und zeitlich geordnete Dinge in neue Konfigurationen gebracht werden«, wie Hermes es ausdrückt. Dieses Spiel mit ganz konkreten materiellen Teilchen steckt schon in der Bezeichnung »Kalkül«: Das Wort leitet sich ab von den altrömischen »calculi«, den »Kalksteinchen«, mit denen die Lateiner auf ihren Rechenbrettern Zahlen zusammenzählten.

Versuchen wir aber nun, einen ganz einfachen Kalkül aufzubauen: Zunächst überlegen wir uns dabei, mit welchen Teilchen wir operieren wollen. Mit Buchstaben und bunten Scheibchen haben wir bereits Aussagenlogik »gespielt«. Dieses Spiel war jedoch, wie wir jetzt wissen, eine *»Abstraktion«*: Wir wissen, daß unsere bisherigen Klötzchen »Aussagenvariablen« (A, B, C) und »Wahrheitswerte« (W, F) waren, Spielelemente also, die »gedeutet« werden konnten. Dazu kamen »logische Verknüpfungszeichen« ($\neg$, $\wedge$, $\vee$, $\rightarrow$), die mit Wörtern der Umgangssprache in Zusammenhang gebracht werden müssen: »nicht«, »und«, »oder«, »wenn, dann«. Erinnern wir uns noch einmal, wie Paul Lorenzen diese Situation kommentiert: »Eine formalisierte Theorie wird mit ihren Axiomen und logischen Regeln als ein Kalkül betrachtet, also als etwas, was ein bloßes Figurenspiel sein könnte, aber nicht ist.« Von dieser

Als-ob-Betrachtung wollen wir uns im folgenden ganz frei machen: Wir werden nur mit Dingen operieren, die keinen Zweifel aufkommen lassen, daß es sich tatsächlich um ein *bloßes Figurenspiel* handelt, um nichts anderes sonst. Ganz konkrete Dinge werden wir zu den »Zeichen« unseres Figurenspiels machen: Streichhölzchen und Büroklammern.

»Das schematische Operieren mit Figuren ist jedem geläufig. Zum Beispiel werden beim Bau einer Mauer die Ziegelsteine nach einem Schema aufeinandergelegt. Beim Stricken werden die Maschen schematisch hergestellt und verknüpft.«

Mit diesen Sätzen beginnt ein Buch, das ein Mathematiker geschrieben hat: Paul Lorenzens »Einführung in die operative Logik und Mathematik«. Was unter diesem Begriff »operativ« zu verstehen ist, werden wir noch ausführlich betrachten. Vorerst brauchen wir lediglich zur Kenntnis zu nehmen, daß so selbstverständliche und alltägliche Tätigkeiten, wie sie von Maurern und Hausfrauen ausgeübt werden, etwas mit Mathematik zu tun haben. Wie geht etwa Frau Müller vor, wenn sie ihrem Sohn ein Paar schöne, warme Strümpfe strickt? Sie fängt mit einer einfachen *Anfangsmasche* an, die sie aus einer Schlinge an der Nadelspitze bildet. Das sieht ungefähr so aus, wie es unsere Abbildung zeigt. Im Prinzip verfährt Frau Müller dann so: An diese Anfangsmasche setzt sie Masche für Masche, die sie nach einer bestimmten Handlungsvorschrift erzeugt und verknüpft.

Mancher wird nun sicher bereits fragen: Was hat denn die strumpfstrickende Frau Müller mit Mathematik zu tun? Gibt es vielleicht so

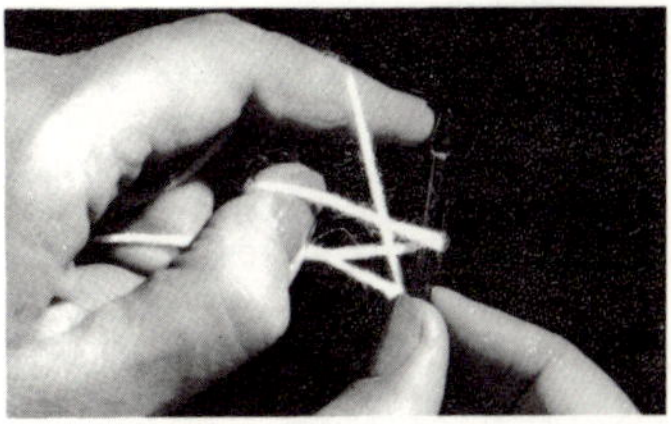

Beim Stricken, einer einfachen schematischen Operation, wird mit einer Anfangsmasche begonnen.

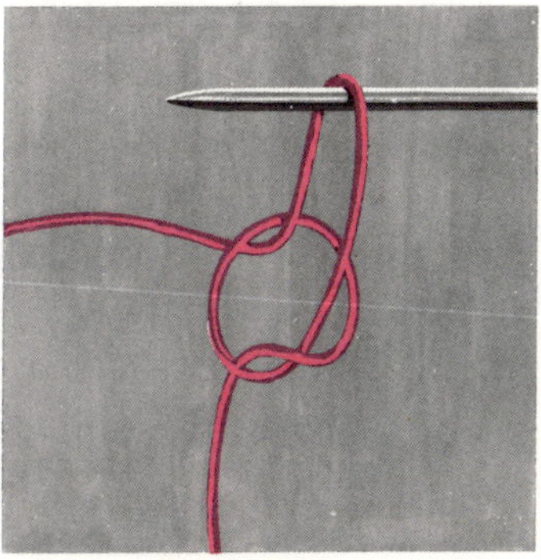

Beim Stricken müssen Maschen schematisch erzeugt und verknüpft werden. An die Anfangsmasche setzt sich mechanisch Masche um Masche.

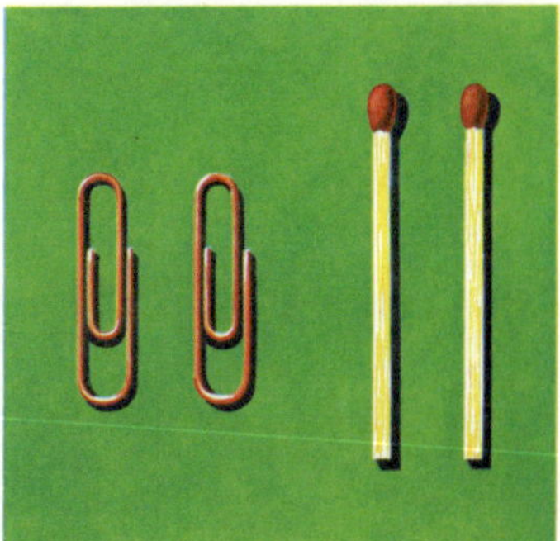

Ein Kalkül ist ein System von Handlungsvorschriften, das es erlaubt, Figuren herzustellen, Figuren aus beliebigen Gegenständen. Wir können daher ohne weiteres Streichhölzchen und Büroklammern als Grundfiguren eines Kalküls wählen.

etwas wie einen »mathematischen Strickstrumpf«? Tatsächlich ist die Ähnlichkeit zwischen dem Vorgehen des Mathematikers, wenn er einen einfachen Kalkül erzeugt, und der strickenden Frau Müller sehr groß. In beiden Fällen handelt es sich eben um *schematische Operationen*. Betrachten wir jetzt eine einfache Kalkülerzeugung:

Die Streichhölzchen und Büroklammern wollen wir *»Grundfiguren«* unseres Kalküls nennen. Wenn wir sie in die Hand nehmen und sie betrachten, können wir sie leicht als verschiedenartige materielle Gebilde unterscheiden. Auch auf unseren Abbildungen sind diese Gegenstände leicht auseinanderzuhalten. Für den Textteil wollen wir folgende Zeichen vereinbaren: »I« für ein Streichholz, »∩« für eine Büroklammer. Durch zwei Bedingungen läßt sich nun unser Kalkül einfach und eindeutig bestimmen:

1. Wir müssen eine zulässige *»Anfangsfigur«* festlegen. Sie entspricht der Anfangsmasche beim Stricken. Ganz willkürlich wählen wir nun als Anfangsfigur des Kalküls eine Büroklammer, also ∩. Natürlich hätten wir mit dem gleichen Recht ein Streichholz (I) für die Anfangsfigur nehmen können, die Gruppierung Streichholz rechts neben Büroklammer (∩ I) oder umgekehrt I ∩ usw. Diese Figur können wir also *beliebig* auswählen.

2. Nun kommen wir zu den Herstellungsvorschriften für die Kalkülfiguren: Mit Hilfe einer oder mehrerer Regeln, auch »Handlungsvorschriften« genannt, wird die Erzeugung ganz bestimmter und *nur* dieser Figuren gestattet. Dieses schematische »Legen« der Figuren entspricht der Aneinanderreihung bestimmter Maschen beim Stricken: Auch Frau Müller kann ja beim Stricken ihre Maschen nicht beliebig aneinandersetzen. Sie verfährt nach einem bestimmten Schema, z.B. zwei Linksmaschen, zwei Rechtsmaschen, zwei Linksmaschen, zwei Rechtsmaschen usw. Diese einfachste Strickregel wird meist auf die kurze Form gebracht: »Zwei links, zwei rechts.«

Auch für unseren Kalkül brauchen wir eine ähnliche Regel. Setzen wir also wieder ganz willkürlich fest:

Kalkülregel 1: Wenn eine Figur von der Gestalt a im Kalkül erzeugt werden kann, dann kann auch eine Figur von der Gestalt a ∩ erzeugt werden.

Das heißt mit anderen Worten: An jede regelgerecht im Kalkül erzeugte Figur aus den Bausteinen I und ∩ kann stets eine Büroklammer (∩) angehängt werden. Natürlich ist a wieder einmal eine Variable, dieses Mal »Figurenvariable« genannt, was besagt, daß sie in diesem Fall im Kalkül erzeugbare Figuren andeutet. Um auch mit den Streichhölzern operieren zu können, führen wir noch eine zweite Regel ein. Unser Legespiel wird dadurch abwechslungsreicher, der Kalkül ausdrucksvoller:

Kalkülregel 2: Wenn im Kalkül eine Figur a gebildet werden kann, dann läßt sich auch die Figur I a I bilden.

Diese Regel besagt also, daß an eine vorschriftsmäßig gebildete Kalkülfigur immer links und rechts noch jeweils ein Streichholz gelegt werden darf. Mit der Anfangsfigur ∩ und den beiden Kalkülregeln können wir jetzt die verschiedensten Figuren legen. Sehen wir uns eine Reihe dieser »Zeichen-Ornamente« an:

1. ∩

Das ist die einfachste Figur unseres Kalküls, die Anfangsfigur.

2. I ∩ I

Auf die Anfangsfigur ∩ wurde die Kalkülregel 2 angewandt. Mit gleichem Recht hätten wir natürlich Regel 1 auf sie anwenden können. Das hätte dann die Figur ∩ ∩ ergeben.

3. I ∩ I ∩

Auf die aus der Anfangsfigur durch die Benützung der Regel 2 entstandene Figur I ∩ I wird Kalkülregel 1 angewandt.

Auf diese äußerst einfache Weise lassen sich nun wirklich »spielend« beliebig lange, regelrecht geformte Kalkülfiguren erzeugen. Betrachten wir daher die gerade begonnene Reihe solcher Figuren ein wenig weiter, wie sie Schritt für Schritt hergestellt werden. Dieser Vorgang der Figurenherstellung wird übrigens *»Ableiten«* genannt. In jedem Kalkül lassen sich also Figuren »ableiten«.

In der bereits betrachteten Aussagenlogik von Russell und Hilbert haben wir mit dem »logischen Schließen« einen Beweismechanismus kennengelernt, der diesem Ableiten im Kalkül sehr verwandt scheint. Trotzdem besteht ein wesentlicher Unterschied: Beim Ableiten dürfen wir ja die Grundfiguren und vor allem die Kalkülregeln *ganz willkürlich* auswählen. Das war beim logischen Schließen ganz gewiß nicht der Fall (s. Seite 48). Trotz der starken formalen Ähnlichkeit wird beim logischen Schließen an die Umgangssprache angeknüpft: Wörter wie »wenn, dann« und »also« spielen eine wichtige Rolle. Dagegen ist das Ableiten im Kalkül von der Sprache unabhängig: Lediglich das schematische Operieren mit beliebigen Dingen ist hier von Bedeutung. Legen wir nun noch ein paar weitere Figuren in unserem Kalkül. Auf die bereits erzeugte Figur 3 wenden wir wieder Kalkülregel 1 an:

4. I ∩ I ∩ ∩

Aus Gründen der besseren Übersicht schreiben wir jetzt nur noch die jeweils angewandte Regel in Klammern hinter die erzeugte Figur:

5. I ∩ I ∩ ∩ ∩ (Kalkülregel 1)
6. II ∩ I ∩ ∩ ∩ I (Kalkülregel 2)
7. III ∩ I ∩ ∩ ∩ II (Kalkülregel 2)

Dieses einfache Spiel läßt sich beliebig fortsetzen. Wir wollen aber an dieser Stelle abbrechen. Nach diesem siebenten Schritt der Ableitung können wir sagen: Die Figur III ∩ I ∩ ∩ ∩ II ist im *Kalkül ableitbar.* Das wird durch die hier vorgeführte Ableitung eindeutig *bewiesen.*

Was aber ist mit einer solchen Betrachtung gewonnen, bei der mit konkreten Zeichen (Streichhölzchen, Büroklammern) gespielt wird, ohne daß sie gedeutet werden, wie wir das beim Formalismus kennengelernt haben? Tatsächlich berührt der Unterschied zur formalistischen Betrachtung die *Frage nach den Grundlagen,* nach dem Fundament der mathematischen und logischen Wissenschaft: Das Operieren mit den Kalkülfiguren kann nämlich als reine *Tätigkeit* angesehen werden. Jeder Mathematiker lernt es bekanntlich, mit mehr oder weniger einfachen Symbolen umzugehen, mit Zeichen zu operieren. Es ist dabei gar nicht immer notwendig, ja oft sogar überhaupt nicht ratsam, daß er sich im einzelnen überlegt, was diese Zeichen bedeuten. Wichtig ist nur, daß er die Regeln kennt, um mit diesen Zeichen sinnvoll umzugehen. Während des Operierens sollte er sich sogar um ihre Bedeutung überhaupt nicht kümmern, »damit er sicher ist, nichts erschlichen zu haben, was nur auf inhaltlichen Überlegungen beruht«, wie wir schon von H. Scholz gehört haben (s. Seite 37). Außerdem: »Das Ableiten von Figuren nach einem Kalkül zu lernen, heißt ja nur die Ausführung von Operationen lernen«, erläutert Lorenzen: »Es ist unabhängig davon, wie wir darüber sprechen – genauso wie ein Kind z.B. gehen lernen kann, ohne schon über das Gehen sprechen zu können.«

Damit sind wir am Kernpunkt dieser Betrachtung angelangt: Um zu lernen, wie man mit Figuren nach einem Kalkül operiert, könnten wir nämlich prinzipiell auf jede *sprachliche Mitteilung* verzichten. Der Lernende sieht ganz einfach dem Lehren-

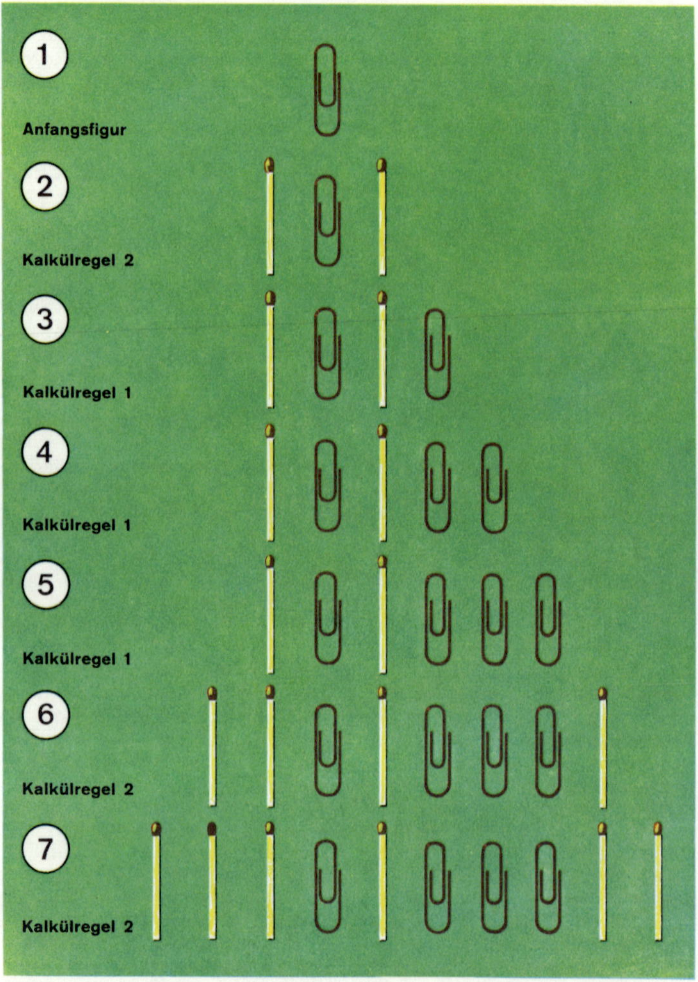

Mit Hilfe der Anfangsfigur ∩ und der beiden Regeln des Kalküls lassen sich genau bestimmte Figuren legen. Dieses Herstellen von Figuren wird »Ableiten« genannt.

den zu, welche Arten von schematischen Operationen er immer wieder aufs neue durchführt. Nach geraumer Zeit der Betrachtung kann er dann auf die gleiche Weise selbst Figuren schematisch erzeugen.

Sehen wir uns dazu noch einmal unseren Kalkül an: Der Lernende stellt hier beim aufmerksamen Zusehen fest, daß sein »Lehrer« stets mit einer einzelnen Büroklammer als Anfangsfigur beginnt. Dann sieht er, daß es nur zwei Möglichkeiten gibt, aus einer Kalkülfigur eine andere zu erzeugen: Entweder legt man eine Büroklammer rechts neben die bereits gebildete Figur (Kalkülregel 1), oder aber man ergänzt sie an den beiden Flanken mit je einem Streichholz (Kalkülregel 2). Um dieses einfache Schema der Figurenherstellung »abzugucken«, benötigt der Lernende wohl keine allzulange Zeitspanne. Diese Art, mit Klötzchen oder Zeichen zu spielen, ist also von der *Umgangssprache prinzipiell unabhängig.*

Dadurch unterscheidet sich eine *»operative« Auffassung der Mathematik und Logik,* die Paul Lorenzen vertritt, grundsätzlich von den formalistischen Vorstellungen Hilberts. Lorenzen weist ausdrücklich darauf hin, »daß für unsere Auffassung nicht zuerst ein Logikkalkül vorhanden ist, der nachträglich zu deuten ist, sondern daß unsere Methode vom *schematischen Operieren als unmittelbar Gegebenem* ausgeht und von da zu einem Hilfsmittel für weitere Untersuchungen führt«.

Was aber ist der Vorteil dieser Betrachtung, die einen Kalkül nicht mehr deutet, die bei der schematischen Operation als dem unmittelbar Gegebenen die Wurzel der Logik und Mathematik ansetzt? »Durch die Kalkülisierung löst sich der Zirkel, der in einer axiomatischen Theorie der Logik steckt und der darin besteht, daß jede axiomatische Theorie Logik voraussetzt. *Kalküle setzen keine Logik voraus.«* Lorenzen spricht damit den grundlegenden Unterschied zwischen dem Ableiten im Kalkül und dem logischen Schließen an, den wir schon an anderer Stelle ausführlich erläutert haben. Einen ähnlichen Gedanken formulierte auch Ludwig Wittgenstein in seinen »Bemerkungen über die Grundlagen der Mathematik«:

»Es ist natürlich klar, daß der Mathematiker, insofern er wirklich ›ein Spiel spielt‹, *keine Schlüsse zieht.* Denn ›Spielen‹ muß hier heißen: in Übereinstimmung mit gewissen Regeln *handeln.«*

2.2 Deutung im Dialog

Eine Logik der mathematischen Konstruktion

Mit unseren Betrachtungen zum Ableiten von Kalkülfiguren sind wir bereits in Gefilde der mathematischen Landschaft vorgestoßen, die als *»Grundlagenforschung«* bezeichnet werden. Hier ist die Diskussion zwischen den Mathematikern noch in vollem Gange. Sieht die formalistische Schule das Ideal der Mathematik in ihrem widerspruchsfreien axiomatischen Aufbau, der als reiner Formalismus entwickelt werden muß, so strebt die operative Auffassung eine Mathematik als reine Konstruktion an: Mathematik als Tätigkeit und mathematische Sprache als Mitteilung werden streng getrennt. Lorenzen versucht, »der gesamten Logik und Mathematik eine operative Deutung zu geben«. Natürlich können wir die oft recht schwierigen Einzelheiten dieses Programms und seiner Verwirklichung nicht im Rahmen dieses Buches darstellen. Aber auf wesentliche Gedanken Lorenzens werden wir immer wieder stoßen. Wir wollen aber noch skizzieren, wie man von den einfachen Kalkülen, die wir betrachtet haben, von dieser Landschaft, die Lorenzen »Protologik« nennt, zu einer Aussagenlogik, besser gesagt »Junktorenlogik«, kommen kann. (Bekanntlich haben wir die logischen Verknüpfungszeichen auch Junktoren genannt.) Hier lautet nun die entscheidende Frage: Wie lassen sich die Junktoren $\neg$, $\wedge$, $\vee$, $\rightarrow$ einführen, ohne daß wir auf die Umgangssprache Bezug nehmen müssen? Ein Hinweis auf die alltagssprachlichen Wörter »nicht«, »und«, »oder« und »wenn, dann« ist bei einer operativen Deutung selbstverständlich nicht mehr möglich: Nur durch Tätigkeiten können diese logischen Partikeln operativ sinnvoll interpretiert werden.

Damit genügen wir einer Forderung, die der holländische Mathematiker Luitzen E. J. Brouwer mit seiner »konstruktivistischen« Schule schon in den ersten Jahrzehnten des 20. Jahrhunderts aufgestellt hat: Die Logik der natürlichen Sprache muß streng getrennt werden von der Logik der mathematischen Konstruktion. Das gehört zum *Problemkreis Konstruktivismus und Formalismus*, der uns an anderer Stelle noch ausführlicher beschäftigen wird.

Stimmen gegen die klassische mathematische Logik als Logik der Mathematik wurden aber auch außerhalb der niederländischen »Brouwer-Schule« laut. So schrieb 1935 ein junger deutscher Mathematiker, Gerhard Gentzen: »Die Formalisierung des logischen Schließens, wie sie insbesondere durch Frege, Russell und Hilbert entwickelt worden ist, entfernt sich ziemlich weit von der Art des Schließens, wie sie in Wirklichkeit bei mathematischen Beweisen geübt wird.« Und Ende der dreißiger Jahre bekennt Wittgenstein: »Die mathematische Logik hat das Denken von Mathematikern und Philosophen gänzlich verbildet, indem sie eine oberflächliche Deutung der Formen unserer Umgangssprache zur Analyse der Strukturen der Tatsachen erklärte.«

Der neuralgische Punkt der mathematischen Logik, wie sie von Frege bis Hilbert ausgearbeitet wurde, scheint also eine folgenschwere Verquickung von natürlicher Sprache und mathematischer Tätigkeit zu sein. Wie das erkannt wurde, werden wir im 5. und 6. Kapitel genau kennenlernen. Vorläufig wollen wir uns jedoch der Frage widmen, wie es Lorenzen gelungen ist, die logischen Junktoren operativ zu deuten, ohne auf die Sprache Bezug zu nehmen.

Die mathematische Logik, die wir bisher betrachtet haben, hat bekanntlich von ihren Aussagen gefordert, daß sie alle entweder wahr oder aber falsch sein müssen: In unserem Baukasten-Spiel haben wir deshalb den A-, B- und C-Scheibchen grüne W- und rote F-Dreiecke zugeordnet. Die beiden Wahrheitswerte »wahr« und »falsch« haben nämlich *rein formale Bedeutung.* Eine Frage nach dem »Wesen« der Wahrheit ist dabei völlig ohne Belang. »Was *ist* Wahrheit?« fragt in diesem Zusammenhang kein Mathematiker oder Logiker. Aber eine Aussage muß die Eigenschaft besitzen, wahr oder falsch im besprochenen Sinn zu sein, um eine sinnvolle Aussage der mathematischen Logik zu sein. Aussagen mit dieser bemerkenswerten Eigenschaft heißen auch *»wahrheitsdefinite« Aussagen.* (Das in der Umgangssprache nicht gebräuchliche Wort »definit« ist natürlich verwandt mit dem allbekannten definitiv; im Lateinischen bedeutet definitum etwas Abgegrenztes, Festgesetztes). Es wird deshalb von der »Wahrheitsdefinitheit« der mathematischen Logik gesprochen, was bestimmt keine besonders schöne, aber nützliche Bezeichnung ist. Für eine Logik der natürlichen Sprache kann die Annahme, daß ihre Aussagen wahrheitsdefinit sind, durchaus zweckmäßig und sinnvoll sein: »Es regnet«, »Peter ist durstig« oder »Stockholm liegt am Amazonas« sind Aussagen, die immer *entweder* wahr *oder* falsch sind, unverfänglicher gesagt: Sie »stimmen« oder sie »stimmen nicht«.

Verhalten sich aber die mathematischen Aussagen in gleicher Weise wie die natürlichen? Gilt also auch für sie, daß sie stets entweder wahr oder aber falsch sind? Betrachten wir dazu doch zunächst einfach unsere Kalkülableitungen, die wir aufgrund unserer Verabredung (s. Seite 37) ohne Schwierigkeit als »Aussagen« betrachten können. Wir wissen, daß eine Kalkülfigur bewiesen ist, wenn ihre Ableitung vorgelegt wird. Eine schematische Operation gestattet uns also, zu entscheiden, ob eine Figur ableitbar ist oder nicht. So können wir etwa sagen, daß die Figur ∩ II durch unseren Kalkül unmöglich erzeugt werden kann: Aus der Anfangsfigur ∩ können wir nur auf zweierlei Weise zu einer Figur kommen, die sich aus drei Dingen zusammensetzt. Wenden wir nämlich zweimal die erste Regel an, so entsteht die Figur ∩ ∩ ∩. Benützen wir dagegen nur ein einziges Mal die zweite Regel, so läßt sich nur die Figur I ∩ I bilden. Damit sind aber die Figuren unseres Kalküls, die sich aus drei Bausteinen zusammensetzen, bereits erschöpft. Wir können also mit Gewißheit formulieren: »Die Figur ∩ II ist in unserem Kalkül *nicht ableitbar.*« Genauso müssen wir verfahren, wenn uns z.B. die komplexere Figur III ∩ I ∩ II ∩ I vorgelegt wird. Auch sie wird sich als nicht ableitbar herausstellen. Ein Versuch, sie abzuleiten, muß scheitern. Bitte, probieren Sie es selbst!

Was zeigt uns diese Betrachtung? Wir können eine Aussage von der Gestalt »Die Figur a ist in unserem Kalkül nicht ableitbar« zwar nicht im besprochenen Sinne »beweisen«, doch es besteht die Möglichkeit, sie zu *widerlegen:* Die Aussage ist nämlich genau dann widerlegt, wenn es uns gelingt, eine Ableitung für die Figur a zu finden. Durch den Beweis ihrer Ableitbarkeit ist die Aussage widerlegt. So können wir etwa die Aussage »Die Figur I ∩ I ∩ ∩ ∩ ist in unserem Kalkül nicht ableitbar« auf genau diese Weise widerlegen: I ∩ I ∩ ∩ ∩ steht im fünften Schritt unseres Ableitungsbeispiels (s. Abb. Seite 62). Weil der Mathematiker seine Sachverhalte möglichst umfassend, möglichst allgemeingültig ausdrückt, spricht er vom Kalkül als einer *»rekursiven« Definition einer Beziehung zwischen Figuren* (recursus bedeutet im Lateinischen der Rücklauf, das Zurückführen). Wie diese Beziehung zwischen den Kalkülfiguren im einzelnen aussieht, haben wir im Beispiel kennengelernt. Damit haben wir auch den Sachverhalt kennengelernt, der mit diesem Begriff der »rekursiven Definition« gekennzeichnet wird. Wir werden noch weitere Beispiele dazu kennenlernen. Alles, was wir also zum Thema Kalkül bisher dargestellt haben, ist eine Illustration zur Aussage: »Der Kalkül ist eine rekursive Definition einer Beziehung zwischen Figuren.« Es gibt zahlreiche Begriffe in der Mathematik, die wir nur auf diese Weise zu fassen bekommen. Ludwig Wittgenstein hat diese Situation gut gekennzeichnet, als er notierte: »›Begriff‹ ist ein vager Begriff. Begriff ist etwas wie ein Bild, womit man die Gegenstände vergleicht.«

Ziehen wir also eine vorläufige Bilanz: Wir können nicht von vornherein alle Figuren aus Streichhölzern und Büroklammern, die für unseren Kalkül in Betracht kommen, mit dem Stempel »ableitbar« oder »nicht ableitbar« versehen. Es lassen sich nämlich bereits *unendlich viele Figuren* bilden, wenn wir nur immer wieder die Kalkülregel 1 auf die Anfangsfigur anwenden. Dadurch können wir eine Reihe von Figuren »ohne Ende« bilden: ∩, ∩ ∩, ∩ ∩ ∩, ∩ ∩ ∩ ∩, ∩ ∩ ∩ ∩ ∩, ∩ ∩ ∩ ∩ ∩ ∩, ∩ ∩ ∩ ∩ ∩ ∩ ∩, usw. Und damit sind die Herstellungsmöglichkeiten immer noch nicht erschöpft, wie wir gesehen haben:

Wir können auch ständig die zweite Regel anwenden oder, wie es bei Ableitungen fast immer der Fall ist, sowohl Regel 1 als auch Regel 2 benützen. Lorenzen kommentiert diesen Sachverhalt: »Es ist sicherlich eine hübsche Vorstellung, wenn man die Ableitungen eines Kalküls zu einer Klasse zusammengefaßt denkt, wie Äpfel in einem Korb. In einem Korb sind aber nur endlich viele Äpfel, so daß man leicht feststellen kann, ob z.B. ein roter Apfel im Korb ist oder nicht. Fragt man entsprechend, ob es eine Ableitung mit der Endaussage A gibt, dann kann man jedoch nicht alle Ableitungen auf diese Eigenschaft prüfen« – und zwar, so können wir ergänzen, deshalb, weil unendlich viele herstellbar sind. Definitionsgemäß läßt sich hier von einer »Aussage« A sprechen, weil darunter immer nur das materielle Gebilde verstanden wird (s. Seite 37).

Ein möglicher Einwand gegen diese Betrachtungsweise könnte nun lauten: In diesem Bereich der einfachsten schematischen Operationen mit Figuren, im Felde der Lorenzenschen Protologik also, mögen diese Überlegungen ja sinnvoll sein. Aber Mathematik ist doch schließlich »mehr« als ein bloßes Figurenspiel mit Streichhölzern, Büroklammern oder bunten Klötzchen. Wie steht es denn um Wahrheit einer »wirklich« mathematischen Aussage, bei der »von Zahlen« gesprochen wird?

Wir wollen also auch hierzu ein einfaches Beispiel bringen: Auch ohne sich bereits mit mathematischer »Zahlentheorie« beschäftigt zu haben, wissen die meisten Menschen, was eine *»gerade Zahl«* ist: eine Zahl nämlich, die durch die Zahl 2 geteilt wieder eine ganze Zahl ergibt. Beispiel: 2, 4, 6, 8, 10, 12, usw. Viele wissen auch noch, was unter einer *»Primzahl«* zu verstehen ist: Sie ist nur durch 1 und sich selbst teilbar. So sind etwa 5, 7, 13 und 19 Primzahlen, 6, 9 und 14 dagegen keine: 6 ist durch 2 und durch 3 teilbar, denn es ist $6 = 2 \cdot 3$, und für 9 oder 14 gilt Entsprechendes: $9 = 3 \cdot 3$, $14 = 2 \cdot 7$. Nun haben die Mathematiker eine *Vermutung*, die sich so formulieren läßt:

»Jede gerade Zahl, die größer als 2 ist, läßt sich als Summe von zwei Primzahlen darstellen.«

Durch Probieren können wir diesen Satz leicht bestätigt finden: Es gilt etwa $4 = 3 + 1$, $6 = 3 + 3$, $10 = 7 + 3$, $18 = 13 + 5$, $26 = 19 + 7$ usw. Zahlreiche Untersuchungen dieser Art, die auch an größten, vielzifferigen Zahlen vorgenommen werden können, zeigen, daß *bisher* noch keine einzige gerade Zahl gefunden wurde, bei der diese Zerlegung in zwei Primzahlen *nicht klappt.*

Trotzdem läßt sich die Vermutung *nicht beweisen:* An *allen* geraden Zahlen läßt sich nämlich unsere Untersuchung nicht durchführen, weil es *unendlich viele* davon gibt. Damit begegnet uns der Begriff von »unendlich vielen« Gegenständen bereits zum zweitenmal: Es gibt nicht nur unendlich viele Kalkülfiguren, die durch einen Kalkül erzeugbar sind: Es gibt auch unendlich viele Zahlen mit einer bestimmten Eigenschaft, nämlich der, durch 2 teilbar zu sein. Diese Unendlichkeiten in der Mathematik spielen überhaupt eine bedeutende Rolle. Wir haben ihnen deshalb ein eigenes Kapitel gewidmet (s. Seite 95). Dabei wird ausführlich von ihrer Problematik die Rede sein. Vorläufig wollen wir wieder nur festhalten, daß ein Durchprobieren von Kalkülfiguren oder Zahlen auf eine bestimmte Eigenschaft nicht mehr möglich ist, wenn unendlich viele von ihnen herstellbar sind. Bei den Kalkülfiguren wissen wir das bereits. Bei den geraden Zahlen ist diese Tatsache auch leicht einzusehen: Wir brauchen zu einer beliebig großen geraden Zahl ja immer nur wieder die Zahl 2 hinzuzählen, und eine

neue gerade Zahl entsteht, die noch größer ist.
Aber nun wieder zurück zur eigentlichen Problematik: Die Aussage »Jede gerade Zahl, die größer als 2 ist, läßt sich als Summe von zwei Primzahlen darstellen« ist damit keine wahre Aussage im Sinne der mathematischen Logik. Eine mathematische Logik muß aber doch solche mathematischen Aussagen berücksichtigen! Wenn eine *wahrheitsdefinite* Aussage aber nicht wahr ist, muß sie falsch sein. Sonst müssen wir sie mit dem Stempel »sinnlos« versehen. Das wäre jedoch zweifellos eine sehr unzweckmäßige und vielleicht auch unbefriedigende Lösung. Wir könnten vielleicht beweisen, daß die zitierte Vermutung falsch ist. Das aber heißt, daß wir dann ihre *Verneinung* beweisen müssen, also die Aussage:
»Es gibt eine gerade Zahl, die größer als 2 ist und die sich *nicht* als Summe von zwei Primzahlen darstellen läßt.«
Nach der mathematischen Logik von Frege bis Hilbert behauptet diese Aussage das Gegenteil der Aussage »Jede gerade Zahl, die größer als 2 ist, läßt sich als Summe von zwei Primzahlen darstellen«. Könnten wir die Wahrheit der verneinten Aussage beweisen, wäre die ursprüngliche Vermutung eben falsch. Wie müßte ein solcher Beweis aussehen?
Nun, im Prinzip wäre er außerordentlich einfach: Finde eine gerade Zahl, bei der die Primzahlen-Zerlegung nicht funktioniert! Gebe ein Rechenverfahren an, mit dem diese Zahl gefunden werden kann!
Bisher kennt jedoch niemand eine gerade Zahl mit dieser Eigenschaft. *Bisher* weiß aber auch niemand mit Sicherheit, ob es nicht doch eines Tages gelingen wird, eine solche gerade Zahl zu finden. Die Mathematiker kennen zur Zeit einfach kein Verfahren, das es ihnen gestattet, zu entscheiden, ob die Aussage »Jede gerade Zahl, die größer als 2 ist, läßt sich als Summe von zwei Primzahlen darstellen« wahr oder falsch ist.
Müssen wir sie also doch zu einer sinnlosen Aussage erklären? Oder sollen wir sagen, diese Aussage sei zwar »an sich« wahr oder falsch, aber wir können das mit unseren bescheidenen Geisteskräften einfach nicht – oder noch nicht – feststellen?
Im Hinblick auf eine klare wissenschaftliche Methode, die man sich doch gerade bei der exakten Wissenschaft par excellence, bei der Mathematik, wünscht, ist dieses Vorgehen nicht ratsam. Das hat als erster der holländische Mathematiker Luitzen E. J. Brouwer erkannt: Er hat die Wahrheitsdefinitheit der Aussagen in einer Logik angezweifelt, die auch für die Mathematik mit ihren oft unendlichen Gegenstandsbereichen gelten soll. Brouwer erkannte die »klassische« Aussagenlogik von Frege bis Hilbert als ungeeignet für gewisse mathematische Aussagen. Er nannte sie daher »unzuverlässig« (»onbetrouwbaar«).
Als höchst zuverlässig muß dagegen unter diesem Blickwinkel das Vorgehen von Lorenzen betrachtet werden, der in seiner »Junktorenlogik« Primaussagen A, B, C logisch verknüpft, ohne sie von vornherein in wahre und falsche Aussagen einzuteilen, ohne auf die Umgangssprache Bezug zu nehmen. Dabei wird nicht mehr nach der »Wahrheit« einer Aussage, sondern nach einem »Beweis« gefragt. Eine bewiesene Aussage ist dann nicht mehr »wahrheitsdefinit«, sondern *»beweisdefinit«*. Als Beweis gilt etwa die Ableitung einer Figur im Kalkül. Die Zeichen »$\neg$«, »$\wedge$«, »$\vee$«, »$\rightarrow$« können dann als *Operationsvorschriften* eingeführt werden.
Sehen wir nun zunächst die Zusammensetzung von zwei solchen beweisdefiniten Aussagen von der Gestalt $A \wedge B$ an. Von einer »Und-Verknüpfung« wollen wir nun natürlich nicht mehr sprechen. Dieses Anknüp-

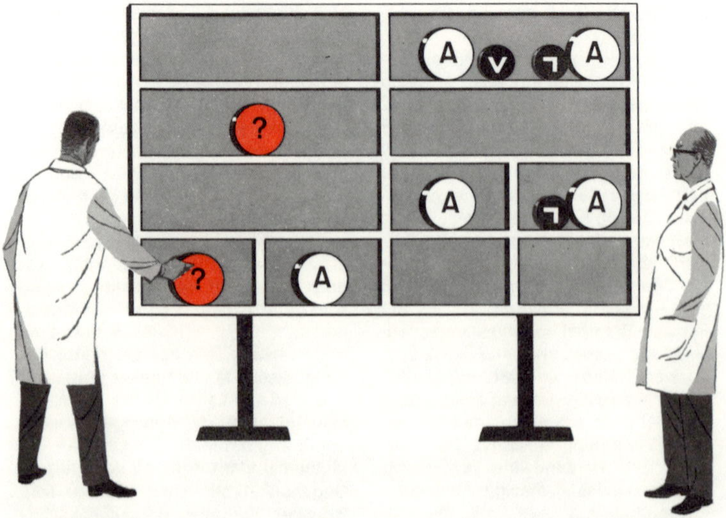

In einem Dialogspiel können zwei Personen gemeinsam entscheiden, ob eine Formel effektiv gültig ist. Hier legt z.B. der Proponent $A \vee \neg A$ vor, eine Verknüpfung, die der Opponent anzweifelt: Er legt eine mit einem Fragezeichen bedruckte Scheibe an die Tafel. Der Proponent kann nun A oder aber $\neg A$ behaupten.

fen an die Umgangssprache soll ja gerade vermieden werden. Nur auf Handlungen wollen wir Bezug nehmen. Schon im Jahre 1932 deutete der russische Mathematiker A. N. Kolmogoroff die Verknüpfung $A \wedge B$ durch eine Handlungsvorschrift: Löse sowohl die Aufgabe A als auch die Aufgabe B! Mit anderen Worten: Erbringe zunächst den Beweis für die Aussage A. Anschließend beweise die Aussage B. Das ist eine klare Deutung, die sich ausschließlich auf zu vollziehende Handlungen bezieht. Für die Verknüpfung $A \vee B$ gilt dagegen die schwächere Forderung: Beweise entweder A oder B! Das heißt, daß nur eine der beiden Aussagen zu beweisen ist.

Lorenzen überträgt diese Situation nun auf ein *»Dialogspiel«*, das von zwei »Widersachern« gespielt wird: Da ist zunächst der *»Proponent«*. Er legt die behauptete Aussagenverknüpfung vor. Sein Gegenspieler, der *»Opponent«*, versucht dagegen, die behauptete Aussagenverknüpfung zu widerlegen. »Proponent und Opponent können gemeinsam, also objektiv, entscheiden, ob die Ableitung, die der Proponent als Beweis seiner Behauptung vorlegt, wirklich eine Ableitung der Figur im Kalkül ist«, erläutert Lorenzen. Ein solcher Dialog zwischen den Spielpartnern endet immer mit einer klaren Entscheidung für oder gegen die vorgelegte Aussage: Entweder gewinnt der Proponent und seine Behauptung gilt, oder aber er verliert sein Spiel und muß die Behauptung verwerfen. Der Opponent hat sie widerlegt.

Sind alle Primaussagen A, B, C, die in diesem Dialogspiel verwendet werden, beweisdefinit im besprochenen Sinn, dann sind die aus ihnen zusammengesetzten Aussagen *»dialogisch-definit«.*

Was darunter zu verstehen ist, können wir uns anhand einiger einfacher Dialoge klarmachen. Wie sehen die beiden bereits betrachteten Verknüpfungen $A \wedge B$ und $A \vee B$ im Dialogspiel aus?

Will der Proponent $A \wedge B$ anerkannt wissen, so muß er auf Verlangen des Opponenten sowohl den Beweis für A als auch den Beweis für B erbringen. Stellt dagegen der Proponent »nur« die Behauptung $A \vee B$ auf, so gibt sich der Opponent zufrieden, wenn entweder A oder B bewiesen wird.

Die Regel für die Dialogpartner, wenn $A \to B$ vom Proponenten vorgelegt wird, sieht dagegen so aus: Der Opponent muß nun versuchen, $A \to B$ zu widerlegen. (Da wir die $\wedge$- und die $\vee$-Verknüpfung nicht mehr »und« bzw. »oder« lesen, sagen wir auch hier nicht »wenn, dann«, sondern lesen »A Pfeil B«.) Wie kann er $A \to B$ widerlegen? Gelingt es ihm, A zu beweisen, ist er seinem Ziel schon ein großes Stück näher gerückt: Aus einer unbewiesenen Aussage kann nämlich auf alles geschlossen werden. Gelingt es also dem Opponenten, A zu beweisen, dann muß der Proponent B beweisen, um weiterhin seine Behauptung $A \to B$ aufrechtzuerhalten. Gelingt ihm der Beweis von B nicht, ist das Spiel für ihn verloren. Der Opponent triumphiert: $A \to B$ ist widerlegt. Ist der Proponent dagegen in der Lage, B zu beweisen, dann ist auch $A \to B$ bewiesen. Er hat die Spielpartie gewonnen.

Für die *Negation* $\neg A$ (jetzt statt »nicht-A« besser gelesen *»A ist widerlegbar«*) gilt im Dialogspiel die einfache Regel: Behauptet der Proponent $\neg A$, hat er seine Partie genau dann verloren, wenn der Opponent A behauptet und die Behauptung erfolgreich zu verteidigen, d.h. zu beweisen weiß.

In der mathematischen Logik haben wir die Festsetzung kennengelernt, daß eine Aussage A immer entweder wahr oder falsch ist. Am deutlichsten kommt diese Wahrheitsdefinitheit in der logisch-wahren Formel $A \vee \neg A$ zum Ausdruck (s. Seite 43). Sie ist das berühmte *»tertium non datur«* der klassischen Logik, der »Satz vom ausgeschlossenen Dritten«. Betrachten wir diese »klassisch« gültige Formel $A \vee \neg A$ nun aber im Dialogspiel! Besteht überhaupt eine Möglichkeit für den Proponenten, die Partie zu gewinnen, wenn er $A \vee \neg A$ vorlegt? Das Spiel muß nach den Regeln so verlaufen:

A	$\neg A$	$A \vee \neg A$	$\neg(A \vee \neg A)$	$\neg\neg(A \vee \neg A)$
W	F	W	F	W
F	W	W	F	W

Diese Wahrheitstafel bestätigt, daß die Formel $\neg\neg(A \vee \neg A)$ allgemeingültig ist, wenn es sich bei A um eine (klassisch) wahrheitsdefinitive Aussage handelt. Umgangssprachlich können wir lesen: »Es ist nicht falsch, daß eine Aussage wahr oder falsch ist« oder, noch einfacher: »Es ist wahr, daß eine Aussage wahr oder falsch ist.«

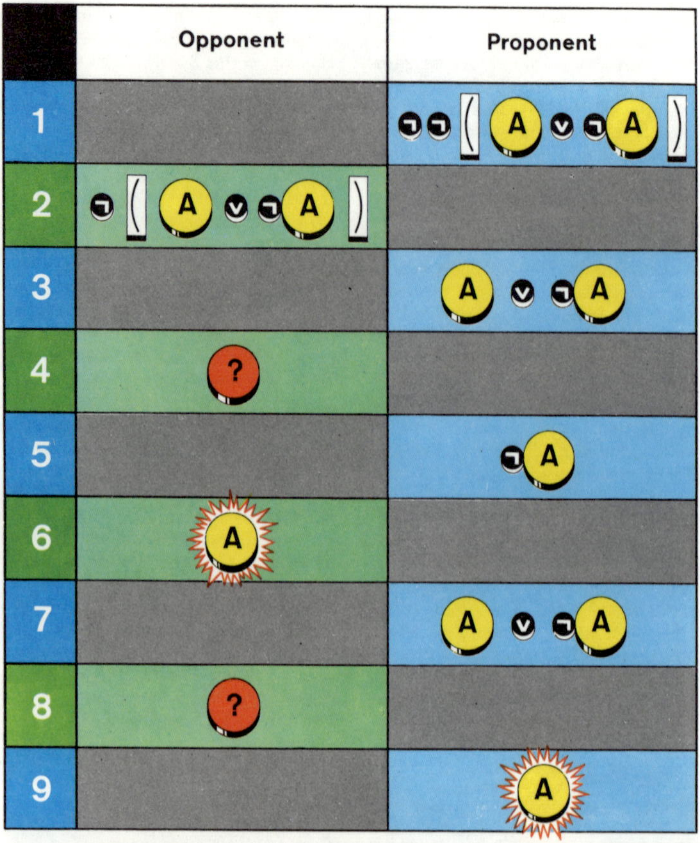

Für die Formel $\neg\neg(A \vee \neg A)$ existiert auch eine Gewinnstrategie im Dialogspiel. Aussagen von der Form $\neg\neg(A \vee \neg A)$ können daher stets im Dialog gewonnen werden: Die Verknüpfung ist effektiv logisch-wahr.

1. Der Proponent legt $A \vee \neg A$ vor.
2. Der Opponent zweifelt die Formel an.
3. Nun kann der Proponent wählen, ob er A oder $\neg A$ behaupten will. Nur für eine Aussage muß er bekanntlich bei der $\vee$-Verknüpfung den Beweis vorlegen.

3.1 Entscheidet er sich für A, dann muß er auch A beweisen können. Im anderen Fall verliert er sein Spiel.

3.2 Wählt er dagegen $\neg A$, dann verliert er, wenn der Opponent die Aussage A behauptet und beweist.

Um das Dialogspiel zu gewinnen, in dem der Proponent $A \vee \neg A$ vorlegt, müßte er also von vornherein wissen, ob er selbst A beweisen kann oder aber, ob sein Gegenspieler, der Opponent, A *nicht* beweisen kann. Ersetzen wir also die Variable A durch eine Aussage, deren Beweis der Opponent kennt, der Proponent aber nicht, muß der Proponent eine Niederlage in Kauf nehmen. Dieser Fall kann aber immer eintreten. Aussagen von der Form $A \vee \neg A$ können also nicht in jedem Fall im Dialog gewonnen werden. Wir können auch sagen: Für die Aussagenverknüpfung $A \vee \neg A$ gibt es keine *»Gewinnstrategie«.*

Um zu begreifen, wie eine solche Gewinnstrategie aussehen muß, wollen wir jetzt einen Dialog betrachten, bei dem der Proponent die Formel $\neg\neg(A \vee \neg A)$ vorlegt. Es ist leicht zu sehen, daß es sich dabei einfach um die »doppelte Verneinung« von $A \vee \neg A$ handelt.

In der klassischen Aussagenlogik könnten wir umgangssprachlich formulieren: »Es ist falsch, daß es falsch ist, daß A oder nicht-A gilt.« Wie unsere Abbildung zeigt, ist diese Formel logisch-wahr im Sinne der mathematischen Logik. In der Logik der natürlichen Sprache wird die doppelte Verneinung nämlich zur Bejahung: Statt zu sagen: »Es ist falsch, daß es falsch ist, daß...« läßt sich einfacher sagen: »Es ist wahr, daß ...«.

Selbstverständlich können wir in einer Logik, die operativ gedeutet werden soll, weder mit Wahrheitstafeln hantieren noch umgangssprachliche Erläuterungen ins Spiel bringen. Wir müssen eine Gewinnstrategie für die Formel $\neg\neg(A \vee \neg A)$ im Dialogspiel suchen. Nur wenn es dem Proponenten immer möglich ist, die Partie zu gewinnen, ganz gleich wie der Opponent im Dialog reagiert, nur dann ist die Formel $\neg\neg(A \vee \neg A)$ *»effektiv logisch-wahr«.* Betrachten wir also das Dialogspiel Schritt für Schritt:

1. Der Proponent legt $\neg\neg(A \vee \neg A)$ vor.
2. Daraufhin behauptet der Opponent $\neg(A \vee \neg A)$: Wir wissen ja, daß der Proponent seine Partie genau dann verliert, wenn sein Gegen-

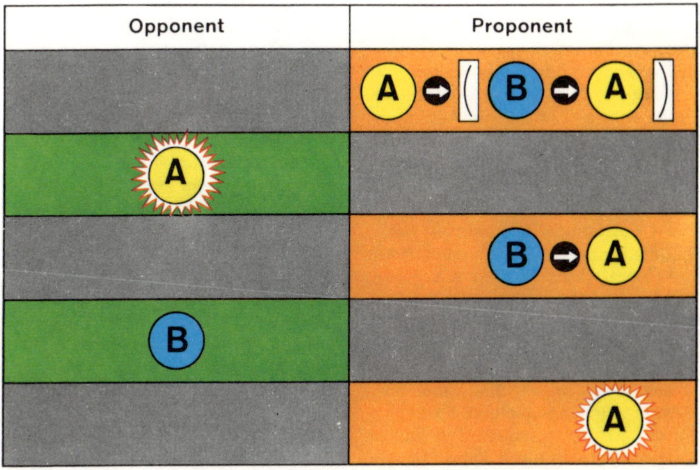

Sind A und B beweisdefinite Aussagen, dann ist die Formel $A \rightarrow (B \rightarrow A)$ auch effektiv logisch-wahr: Aussagen von dieser Form können im Dialogspiel stets gewonnen werden.

spieler auf die Vorlage einer verneinten (widerlegbaren) Aussage die Aussage selbst behauptet. Bei einer doppelt verneinten Aussage ist aber diese »Bejahung« nur dadurch zu erreichen, daß die einfach verneinte Aussage vorgelegt wird.

3. Der Proponent muß dann im Gegenzug das »Gegenteil« der vom Opponenten vorgelegten Aussage behaupten, also $A \vee \neg A$.
4. Aufgrund der Spielregeln muß der Opponent jetzt $A \vee \neg A$ anzweifeln. Wiederum $\neg(A \vee \neg A)$ zu behaupten, wäre wenig sinnvoll. Das Spiel würde damit nicht »weiterlaufen«, wie ein Blick auf Schritt 2 zeigt.
5. Nun ist der Proponent wieder am Zug: Um zu seiner vom Opponenten angezweifelten Formel $A \vee \neg A$ zu stehen, braucht er bekanntlich nur A oder aber $\neg A$ behaupten. Lassen wir ihn also einmal $\neg A$ behaupten.
6. Damit kommt das Spiel in seine entscheidende Phase: Der Opponent muß jetzt nämlich A behaupten, um zu gewinnen. Damit gibt er zu, daß er A beweisen kann.
7. Das kommt dem Proponenten sehr gelegen: Er kann jetzt wieder – wie im dritten Schritt – die Aussagenverknüpfung $A \vee \neg A$ behaupten.
8. Wieder bleibt dem Opponenten keine andere Wahl, als $A \vee \neg A$ anzuzweifeln, wie er das bereits im vierten Schritt praktiziert hat.
9. Damit hat aber der Proponent mit seinem nächsten Zug die Partie für sich entschieden: Wer $A \vee \neg A$ behauptet, braucht ja nur entweder den Beweis für A oder den Beweis für $\neg A$ zu liefern. Im sechsten Schritt hat aber bereits sein Gegenspieler A behauptet und damit angedeutet, daß er den Beweis liefern kann! Es genügt also jetzt die Behauptung von A durch den Proponenten, um den Dialog zu »schließen«.

So sieht eine Gewinnstrategie im Dialogspiel aus, die garantiert, daß die vorgelegte Aussagenverknüpfung eine *effektiv gültige Aussageform* ist. In unserer Abbildung wird dieses Dialogspiel als eine schrittweise Zerlegung der Formel klar: Da die Primaussage A an der Tafel sowohl links beim Opponenten als auch rechts beim Proponenten auftaucht, ist der Dialog beendet. Nach dieser Übereinstimmung kann der Opponent nicht mehr »kontern«. Wir können unser Ergebnis also ausdrücken:

Aussagen von der Form $\neg\neg(A \vee \neg A)$ können stets im Dialog gewonnen werden.

Als anderes Beispiel wollen wir noch die einfache Verknüpfung $A \rightarrow (B \rightarrow A)$ untersuchen (vgl. Seite 71). Wieder zeigt uns die Wahrheitstafel, daß hier eine logisch-wahre Aussageform der klassischen Aussagenlogik vorliegt: In der letzten Spalte erscheinen nur W-Dreiecke. Ist die Formel aber auch effektiv logisch-wahr? Diese Frage können wir nur untersuchen, wenn wir das Dialogspiel durchführen:

Der Proponent legt $A \rightarrow (B \rightarrow A)$ vor. Der Opponent muß aufgrund der besprochenen Spielregel A behaupten und auf Verlangen beweisen. Es ist die Aussage, die vor dem ersten Pfeil steht. Dadurch wird der Proponent gezwungen, $B \rightarrow A$ vorzulegen. Der Opponent behauptet nun B, die Aussage, die vor dem zweiten Pfeil steht. Dem Proponenten kommt das sehr gelegen: Da er jetzt A beweisen darf, kann der Opponent nicht mehr parieren, indem er A anzweifelt, also seinen Beweis verlangt. Seine erste Reaktion auf die Vorlage von $A \rightarrow (B \rightarrow A)$ war ja der Beweis von A. Damit hat er wieder eine Niederlage im Dialogspiel einstecken müssen. Sieger ist der Proponent. Die Verknüpfung $A \rightarrow (B \rightarrow A)$ ist eine effektiv logisch-wahre Formel:

Aussagen von der Form $A \rightarrow (B \rightarrow A)$ können stets im Dialog gewonnen werden.

A	B	B → A	A → (B → A)
W	W	W	W
W	F	W	W
F	W	F	W
F	F	W	W

Sind A und B wahrheitsdefinit, dann ist die Formel A → (B → A) logisch-wahr: In der letzten Spalte der Wahrheitstafel erscheinen nur W-Dreiecke.

Ziehen wir also Bilanz in unserem Vergleich zwischen der »klassischen« mathematischen Logik und der »effektiven« Logik der mathematischen Konstruktion. Die klassische Aussagenlogik besitzt mit der Wahrheitsdefinitheit ihrer Formeln eine klare Alternative: Entweder sind die Primaussagen A, B, C und ihre Verknüpfungen wahr, oder sie sind falsch. Eine dritte Möglichkeit ist ausgeschlossen (tertium non datur). Eine operativ gedeutete effektive Logik kennt diese Alternative dagegen nicht. Erinnern wir uns nochmals an unser Zahlenbeispiel. Die klassische Logik sagt in diesem Fall:

Entweder gilt für alle geraden Zahlen, die größer als 2 sind, daß sie sich als Summe von zwei Primzahlen anschreiben lassen, oder aber es gibt eine oder mehrere Zahlen, bei denen diese Zerlegung nicht möglich ist: Ein Drittes gibt es nicht. Tertium non datur.

Bei dieser Formulierung wird überhaupt nicht darauf Bezug genommen, daß die Wissenschaft Mathematik von Menschen praktiziert wird, die beweisen oder widerlegen, also Tätigkeiten ausführen. Dagegen drückt sich die effektive Logik, die sich eindeutig auf die mathematische Konstruktion bezieht, vorsichtiger aus:

Entweder bestimmt die Eigenschaft einer Zahl größer als 2, gerade zu sein, daß sie als Summe von zwei Primzahlen angeschrieben werden kann, oder aber *es gibt ein allgemeines Rechenverfahren*, mit dem ein Gegenbeispiel gefunden werden kann.

Wie wir gezeigt haben, gilt deshalb der Satz vom ausgeschlossenen Dritten (A ∨ ¬ A) uneingeschränkt nur in der klassischen Aussagenlogik: »Eine Aussage ist entweder wahr oder falsch.« In der effektiven Logik ist die gleiche Formel so zu lesen: »Eine Aussage ist *entweder wahr oder widerlegbar.«* Diese Behauptung gilt natürlich nicht allgemein. Im Dialogspiel existiert keine Gewinnstrategie für Aussagen von der

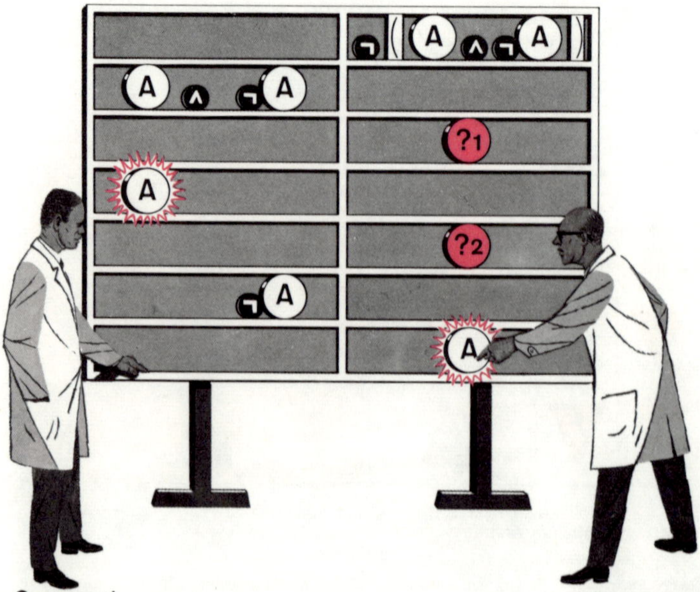

Der Satz vom ausgeschlossenen Widerspruch, ¬(A ∧ ¬A), ist eine effektiv logisch-wahre Formel. Der Proponent zweifelt das vom Opponenten vorgelegte A ∧ ¬A an, indem er zunächst A anzweifelt (? 1) und dann ¬A anzweifelt (? 2). Auf die Vorlage von ¬A durch den Opponenten kann der Proponent mit dem schon vom Gegenspieler behaupteten A antworten und den Dialog beenden.

Form A ∨ ¬A. Die Formel ist *nicht* effektiv logisch-wahr.

In der effektiven Logik gilt allerdings der *Satz vom ausgeschlossenen Widerspruch,* der natürlich auch klassisch logisch-wahr ist: Die Formel ¬(A ∧ ¬A) besagt in der klassischen Logik: »Keine Aussage ist zugleich wahr und falsch.« In der effektiven Logik ist sie zu lesen: »Es ist widerlegbar, daß eine Aussage wahr und zugleich widerlegbar ist.« So einleuchtend diese Formel klingen mag – wir müssen, um ihre effektive Gültigkeit zu untermauern, abermals eine Gewinnstrategie entwickeln. Wie die Abbildung zeigt, ist das in diesem Falle sehr einfach: Um das vom Proponenten vorgelegte ¬(A ∧ ¬A) zu Fall zu bringen, muß der Opponent A ∧ ¬A verteidigen. Der Proponent zweifelt die Aussage A an und kann A selbst vorlegen, das sein Gegenspieler behauptet hat.

Auch für die doppelte Verneinung des Satzes vom ausgeschlossenen Dritten haben wir bereits eine Gewinnstrategie entwickelt: Aussagen von der Form ¬¬(A ∨ ¬A) können im Dialog stets gewonnen werden. Umgangssprachlich können wir sie so ausdrücken: »Es ist nicht widerlegbar, daß eine Aussage wahr oder widerlegbar ist.« Gleichbedeutend ist übrigens die Aussageform ¬(¬A ∧ ¬¬A), die besagt: »Keine Aussage ist zugleich widerlegbar und nicht widerlegbar.«

Durch die sehr strengen, verschärften Forderungen der effektiven Logik an die Aussageformen gibt es eine große Zahl von Formeln, die zwar (klassisch) logisch-wahr, nicht aber effektiv logisch-wahr sind.

Umgekehrt gilt jedoch, daß jede effektiv gültige Formel auch klassisch gültig ist.

Wohl die bedeutendste effektiv nicht mehr allgemeingültige Aussagenverknüpfung ist das *tertium non datur*, $A \vee \neg A$. Eine weitere wichtige Formel, die klassisch gilt, effektiv aber nicht, ist $\neg \neg A \rightarrow A$, gelesen für die klassische Aussagenlogik: »Wenn eine Aussage nicht falsch ist, dann ist sie wahr.« In der effektiven Logik besagt sie aber nicht mehr allgemeingültig: »Wenn eine Aussage nicht widerlegbar ist, dann ist sie wahr.«

3. Exaktes Geheimnis Zahl

3.1 »Erkenntnis in schlichtester Form«

Arithmetik der Spielsteinchen

Unser bisheriger Weg durch die mathematische Landschaft und ihr logisches Grenzland galt der Entdeckung von einfachen Strukturen und Schemata. Dabei konnten wir die formalistische und die operative Betrachtungsweise dieser Gebilde kennenlernen.

»Man könnte die formalisierte Mathematik mit einem Spiel vergleichen: Den Zeichen entsprechen etwa die Schachfiguren, einer Formel eine gewisse Stellung der Steine auf dem Brett, dem System der Axiome die Anfangsstellung der Schachfiguren, den Schlußweisen die Zugregeln und einem Beweis eine Reihe von Zügen, die von der Ausgangsstellung zu einer bestimmten Konfiguration der Steine führt.«

Diesen treffenden Vergleich hat der Wissenschaftstheoretiker Friedrich Waismann in seiner 1936 erschienenen »Einführung in das mathematische Denken« gezeichnet. Diese bemerkenswerte Abhandlung über die Begriffsbildungen der modernen Mathematik versucht übrigens, Gedanken des schon mehrfach erwähnten Ludwig Wittgenstein systematisch zu entwickeln. Aus dem von Waismann geschilderten *Spiel* wird jedoch klare mathematische *Erkenntnis,* wenn garantiert wird, daß *kein Widerspruch* im Spiel auftritt. Diese Sicherheit bietet das Programm der Hilbertschen *Metamathematik* (s. Seite 57).

Gegen diese Betrachtungsweise der formalisierten mathematischen Theorie, deren Widerspruchsfreiheit bewiesen ist oder bewiesen werden muß, »als etwas, was ein bloßes Figurenspiel sein könnte, aber nicht ist«, setzt Paul Lorenzen sein Dialogspiel mit beweisdefiniten Aussagen: Die effektiv logisch-wahren Aussageformen besitzen bei ihm eine *»dialogische Definitheit«,* die wir mit verschiedenen Gewinnstrategien im Dialog gezeigt haben. »Aussagen von der Form ... (wobei durch »...« eine entsprechende Aussageform angedeutet wird) können im Dialog stets gewonnen werden«, heißt dann das Ergebnis. Mit diesem Begriff der dialogischen Definitheit hat Lorenzen übrigens eine sehr gute Präzisierung dessen gegeben, was ein Mathematiker unter *»Konstruktivität«* versteht.

Lorenzen kann auf diese Weise als *»Konstruktivist«* bezeichnet werden, so wie wir Hilbert einen »Formalisten« oder »Axiomatizisten« nennen. Die konstruktivistischen Denker unter den Mathematikern berufen sich vor allem auf den großen Königsberger Philosophen Immanuel Kant (1724 bis 1804), der das Wesen der Mathematik in der *Konstruktion* gesehen hat: »Die philosophische Erkenntnis ist die Vernunfterkenntnis aus Begriffen, die mathematische aus der *Konstruktion der Begriffe.«* Wie steht ein Konstruktivist wie Lorenzen zur formalistischen Betrachtung der Mathematik? Lassen wir ihn selbst antworten: »Jede Behauptung der axiomatischen Mathematik hat die Form ›Aus dem Axiomensystem ... ist die Aussage ... ableitbar‹. Solche Behauptungen können also von jedem, auch von dem Konstruktivisten, auf ihre Wahrheit geprüft werden – unabhängig davon, ob er die Untersuchung gerade dieser Axiome für zweckmäßig hält oder nicht.«

Es ist daher im wesentlichen eine *verschiedene Richtung des Fragens,* die Axiomatiker und Konstruktivisten unterscheidet. Wie es zu dem etwas übertriebenen Schlagwort von der »mathematischen Grundlagenkrise« gekommen ist, werden wir im fünften Kapitel ausführlicher untersuchen. Zunächst wollen wir aber wieder einen Blick in die Geschichte der Mathematik werfen. Wir konnten bereits verfolgen, wie die griechischen Mathematiker durch den Begriff des *Beweises* aus der praktischen Geometrie der Babylonier eine *Theorie* entwickelt haben (s. Seite 27). Es ist übrigens eine landläufige Meinung, daß alles, was mit Mathematik zu tun hat, auch mit *Zahlen* zu tun haben muß. Natürlich spielen sie eine überragende Rolle. Aber nicht alles in der Mathematik dreht sich ausschließlich um die Zahl. Das konnten wir bereits bei den bisherigen Betrachtungen feststellen. Dafür wollen wir uns jetzt ein ganzes Kapitel lang nur mit Zahlen beschäftigen.

Zunächst gilt unsere Aufmerksamkeit den »natürlichsten« Gebilden unter den Zahlen, den allen wohlvertrauten *»natürlichen Zahlen«:* 1, 2, 3, 4, 5, 6, 7, ... Die Theorie dieser natürlichen Zahlen wird *»elementare Arithmetik«* genannt (arithmós ist das griechische Wort für Zahl). Warum brauchen wir für solch selbstverständliche Dinge eine Theorie? So wird sich mancher fragen. Um was es hier geht, wissen wir doch, seitdem man uns das kleine Einmaleins eingepaukt hat! Und mancher erinnert sich vielleicht an den vielzitierten Ausspruch des Mathematikers Leopold Kronecker (1823–1891): »Die natürlichen Zahlen hat der liebe Gott gemacht, alles andere ist Menschenwerk.« Mit Hermann Weyl können wir aber sinnvoll ergänzen: »In den natürlichen Zahlen stellt sich das Problem der Erkenntnis in seiner schlichtesten Form.« Also scheinen sie doch einer Betrachtung wert zu sein.

Ein kurzer Blick in die Mathematikgeschichte zeigt uns, daß die Entwicklung bei den Zahlen ein wenig anders verlaufen ist als bei den Gegenständen der Geometrie, bei Punkten, Geraden und Ebenen.

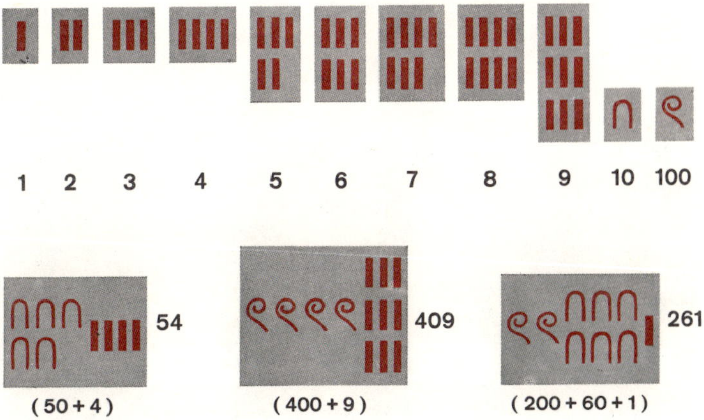

Vor etwa 5000 Jahren entwickelten die Ägypter aus einfachen Strichzeichnungen Werkzeuge, die das Zählen gestatten: Bis zur Zahl neun wurden alle Zahlen als Strichgruppen geschrieben.

Schon in der Altsteinzeit, vor mehreren Jahrzehntausenden, treten einfache Strichzeichen »I«, sogar Strichpaare »II« und in wenigen Fällen Fünfergruppen von Strichen »IIIII« auf. Und bereits vor rund fünf Jahrtausenden entwickelten dann die Ägypter aus diesen Strichzeichen effektive *Werkzeuge*, die das *Zählen* erlauben: Dabei werden Zahlen *als Zeichen gebraucht*. Jeder, der in einer einfachen Gastwirtschaft schon einmal mehr als ein Glas Bier getrunken hat, kennt diesen Gebrauch von Strichzeichen: Der Kellner zeichnet für jedes ausgetrunkene Glas des edlen Gerstensaftes einen Bleistiftstrich auf den Bierdeckel.

Im klassischen Griechenland entstand aus solchen systematischen Gruppierungen von Strichen oder Steinchen ein erkenntnisreiches Zeichenspiel, eine *»figurale« Arithmetik*. Wir könnten sie auch »Arithmetik der Spielsteinchen« nennen. Im fünften vorchristlichen Jahrhundert »spielten« die griechischen Mathematiker mit verschieden geformten Steinchen. Sie legten mit ihnen Figuren in Quadrat- und Dreiecksform. Betrachten wir einige dieser Figuren:

Bereits im vorigen Kapitel haben wir in einem Beispiel von »geraden Zahlen« gesprochen, von ganzen Zahlen, die durch 2 teilbar sind: 2, 4, 6, 8, 10, 12, usw. Euklid definierte in seinen bereits erwähnten »Elementen« (s. Seite 25) die geraden Zahlen: »*Gerade* ist eine Zahl, die sich halbieren läßt.« In einer weiteren Definition heißt es im Euklidischen Werk: »Und *ungerade* ist die Zahl, die sich nicht halbieren läßt oder die sich um eine Einheit von einer geraden Zahl unterscheidet.« »Ungerade Zahlen« sind also solche ganzen Zahlen, die *nicht* durch 2 geteilt werden können: 1, 3, 5, 7, 9, 11, usw. Legen wir diese ungeraden Zahlen mit farbigen Kügelchen nach einem bestimmten Muster aus, so entstehen als Figuren Quadrate. Hintereinander, sukzessive in gleichen Winkeln gereiht, bilden die Kügelchen die Reihe der *»Quadratzahlen«* ab. Das läßt sich übrigens unmittelbar aus

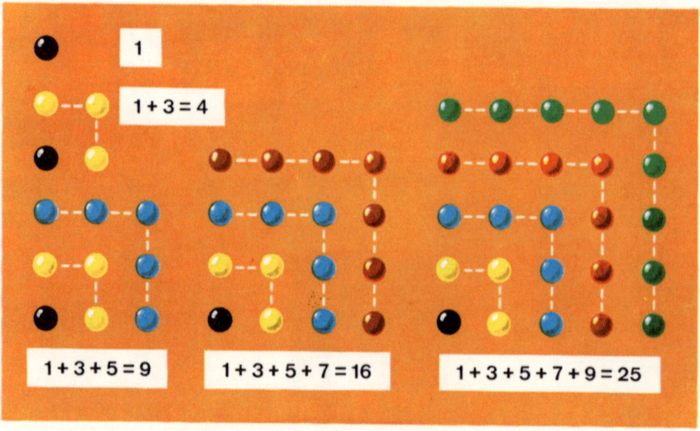

Vor rund 2500 Jahren erfanden griechische Mathematiker ein erkenntnisreiches Spiel, die »figurale« Arithmetik. Hier sind die Quadratzahlen mit bunten Kügelchen gelegt.

Aus den quadratischen Figuren, die aus Kügelchen zusammengesetzt sind, läßt sich mancher wahre Satz der Arithmetik direkt »ablesen«.

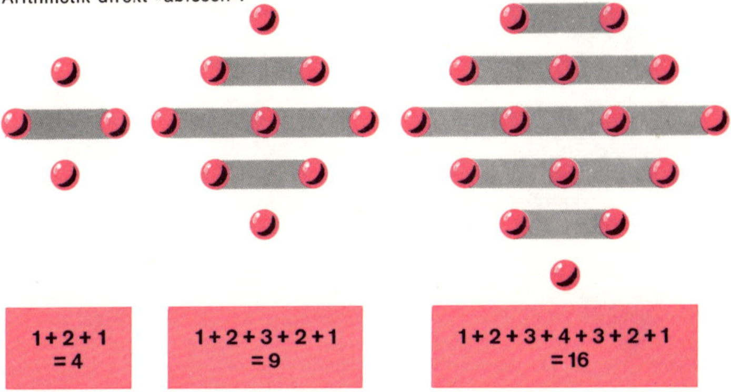

den Figuren »ablesen«. Es gilt also:
$1 + 3 = 4$
$1 + 3 + 5 = 9$
$1 + 3 + 5 + 7 = 16$
$1 + 3 + 5 + 7 + 9 = 25$, usw.
Es ist allgemein bekannt, daß die mathematischen Zeichen »+« umgangssprachlich als »und« und »=« als »ist gleich« ausgedrückt werden.

Die erste Zeile etwa läßt sich dann so lesen: »Eins und drei ist gleich vier.« Die Zahlen 4, 9, 16, 25 sind Quadratzahlen. Mit Hilfe einfachster Zeichen läßt sich formulieren:
$4 = 2 \cdot 2 = 2^2$
$9 = 3 \cdot 3 = 3^2$
$16 = 4 \cdot 4 = 4^2$
$25 = 5 \cdot 5 = 5^2$, usw.

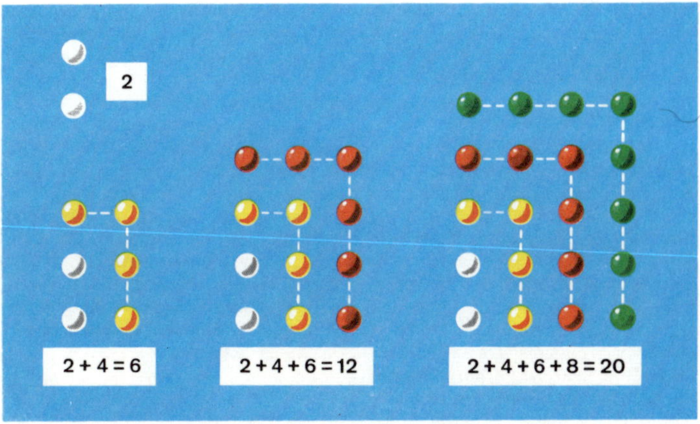

In der Arithmetik der Spielsteinchen lassen sich mit geraden Zahlen immer neue rechteckige Figuren legen.

In der mathematischen Kunstsprache, die uns allen in ihrer schlichtesten Form mehr oder weniger vertraut ist, können auf diese Weise einfache Erkenntnisse formuliert werden, die wir unmittelbar aus solchen Figuren ablesen können: 2^2 wird dabei »zwei im Quadrat« oder »zwei hoch zwei« gelesen und drückt das gleiche Verhältnis der Seiten in den Figuren aus Kügelchen aus. Die Zeichen »1«, »2«, »3«, usw. werden *»arabische Ziffern«* genannt. (Historisch gesehen ist das eine falsche Bezeichnung, weil diese Zeichen bereits von den Indern stammen.) Die quadratischen Muster der Kügelchen haben als charakteristische Eigenschaft die Seitengleichheit. Wir können also auch schreiben:

$1 + 3 = 2^2$

$1 + 3 + 5 = 3^2$

$1 + 3 + 5 + 7 = 4^2$, usw.

Nach unserer bisherigen Begriffsbestimmung können wir das materielle Gebilde »$1 + 3 = 2^2$« eine *»arithmetische Aussage«* nennen. Jedes Zeichen dieser Aussage läßt sich übrigens wiederum als Handlungsvorschrift deuten: 1, 2 und 3 besagen uns, wie oft die Einheit 1 zu wiederholen, zu reproduzieren ist: Wählen wir als Einheit das Strichzeichen I, so müssen wir es einmal, zweimal und dreimal anschreiben: I, II, III. Die allgemeine Aufforderung lautet also: Nimm die Einheit (den Strich, das Steinchen, die Kugel) einmal, dann noch einmal, dann noch einmal usw. Immanuel Kant, von dem wir schon gehört haben, drückte diese Situation so aus: »Die Arithmetik bringt ihre Zahlbegriffe durch sukzessive Hinzusetzung der Einheiten in der Zeit zustande.« Der Philosoph Arthur Schopenhauer kam zu einer verwandten Einsicht, als er schrieb: »Jede Zahl setzt die vorhergehenden als Gründe ihres Seins voraus. Zur Zehn kann ich nur gelangen durch alle vorhergehenden.«

+ drückt die Handlung einer Vereinigung aus: Nimm die Gegenstände rechts vom Zeichen »+« und lege sie zu den Gegenständen links von diesem Zeichen! Durch = wird eine Ersetzung von Zeichen gestattet. Und 2^2 drückt aus: Nimm die gewählte Einheit zweimal und wiederhole sie zweimal. (3^2 fordert nun im gleichen Sinn die zweimalige Wiederholung der dreimal reproduzierten Einheit.)

Verweilen wir noch ein wenig bei unseren quadratischen Figuren aus Kügelchen. Anderes können wir »lernen«, wenn wir sie sorgfältig betrachten. Dazu brauchen wir nur die Quadrate auf die Spitze zu stellen, wie das unsere Abbildung zeigt. Dann können wir die Figuren nämlich so zerlegen, daß wir zu folgenden Aussagen kommen:

$2^2 = 1 + 2 + 1$

$3^2 = 1 + 2 + 3 + 2 + 1$

$4^2 = 1 + 2 + 3 + 4 + 3 + 2 + 1$

$5^2 = 1 + 2 + 3 + 4 + 5 + 4 + 3 + 2 + 1$, usw.

Es ist unschwer zu erkennen, wie »es weiter geht«. Natürlich sind solche figuralen Spielereien mit bunten Kügelchen noch keine »Beweise« in dem uns bereits vertrauten Sinne. Trotzdem kann eine Arithmetik der Spielsteinchen schon zu nützlichen Erkenntnissen über das Zusammenzählen, die *»Addition«*, von ganzen Zahlen führen. Ähnlich wie wir zunächst die ungeraden Zahlen zu Quadraten ausgelegt haben, können wir aus den geraden Zahlen 2, 4, 6, 8, usw. rechteckige Figuren auslegen. Wie die Abbildung zeigt, entstehen dieses Mal durch jeweiliges Anfügen eines »Randes« aus 4, 6, 8, usw. Kügelchen an die Grundfigur aus 2 weißen Kügelchen, Rechtecke mit ungleichen Seiten. Aus ihnen können wir folgende Aussagen anschaulich entnehmen:

$2 + 4 = 6$

$2 + 4 + 6 = 12$

$2 + 4 + 6 + 8 = 20$

$2 + 4 + 6 + 8 + 10 = 30$, usw.

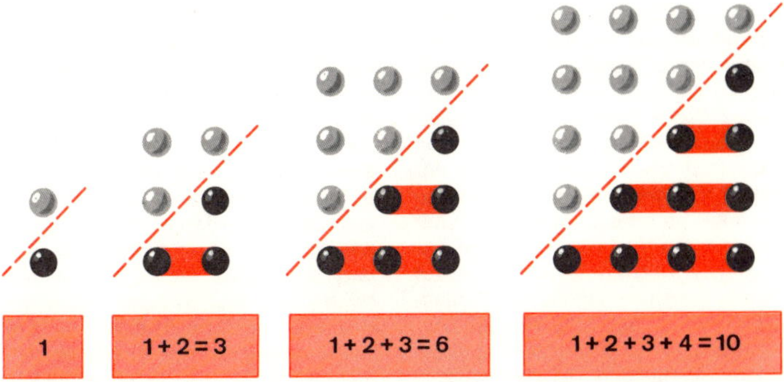

»Gerade ist eine Zahl, die sich halbieren läßt«, definierte Euklid: Aus den quadratischen Figuren lassen sich Dreiecksfiguren bilden, die sich wiederum auf einfache Weise zerlegen lassen.

Da sämtliche Figuren sich aus einer geraden Zahl von Bausteinen zusammensetzen, können wir die Rechtecke halbieren. Auf diese Weise entstehen dann zwei Dreiecke. Wir kennen ja bereits Euklids Definition: »Gerade ist eine Zahl, die sich halbieren läßt.« Wie diese Teilung aussieht, zeigt uns wieder die Abbildung oben. Die entstandenen Dreiecksfiguren setzen sich also nur noch aus halb soviel Kügelchen zusammen wie die Rechtecke, die wir zunächst gelegt haben. Damit lauten die Dreieckszahlen: 3, 6, 10, 15, 21, usw. Aus ihrem Aufbau können wir zu folgenden Aussagen gelangen:

$1 + 2 = 3$
$1 + 2 + 3 = 6$
$1 + 2 + 3 + 4 = 10$
$1 + 2 + 3 + 4 + 5 = 15$, usw.

Diese Beispiele mögen als Illustration des erkenntnisreichen Zeichenspiels zunächst genügen, das wir »Arithmetik der Spielsteinchen« genannt haben. Auch weiterhin können uns diese *»figurierten Zahlen«* der altgriechischen Mathematiker, aus Steinchen oder Kügelchen gelegt, nützliche anschauliche Hilfe leisten. »Es liegt kein großer Unterschied darin, daß wir statt der Steinchen Figuren I, II, III, . . . nehmen oder – wie üblich – statt der Steinchen gewisse Laute bzw. Lautvorstellungen: die gesprochenen Zahlenwörter«, schreibt Paul Lorenzen. Der Begriff der natürlichen Zahl besitzt nämlich so viel Anschaulichkeit, daß er nicht durch umständliche Manöver zerstört werden sollte. Auf dieses Problem werden wir noch zu sprechen kommen.

Von Immanuel Kant, auf den sich die Konstruktivisten berufen, kennen wir bereits die Formulierung, daß der Zahlbegriff durch »sukzessive Hinzusetzung der Einheiten *in der Zeit*« zustande kommt. Das zeitliche Nacheinander, das jeder von uns anschaulich erfaßt, kann also durchaus als »intuitive« Grundlage der natürlichen Zahlenreihe 1, 2, 3, 4, 5, 6, 7, usw. angesehen werden. Das »Verfließen« der Zeit, der eigenen »Privatzeit«, ist wohl eines der ursprünglichsten Erlebnisse der Menschen. Manche Konstruktivisten sprechen deshalb auch von der *»Ur-Intuition« des Zählens.* Damit wird eine erlebnismäßig so gesicherte und selbstverständliche Tätigkeit wie das Zählen angesprochen, über die jedermann Bescheid weiß, ob er nun die Finger zu Hilfe nimmt, Zahlen vor sich hinmurmelt oder »in Gedanken« zählt. Weil sich diese Mathematiker hier auf eine »Intuition«, eine »innere Anschauung« berufen, werden sie auch *»Intuitionisten«* genannt. Diese Bezeichnung ist aber im Gegensatz zu der bisher von uns benützten sehr irreführend: Wir wollen also weiterhin von »Konstruktivisten« sprechen. Aber nicht nur das *zeitliche Nacheinander,* auch das *räumliche Nebeneinander* kann zur Begründung der natürlichen Zahlenreihe dienen: Die gleichzeitige Anschauung von verschiedenen, nebeneinanderstehenden Gegenständen kann uns das Zählen deutlich machen, »vor Augen« bringen.

Diese Betrachtungsweise, die wir hier nur knapp angedeutet haben, trägt natürlich stark psychologische Züge an sich. Wenn es sich dabei jedoch um so einfache Tatbestände handelt wie die Tätigkeit des Zählens, stört das viele Mathematiker nicht mehr: Seit den erkenntnistheoretischen Schriften des Naturforschers Hermann von Helmholtz (1821 bis 1894) hat diese Betrachtung auch bei den mathematischen Grundlagenforschern starke Beachtung gefunden. In seiner bedeutenden Abhandlung »Zählen und Messen« schrieb Helmholtz über die Theorie der natürlichen Zahlen:

»Ich betrachte die Arithmetik als eine auf rein psychologischen Tatsachen aufgebaute Methode, durch die die folgerichtige Anwendung eines Zeichensystems von unbegrenzter Ausdehnung und unbegrenzter Möglichkeit der Verfeinerung gelehrt wird. Die Arithmetik untersucht namentlich, welche verschiedene Verbindungsweisen dieser Zeichen *(Rechenoperationen)* zu demselben Endergebnis führen.«

Dieses Helmholtzsche »Zeichensystem« der natürlichen Zahlen können wir uns dann wiederum als Spiel mit ganz konkreten Bausteinen vorstellen.

Damit ist ein Standpunkt gekennzeichnet, der Zahlen nicht als ideale Gegenstände aus Platonischen Himmelsgefilden, nicht als Gebilde betrachtet, die »nicht von dieser Welt« sind. Helmholtz wird daher ein »Empirist« genannt.

Eine formalistische Betrachtung ist auch möglich: Das System besteht aus Zeichen, »deren Gestalt unabhängig von Ort und Zeit und von den besonderen Bedingungen der Herstellung des Zeichens sowie geringfügigen Unterschieden in der Ausführung sich von uns allgemein und sicher wieder erkennen läßt«. Diese Kennzeichnung des Werkzeugs »natürliche Zahl« hat der Formalist Hilbert vorgenommen.

»Hier wird nirgendwo über die tatsächlich in concreto vorliegenden Zeichen hinausgegangen«, schrieb Hermann Weyl.

»Als geeignete Zeichen bieten sich aufeinanderfolgende Striche (›Einsen‹) an.« Sie sind *nicht* gemeint als *Zeichen für* etwas. Mit einem Strich I als Anfangsfigur und zugleich einziger Grundfigur eines Kalküls, außerdem einer einzigen Kalkülregel, können wir eine Konstruktionsvorschrift für die Reihe der natürlichen Zahlen angeben. Die Regel für den Kalkül lautet:

Wenn eine Figur von der Gestalt a im Kalkül herstellbar ist, kann auch die Figur a I gebildet werden.

An jede aus den Strichelementen regelgerecht geformte Kalkülfigur kann also ein Strichzeichen angefügt werden. Es können daher die Figuren I, II, III, IIII, IIIII, ... gelegt werden, die wir auf die vertraute altindische Weise mit den Symbolen 1, 2, 3, 4, 5, ... abkürzend bezeichnen können.

Auf diese Weise können wir die Reihe der natürlichen Zahlen am einfachsten »rekursiv« definieren (s. Seite 65). Natürliche Zahlen sind dann die in dem gerade entworfenen, höchst einfachen Kalkül *ableitbaren Figuren.*

3.2 Warum das Einmaleins »stimmt« ...

Der exakte Aufbau der elementaren Arithmetik

»Der Sinn der Zahlen liegt im ›Zählen‹«, schreibt Lorenzen in seiner »Einführung in die operative Logik und Mathematik«: »Und das Zählen gehört wesentlich mit zu den Tätigkeiten, die den Mathematiker zu Aussagen über schematisches Operieren führen.« Mit Hilfe eines äußerst einfachen Kalküls, so haben wir gesehen, lassen sich die Figuren I, II, III, IIII, ... erzeugen. Die Grundfiguren des Strichs (I) benützen wir nur deshalb, weil sie die einfachste und bequemste für uns ist. Genausogut hätten wir die Figur ▲ oder die Figur + zu diesem Zweck verwenden können. Dann würde die Zahlenreihe eben entweder so aussehen:

▲, ▲▲, ▲▲▲, ▲▲▲▲, ...

oder aber so:

+, ++, +++, ++++, ...

Wie kann nun mit solchen Figuren »gerechnet« werden? Und wie wissen wir, daß die Rechnung dann »stimmt«? In der Arithmetik der Spielsteinchen haben wir ja bereits einfache Aussagen durch überlegtes »Ablesen« der Figuren gefunden. Es waren einsichtige Ergebnisse unserer Anschauung. Damit ist natürlich keineswegs gesagt, daß nun die gesamte Mathematik »ausschließlich auf solchen anschaulichen Tatsachen beruht. Auch bedeutet es nicht, daß sie sich nur auf experimentell kontrollierbare Tatsachen der äußeren groben Erfahrung stützt«, wie es der Mathematiker Felix Klein (1849 bis 1925) ausgedrückt hat. Aber wenn es um die *Fundamente* der exakten Wissenschaft geht, dann sind Anschaulichkeit und Einsichtigkeit äußerst wünschenswert.

Mathematik ist eine Tätigkeit, die *von Menschen ausgeübt* wird. Und wenn diese Tätigkeiten im Prinzip nicht einfach und einsichtig sind oder sich nicht auf solche einfachen, einsichtigen Tätigkeiten zurückführen lassen, sollten wir in jedem Fall eine kritische Sonde ansetzen und fragen. Die Fragestellung ist wieder rein zweckmäßig: Warum ist eine solche Komplikation notwendig? Warum kann es nicht einfacher gemacht werden? Diese Fragen werden uns – ausgesprochen oder unausgesprochen – auf allen Wegen durch die mathematische Landschaft begleiten. Nur auf diese Weise läßt sich die unbegründete Scheu vieler

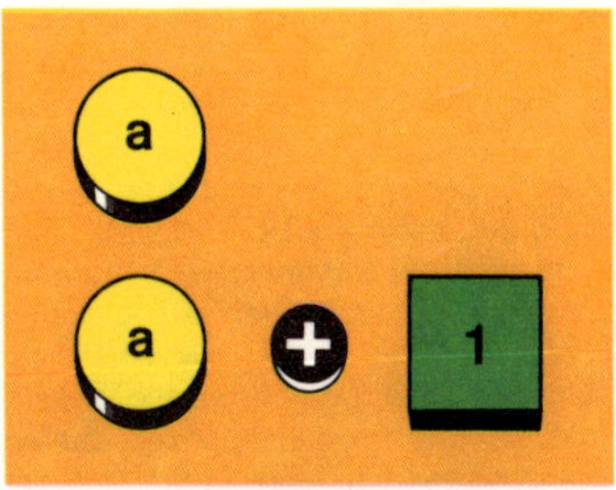

Ein mit einem kleinen »a« bedrucktes Scheibchen dient in unserem Baukasten als Zahlenvariable. Es kann durch beliebige natürliche Zahlen ersetzt werden. Durch die Zeichenfolge »a + 1« drücken wir die Situation »Nachfolger einer natürlichen Zahl« aus.

»a = b« besagt zunächst einfach: Wir können jederzeit das a-Scheibchen durch das b-Scheibchen ersetzen und umgekehrt. Mehr wird durch dieses Gebilde nicht ausgesagt. Es ist daher ratsam, von »Gleichheit« zu sprechen, keinesfalls jedoch von »Identität«.

Menschen beseitigen, alles abzulehnen, was nur irgendwie und auf irgendeine Weise mit Mathematik zusammenhängt.

»Begründung der elementaren Arithmetik« ist der Titel einer Arbeit, die der norwegische Mathematiker Thoralf Skolem (geb. 1887) 1923 in Oslo veröffentlichte. Der Ansatz, den Skolem in dieser Abhandlung entwickelte, kann sowohl von den Konstruktivisten als auch von den Formalisten gebilligt werden.

Wie muß ein exakter Aufbau der elementaren Arithmetik aussehen? Erinnern wir uns an die figurale Arithmetik: Hier haben wir einige Erkenntnisse der Addition, des Zusammenzählens bestimmter ganzer Zahlen also, einfach anschaulich durch die Zerlegung der quadratischen, der rechteckigen und dreieckigen Figuren gewonnen, die wir aus Kügelchen aufgebaut haben. Dazu sind weder Axiome notwendig und logische Regeln noch ein Kalkül als rekursive Definition einer Beziehung zwischen Figuren. Mit der Skolemschen Betrachtungsweise wollen wir nun jedoch einen Weg einschlagen, der sowohl konstruktivistische als auch formalistische Elemente enthält: Die Lehre von den natürlichen Zahlen wird dabei als *rekursive Arithmetik* aufgebaut.

Skolem verwendet den Begriff der natürlichen Zahl als einen undefinierten *Grundbegriff:* Der Sinn dieser Zahlen liegt in der Tätigkeit des Zählens.

Deshalb läßt sich auch vertreten, daß der Begriff *›Nachfolger‹* einer natürlichen Zahl Grundbegriff ist: So wie die einzige Regel unseres einfachen Kalküls ausdrückt, daß aus jeder Kalkülfigur a die Figur a I gebildet werden kann, indem wir einen weiteren Strich an vorangegangene Strichfolge anfügen, so können wir nun sagen: Der Nachfolger ist die auf die Zahl a folgende Zahl a + 1. Die Zahl 6 ist also Nachfolger der Zahl 5, 23 Nachfolger von 22, 101 Nachfolger von 100, usw. Dabei ist a nun *Zahlenvariable,* die beliebige natürliche Zahlen andeutet.

Mit zwei Variablen a und b und dem bereits bekannten Zeichen »=« können wir dann den Begriff der *Gleichheit* ausdrücken. »a = b« besagt einfach: Du darfst jederzeit a durch b ersetzen oder b durch a ersetzen: »a ist gleich b«. Es ist übrigens nicht ratsam, in diesem Zusammenhang von »Identität« und von »=« als dem »Identitätszeichen« zu sprechen: Diese Identität von Dingen ist nämlich ein sehr umstrittener Begriff, über den sich Philosophen seit Jahrtausenden den Kopf zerbrechen. Wir wollen hier nur von »Gleichheit« in der oben formulierten Weise sprechen und mit Wittgenstein sagen: »Von zwei Dingen zu sagen, sie seien identisch, ist ein Unsinn, und von *Einem* zu sagen, es sei identisch mit sich selbst, sagt gar nichts.«

Wenn wir nun zwei natürliche Zahlen a und b zusammenzählen, schreibt der Mathematiker »a + b«. Er spricht dann von der *»Summe«* der beiden Zahlen a und b. Die Tätigkeit des Zusammenzählens nennt er, wie wir wissen, *»Addition«.* Wie ist aber garantiert, daß die Operation a + b stets wieder eine natürliche Zahl ergibt? Die Addition muß nicht nur *unbeschränkt ausführbar* sein, sie muß auch *eindeutig bestimmt* sein. Das heißt: Wenn a + b = c und a + b = d gilt, dann muß c = d sein. Läßt sich also die Summe zweier beliebiger natürlicher Zahlen a + b exakt definieren?

Eine sehr befriedigende Möglichkeit, die Summe zweier ganzer Zahlen ganz allgemein festzulegen, ist der Skolemsche Vorschlag, a + b *rekursiv* zu definieren. Wie sieht diese rekursive Definition der Summe a + b aus? Sie bildet gleichsam eine endlose Definitionskette, bei der die einzelnen Glieder miteinander eng verknüpft sind. Eine solche Kette wird folgendermaßen aufgebaut: Wir wissen bereits, daß a + 1 den Begriff *Nachfolger von a* ausdrückt. Durch eine Definition können wir dann festlegen, was a + 2 bedeuten soll.

Definition 1: $a + 2 = (a + 1) + 1$

Zählen wir also zu einer Zahl a den Wert 2 hinzu, so ist die neue Zahl der Nachfolger des Nachfolgers von a. Wir wissen damit, was unter a + 2 zu verstehen ist. Auf dieser Grundlage gibt uns eine weitere Definition Auskunft über a + 3.

Definition 2: $a + 3 = (a + 2) + 1$

Wir sehen damit bereits ganz deutlich, wie die Verknüpfung der Definitionskette aussieht: In Definition 2 steht der Ausdruck a + 2 rechts vom Gleichheitszeichen, wird also *zur Erklärung benützt,* während er in der vorangegangenen Definition 1 links vom Gleichheitszeichen steht, also *erklärt wird.* Wenn wir nun Definitionen 3, 4 und 5 direkt untereinanderschreiben, wird die Verkettung dieser Konstruktion klar ersichtlich. Noch deutlicher ist der Sachverhalt in unserer Abbildung (s. Seite 86) zu erkennen.

Definition 3: $\underline{a + 4} = (a + 3) + 1$

Definition 4: $a + 5 = \underline{(a + 4)} + 1$

Definition 5: $a + 6 = (a + 5) + 1$

Es ist deutlich zu sehen, wie bei dieser Konstruktion jeweils auf die vorangegangene Definition Bezug genommen wird. Ein solches Erklärungsschema nennt der Mathematiker eine *»rekursive Definition«.* Ganz allgemein können wir sie formulieren:

$$\boxed{a + (b + 1) = (a + b) + 1}$$

Nun besitzen wir eine allgemeine rekursive Definition der Summe zweier natürlicher Zahlen: Sie ist eine Handlungsanweisung, eine präzise *Regel,* nach der die einzelnen bereits betrachteten Definitionen gebildet werden können. Auf diese Weise ist die Addition zweier beliebiger natürlicher Zahlen a und b eindeutig festgelegt.

Manchem wird sich vielleicht jetzt die Frage aufdrängen, ob dieses Verfahren nicht zu umständlich sei, ob denn die Mathematiker in früheren Jahrhunderten nicht »richtig« gerechnet haben. Natürlich ist auch schon Jahrhunderte vor Helmholtz, Hilbert und Skolem mit großem Erfolg gerechnet worden, gewiß hat man es verstanden, brillante Mathematik zu betreiben. Der klare, systematische und widerspruchsfreie Aufbau des Zahlenreiches gelang jedoch erst im vorigen Jahrhundert. Der große französische Mathematiker Joseph Louis Lagrange (1736–1813) hat einmal die Situation, die in der Mathematik des ausklingenden 18. Jahrhunderts herrschte, sehr gut charakterisiert: Es wimmle in ihr von Widersprüchen, meinte Lagrange. Aber Gott in seiner Allgüte habe es so gefügt, daß sich die Fehler gegenseitig aufheben. Nur aufgrund dieser göttlichen Güte seien die großen Erfolge der Mathematik zu erklären . . .

Die rekursive Definition der Summe von zwei natürlichen Zahlen ist eine klare Handlungsanweisung zur Bildung von neuen Definitionen: $a + 2 = (a + 1) + 1$, $(a + 3) = (a + 2) + 1$, $(a + 4) = (a + 3) + 1$, usw.

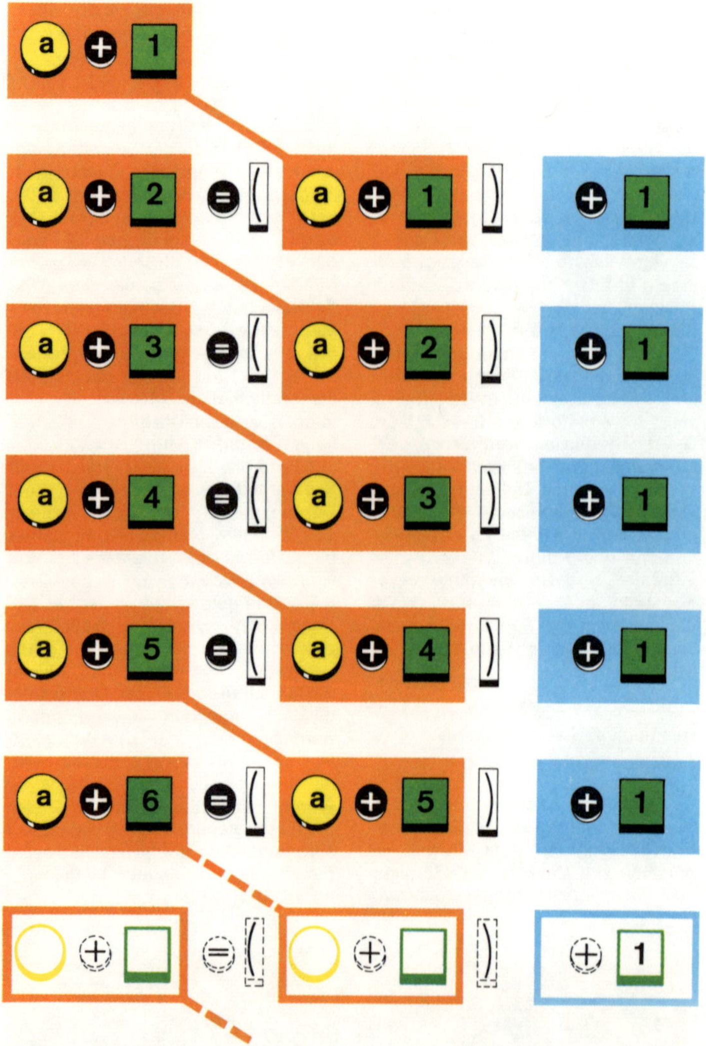

Dieses Erklärungsschema für die Addition von natürlichen Zahlen wird eine »rekursive Definition« genannt: Wir kennen ja zunächst nur die Bedeutung von a + 1 (Nachfolger einer natürlichen Zahl). Um jedoch die allgemeine Bedeutung des Zeichens »+« zu erfahren, gibt die rekursive Definition dann eine Anweisung, wie a + 2, a + 3, a + 4 usw. zu bilden sind. Wie deutlich zu erkennen ist, wird bei jedem neuen Ausdruck auf den vorhergehenden Bezug genommen: Wollen wir z.B. a + 6 definieren, müssen wir über a + 5 Bescheid wissen.

Seit den Arbeiten von Gauß und Cauchy, von Weierstraß und Dedekind hat sich hier im Laufe des 19. Jahrhunderts manches geändert. Wir werden darauf noch zu sprechen kommen. Doch wenden wir nun wieder unsere Aufmerksamkeit der rekursiven Arithmetik Thoralf Skolems zu: Als Definition der Summe zweier Zahlen haben wir die Formel $a + (b + 1) = (a + b) + 1$ kennengelernt. Sie ist ohne Zweifel ein etwas merkwürdiges Gebilde, und es leuchtet keinesfalls auf den ersten Blick ein, warum sie gerade so und nicht anders aussehen muß. Der Schlüssel zu ihrem Verständnis ist wieder die Mathematik als Tätigkeit, also auch *Arithmetik als Tätigkeit:* Unsere Formel ist nicht einfach die definitorische Festlegung einer Gleichheit zwischen dem Ausdruck $a + (b + 1)$, der links von »=« steht, und dem Ausdruck $(a + b) + 1$. Sie ist eine Konstruktionsvorschrift, eine *Handlungsanweisung:*

Bilde auf die folgende Weise die Kette von Definitionen, sagt sie aus: $a + 2 = (a + 1) + 1$, $a + 3 = (a + 2) + 1$, $a + 4 = (a + 3) + 1$, usw.

Diese Aufforderung, eine Folge von Formeln zu konstruieren, ist demnach weit mehr als die bloße Festlegung der definitorischen Gleichheit zweier Ausdrücke. Henri Poincaré kommentierte einen ähnlichen Sachverhalt bereits im Jahre 1902: »Die Mathematik kommt ›durch Konstruktionen‹ vorwärts, sie ›konstruiert‹ immer verwickeltere Kombinationen. Damit eine Konstruktion jedoch nützlich sein kann, damit sie nicht nur eine überflüssige Anstrengung des Verstandes darstellt, damit sie jedem als Sprungbrett dienen kann, der sich höher erheben will, muß sie vor allem eine Eigenart besitzen, die es erlaubt, in ihr etwas anderes zu erkennen als eine bloße Anhäufung von Elementen. Genauer gesagt: Man muß den Vorteil darin erkennen, *daß man lieber die Konstruktion als die einzelnen Elemente betrachtet.«*

Betrachten wir deshalb nun die Konstruktion, mit der Skolem das »Malnehmen« von zwei natürlichen Zahlen a und b, ihre *»Multiplikation«* also, rekursiv definiert. Auch das uns mehr oder weniger vertraute »Einmaleins« läßt sich nämlich mit Hilfe einer rekursiven Definition exakt begründen. Zunächst wird ganz einfach definiert, daß der Wert einer beliebigen ganzen Zahl a mit 1 multipliziert wiederum a ergibt:

$$\boxed{a \cdot 1 = a}$$

An diese Definition schließt sich nun die Definitionskette für die Multiplikation an. Wieder ist jede einzelne Formel eine Definition, die sich auf die vorangegangene bezieht:

$$a \cdot 2 = a \quad + a$$
$$a \cdot 3 = a \cdot 2 + a$$
$$a \cdot 4 = a \cdot 3 + a$$
$$a \cdot 5 = a \cdot 4 + a, \text{ usw.}$$

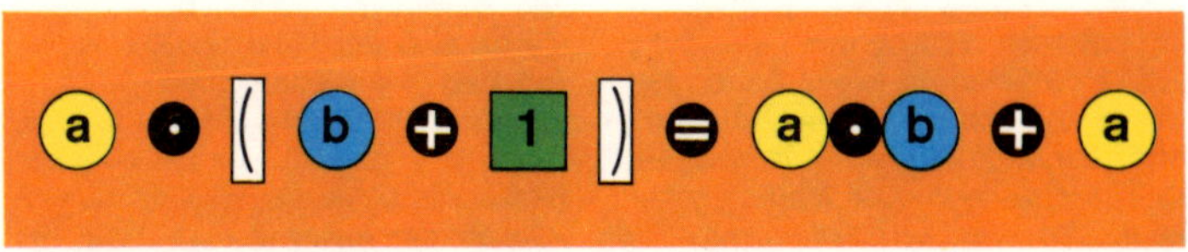

Diese Regel ist die rekursive Definition für die Multiplikation zweier ganzer Zahlen: Die Multiplikation einer Zahl a mit einer Zahl $b + 1$ wird dabei auf die Multiplikation $a \cdot b$ zurückgeführt. Wieder handelt es sich um eine Anweisung zur Bildung von Definitionen.

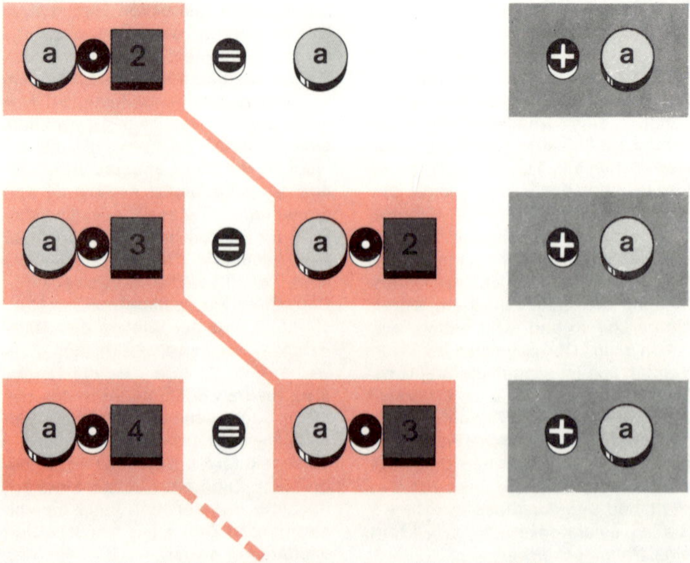

Wenn wir definiert haben, daß der Wert einer beliebigen natürlichen Zahl a multipliziert mit der Zahl 1 wiederum a ergibt ($a \cdot 1 = a$), dann läßt sich auch das Produkt zweier beliebiger natürlicher Zahlen rekursiv definieren.

Als eine allgemeine Regel für die Konstruktion dieser Definitionskette können wir folgende Handlungsanweisung formulieren:

$$a \cdot (b + 1) = a \cdot b + a$$

Dieses Schema können wir eindeutig als rekursive Definition erkennen: Wissen wir nämlich, daß $a \cdot 1 = a$ bedeutet, dann erfahren wir im nächsten Schritt, was $a \cdot 2$ bedeutet. Erst mit dem Wissen um $a \cdot 2$ können wir im nächsten Schritt die Bedeutung von $a \cdot 3$ erfahren usw. Betrachten wir so die mathematische Konstruktion, dann dürfen wir mit Wittgenstein feststellen: »Der Mathematiker ist ein Erfinder, kein Entdecker.«
Nun kennen wir zwar die »Gebrauchsanweisungen« für die Konstruktion von Addition und Multiplikation in der rekursiven Arithmetik. Wie sieht aber der *Beweis einer arithmetischen Formel* aus? Da ist etwa das »Gesetz der Kommutativität« zu beweisen, das es sowohl beim Addieren als auch beim Multiplizieren zweier ganzer Zahlen a und b gestattet, die beiden Zahlen zu vertauschen. Es gilt also sowohl $a + b = b + a$ als auch $a \cdot b = b \cdot a$. Innerhalb einer Arithmetik der Spielsteinchen können wir uns das ganz leicht klarmachen, wie unsere Abbildung überzeugend demonstriert (was allerdings noch keinen Beweis bedeutet): Die Figuren lassen sich auf verschiedene Weise zerlegen und zusammensetzen.
Ähnliches gilt für die Formel $(a + b) + c = a + (b + c)$, die als einfache Rechenregel den klangvollen Namen »Gesetz der Assoziativität« trägt. Im Rahmen einer exakt aufgebauten Arithmetik muß eine solche Formel aber streng bewiesen werden. Natürlich könnten wir diese einfachen Ge-

setze in der axiomatischen Betrachtungsweise zu Axiomen erheben, und der Fall wäre auf einfache Weise gelöst. In der von uns betrachteten rekursiven Arithmetik ist das jedoch nicht möglich: Aus unseren bisherigen Betrachtungen läßt sich bereits vermuten, daß die rekursiven Definitionen zum Beweis herangezogen werden müssen. Ein Beweis wird hier also ein wenig anders aussehen als der vorn bereits durchgeführte Beweis einer logisch-wahren Formel in der mathematischen Logik (s. Seite 52). Dort sind wir von Axiomen ausgegangen und haben die behauptete Formel mit Hilfe einer Einsetzungsregel und einer Abtrennungsregel bewiesen. Die Folge der Formeln in diesem Beweisschema beginnt also stets mit einem Axiom oder mehreren Axiomen und schließt mit der bewiesenen Aussageform ab. Ein ganz anderes Bild ergibt sich beim Beweis einer gültigen Formel der rekursiven Arithmetik. Hier werden zwei Forderungen an einen Beweis gestellt:

1. Es gilt zunächst zu beweisen, daß die behauptete Formel gültig ist für den Fall $a = 1$.
2. Dann muß gezeigt werden, daß die Formel, falls sie für a gilt, auch für den Fall $a + 1$ Gültigkeit besitzt.

Sind diese beiden Bedingungen erfüllt, dann gilt die Formel *für alle natürlichen Zahlen.*

Was bedeuten diese Forderungen für das Bild des Beweisschemas? Um das festzustellen, wollen wir wieder einen Beweis Schritt für Schritt analysieren. Wie die zweite Forderung zu erkennen gibt, wird

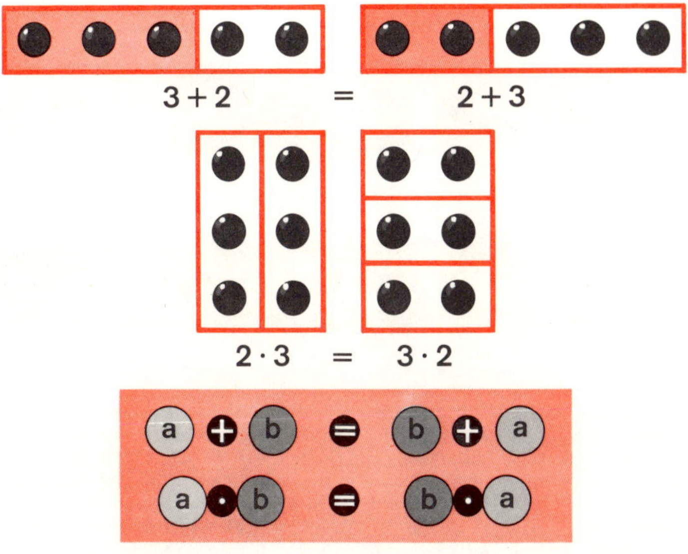

Innerhalb einer Arithmetik der Spielsteinchen lassen sich einfache Rechenregeln durch verschiedenartiges Zerlegen und Zusammensetzen von Figuren klarmachen. Die rekursive Arithmetik verlangt jedoch einen allgemeinen Beweis für allgemeine Formeln.

hier die »Beweiskette« *nicht* zur behaupteten Formel führen, zum »arithmetischen Gesetz« also: Es muß ja gezeigt werden, daß die Formel für den Fall a + 1 gilt, also für den Nachfolger der natürlichen Zahl a. Aber sehen wir uns das am besten wieder am praktischen Beispiel an: In der elementaren Arithmetik gilt das schon genannte einfache »Gesetz

So sieht das Beweisschema für die Allgemeingültigkeit der arithmetischen Formel a + (b + c) = (a + b) + c aus. Nur die rekursive Definition der Summe von zwei natürlichen Zahlen und eine einzige Annahme werden dabei verwendet. Wieder ist die durchgehende Verknüpfung der Formeln deutlich zu erkennen. Sie verzahnt Zeile für Zeile des Beweises.

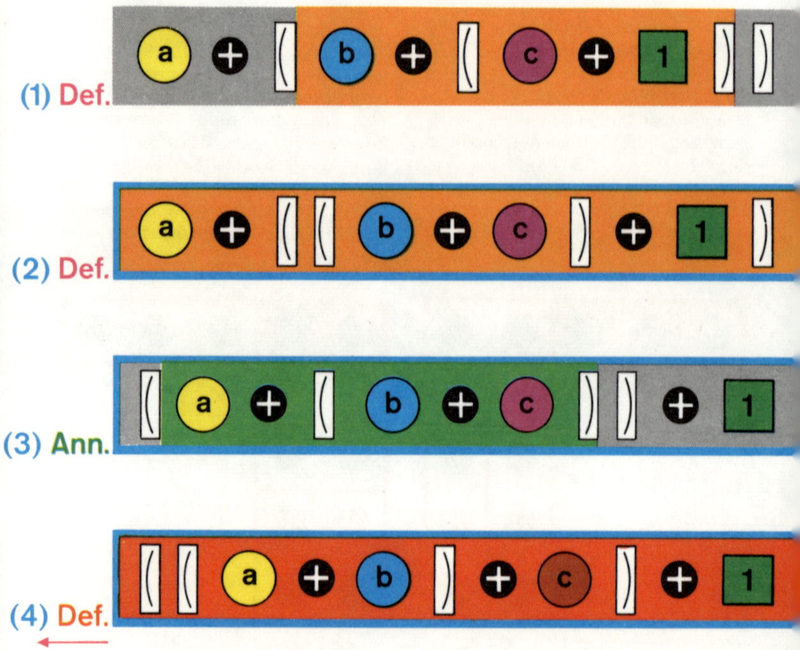

der Assoziativität«, das folgende Verbindung dreier natürlicher Zahlen gestattet:
a + (b + c) = (a + b) + c.
Es ist leicht einzusehen, daß es sich dabei um eine allgemeingültige Formel handelt. Machen wir eine »Probe« und ersetzen die Variablen a, b, c durch verschiedene Zahlenwerte, so können wir ihre Richtigkeit einfach bestätigt sehen. Zu den einfachsten Beispielen zählt die Kombination a = 1, b = 2, c = 3. Dabei erhalten wir folgende wahren Aussagen oder *»Zahlgleichungen«*:

1 + (2 + 3) = (1 + 2) + 3
1 +   5   =   3   + 3
        6   6

Das ist natürlich auch der Fall, wenn wir größere ganze Zahlen wählen,

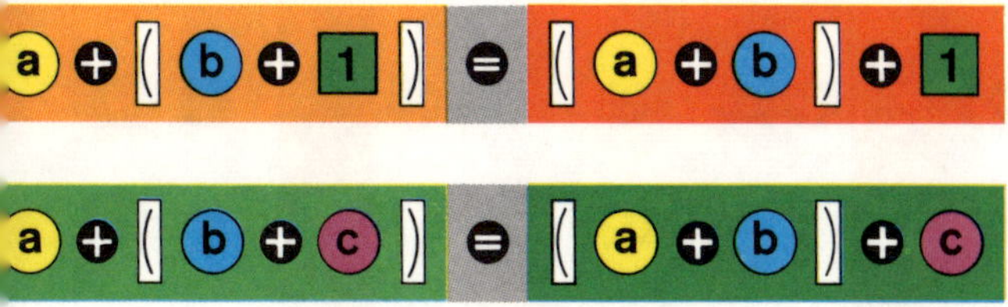

Def.

Ann.

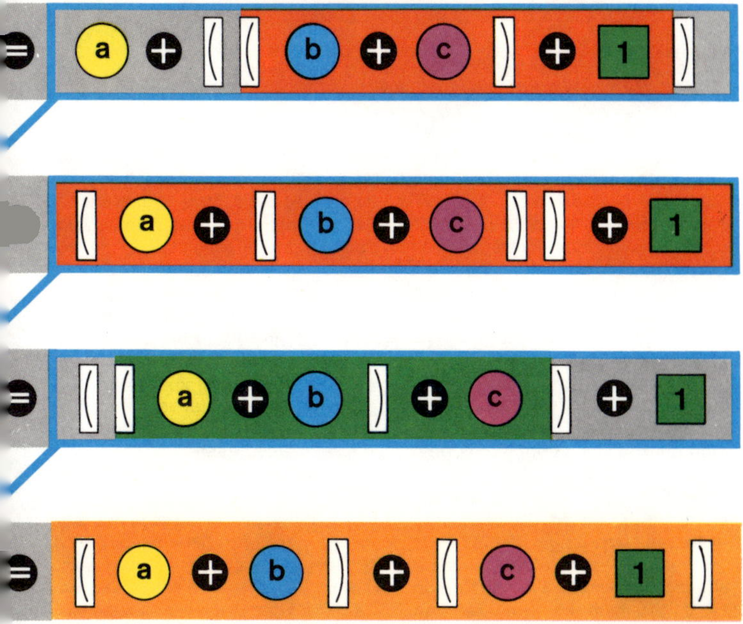

etwa a = 1965, b = 281, c = 703. Wieder entstehen wahre Aussagen:

$$\begin{aligned} 1965 + (281 + 703) &= (1965 + 281) + 703 \\ 1965 + \quad 984 \quad &= \quad 2246 \quad + 703 \\ 2949 \quad &= \quad 2949 \end{aligned}$$

Solche Beispiele lassen sich selbstverständlich zu Tausenden und aber Tausenden nachrechnen. Ein strenger mathematischer Beweis für die allgemeine Gültigkeit der Formel a + (b + c) = (a + b) + c ist damit jedoch nicht gegeben. Die Forderung nach einem exakten Aufbau der Arithmetik zwingt uns, hier anders vorzugehen. In einer rekursiven Arithmetik sieht das Beweisschema für das Gesetz der Assoziativität so aus: Wenn wir a + (b + c) = (a + b) + c beweisen wollen, müssen wir zunächst die Forderung (1) erfüllen (s.

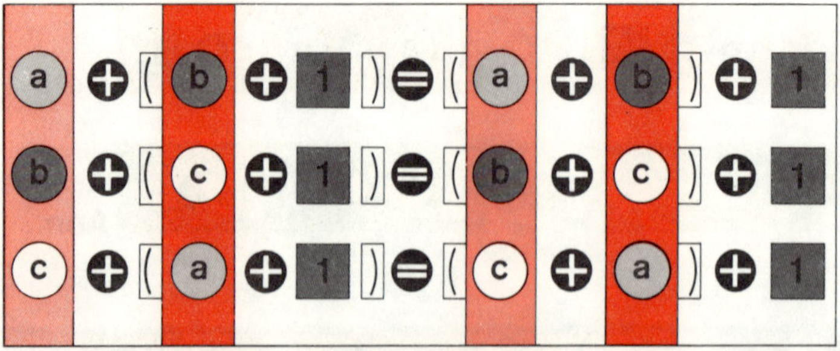

In der rekursiven Definition für die Addition zweier natürlicher Zahlen ist der Einsatz der Zahlenvariablen a, b oder c beliebig. Von Bedeutung ist lediglich, daß durch ein und dieselbe Variable immer wieder die gleiche Leerstelle in der Formel angedeutet wird.

Seite 89). Sie verlangt für dieses Beispiel: Die behauptete Formel muß gültig sein für den Fall $c = 1$. Ersetzen wir also die Variable c überall dort, wo sie in der Formel auftritt, durch den Zahlenwert 1. Dann erhalten wir eine Formel, die nur noch die Variablen a und b enthält:

$a + (b + 1) = (a + b) + 1$.

Die auf diese Weise gebildete Formel entspricht aber genau der rekursiven Definition der Addition (s. Seite 85). Das heißt jedoch, daß aufgrund dieser Definition die Formel $a + (b + c) = (a + b) + c$ gültig ist für den Fall $c = 1$. Damit ist die Forderung (1) bereits erfüllt.

Ein wenig schwieriger ist es, der Forderung (2) gerecht zu werden: Falls die behauptete Formel für den Fall c gilt, muß sie auch für den Fall $c + 1$ gelten. Wie können wir das beweisen?

Zwei wesentliche Elemente stehen uns für den Beweis zur Verfügung: In jedem Fall wird natürlich die uns bereits vertraute Definition $a + (b + 1) = (a + b) + 1$ benötigt werden. Sie ist die Grundlage eines jeden Beweises über die Addition von Zahlen in der rekursiven Arithmetik. Außerdem wird für jeden Beweis eine *»Annahme«* von Bedeutung sein, in unserem Falle nämlich die Annahme, daß $a + (b + c) = (a + b) + c$ richtig sei. Die Annahme des Beweises ist also die behauptete Formel selbst! Es wird vielleicht viele überraschen, daß die als allgemeingültig zu beweisende Formel selbst im Beweis erscheint und *als gültig angenommen* wird. Das ist jedoch kein Taschenspieler-Trick: Aus den beiden Forderungen an den Beweis wissen wir ja bereits, daß die Allgemeingültigkeit eines arithmetischen Gesetzes nur auf folgende Weise bewiesen werden kann:

Unter der *Annahme,* daß die Formel $a + (b + c) = (a + b) + c$ für den Fall c Gültigkeit besitzt (und das entspricht eben der Behauptung), soll sie für den Fall $c + 1$ gültig sein. Das muß bewiesen werden: Die behauptete Formel ist dann allgemeingültig, wenn sie für $c + 1$ gilt.

Doch nun wollen wir diesen Sachverhalt an unserem Beispiel demonstrieren: Um die Allgemeingültigkeit von $a + (b + c) = (a + b) + c$ zu beweisen (Fall c), müssen wir zeigen, daß die Formel $a + [b + (c + 1)] = (a + b) + (c + 1)$ richtig ist (Fall $c + 1$). Um diese Formel zu bilden, brauchen wir lediglich in der behaupteten Formel die Variable c durch $c + 1$ zu ersetzen.

Aufgrund unserer Definition können

wir dann zunächst einmal $b + (c + 1) = (b + c) + 1$ schreiben. Dazu brauchen wir in der Definition lediglich die Variable a durch die Variable b und b durch c zu ersetzen. Schreiben wir die beiden Formeln direkt untereinander, wird dieses Vorgehen ganz einleuchtend: Statt

$a + (b + 1) = (a + b) + 1$

schreiben wir einfach

$b + (c + 1) = (b + c) + 1.$

Genausogut hätten wir natürlich auch $a + (c + 1) = (a + c) + 1$ oder $c + (a + 1) = (c + a) + 1$, usw. schreiben können. Die Variablen a, b, c können ja jeweils durch ganze Zahlen sinnvoll ersetzt werden. Entscheidend ist nur, daß durch a oder b oder c immer die entsprechende Leerstelle angedeutet wird. Unsere Abbildung läßt das deutlich erkennen.

Unser Beweisschema sieht nun so aus, daß wir den Ausdruck, der in der zu beweisenden Formel $a + [b + (c + 1)] = (a + b) + (c + 1)$ links vom Gleichheitszeichen steht, also $a + [b + (c + 1)]$, so lange umformen, bis er dem Ausdruck rechts vom Gleichheitszeichen völlig gleich ist, also $(a + b) + (c + 1)$. Dazu formen wir im ersten Schritt den Ausdruck $a + [b + (c + 1)]$ nach der Definition um. Und zwar wenden wir die Definition nur auf den Ausdruck an, der zwischen den Klammerzeichen steht, also auf $b + (c + 1)$. Er entspricht genau der linken Seite unserer mit den Variablen b und c angeschriebenen Definition. Die neu gebildete Formel sieht dann so aus:

1. $a + [b + (c + 1)] = a + [(b + c) + 1]$

Ganz verständlich wird diese einfache Umformung in unserer farbigen Abbildung (s. Seiten 90 und 91). Nun wenden wir wieder die Definition auf den neugebildeten Ausdruck $a + [(b + c) + 1]$ an. Das ergibt dann die zweite Formel:

2. $a + [(b + c) + 1] = [a + (b + c)] + 1$

Jetzt gilt es, den Ausdruck, der in dieser Formel (2) rechts vom Gleichheitszeichen steht, wiederum umzuformen. Ein geübtes Auge wird bereits erkennen, daß der Ausdruck zwischen den Klammern $a + (b + c)$ genau der linken Formelseite unserer Annahme entspricht. Aufgrund dieser Annahme können wir also schreiben:

3. $[a + (b + c)] + 1 = [(a + b) + c] + 1$

Und nun können wir den letzten entscheidenden Schritt durchführen: Wir haben die Definition bisher immer $a + (b + 1) = (a + b) + 1$ geschrieben. Da wir die Gleichheit $a = b$ jedoch so festgesetzt haben, daß a jederzeit durch b und umgekehrt ersetzt werden kann, können wir auch schreiben: $(a + b) + 1 = a + (b + 1)$. Wir haben also die linke und rechte Seite der Definition einfach vertauscht. Die formale Ähnlichkeit zwischen der rechten Seite unserer Formel (3) und der linken Seite der »verdrehten« Definition ist dann unverkennbar. Wir können also abschließend umformen:

4. $[(a + b) + c] + 1 = (a + b) + (c + 1)$

Damit haben wir auch die zweite Beweisforderung erfüllt: Unter der Annahme, daß $a + (b + c) = (a + b) + c$ gilt, haben wir bewiesen, daß $a + [b + (c + 1)] = (a + b) + (c + 1)$ gilt. Dazu wurde der Ausdruck $a + [b + (c + 1)]$ so lange umgeformt, bis der Ausdruck $(a + b) + (c + 1)$ entstand.

Ein Beweis von dieser Gestalt mag einem Außenstehenden vielleicht äußerst umständlich erscheinen, viel zu aufwendig, um eine verhältnismäßig einfache Formel zu beweisen. »Und mancher wird denken, es sei doch eigentlich recht überflüssig, etwas lang und breit zu beweisen, was doch ohnehin kein Mensch bezweifelt«, schrieb F. Waismann zu dieser Frage. Aber er gab zu bedenken: »Beweise haben nicht die Aufgabe, in uns ein Gefühl der Überzeugung hervorzurufen, sondern die, einen Einblick in die Abhängigkeit der Sätze zu gewinnen. Die Forderung, alles zu beweisen, was sich beweisen läßt, entstammt nicht einer zweifelsüchtigen Gemütsart, sondern ist nur der Ausdruck des Verlangens, klar die Struktur des Satzgefüges zu sehen, zu erkennen, welche Verbindung die einzelnen Wahrheiten der Arithmetik untereinander haben.«

Etwa in diesem Sinne müssen wir die mathematischen Beweise sehen. Der gerade so ausführlich betrachtete Beweis einer arithmetischen Formel wird übrigens *»Schluß von n auf n + 1«* genannt. Auch von einem »Induktionsbeweis« oder von einem *»Beweis durch vollständige Induktion«* können wir sprechen. Zu seiner Klärung hat vor allem der französische Mathematiker Henri Poincaré (1854–1912) Entscheidendes beigetragen. Erinnern wir uns, was Poincaré über die mathematische Konstruktion gesagt hat: »Die Mathematik ›kommt durch Konstruktionen‹ vorwärts; sie ›konstruiert‹ immer verwickeltere Kombinationen.« Doch was ist mit einer solchen Umwandlung von Ausdrücken gewonnen? Ohne die vollständige Induktion, meinte Poincaré, »würde die Konstruktion nicht imstande sein, eine Wissenschaft aufzubauen«. Wir haben bereits festgestellt, daß die Formel, die wir als rekursive Definition der Addition zweier natürlicher Zahlen bezeichnet haben, als eine Handlungsanweisung zu verstehen ist: Bilde die Reihe von Definitionen, wobei dir die erste sagt – falls du weißt, was a + 1 bedeutet –, was a + 2 bedeutet, nämlich (a + 1) + 1, wobei dir die zweite Definition dann sagt – wenn du weißt, was a + 2 bedeutet –, was a + 3 bedeutet, usw.

Diese Allgemeinheit, die bereits in der rekursiven Definition als Konstruktionsregel zum Ausdruck kommt, überträgt sich natürlich auf den Induktionsbeweis: »Es kann ja auch der Induktionsbeweis als eine *Anweisung zur Bildung von Beweisen* für einzelne Zahlgleichungen angesehen werden, als das allgemeine Glied einer Reihe von Beweisen«, schrieb Waismann. Im einzelnen sieht das dann so aus: Ein arithmetisches Gesetz, ein »Lehrsatz«, gilt für die Zahl 1. Wenn der Lehrsatz für die Zahl 1 gilt, dann gilt er auch für die Zahl 2. Also gilt er für die Zahl 2. Wenn er für 2 gilt, dann gilt er auch für 3. Also gilt er für 3, usw.

Poincaré hat diese Folge von logischen Schlüssen mit den Kaskaden eines Wasserfalls verglichen. Soll ein Lehrsatz für die Zahl 15 bewiesen werden, muß die Kaskade aus 14 Schlüssen bestehen. Für größere Zahlen sind die Kaskaden entsprechend länger. Was ist hier der entscheidende Gesichtspunkt? Poincaré schrieb in seinem Werk »Wissenschaft und Hypothese«: »Und wenn wir auch noch so weit in dieser Weise fortschreiten würden, so könnten wir uns doch niemals bis zu dem allgemeinen Lehrsatz erheben, der *für alle Zahlen* anwendbar ist und welcher allein der Gegenstand der Wissenschaft ist. Um dahin zu gelangen, bedürfte es einer *unendlichen Anzahl* von Schlüssen; es müßte ein Abgrund übersprungen werden, den die Geduld eines Denkers, der nur auf die formale Logik als einzige Quelle beschränkt ist, niemals ausfüllen kann.« Nun ist es aber für die Mathematik geradezu typisch, daß sie Aussagen (Sätze) formuliert, die *»für alle«* Zahlen von bestimmter Eigenschaft gültig sind. Die Kaskaden der Schlüsse, von denen Poincaré sprach, müßten also stets von *unendlicher Länge* sein. Wie das vermieden werden kann, haben wir gesehen: Wir sind Poincarés Empfehlung gefolgt und haben »lieber die *Konstruktion* als die einzelnen Elemente betrachtet«. Die »Unendlichkeiten« sind auf diese Weise im mathematischen Griff. Da Weyl seine Mathematik geradezu als »Wissenschaft vom Unendlichen« gekennzeichnet hat, wollen wir diesen Gedanken ausführlicher diskutieren.

4. Unendlichkeiten

4.1 »Der Sprung ins Jenseits«

Mathematik als Wissenschaft des Unendlichen

Mit dem Induktionsbeweis haben wir das bedeutendste arithmetische Beweisverfahren kennengelernt. Nach der ausführlichen »Rechnerei« mit dem Schluß von n auf n + 1 haben wir nun aber verdient, uns ein wenig von der Formel zu erholen. Lassen wir also vorläufig die mathematischen Symbole beiseite und überlegen uns, warum der Mathematiker den Induktionsbeweis anwenden muß und welche Folgen die Benützung dieses Werkzeugs mit sich bringt.
»Seht Euch doch diesen Mathematiker an! Er bemerkt, daß die ersten neunundneunzig Zahlen kleiner als hundert sind, und schließt daraus durch ein Verfahren, das er ›Induktion‹ nennt, daß alle Zahlen kleiner als hundert sind.«
Dieses ironische Zitat hat der amerikanische Mathematiker Georg Pólya einem erdachten »Logiker« in den Mund gelegt. Auf den ersten Blick sieht es so aus, als ob der Logiker mit diesem Vorwurf nicht ganz so unrecht habe: Ganz offensichtlich unterscheiden sich die Beweisschemata der mathematischen Logik und der Arithmetik vor allem dadurch, daß der Mathematiker die vollständige Induktion in seinen Beweisen benützt. Warum stimmt aber der ironisch gemeinte Vorwurf trotzdem nicht? Hier kann uns Poincaré weiterhelfen: »Schließlich wollen wir bemerken, daß die mathematische Induktion nur möglich ist, wenn ein und dieselbe Operation *unendlich oft* wiederholt werden kann.« Mit dieser bedeutungsschweren Formulierung der »unendlich oft wiederholbaren Operation« hat Poincaré einen wesentlichen Gesichtspunkt mathematischer Konstruktionen zum Ausdruck gebracht: »Will man ein kurzes Schlagwort, das den lebendigen Mittelpunkt der Mathematik trifft, so darf man wohl sagen: Sie ist die *Wissenschaft vom Unendlichen.*«
Diese allgemeine Kennzeichnung der Mathematik stammt wieder von Hermann Weyl. Es wird also ratsam sein, wenn wir uns nun etwas ausführlicher mit dem Unendlichen beschäftigen. Wir können uns dabei auch auf Weyls Lehrer David Hilbert berufen, der in einer 1926 erschienenen Abhandlung »Über das Unendliche« geschrieben hat: »Das Unendliche hat wie keine andere Frage von jeher so tief das *Gemüt* der Menschen bewegt. Das Unendliche hat wie kaum eine andere *Idee* auf den Verstand so anregend und fruchtbar gewirkt. Das Unendliche ist aber auch wie kein anderer *Begriff* der *Aufklärung* bedürftig.«
Wieder müssen wir bis zur altgriechischen Mathematik zurückblicken: Zenon von Elea, der von 490 bis 430 v. Chr. lebte, erkannte wohl als erster die Schwierigkeiten, die sich aus der Arithmetik der Spielsteinchen ergaben, wenn man große Zahlen betrachtete: Bei der anschaulichen Erkenntnis der Zahleigenschaften wurde das Unendliche dem Geraden gleichgestellt. Wie das nun im einzelnen begründet wurde, soll uns hier nicht interessieren. Es mag genügen festzuhalten, daß die griechischen Konstrukteure der figuralen Arithmetik versucht haben, die beiden gegensätzlichen Begriffspaare Ungerade – Gerade und Begrenzt – Unbegrenzt in Verbindung zu bringen. Dabei wurde das Ungerade dem Begrenzten und das Gerade dem Unbegrenzten, also dem Unendlichen zugeteilt.

Zenon dagegen zeigte, daß diese figurale Methode bei großen Zahlen, beim »Vielen«, wie er es nannte, versagen muß. Er wies ihr eindeutige Widersprüche nach: »Wenn Vieles ist, so müssen notwendig gerade so viele Dinge sein, als eben wirklich sind, weder mehr noch weniger. Wenn aber so viele Dinge sind, als eben sind, dann sind sie der Zahl nach begrenzt.«

Diesen Überlegungen wird man aus rein anschaulichen Gründen zustimmen können. Der Gedankengang klingt überzeugend, einsichtig. Leider trifft das aber auch für die gegensätzliche Argumentation zu:

»Wenn Vieles ist, so sind die Dinge der Zahl nach unbegrenzt: Es gibt nämlich stets andere Dinge zwischen diesen Dingen und wieder andere zwischen jenen. Und damit sind die seienden Dinge der Zahl nach unbegrenzt.«

Die Aktualität dieses Zenonschen Gedankens werden wir bei der Begründung der »Analysis« eindringlich kennenlernen. Zenons Zeitgenosse Anaxagoras hatte den Gedanken der Unendlichkeit bereits auf die geniale Formel gebracht: *»Beim Großen gibt es stets ein Größeres.«* Diesen einfachen, aber entscheidenden Gedanken können wir rund 2000 Jahre später bei Blaise Pascal wiederfinden, der ihn als *geistiges Konstruktionsprinzip* auf die natürliche Zahlenreihe angewandt hat:

»Wie groß eine Zahl auch sei, man kann sich immer eine größere vorstellen und weiter noch eine, welche die letzte übersteigt; und so ins Unendliche fort, ohne jemals zu einer zu kommen, die nicht mehr vergrößert werden könnte.«

Es muß ausdrücklich gewarnt werden, diesen genialen Gedanken in einem Anflug von geistigem Hochmut als »banal« oder gar »selbstverständlich« abzustempeln. Welche unvorhersehbaren Probleme bei der mathematischen Behandlung der Unendlichkeit entstanden sind, werden wir noch erfahren. Dem berühmten Philosophen und bedeutendsten Logiker des Altertums, Aristoteles, der von 384 bis 322 v. Chr. lebte, verdanken wir mit die scharfsinnigsten Betrachtungen zum Unendlichkeitsproblem. Aber auch er mußte bereits feststellen, nachdem er das »Unbegrenzte« vor allem dadurch bestätigt sah, daß »in dem Denken kein Aufhören ist«: »Es hat aber die Betrachtung über das Unbegrenzte eine Schwierigkeit; denn es ergibt sich viel Unmögliches, mag man aufstellen, daß es nicht existiere oder daß es existiere.«

Diese Aristotelische Warnung wurde dann vor allem in der Mathematik des 17. und 18. Jahrhunderts spürbar: Beim unkritischen Operieren mit unendlichen Zahlenfolgen stellten sich *Widersprüche* ein. Wie sie auftreten können, wollen wir in einem einfachen Beispiel untersuchen. Dazu müssen wir jedoch zunächst unsere Betrachtungen über die natürlichen Zahlen fortsetzen.

Wir haben bisher nur Addition und Multiplikation von natürlichen Zahlen betrachtet. Neben der natürlichsten Tätigkeit des Zusammenzählens gibt es aber bekanntlich auch die des »Abziehens«, die vom Mathematiker *»Subtraktion«* genannt wird. Wir können sie aufgrund der Addition ganz leicht definieren:

$c - b = a$ soll bedeuten: $c = a + b$ *(Definition)*.

Der auf diese Weise eingeführte Ausdruck »$c - b$« wird »Differenz« genannt.

Auch die berühmte Zahl Null, »0« geschrieben, die uns noch nicht beschäftigt hat, kann auf ähnliche Weise eingeführt werden. Offensichtlich hat sie mit der Ur-Intuition des Zählens nichts zu tun: Wir zählen ja bekanntlich im Alltag »eins, zwei, drei, . . .« und nicht – wie man es manchen Mathematikern nachsagt – »null, eins, zwei, drei, . . .«. Trotzdem könnten wir die Konstruktion der natürlichen Zahlenreihe auch mit einem Nullelement beginnen. Das sähe dann so aus:

0 (Null)

0′ (Nachfolger der Null: Eins)

0″ (Nachfolger des Nachfolgers der Null: Zwei)

0‴ (Nachfolger des Nachfolgers des Nachfolgers der Null: Drei),

usw. Diese Möglichkeit sei hier nur angedeutet. Wir wollen lieber beim Prozeß des Zählens in seiner ursprünglichsten Form bleiben, um die Reihe der ganzen Zahlen zu begründen (s. Seite 81). Die nächstliegende Einführung der Null hat David Hilbert aufgezeigt. Es ist der formalistische Weg:

»Es gibt eine bestimmte Zahl – sie heiße 0 – derart, daß für jedes a zugleich

$a + 0 = a$ und $0 + a = a$ ist.«

Für den Axiomatiker Hilbert, der sich nicht auf den Zählprozeß berufen wollte, um den Begriff der natürlichen Zahl (bei Hilbert »ganze rationale positive Zahl«) festzulegen, ist dies ein *»Axiom der Verknüpfung«.* In seinem Aufsatz »Über den Zahlbegriff«, der im Jahre 1900 erschienen ist, geht er ähnlich vor wie bei der bereits betrachteten Formalisierung und Axiomatisierung der Euklidischen Geometrie (s. Seite 31): »Wir denken uns ein System von Dingen; wir nennen die Dinge Zahlen und bezeichnen sie mit a, b, c, ... Wir denken diese Zahlen in gewissen und gegenseitigen *Beziehungen,* deren *genaue und vollständige Beschreibung durch Axiome* geschieht.«

Mit den Buchstaben a, b, c, ..., die beliebige natürliche Zahlen andeuten, läßt sich dann rechnen, ohne darauf zu achten, daß sie eine reale Bedeutung als Zahlen besitzen (s. Seite 31). Die von uns im vorigen Kapitel mittels der vollständigen Induktion bewiesene arithmetische Formel $a + (b + c) = (a + b) + c$ erscheint im Hilbertschen System höchst einfach als ein »Axiom der Rechnung«. Das läßt wieder die Bedeutsamkeit der bereits erwähnten Lorenzenschen Formulierung erkennen, die besagt, daß die Behauptungen der axiomatischen Mathematik »von jedem, auch vom Konstruktivisten, auf ihre Wahrheit geprüft werden können – unabhängig davon, ob er die Untersuchung gerade dieser Axiome für zweckmäßig hält oder nicht«.

Nun, da wir sowohl die Operation der Subtraktion als auch die Zahl Null kennengelernt haben, können wir die Widersprüche aufzeigen, die sich in der Mathematik des 17. und 18. Jahrhunderts einstellten, als mit natürlichen Zahlen unkritisch operiert wurde. Unter einem rein formalen Gesichtspunkt lassen sich nämlich mit jeder beliebigen natürlichen Zahl folgende unendlichen Reihen bilden:

$1 - 1 + 1 - 1 + 1 - 1 + \ldots$

$2 - 2 + 2 - 2 + 2 - 2 + \ldots$

$3 - 3 + 3 - 3 + 3 - 3 + \ldots$ usw.

Sind solche Reihen von natürlichen Zahlen sinnvoll gebildet? Läßt sich mit ihnen »rechnen«? Offensichtlich besitzen sie immerhin eine gemeinsame Struktur, so daß wir unter Verwendung der Zahlenvariablen a allgemein formulieren können:

$a - a + a - a + a - a + \ldots$

Wir könnten uns diese Zahlenreihe als unendliche Summe von einfachen Differenzen vorstellen. Eine Umformung des vorliegenden Ausdrucks könnte dann wie folgt aussehen:

$a - a + a - a + \ldots$

$= (a - a) + (a - a) + \ldots$

Aus dieser Definition der Subtraktion, die besagt, daß, wenn $a + b = c$ ist, dann $a = c - b$ ist, und der »Null-Einführung« $0 + c = c$ ergibt sich $0 = c - c$. Wir können also stets Ausdrücke wie »$c - c$«, »$a - a$«, usw. durch »0« ersetzen (s. Seite 96). Das Ergebnis unserer Umwandlung der Reihe zur unendlichen Summe liefert also den Wert 0:

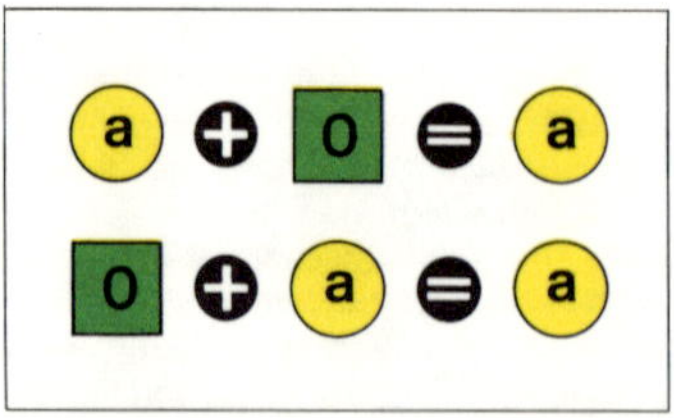

Der formalistische Weg, die Zahl 0 einzuführen, ist folgendes Axiom: »Es gibt eine bestimmte Zahl – sie heiße 0 –, so daß für jedes a zugleich $a + 0 = a$ und $0 + a = a$ ist.«

$$
\begin{aligned}
a - a + a - a + \ldots\\
&= (a - a) + (a - a) + \ldots\\
&= \quad 0 \quad + \quad 0 \quad + \ldots\\
&= \quad 0
\end{aligned}
$$

Mit der gleichen Berechtigung können wir aber die unendliche Reihe natürlicher Zahlen a derart zusammenfassen, daß eine Differenz aus unendlich vielen Gliedern entsteht. Um die folgende Umformung zu verstehen, müssen wir allerdings eine einfache Regel beachten, deren Gültigkeit leicht nachzuprüfen ist: Steht vor einem Klammerausdruck, etwa vor $(a - a)$, ein Subtraktionszeichen, wie z.B. in dem Ausdruck $a - (a - a)$, so müssen beim Auflösen der Klammer die Vorzeichen innerhalb der Klammer geändert werden. Es gilt also $a - (a - a) = a - a + a$. In unserem Fall hier wird nun genau umgekehrt vorgegangen: Es werden nicht Klammern aufgelöst, sondern gesetzt. Dabei gilt die gleiche Regel: $a - a + a$ wird zu $a - (a - a)$. Auf diese Weise kommen wir jedoch zu einem ganz anderen Ergebnis als bei der unendlichen Summe:

$$
\begin{aligned}
a - a + a - a + \ldots\\
&= a - (a - a) - (a - a) - \ldots\\
&= a - \quad 0 \quad - \quad 0 \quad - \ldots\\
&= a
\end{aligned}
$$

Das ist nun ein ganz offenkundiger *Widerspruch:* Die Formel $0 = a$ liefert doch offensichtlich nur für den Fall $a = 0$ eine wahre Zahlgleichung, nämlich $0 = 0$. In allen anderen Fällen jedoch führt sie zu den falschen Aussagen »$0 = 1$«, »$0 = 2$«, »$0 = 3$«, usw. Von einer Allgemeingültigkeit kann daher natürlich keine Rede sein.

Was ist mit diesem Widerspruch gezeigt? Doch wohl die Tatsache, daß arithmetische Operationen mit *Zahlen von endlicher Größe* nicht einfach auf rein formal gebildete *unendliche Reihen* von natürlichen Zahlen übertragen werden dürfen. Unsere Reihe $a - a + a - a + \ldots$ ist ganz einfach *ein sinnloser Ausdruck,* der mit den bereits betrachteten rekursiven Definitionen Skolems oder den Axiomen Hilberts lediglich eine gewisse formale Ähnlichkeit aufweist. Ganz deutlich wird aber die Sinnlosigkeit dieses Gebildes, wenn wir die Reihe als Handlungsanweisung zu interpretieren versuchen und sie dafür schrittweise aufbauen:

$$
\begin{aligned}
a &= a\\
a - a &= 0\\
a - a + a &= a
\end{aligned}
$$

Aufgrund der Addition $a + b$ läßt sich die Subtraktion $c - b$ zweier natürlicher Zahlen definieren: Der Ausdruck »$c - b$« wird dabei »Differenz« genannt. $c - b = a$ soll also bedeuten: $c = a + b$.

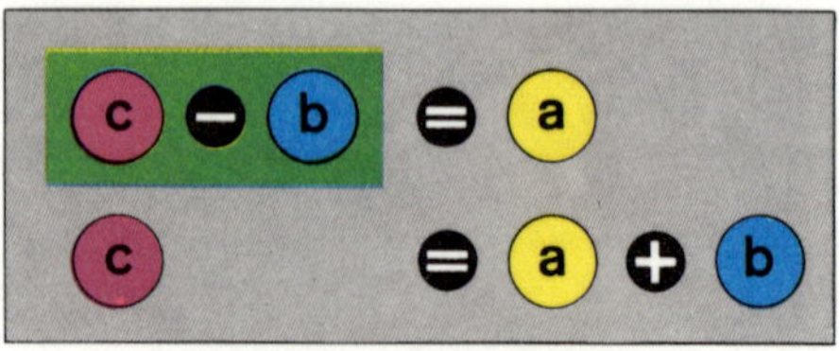

$a - a + a - a = 0$
$a - a + a - a + a = a$
$a - a + a - a + a - a = 0$, usw.

Die Anweisung, diese Operation unendlich oft auszuführen, wobei man immer wieder entweder zum Wert a oder 0 kommt, ist natürlich sinnlos, vor allem weil diese Tätigkeit völlig unzweckmäßig ist. Wir werden aber sehen, daß es in der Mathematik auch durchaus sinnvolle unendliche Reihen von Zahlen gibt, dann nämlich, wenn diese einen »Grenzwert« besitzen (s. Seite 152). Doch davon soll erst später die Rede sein.

Unser bisher klarster Kontakt mit einer *konstruierbaren* Unendlichkeit war offensichtlich die Reihe der natürlichen Zahlen. Mit der vollständigen Induktion haben wir dann ein Beweisverfahren kennengelernt, das uns *scheinbar* den Abgrund zwischen dem Endlichen und dem Unendlichen überspringen läßt. Aber ist das denn wirklich der Fall? Ist unsere Formel $a + (b + c) = (a + b) + c$ eine *Abkürzung* für die unendlich vielen Fälle, in denen eine wahre Gleichung entsteht, wenn wir die Zahlenvariablen durch natürliche Zahlen ersetzen?

Die meisten Mathematiker verneinen eine solche Frage: Der Schluß von n auf $n + 1$ trägt uns nicht in die Unendlichkeit. Er ist eine schlichte, aber höchst nützliche *Festsetzung,* die besagt: Wenn eine beliebige arithmetische Formel für $n = 1$ gilt und wenn ihre Gültigkeit für den Fall $n + 1$ aus dem Fall n folgt, dann ist die Formel »für alle natürlichen Zahlen« bewiesen. Gewiß können wir, wie Friedrich Waismann das getan hat, die arithmetischen Formeln $a + b = b + a$, $a \cdot b = b \cdot a$, $a + (b + c) = (a + b) + c$, usw. mit Pfeilen vergleichen: »Sie weisen, der Reihe der Zahlen entlang, ins »Unendliche.« Aber »das ist nicht dasselbe, wie wenn man sagt, die Formel fasse unendlich viele einzelne Sätze zusammen. Der Unterschied ist ungefähr derselbe wie in den Sätzen: Der Scheinwerfer scheint ins Unendliche und: Er beleuchtet die Unendlichkeit.«

Ähnlich verhält es sich übrigens auch mit der natürlichen Zahlenreihe. »Wie groß eine Zahl auch sei, man kann sich immer eine größere vorstellen«, hat es Pascal ausgedrückt. Dafür läßt sich aber auch sagen: Wir können durch eine geistige Konstruktion, durch den Schluß von n auf $n + 1$ nämlich, zu jeder natürlichen Zahl immer eine um eins größere Zahl erzeugen. Dieses Konstruktionsverfahren läßt sich unbeschränkt anwenden. Erlaubt uns aber diese operative Möglichkeit, immer größere Zahlen durch bloßes Hinzufügen der Einheit zu konstruieren, von *»allen* natürlichen Zahlen« zu sprechen? Dürfen wir unter dieser Bezeichnung *»alle* natürlichen Zahlen« eine *abgeschlossene Gesamtheit* der Zahlen verstehen, eine unendliche Allheit dieser mathematischen Gegenstände? Hermann Weyl antwortet:

»Der Sprung ins Jenseits wird hier vollzogen, wenn *die ins Unendliche offene, gesetzmäßig entstehende Reihe der Zahlen* zu einem Inbegriff an sich existierender Gegenstände gemacht wird. Erst wenn dies geschieht, wird die Statuierung der Zahlen als idealer Objekte gefährlich. Der Glaube ans Absolute ist tief in unsere Brust gepflanzt; kein Wunder, daß die Mathematik in aller Naivität den Sprung vollzog.«

Wie dieser Sprung vollzogen wurde, was er für Folgen hatte, wird uns auf den folgenden Seiten ausführlich beschäftigen. Drückt sich im Begriff ›unendlich‹ wirklich nur die Möglichkeit aus, eine geistige oder materielle Konstruktion über alle Schranken wachsen zu lassen, eine Operation »unbeschränkt oft« zu wiederholen? Oder gibt es vielleicht doch noch einen anderen Weg, das Unendliche zu begreifen und vor allem es auch rechnerisch zu beherrschen?

»Es gibt unendliche Systeme«, lautet

Der erste Teil des Dedekindschen »Beweises« kann durch ein einfaches Beispiel deutlich gemacht werden: Zur allgemeinen Gedankenwelt S von Herrn Huber gehört unter anderem der Gedanke an ein Glas mit Bier (s). Dann gehört auch sein Gedanke s′, daß er an dieses Glas mit Bier denken kann, zu seiner allgemeinen Gedankenwelt S. Dieser Gedanke des Gedankens (s′) kann dann als Bild f (s) von s betrachtet werden: s′ = f (s).

ein berühmter Satz des Mathematikers Julius W. R. Dedekind (1831 bis 1916). Er ist in seiner Abhandlung »Was sind und was sollen die Zahlen?« enthalten, die 1888 erschienen ist. Dedekind liefert auch einen »Beweis« für diese behauptete Existenz unendlicher Systeme. Wieder unterscheidet sich der Beweisgang deutlich sowohl von dem der mathematischen Logik als auch von der mathematischen Induktion. Aber von Wittgenstein haben wir ja bereits den guten Ratschlag angenommen, daß uns der Beweis nicht zwingen, sondern führen soll. Betrachten wir also Dedekinds Beweisverfahren wieder Schritt für Schritt:

»Meine Gedankenwelt, d.h. die Gesamtheit S aller Dinge, welche Gegenstand meines Denkens sein können, ist unendlich. Denn wenn s ein Element von S bedeutet, so ist der Gedanke s′, daß s Gegenstand meines Denkens sein kann, selbst ein Element von S.«

Hier wollen wir den Beweis zunächst einmal kurz unterbrechen. Diese Überlegung Dedekinds läßt sich natürlich noch weiterspinnen: Der Gedanke s′, daß s Gegenstand meines Denkens sein kann, kann ja wieder zu einem neuen Gedanken s″ werden, zu meinem Gedanken über meinen Gedanken über etwas also. Natürlich kann ich auf diese Weise unbegrenzt fortfahren, mir Gedanken über meine Gedanken über usw. zu machen. Auf diese Weise werden s, s′, s″, s‴, ... allesamt zu Elementen von S, also zu Elementen der »Gesamtheit aller Dinge, welche Gegenstand meines Denkens sein können«, wie Dedekind sagte.

Die Frage ist aber nun: Darf ich diese *möglichen* Gedanken, die, wie es Dedekind selbst ausgedrückt hat, Gegenstand meines Denkens *»sein können«,* aber doch *nicht effektiv sind,* als an sich existierende unendliche Gesamtheit S betrachten? Dedekind hat diese Frage bejaht und

damit den »Sprung ins Jenseits« vollzogen, von dem Weyl sprach.
Für die weiteren Argumentationen Dedekinds sind die Begriffe »Bild« bzw. »Abbildung« von Bedeutung: Es sei nur erwähnt, daß der Ausdruck «f(s)« gelesen werden kann »das Bild f von s«. Dedekinds Beweis bezieht sich nun auf den Gedanken s′ als Element von S und erläutert:
»Sieht man dasselbe als Bild f(s) des Elementes s an, so hat die hierdurch bestimmte Abbildung f von S die Eigenschaft, daß das Bild S′ Teil von S ist; und zwar ist S′ echter Teil von S, weil es in S Elemente gibt (z.B. mein eigenes Ich), welche von jedem solchen Gedanken s′ verschieden und deshalb nicht in S′ enthalten sind. Endlich leuchtet ein, daß wenn m, n verschiedene Elemente von S sind, auch ihre Bilder m′, n′ verschieden sind, daß also die Abbildung f eine deutliche (ähnliche) ist. Mithin ist S unendlich.«
Dieser Dedekindsche Beweis ist bestimmt nicht leicht zu verstehen. Aber die mathematische Beschäftigung mit dem Unendlichen bringt eben große Schwierigkeiten mit sich und fordert hohe Ansprüche an unser Denken. Trotzdem besteht keinesfalls Grund zur Verzweiflung oder Resignation, wenn jemand dem Beweisgang Dedekinds nicht ganz folgen kann, wenn bestimmte Sätze unklar bleiben, wenn gewisse Einwände auftauchen sollten. Dieser »Beweis« soll uns mehr als historisches Dokument dafür dienen, wie versucht wurde, sich dem Unendlichen mathematisch zu nähern, wie man dieses Problem anpacken *kann.* Selbst der ungemein scharfsinnige Mathematiker Georg Cantor, mit dessen Theorie wir uns gleich beschäftigen wollen, hat bei einigen Ergebnissen Dedekindscher Überlegungen zunächst bekennen müssen: »Ich sehe es, aber ich glaube es nicht!« Inzwischen sind fast neunzig Jahre vergangen, und die Mathematik hat sich immer deutlicher zur Wissenschaft vom Unendlichen entwikkelt. Sie ist eine Landschaft der gedanklichen Kühnheit des Menschen geworden. Die Konstruktionen der Mathematiker gehen oft weit über das hinaus, was wir bisher in der mathematischen Logik, der operativen Logik und der rekursiven Arithmetik kennengelernt haben. Deshalb wollen wir als wesentlichen Gesichtspunkt des Dedekindschen Beweises vor allem festhalten: Es gibt mathematische Theorien, in der unendliche Systeme als abgeschlossene, an sich existierende Gebilde betrachtet werden. Gewöhnlich werden solche Gesamtheiten *»Mengen«* genannt.
Die mathematischen Theorien, die sich mit derartigen Systemen beschäftigen, werden *»Mengenlehren«* genannt.
Wir werden zunächst den Urtyp einer solchen Theorie mit der naiv-anschaulich fundierten Mengenlehre von Georg Cantor kennenlernen. Grundgedanken der konstruktiven und axiomatischen Mengenlehre werden skizziert.

4.2 Cantors mathematisches »Paradies«

Zur Mengenlehre

Es kommt in der modernen Mathematik immer seltener vor, daß eine ganze Disziplin dieser exakten Wissenschaft mit dem Namen eines einzigen Mannes verbunden ist. Man spricht heute gewöhnlich nur von »Topologie«, von »Funktionentheorie«, von »Algebra« und »Analysis«. Aber wie von der »Euklidischen Geometrie« und der »Newtonschen Mechanik« ist immer noch von der *»Cantorschen Mengenlehre«* die Rede.

Georg Cantor (1845–1918) hat sie in den letzten Jahrzehnten des vorigen Jahrhunderts ausgearbeitet. Mit seiner großartigen gedanklichen Leistung wollen wir uns nun beschäftigen. Die Mengenlehre zeigt wie keine andere mathematische Disziplin Möglichkeiten und Grenzen theoretischer Konstruktionen.

Was können wir uns unter einer »Mengenlehre« vorstellen? Was ist unter einer »Menge« zu verstehen? Betrachten wir zunächst die Benützung des Wortes in der Umgangssprache. Im Alltag kann der Begriff der Menge vor allem auf zwei verschiedenartige Weisen gebraucht werden: Da jammert Frau Müller etwa, daß sie heute »eine ganze Menge Geld« beim Kaufmann hat lassen müssen. Oder Herr Huber nimmt, wie er es ausdrückt, stets »eine Menge Zucker« in seinen Tee. Offensichtlich können wir hier das Wort »Menge« ohne große Schwierigkeiten durch das Wörtchen »viel« ersetzen: Für Frau Müller bedeutet »eine Menge Geld« einfach »viel Geld«. Herr Huber aber nimmt »viel Zucker« zum Tee.

Im anderen Fall kann von einer »aufgebrachten Menschenmenge« die Rede sein, dann etwa, wenn der Schiedsrichter im Fußballstadion einen klaren Regelverstoß bei der gegnerischen Mannschaft übersieht. Aber auch von einer »Menge der Gläubigen« wird z.B. gesprochen, wenn Menschen in Rom dem Papst auf dem Petersplatz zujubeln. Hier sind eindeutig nicht nur viele Menschen gemeint, sondern vor allem eine *Ansammlung* dieser Menschen. Dieser Sprachgebrauch ist dem Georg Cantors mehr verwandt als der erstgenannte. In der Mengenlehre versteht man nämlich unter »Menge« eine *Zusammenfassung* von beliebigen Gegenständen zu einer *Gesamtheit.* Das klingt für den einen sehr einleuchtend, für den anderen ist diese Festlegung aber gar nicht so klar. Es ist übrigens eine hübsche Anekdote überliefert, die uns erzählt, wie Dedekind und Cantor ihre Vorstellung vom Mengenbegriff einmal ganz »gefühlsmäßig« geschildert haben:

»Dedekind äußerte hinsichtlich des Begriffs der Menge: Er stelle sich eine Menge vor wie einen geschlossenen Sack, der ganz bestimmte Dinge enthalte, die man aber nicht sehe und von denen man nichts wisse, außer daß sie vorhanden und bestimmt seien.

Einige Zeit später gab Cantor seine Vorstellung einer Menge zu erkennen: Er richtete seine kolossale Figur auf, beschrieb mit erhobenem Arm eine großartige Geste und sagte mit einem ins Unbestimmte gerichteten Blick: ›Eine Menge stelle ich mir vor wie einen Abgrund‹.«

Nun, so eindrucksvoll diese Bekenntnisse der beiden großen Mathematiker auch sein mögen, so plastisch sie die anschaulichen Schwierigkeiten schildern, sich Mengen vorzustellen – eine exakte Wissenschaft läßt sich auf diese Weise natürlich nicht untermauern. Wir werden aber feststellen können, daß die Visionen des geschlossenen Sacks oder des Abgrunds von Cantor leider nicht vollständig gebannt werden konnten. Nach den strengen Maßstäben der modernen Mathematik müssen wir heute mit Adolf Fraenkel von einem »anschaulich-naiven Aufbau« der Cantorschen Mengenlehre sprechen. Cantors Überlegungen führen uns aber immer noch am einfachsten in dieses faszinierende Gebiet der Mathematik.

»Unter einer ›Menge‹ verstehen wir jene Zusammenfassung M von bestimmten wohlunterschiedenen Objekten m unserer Anschauung oder unseres Denkens (welche die ›Elemente‹ von M genannt werden) zu einem Ganzen. In Zeichen drücken wir dies so aus.

$M = \{ m \}$.«

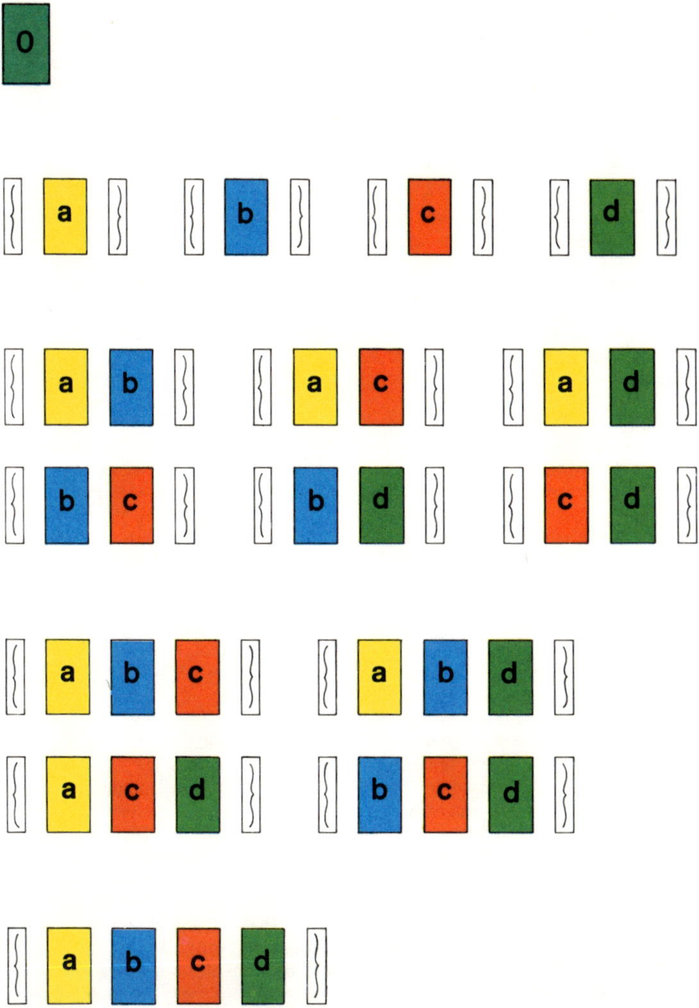

Die Menge $N_2 = \{a, b, c, d\}$, die sich aus vier Elementen zusammensetzt, besitzt 16 Teilmengen. Dazu zählen die Menge N_2 selbst (letzte Zeile) und die Nullmenge (erste Zeile).

Diese berühmt gewordene Definition Cantors aus dem Jahre 1895 bestimmt die Menge als verfeinerten, abstrahierten Begriff der bereits betrachteten umgangssprachlichen Wendung von der »Menge«. Seine Definition gibt Auskunft auf die Frage: Was *ist* eine Menge? Auch in den »Grundzügen der Mengenlehre« von Felix Hausdorff – einem Werk, das sein Verfasser 1914 mit der Widmung versah »Dem Schöpfer der Mengenlehre, Herrn Georg Cantor, in dankbarer Verehrung« – wird noch ganz ähnlich festgelegt:

»Eine Menge ist eine *Zusammenfassung von Dingen zu einem Ganzen,* d.h. zu einem neuen Ding.«

Allerdings schränkte Hausdorff hier bereits ein: »Man wird dies schwerlich als Definition, sondern nur als *anschauliche Demonstration des Mengenbegriffs* gelten lassen, die auf einfache Beispiele verweist: wie etwa die Menge der Einwohner einer Stadt, die Menge der Wasserstoffatome in der Sonne. Diese beiden Mengen sind *endlich,* sie bestehen aus einer endlichen, die zweite freilich aus einer ungeheuer großen Anzahl von Gegenständen. Es ist das Verdienst Georg Cantors, auch *unendliche,* d.h. nicht endliche Mengen in den Kreis der Betrachtung gezogen und damit eine neue Wissenschaft, eine Mengenlehre, begründet zu haben.«

Wir unterscheiden zunächst also endliche und unendliche Mengen. Mit den endlichen Mengen ist es eine einfache Sache: Beliebige Dinge, »Objekte unserer Anschauung oder unseres Denkens«, wie sie Cantor bestimmte, können Elemente solcher Mengen sein. Hausdorff führte als naheliegendes Beispiel die Einwohner einer Stadt als endliche Menge an. Andere Beispiele von dieser Art sind etwa die in Frankreich zugelassenen Kraftfahrzeuge, die Spieler einer Fußballmannschaft, die Abgeordnetenbänke im britischen Unterhaus, die Abbildungen in diesem Buch usw. Objekte unserer Anschauung und unseres Denkens sind aber auch die Farbe eines Abendrots, ein gefüllter Bierkrug, der Physiker Albert Einstein, ein Regenschirm, die Wagennummer unseres Autos, das Geräusch eines Preßlufthammers, unsere Zahnbürste und der Steuerbescheid. Außerdem können wir abstraktere Gegenstände in dieser Aufzählung hinzufügen: Begriffe wie Heldentum und Ehrfurcht, Unbehagen und Kulturaustausch, Wehrpflicht und SEATO.

Mengen im Cantorschen Sinne brauchen dann nicht unbedingt aus lauter gleichartigen Dingen zusammengesetzt zu sein, wie wir sie mit den Einwohnern einer Stadt oder den Abbildungen in diesem Buch kennengelernt haben. Wir können z.B. aus Charlie Chaplin, dem Planeten Saturn, einer Zahnbürste, dem Beatles-Ruf »Yeah, yeah« und der Zahl 19 eine endliche Menge bilden, die sich aus fünf Elementen zusammensetzt. Eine wesentlich einfachere Menge mit ebenfalls fünf Elementen wäre natürlich die folgende:

$M_1 = \{ 1, 2, 3, 4, 5 \}$

Von ähnlicher Einfachheit ist die Menge der ersten fünf Buchstaben unseres Alphabets:

$M_2 = \{ a, b, c, d, e \}$

Aber auch unser ungewöhnliches »Arsenal« von Gegenständen, das vom Mimen bis zum Planeten reicht, ist eine mathematische Gesamtheit, eine Menge im Cantorschen Sinne. Denn: Eine Menge M ist genau dann definiert, wenn von jedem beliebigen Gegenstand oder Ding, von jedem »Objekt unserer Anschauung oder unseres Denkens«, feststeht, ob es Element der Menge ist oder nicht.

Die Glieder einer Menge hat Cantor, wie wir erfahren haben, »Elemente« genannt und durch die Variable m angedeutet. Unsere vorhin gebildete Menge – nennen wir sie »M_3« – läßt sich unter diesem Aspekt dann also so anschreiben:

Mengen im Cantorschen Sinne können sich aus beliebigen Dingen zusammensetzen. So läßt sich etwa aus Charlie Chaplin, dem Planeten Saturn, einer Zahnbürste, dem Beatles-Ruf »yeah, yeah« und der Zahl 19 eine endliche Menge bilden. Diese ungewöhnliche Menge besitzt fünf Elemente.

$M_3 = \{$ Charlie Chaplin, Saturn, Zahnbürste, »Yeah, yeah«, 19 $\}$

Die Reihenfolge, in der wir solche Elemente einer Menge anschreiben, ist übrigens ganz beliebig: Definitionsgemäß ist ja die Menge allein dadurch bestimmt, ob ein Ding Element dieser Menge ist oder nicht. Weder die Reihenfolge noch irgendeine andere Art des Enthaltenseins ist von Bedeutung. Für die folgende Zweiermenge gilt also:

$N_1 = \{ a, b \} = \{ b, a \}$

Wir dürfen dann sagen: »a ist Element von N_1« oder »a ist in der Menge N_1 enthalten.« Das gleiche läßt sich natürlich für das Element b formulieren. Wie können wir nun aber feststellen, ob ein bestimmtes Objekt zur Menge M gehört oder nicht?

Bei so einfachen Mengen wie M_1, M_2, M_3 und N_1 genügt es natürlich, die einzelnen Elemente aufzuzählen oder anzuschreiben. Bei einer anderen Menge kann es ratsam sein, eine typische Eigenschaft anzugeben, die allen Gliedern gemeinsam ist, die sie enthält und außerdem keinem Ding zukommt, das nicht zur entsprechenden Menge gehört. Mit dieser Art der Bestimmung werden wir uns noch beschäftigen müssen.

Aus rein zweckmäßigen Überlegungen läßt sich übrigens auch eine Menge einführen, deren wesentliche Eigenschaft es ist, überhaupt kein Element zu besitzen, eine völlig »leere« Menge also. Sie wird gewöhnlich *»Nullmenge«* genannt. Ihr Zeichen entspricht einfach der Ziffer Null, also **»0«**. Es ist bemerkenswert, daß es *nur eine einzige Nullmenge* gibt, die wir genau dadurch bestimmen können, daß sie kein Ding als Element enthält.

Wichtig ist nun vor allem, daß zwischen solchen mathematischen Gesamtheiten, die Cantor »Mengen«

genannt hat, einfache Beziehungen hergestellt werden können. Beliebige Mengen M, N, O lassen sich also auf verschiedenste Weise vergleichen. Halten wir dazu vorerst folgende Überlegung fest:

Ist jedes Element einer Menge M auch Element einer Menge N, dann ist M eine *»Teilmenge«* von N. Enthält N mindestens ein in M nicht vorkommendes Element, dann ist M eine »echte Teilmenge« von N.

Unter einem »Teil« irgendeiner Gesamtheit stellt man sich gewöhnlich etwas »Kleineres« vor als die Gesamtheit selbst. Das braucht hier aber ganz offensichtlich gar nicht der Fall zu sein: Nach der obigen Überlegung hat nämlich jede Menge sich selbst zur Teilmenge. Es gilt also stets: M ist Teilmenge von M. Außerdem ist die Nullmenge **0** immer Teilmenge einer beliebigen Menge. (Statt »Teilmenge« können wir übrigens auch »Untermenge« sagen.) Diese beiden Feststellungen sind nichts als äußerst zweckmäßige Verabredungen.

Dadurch besitzt eine Menge, die zwei Elemente aufzuweisen hat, vier Untermengen, z.B. die Menge $N_1 = \{a, b\}$ die Untermengen **0**, $\{a\}$, $\{b\}$ und $\{a, b\}$. Die Anzahl der Teilmengen ist $1 + 2 + 1 = 4$.

Sehen wir uns noch die Menge $N_2 = \{a, b, c, d\}$ an, die sich aus vier Elementen zusammensetzt, und schreiben ihre Teilmengen auf:

0
$\{a\}, \{b\}, \{c\}, \{d\}$
$\{a, b\}, \{a, c\}, \{a, d\}, \{b, c\}, \{b, d\}, \{c, d\}$
$\{a, b, c\}, \{a, b, d\}, \{a, c, d\}, \{b, c, d\}, \{a, b, c, d\}$

Dieses Mal berechnet sich die Anzahl der Teilmengen zu
$1 + 4 + 6 + 4 + 1 = 16$

Damit ist jedoch überhaupt noch nichts darüber ausgesagt, ob eine Menge M »größer« oder »kleiner« als eine Menge N ist. »Aber das ist doch selbstverständlich«, könnte man hier einwenden, »natürlich ist eine Menge mit vier Elementen größer als eine Menge mit zwei Elementen.« Im endlichen Bereich hat diese Argumentation ihre Berechtigung. Aber wie verhält es sich dann mit Mengen, die unendlich viele Elemente besitzen? Ist die Menge aller natürlichen Zahlen größer als die Menge aller geraden Zahlen?

Cantors großes Verdienst ist es gerade, als erster systematische Betrachtungen über unendliche Mengen angestellt zu haben, über »transfinite Mengen«, wie er sie nannte. Den in der Mathematik sehr gebräuchlichen Begriff transfinit können wir auch durch das Wort »überendlich« ausdrücken. Läßt sich eine unendliche Menge M mit einer unendlichen Menge N überhaupt vergleichen? Gibt es verschiedene Formen des Unendlichen oder »Überendlichen«? Können wir mit Unend-

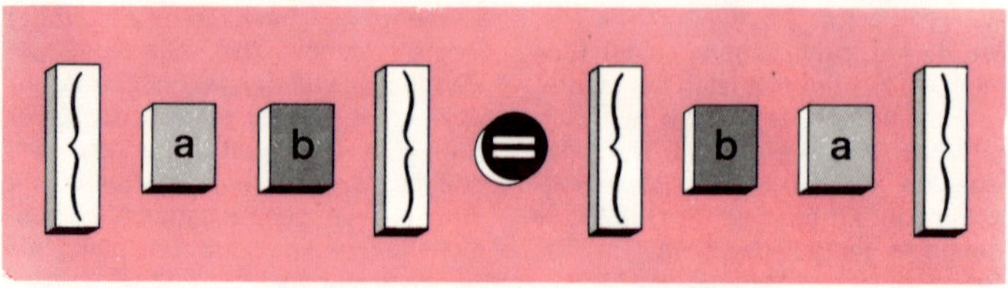

Definitionsgemäß ist eine Menge ganz allein dadurch bestimmt, ob ein beliebiger Gegenstand Element dieser Menge ist oder nicht. Die Reihenfolge der Glieder – a, b oder b, a – ist dabei ohne Bedeutung.

lichkeiten rechnen? Ist es überhaupt sinnvoll, Mengen aus Zahlen und Zahnbürsten, aus Himmelskörpern und Wörtern zu bilden? Lassen wir hier Adolf Fraenkel antworten, der eine bedeutende Forschungsarbeit auf dem Gebiet der Mengenlehre geleistet hat:

»Der einfache und sicher nicht auf die Mathematik beschränkte Mengenbegriff Cantors verhilft zur Bildung eines neuen, bis ins späte 19. Jahrhundert unerhörten und als unmöglich geltenden Begriffs: des Begriffs *unendlichgroßer Zahlen.* Liegen nämlich zwei Mengen M und N vor, so ist der Fall denkbar, daß man die Elemente von M denen von N *umkehrbar eindeutig* (ein-eindeutig) zuordnen kann, d.h. derart, daß bei der Zuordnung jedem Element von M ein einziges Element von N und umgekehrt entspricht.«

Nachdem hier Fraenkel von einer »umkehrbar eindeutigen« oder »eineindeutigen Zuordnung« gesprochen hat, mag bei manchem Leser bereits wieder das Mißtrauen gegenüber der »Geheimsprache« des Mathematikers aufgetaucht sein. Das ist aber völlig unbegründet; denn Fraenkel erläuterte diese wichtige Art der Zuordnung von Elementen sofort: Man nehme jeweils ein Element der Menge M und bringe es jeweils mit einem einzigen Element der Menge N in Verbindung. Jedes Element aus M besitzt dann genau einen »Partner« aus N. Diese gedankliche Operation einer schrittweise durchgeführten »Paarbildung« aus den Elementen von M und N nennt der Mathematiker »umkehrbar eindeutige Zuordnung« oder »ein-eindeutige Zuordnung«.

Betrachten wir zur Erläuterung dieser Zuordnung zunächst ein vielen recht vertrautes, höchst anschauliches Beispiel: In der Tanzschule »Tip-Top« wird heute abend weder »Madison«- noch »Hully-Gully«-Gymnastik getrie-

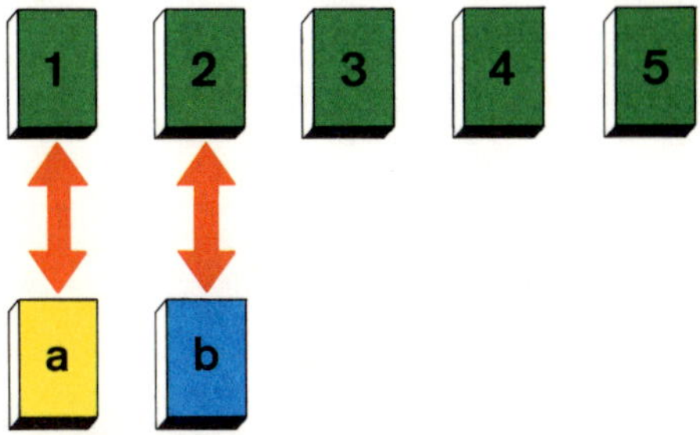

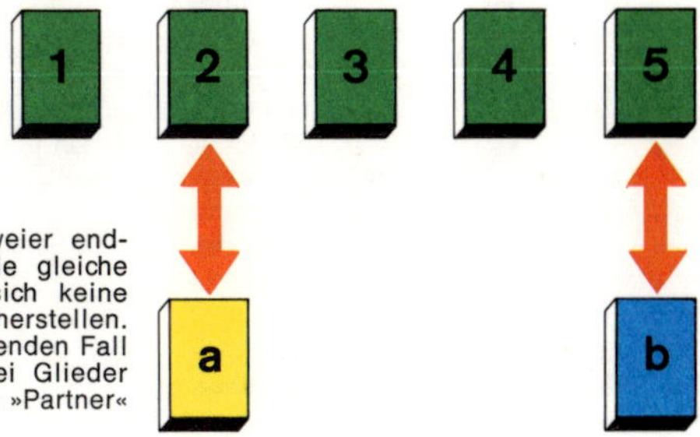

Zwischen den Elementen zweier endlicher Mengen, die nicht die gleiche Mächtigkeit besitzen, läßt sich keine ein-eindeutige Zuordnung herstellen. Eine Abbildung ist im vorliegenden Fall nicht möglich, weil stets drei Glieder der Menge {1, 2, 3, 4, 5} ohne »Partner« bleiben.

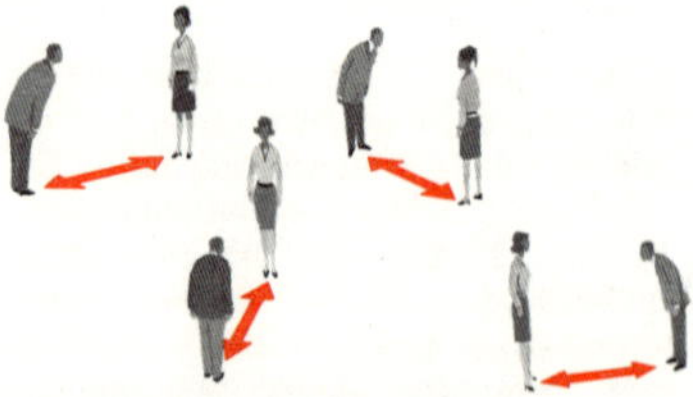

Bei einem Tanzkurs stellen die Tanzpaare umkehrbar eindeutige Zuordnungen der Elemente aus zwei endlichen Mengen dar: M ist die Menge der jungen Herren, N die Menge der jungen Damen.

ben, sondern der Tanzlehrer bittet zu einer schlichten Polka. Dabei genügt es jedoch nicht, daß sich die Tanzlustigen willkürlich in einer Reihe aufstellen und mehr oder weniger rhythmisch in die Hände klatschen und mit den Hüften wackeln. Für die Polka muß der Tanzlehrer eine umkehrbar eindeutige Zuordnung der Elemente zweier Mengen vornehmen: Im Saal befindet sich nämlich die endliche Menge M junger Herrn und die endliche Menge N junger Damen. Jeder junge Herr im Saal – außer dem Tanzlehrer – ist Element dieser Menge M. Wir können diese Elemente einzeln aufzählen: Herr Glotz ist Element von M, Herr Maier ist Element von M usw. Das gleiche gilt natürlich für die Menge N der jungen Damen: Fräulein Krause ist Element von N, Fräulein Obermaier ist Element von N usw. Wie stellt der Tanzlehrer nun die ein-eindeutige Zuordnung zwischen den Elementen von M und denen von N her? Sein »Operationssignal« für eine solche Zuordnung ist gewöhnlich der Ruf: »Die Herren bitte engagieren!« Den gleichen Erfolg erreicht er jedoch mit der Handlungsanweisung »Damenwahl!« Meist kurze Zeit später haben sich dann die Tanz*paare* gebildet. In anderen Worten: Die Elemente der Mengen M und N sind umkehrbar eindeutig zugeordnet. Natürlich funktioniert diese Paarbildung nur dann, wenn jedes Element aus M (jeder Herr) seinen Partner in einem Element aus N (einer Dame) findet und umgekehrt: Die Zuordnung muß also *umkehrbar* sein. Bleibt ein Herr oder eine Dame ohne Partner, läßt sich keine ein-eindeutige Zuordnung herstellen.

Um diesen Tatbestand zu präzisieren, wollen wir aus dem heißen Tanzsaal wieder in die etwas kühleren Gefilde der Cantorschen Mengenlehre zurückkehren: Um eine einfache Zuordnung auszudrücken, können wir das Zeichen »$\Rightarrow$« verwenden. Der Ausdruck »$a \Rightarrow 7$« ist dann so zu lesen: »Das Element a (einer Menge M) wird dem Element 7 (einer Menge N) eindeutig zugeordnet.« Eine solche eindeutige Zuordnung wird genau dann zur ein-eindeutigen Zuordnung, wenn sowohl $a \Rightarrow 7$ als auch $7 \Rightarrow a$ gilt. Dafür schreiben wir aber einfach: $a \Leftrightarrow 7$. Der Doppelpfeil drückt nun die Operation der ein-eindeutigen Zuordnung aus.

Wie ganz leicht zu erkennen ist, können wir dann etwa die Elemente von $M_1 = \{1, 2, 3, 4, 5\}$ und $M_2 = \{a, b, c, d, e\}$ ein-eindeutig zuordnen:

$$\begin{array}{llllll} M_1: & 1 & 2 & 3 & 4 & 5 \\ & \Updownarrow & \Updownarrow & \Updownarrow & \Updownarrow & \Updownarrow \\ M_2: & a & b & c & d & e \end{array}$$

Wie außerdem unsere Abbildung anschaulich zeigt, ist die Zuordnung auch zwischen den Elementen von M_1 und M_3 möglich: Wir können dabei ohne Schwierigkeit oder größere Bedenken dem Element Zahnbürste aus M_3 die Zahl 3 als Element von M_1 zuordnen und umgekehrt.

Dagegen ist eine umkehrbar eindeutige Zuordnung der Glieder von M_1 und denen von $N_1 = \{a, b\}$ nicht möglich. Für drei Elemente aus M_1 fehlen in jedem Fall die entsprechenden Partner aus N_1:

$$\begin{array}{llllll} M_1: & 1 & 2 & 3 & 4 & 5 \\ & \Updownarrow & \Updownarrow & & & \\ N_1: & a & b & & & \end{array}$$

$$\begin{array}{llllll} M_1: & 1 & 2 & 3 & 4 & 5 \\ & & \Updownarrow & & \Updownarrow & \\ N_1: & & a & & b & \end{array} \qquad \text{usw.}$$

Cantors kühner Gedanke war es, diese umkehrbar eindeutigen Zuordnungen nicht auf die Elemente endlicher Mengen zu beschränken, sondern sie auf Mengen mit unendlich vielen Gliedern anzuwenden. Wie gelang es dem Schöpfer der Mengenlehre, diese Vorstellung zu verwirklichen? Lesen wir in der Cantorschen Abhandlung von 1895, die er »Beiträge zur Begründung der transfiniten Mengenlehre« überschrieb:

»Jeder Menge M kommt eine bestimmte ›*Mächtigkeit*‹ zu, die wir auch ihre ›*Kardinalzahl*‹ nennen.

›Mächtigkeit‹ oder ›Kardinalzahl‹ von M nennen wir den Allgemeinbegriff, welcher mit Hilfe unseres aktiven Denkvermögens dadurch aus der Menge M hervorgeht, daß von der Beschaffenheit ihrer verschiedenen Elemente m und von der Ordnung ihres Gegebenseins abstrahiert wird.

Das Ergebnis dieses zweifachen Abstraktionsaktes, die Kardinalzahl oder Mächtigkeit von M, bezeichnen wir mit ›card M‹.

Da aus jedem einzelnen Element m, wenn man von seiner Beschaffenheit absieht, eine ›Eins‹ wird, so ist die Kardinalzahl card M selbst eine bestimmte aus lauter Einsen zusammengesetzte Menge, die als intellektuelles Abbild oder Projektion der gegebenen Menge M in unserem Geiste Existenz hat.«

Mit diesem äußerst plastischen Begriff der Mächtigkeit, der mit dem der Kardinalzahl gleichbedeutend ist, lassen sich Mengen mit unendlich vielen Gliedern vergleichen. Um auf den zweifachen Abstraktionsakt hinzuweisen, der zum Begriff der Kardinalzahl führt, hat Cantor übrigens statt »card M« stets »M« geschrieben, eine Bezeichnung, die heute nicht mehr üblich ist. Die einfachste Beziehung zwischen zwei Mengen schilderte Cantor dann so:

»Zwei Mengen M und N nennen wir ›*äquivalent*‹ und bezeichnen dies mit $M \sim N$ oder $N \sim M$,

Auch zwischen den Elementen einer »ungewöhnlichen« Menge und denen einer »natürlichen« Menge lassen sich ohne Schwierigkeit ein-eindeutige Zuordnungen herstellen.

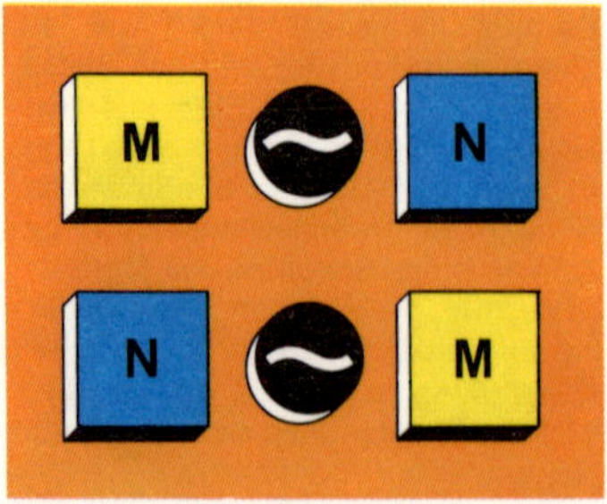

Zwei Mengen M und N sind äquivalent, wenn sich eine umkehrbar eindeutige Zuordnung ihrer Elemente herstellen läßt. Es gilt dann: M $\sim$ N und N $\sim$ M.

wenn es möglich ist, dieselben in eine derartige Beziehung zueinander zu setzen, daß jedem Element der einen von ihnen ein und nur ein Element der anderen entspricht.«

Damit sind wir wieder beim zentralen Begriff der ein-eindeutigen Zuordnung der Elemente zweier Mengen, wobei die unendlichen Mengen miteingeschlossen sind. Gleiche Mächtigkeit bedeutet dann gleiche Kardinalzahl:

»Zwei Mengen M und N haben dann und nur dann dieselbe Kardinalzahl, wenn sie äquivalent sind. Aus M $\sim$ N folgt card M = card N und umgekehrt.«

Sind zwei Mengen M und N äquivalent, ist also eine ein-eindeutige Zuordnung erfolgreich durchgeführt worden, nennt man diese Zuordnung auch eine *»Abbildung«:* Die Menge M wird auf die Menge N »abgebildet«.

Kardinalzahlen für endliche Mengen entsprechen nach dieser Festlegung (Cantor: »... aus lauter Einsen zusammengesetzt ...«) einfach der Anzahl der in der Menge enthaltenen Elemente. Die Kardinalzahl der Menge $N_1 = \{ a, b \}$ ist also 2, die der Nullmenge **0** ist 0, die Kardinalzahl der Menge $M_3 = \{$ Charlie Chaplin, Saturn, Zahnbürste, »Yeah, yeah«, 19 $\}$ ist 5.

Im Bereich der endlichen Mengen ist die Kardinalzahl übrigens äußerst zweckmäßig, um gewisse einfache Eigenschaften dieser Mengen einfach auszudrücken. Mit der ein-eindeutigen Zuordnung von Elementen einer Menge zu Elementen einer anderen Menge haben wir zwar die Möglichkeit, die Äquivalenz von Mengen festzustellen, nicht jedoch, ob die eine Menge »größer« oder »kleiner« ist als eine andere Menge. Die beiden Begriffe größer und kleiner sind nämlich für Mengen gar nicht definiert. Es ist genauso sinnlos zu fragen, ob M größer als N ist, wie es – weit offenkundiger – sinnlos ist, die Frage zu stellen, ob die Zahl 12 grüner sei als die Zahl 11. Für Kardinalzahlen können die Begriffe größer und kleiner jedoch definiert werden.

So ist die Aussage

»Die Kardinalzahl card M der Menge M ist kleiner als die Kardinalzahl card N der Menge N«, die wir mit dem Zeichen »$<$« für »... ist kleiner als ...« einfach »card M $<$ card N« schreiben können, durchaus sinnvoll. Sie drückt einfach, knapp und präzise etwas aus, was wir ohne den Kardinalzahlenbegriff höchst umständlich so formulieren müßten:

»Jede zur Menge M äquivalente Menge ist äquivalent je einer Teilmenge jeder zur Menge N äquivalenten Menge. Dagegen ist keine zu N äquivalente Menge einer Teilmenge irgendeiner zu M äquivalenten Menge äquivalent.«

Mit diesem Ungetüm von Aussage drücken wir also den gleichen Sachverhalt mit den Begriffen der äquivalenten Menge und der Teilmenge aus wie in der Aussage »card M $<$ card N«. Die Nützlichkeit dieser Begriffe zeigt sich erst bei der Behandlung von unendlichen Mengen.

Von der Reihe der natürlichen Zahlen 1, 2, 3, 4, 5, ... als der natürlichsten unendlichen Menge haben wir bereits gesprochen. Wir können nun schreiben $M = \{ 1, 2, 3, 4, 5, \ldots, n, \ldots \}$.

Damit haben wir jedoch »die ins Unendliche offene, gesetzmäßig entstehende Reihe der Zahlen zu einem Inbegriff an sich existierender Gegenstände gemacht«, wie Hermann Weyl diesen »Sprung ins Jenseits« treffend charakterisiert hat: In der Cantorschen Mengenlehre wird die über alle Schranken wachsende Zahlenreihe zu einer *»aktual* unendlichen Menge *aller* natürlichen Zahlen«, zu einer »fertigen« Gesamtheit also. Erinnern wir uns an den Dedekindschen Satz »Es gibt unendliche Systeme« und seinen »Beweis«. Die Menge aller natürlichen Zahlen läßt sich als solches »unendliches System« auffassen. Dedekind argumentierte: »Die Zahlen sind *freie Schöpfungen des menschlichen Verstandes.*« Weitere unendliche Mengen in diesem Sinne sind alle geraden Zahlen $N = \{2, 4, 6, 8, 10, \ldots, 2 \cdot n, \ldots\}$, die Menge aller Quadratzahlen $O = \{1, 4, 9, 16, 25, \ldots, n^2, \ldots\}$, usw.
Solche transfiniten Mengen M, N, O lassen sich nun auf ihre Mächtigkeit hin untersuchen: Sie sind genau dann gleichmächtig oder äquivalent, wenn sich eine umkehrbar eindeutige Zuordnung zwischen ihren Elementen herstellen läßt, wenn also eine Abbildung zustande kommt. Bei den überendlichen Mengen ist jedoch darauf zu achten, daß ein gescheiterter Versuch, die Elemente zweier Mengen M und N ein-eindeutig zuzuordnen, noch keine Entscheidung dafür sein muß, daß M und N *nicht* von der gleichen Mächtigkeit sind. Erst der strikte Beweis, daß eine solche Abbildung überhaupt nicht möglich ist, weist Mengen als nicht äquivalent aus.
Wir dürfen also nicht einfach so argumentieren: Zwischen den transfiniten Mengen $M = \{1, 2, 3, 4, \ldots\}$ und $N = \{2, 4, 6, 8, \ldots\}$ ist nur folgende Zuordnung möglich:

M: 1 2 3 4 5 6 7 8 9 10 11 ...
⇕ ⇕ ⇕ ⇕ ⇕
N: 2 4 6 8 10 ...

Diese Zuordnung ist nicht umkehrbar, sie führt zu keiner Abbildung. In der oberen Reihe verbleiben Zahlen, denen kein »Partner« zugeordnet ist. Also sind die Menge M und die Menge N nicht äquivalent.
Diese Überlegung sieht auf den ersten Blick zwar sehr überzeugend aus: N ist ja eine *echte Teilmenge* von M (s. Seite 106). Wir können nämlich N aus M hervorgehen lassen, wenn wir von den natürlichen Zahlen alle ungeraden Zahlen in Gedanken streichen. Ganz naiv betrachtet, könnte man aus dieser Tatsache »schließen«, daß es »doppelt soviel« natürliche Zahlen wie gerade Zahlen gibt. Wie sieht es aber aus, wenn wir folgende eineindeutige Zuordnung zwischen den Gliedern vom M und N herstellen?

M: 1 2 3 4 5 6 7 8 ... n ...
⇕ ⇕ ⇕ ⇕ ⇕ ⇕ ⇕ ⇕ ⇕
N: 2 4 6 8 10 12 14 16 .. 2 · n ...

Bei dieser Zuordnung entspricht ganz offensichtlich jede Zahl der Menge M genau einer Zahl der Menge N und umgekehrt. Die Abbildung ist also geglückt: Es gilt: $M \sim N$. Das ist eine überraschende, zunächst höchst merkwürdig anmutende Tatsache: Eine transfinite Teilmenge N, die eine echte Teilmenge einer anderen transfiniten Menge M darstellt, ist mit dieser Menge M äquivalent. Beide sind von gleicher Mächtigkeit, obwohl N aus M daraus hervorgeht, daß alle ungeraden Zahlen »weggenommen« werden. Wie kommt es, daß ein unendliches System auch dann noch unendlich bleibt, wenn wir es derartig »verkleinern«? Gibt es denn hier keinerlei »Größenunterschiede«?
Eine überzeugende Antwort können wir in Adolf Fraenkels »Mengenlehre« nachlesen: »Die Erscheinung, daß eine Menge gewissermaßen ›gleichviel Elemente‹ enthalten kann wie eine eigentliche (echte) Teilmenge von ihr, steht in einem gewissen Kontrast zu dem bekannten

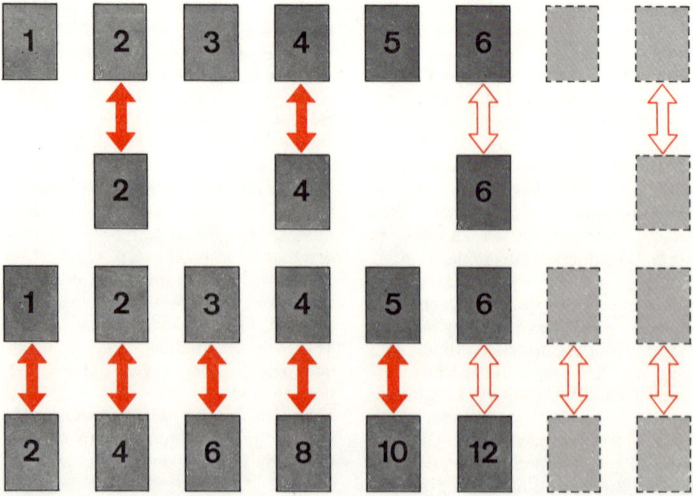

Die Menge M aller natürlichen Zahlen und die Menge N aller geraden Zahlen sind äquivalent. Zwar liefert die obere Zuordnung 2 ⟨=⟩ 2, 4 ⟨=⟩ 4, 6 ⟨=⟩ 6 usw. keine Abbildung. Die unten aufgezeigte Zuordnung der Elemente aus M und N ist jedoch umkehrbar eindeutig.

Satz: Das Ganze ist stets größer als ein Teil davon. In Wirklichkeit war aber jener Satz vom Ganzen und Teil *nur im Gebiet des Endlichen erprobt,* und es lag kein Grund vor, zu erwarten, daß es bei dem Riesenschritt, der vom Endlichen zum Unendlichen führt, seine Gültigkeit unverändert bewahre.«

Wie sich nun sehr leicht zeigen läßt, ist auch die unendliche oder transfinite Menge aller Quadratzahlen O = { 1, 4, 9, 16 ..., n^2, ... } mit der Menge M aller natürlichen Zahlen äquivalent. Auch O ist eine echte Teilmenge von M: Jede Quadratzahl ist ja seine natürliche Zahl, keinesfalls aber ist jede natürliche Zahl eine Quadratzahl. O geht aus M hervor, indem wir uns alle natürlichen Zahlen, die nicht diese Eigenschaft besitzen, Quadratzahlen zu sein, »ausgesiebt« oder gestrichen denken. Dadurch entstehen selbstverständlich noch »größere Lücken« in der natürlichen Zahlenreihe, als dies bei der Aussonderung der ungeraden Zahlen zur Bildung der Menge N der Fall war: Zuerst müssen 2 und 3, dann 5, 6, 7 und 8, dann 10, 11, 12, 13, 14 und 15, usw. herausgenommen werden. Trotzdem läßt sich die Abbildung ohne Schwierigkeit durchführen:

M:	1	2	3	4	5	6 ...	n ...
	⇕	⇕	⇕	⇕	⇕	⇕	⇕
O:	1	4	9	16	25	36 ...	n^2 ...

Diese umkehrbar eindeutige Abbildung gelingt übrigens immer zwischen den Elementen einer unendlichen Teilmenge von M und den natürlichen Zahlen von M. Das gilt für die Menge der Primzahlen P = { 2, 3, 5, 7, 11, 13, 17, ... } ebenso wie etwa für die Menge Q = { 10, 100, 1000, 10000, ... }. Ganz allgemein können wir formulieren:

Jede unendliche Teilmenge der Menge M aller natürlichen Zahlen ist mit M äquivalent. Diese Behauptung muß

natürlich bewiesen werden. Mit dem folgenden Beweis lernen wir wieder eine neue mathematische Beweisform kennen. Das ist eine erneute Bestätigung der Wittgensteinschen Bemerkung: »Die Mathematik ist ein buntes Gemisch von Beweistechniken.« Wieder wird jedoch Schritt für Schritt vorgegangen:
Jede beliebige Teilmenge der Menge M aller natürlichen Zahlen besteht selbst aus natürlichen Zahlen. In jeder dieser Teilmengen gibt es dann auch eine *kleinste* natürliche Zahl. Betrachten wir dazu bisherige Beispiele: In der Menge N ist diese kleinste Zahl 2, in der Menge O ist sie 1, in P wieder 2 und in Q ist sie schließlich 10. Deuten wir diese kleinste Zahl einer beliebigen Teilmenge von M mit der Variablen k_1 an. Ihre entsprechende Teilmenge soll dann T_1 sein. Aus dieser Teilmenge T_1 streichen wir nun die kleinste Zahl k_1, so daß eine neue Menge T_2 entsteht, die natürlich ebenfalls Teilmenge von M ist. Beispiel: Aus der Menge aller Primzahlen $\{2, 3, 5, 7, 11, \ldots\}$ entsteht auf diese Weise die Menge $\{3, 5, 7, 11, 13, \ldots\}$. Allgemein können wir die Verwandlung von T_1 durch Streichen von k_1 in T_2 so ausdrücken:
$T_2 = T_1 - \{k_1\}$
Diese Restmenge T_2 besitzt nun selbstverständlich ihrerseits wieder eine kleinste Zahl k_2. (In unserem Beispiel der Primzahlen-Menge ist $k_2 = 3$.) Streichen wir nun auch noch diese Zahl k_2, so entsteht T_3:
$T_3 = T_1 - \{k_1, k_2\}$
Ohne Schwierigkeiten können wir dann auch in der Menge T_3 das Element streichen, das den kleinsten Zahlenwert aufweist, nämlich k_3. Die Restmenge T_4 hat nun folgende Beziehung zu T_1:
$T_4 = T_1 - \{k_1, k_2, k_3\}$
Jetzt sehen wir bereits ganz deutlich, »wie es weitergeht«. Greifen wir etwa als Beispiel die 1966. Teilmenge heraus, dann ergibt sich:
$T_{1966} = T_1 - \{k_1, k_2, k_3, k_4, \ldots, k_{1965}\}$
Eine beliebig große Restmenge T_n genügt also der Formel:
$T_n = T_1 - \{k_1, k_2, k_3, \ldots, k_{n-1}\}$
Eine größte Restmenge gibt es nicht: Jeder Menge T_n können wir ja ohne Schwierigkeit eine Menge T_{n+1} folgen lassen. Damit ist die Möglichkeit gegeben, unendlich viele Restmengen zu bilden.
Andererseits können wir aber auch aus den »gestrichenen« kleinsten Zahlen k_1, k_2, k_3, k_4, usw. eine neue Menge S zusammenstellen:
$S = \{k_1, k_2, k_3, \ldots, k_n, k_{n+1}, \ldots\}$
Auf diese Weise ist wieder eine *transfinite Menge* entstanden. Die Glieder von S lassen sich nämlich wieder ein-eindeutig den natürlichen Zahlen aus M zuordnen:

$$\begin{array}{lccccc} S: & k_1 & k_2 & k_3 \ldots & k_n \ldots \\ & \Updownarrow & \Updownarrow & \Updownarrow & \Updownarrow \\ M: & 1 & 2 & 3 \ldots & n \ldots \end{array}$$

Mit dieser Abbildung ist die Äquivalenz von S und M bestätigt. Es gilt dann: $S \sim M$ und $M \sim S$. Beide Mengen sind von der gleichen Mächtigkeit. Außerdem entspricht aber die Menge S genau der Menge T_1: Jedes Element k_1, k_2, k_3, usw. von T_1 ist ja eine natürliche Zahl. Jedes dieser Elemente von T_1 ist aber auch die kleinste Zahl einer Restmenge, z.B. k_1 von T_1, k_2 von T_2, usw. Also ist jedes Element von T_1 Element in genau der Restmenge, die durch Streichung aller kleineren Zahlen entstanden ist. Die beiden Mengen S und T_1 sind also *gleich*, d.h. es gilt $S = T_1$.
Mit dieser Feststellung und der gerade durchgeführten Abbildung ist aber unser Satz bewiesen, daß jede unendliche Teilmenge der Menge M mit M äquivalent ist.
Der bereits erwähnte Satz »Das Ganze ist größer als sein Teil«, der übrigens wieder einmal von Euklid stammt, besitzt also im Bereich des Unendlichen keine Gültigkeit. Die Cantorsche Mengenlehre ist ein gutes Beispiel dafür, wie Mathematiker

mit unendlichen Gesamtheiten »rechnen« können. Das Unendliche ist hier sogar einfacher zu handhaben als das Endliche: Die Endlichkeit einer Menge zeigt sich ja erst in der Unmöglichkeit einer ein-eindeutigen Zuordnung ihrer Elemente zu den Elementen von M, den natürlichen Zahlen also. Es ist also nicht verwunderlich, daß David Hilbert in seiner bereits erwähnten Abhandlung »Über das Unendliche« (1926) geradezu bekenntnishaft formuliert hat:

»Fruchtbaren Begriffsbildungen und Schlußweisen wollen wir, wo immer nur die geringste Aussicht sich bietet, sorgfältig nachspüren und sie pflegen, stützen und gebrauchsfähig machen. *Aus dem Paradies, das Cantor uns geschaffen, soll uns niemand vertreiben können.*« Betrachten wir also im folgenden Kapitel dieses »Paradies« ...

5. »Paradies« oder »Fabelreich«?

5.1 Ganze Zahlen: unendlich, aber abzählbar

Erweiterung der zahlen- und mengentheoretischen Begriffswelt

»Für die Mengenlehre besteht zwischen dem Endlichen und dem Unendlichen keine grundsätzliche Schranke; ja das Unendliche erscheint ihr sogar als das Einfachere.«

Dieser Kommentar Weyls zur Cantorschen Theorie der transfiniten Mengen wurde durch unsere Betrachtungen im vorigen Kapitel gut bestätigt. Es scheint hier nicht allzu schwierig zu sein, das Unendliche in den »mathematischen Griff« zu bekommen. Hauptsächlich seit den Arbeiten Dedekinds, dessen Beweis für den Satz »Es gibt unendliche Systeme« wir kennengelernt haben, wurde dem Unendlichen der Nimbus des »Unbegreiflichen« genommen. Folgende Definition, die wir schon kurz andeuten konnten, geht auf Dedekind zurück:

Eine Menge M ist genau dann *unendlich (transfinit),* wenn es eine echte Teilmenge von M gibt, die zu M äquivalent ist. Gibt es dagegen keine mit M gleichmächtige Teilmenge von M, so ist M eine *endliche* Menge. Damit erscheint das Unendliche tatsächlich als das Einfachere: Der grundlegende Begriff ist in dieser Definition die unendliche Menge, denn Dedekind erklärte die uns normalerweise als natürlicher erscheinenden endlichen Mengen als *nicht-unendliche* Mengen.

Ist dieses Verfahren zweckmäßig? Wir sagen doch einfach »Ich bin hungrig«, wenn wir hungrig sind, und nicht »Ich bin nicht unhungrig«, obwohl auch dann die meisten verstehen würden, daß wir tatsächlich hungrig sind. Nun, ein solcher Einwand wäre bis herauf in unser Jahrhundert noch undenkbar gewesen: Niemand hätte wagen dürfen, durch eine derart profane Frage die ehrwürdigen Gepflogenheiten im Reich des »reinen Geistes« zu entweihen. Zwischen der Mathematik und der theoretischen Philosophie haben nämlich stets enge Verbindungen und Wechselwirkungen bestanden. Daher finden wir den Dedekindschen Gedanken auch bereits bei dem genialen Philosophen und Mathematiker René Descartes (1596–1650) klar formuliert. In einem der großartigsten Texte der abendländischen Geistesgeschichte, den Descartesschen »Meditationen«, lesen wir:

»Ich darf nicht vermeinen, ich erfaßte das Unendliche nicht durch eine wahrhafte Idee, sondern nur durch die Verneinung des Endlichen.«

Wie dieses Unendliche auch ohne Bezug auf das Endliche erfaßt werden kann, erläuterte dann Descartes mit philosophischen Argumenten:

»Denn ganz im Gegenteil sehe ich offenbar ein, daß mehr Realität in der unendlichen Substanz als in der endlichen enthalten ist und daß demnach der Begriff des Unendlichen dem des Endlichen, d.h. der Gottes dem meiner selbst, in gewisser Weise vorhergeht. Wie sollte ich es sonst auch verstehen, daß ich zweifle, daß ich etwas wünsche, d.h. daß mir etwas mangelt und ich nicht ganz vollkommen bin, wenn gar keine Idee eines vollkommeneren Wesens in mir wäre, durch dessen Vergleichung ich meine Mangelhaftigkeit erkenne?«

Wir sehen also, daß mit der Frage nach dem Unendlichen viele Aspekte verknüpft sind. Die großartigen Reflexionen des französischen Wissenschaftlers über das Unendliche finden sich in keinem mathematischen Werk. Der vollständige Titel der Descartesschen Abhandlung lautet nämlich: »Meditationen über die Grundlagen der Philosophie, worin das Dasein Gottes und die Unterschiedenheit der menschlichen Seele von ihrem Körper bewiesen wird.« Descartes' Unendlichkeitsgedanke erscheint in der Dedekindschen Definition der unendlichen Menge gleichsam in säkularisierter Gestalt.

Doch nun wollen wir unsere Betrachtungen wieder dem reinen mathematischen Raum zuwenden und unsere mengentheoretischen Überlegungen weiterentwickeln. Wir haben bereits einige unendliche Mengen kennengelernt, die der Menge M aller natürlichen Zahlen äquivalent sind. Vor allem gilt diese Gleichmächtigkeit mit M für alle unendlichen Teilmengen von M, wie wir beweisen konnten: Die Menge N aller geraden Zahlen, die Menge O aller Quadratzahlen und die Menge P aller Primzahlen besitzen z.B. diese Eigenschaft. Wir können sowohl N als auch O oder P in die Menge aller natürlichen Zahlen abbilden. Solche transfiniten Mengen, bei denen die umkehrbar eindeutige Zuordnung ihrer Elemente zu den natürlichen Zahlen aus M möglich ist, lassen sich als *»abgezählte« Mengen* darstellen: Ihre Elemente, die wir aufgrund der Zuordnung zu den Zahlen 1, 2, 3, 4, usw. einfach e_1, e_2, e_3, e_4, usw. nennen wollen, können wir dann wie die Reihe der natürlichen Zahlen innerhalb der Menge anordnen:

$e_1, e_2, e_3, \ldots, e_n, e_{n+1}, \ldots$

Der Mathematiker sagt dann, die Menge besitze *»abzählbar unendlich-viele«* Elemente. Damit ist die »natürlichste« unendliche Mächtigkeit, die von der Menge M aller natürlichen Zahlen nämlich, zum »Vergleichsmaß« für alle anderen unendlichen Mächtigkeiten gesetzt. Wir wissen bereits, daß Cantor die Ausdrücke »Mächtigkeit« und »Kardinalzahl« gleichlautend verwendet hat (s. Seite 109). Mit der Mächtigkeit von M kann also gleichzeitig die *»kleinste unendliche Kardinalzahl«* festgesetzt werden:

Jede zur Menge M aller natürlichen Zahlen äquivalente Menge ist eine abzählbar unendliche Menge und besitzt die Kardinalzahl $\aleph_0$ (gelesen »Aleph-Null«).

$\aleph_0$ ist damit die kleinste der unendlichgroßen »Zahlen«. Aleph ist übrigens der erste Buchstabe des hebräischen Alphabets. Der Gebrauch dieses Zeichens geht auf Cantor zurück.

Mit dieser Kardinalzahl $\aleph_0$ haben wir einen mathematischen Gegenstand vor uns, der offensichtlich zu einer ganz anderen Kategorie gehört wie die natürlichen Zahlen, die wir bisher betrachtet haben. Verdient $\aleph_0$ überhaupt die Bezeichnung »Zahl«?

Um diese Frage beantworten zu können, müssen wir uns wieder mit Zahlen beschäftigen: Wenn bisher,

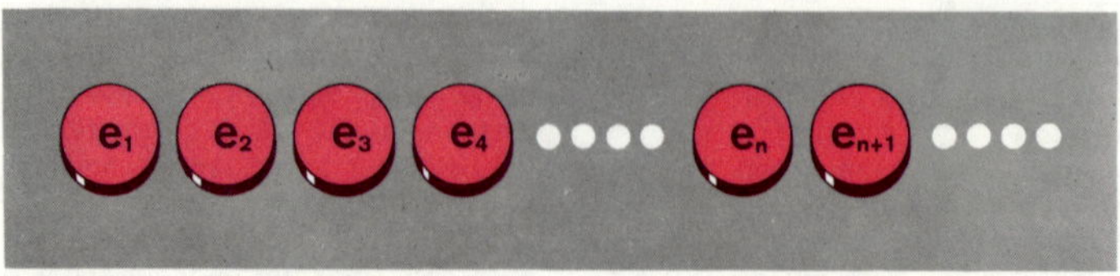

Eine Menge besitzt genau dann abzählbar unendlich viele Elemente, wenn diese Elemente den natürlichen Zahlen ein-eindeutig zugeordnet werden können.

außer der Kardinalzahl, von einer »Zahl« die Rede war, handelte es sich stets um natürliche Zahlen: gerade Zahlen, ungerade Zahlen, Primzahlen, Quadratzahlen usw. Immer zählten diese mathematischen Gegenstände zu Untermengen der Menge M aller natürlichen Zahlen. Stellen wir uns die natürlichen Zahlen jetzt einmal als eine Reihe von Perlen vor, die auf eine dünne Schnur aufgezogen sind:

0 1 2 3 4 5 6 7 ...
-●-●-●-●-●-●-●-●- ...

Die Perlen können wir als »Bilder« der natürlichen Zahlen betrachten. Wir können dann z.B. leicht ablesen, daß es sinnvoll ist, den Begriff *›zwischen‹* auf diese Zahlenreihe anzuwenden: 2 liegt zwischen 1 und 3; 3 liegt zwischen 2 und 4; 4 liegt zwischen 3 und 5, usw. Allgemein können wir sagen: Die natürliche Zahl b liegt zwischen ihrem Vorgänger a und ihrem Nachfolger c. Mit anderen Worten: Die Eigenschaft, sowohl einen Vorgänger als auch einen Nachfolger zu besitzen, bestimmt eine natürliche Zahl.
Aber gilt die letzte Aussage wirklich unbeschränkt? Wie wir leicht nachweisen können, trifft diese Tatsache leider nicht für alle natürlichen Zahlen zu, nämlich nicht für die Null. Sie ist ja auch die »am wenigsten natürliche« Zahl, die wir erst durch das Hilbertsche Verknüpfungsaxiom »$a + 0 = a$ und $0 + a = a$« kennengelernt haben.
Bereits der italienische Mathematiker Giuseppe Peano (1858–1932) hatte 1889 eine gute Charakterisierung der natürlichen Zahlen vorgenommen, indem er fünf Axiome formulierte. Dabei ist es gleichgültig, ob wir die Zahlenreihe mit der Zahl 1 oder der Zahl 0 beginnen lassen. Wählen wir z.B. die Null, so sehen die »Peano-Axiome« so aus:

1. Axiom: Null ist eine natürliche Zahl.
2. Axiom: Jede natürliche Zahl besitzt eine natürliche Zahl als Nachfolger.
3. Axiom: Null ist nicht der Nachfolger einer natürlichen Zahl.
4. Axiom: Zwei natürliche Zahlen besitzen niemals denselben Nachfolger.
5. Axiom: Jede Eigenschaft der Null, die auch der Nachfolger jeder natürlichen Zahl besitzt, kommt allen natürlichen Zahlen zu.

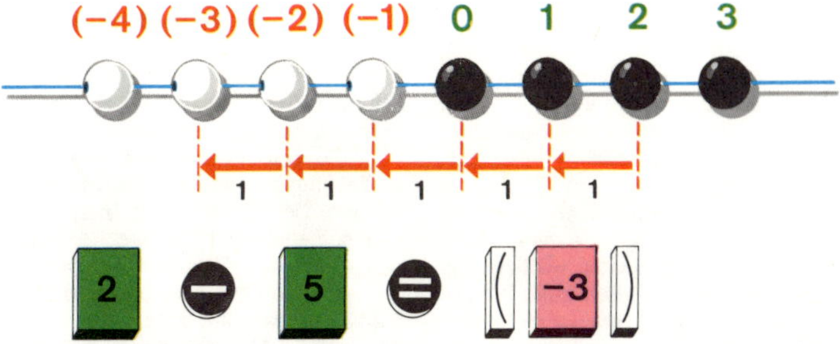

Schwarze und weiße Perlen, auf einer Schnur aufgezogen, können als Hilfsbild der natürlichen und negativen Zahlen dienen. Die Operation $2 - 5 = (-3)$ wird hier äußerst anschaulich dargestellt: Wir zählen von der »Perle 2« einfach fünf Perlen zurück.

Der Inhalt dieser Axiome sollen »Wahrheiten« sein, die jedem denkenden Menschen unmittelbar einleuchten müssen (s. Seite 26). Wer als Arithmetiker weder diese inhaltlich-axiomatische Methode Peanos noch die formalistische Methode Hilberts schätzt, kann die Zahl 0 auch mit Hilfe der rekursiven Definition von Addition oder Multiplikation zweier natürlicher Zahlen einführen (vgl. Seiten 85 u. 87):

$a + 0 = a$

$a + (b + 1) = (a + b) + 1$

oder

$a \cdot 0 = 0$

$a \cdot (b + 1) = a \cdot b + a$

Die Formel $0 + a$, die im Hilbertschen Axiom enthalten ist, kann dann mittels der ersten beiden Definitionen bewiesen werden. Der Beweisgang ist ähnlich wie der von uns bereits betrachtete Induktionsbeweis (s. Seite 90 f.). Besitzt die Null auch keinen Vorgänger unter den natürlichen Zahlen, einen Nachfolger hat sie wie alle anderen: $0 + 1 = 1$. Es gibt keine natürliche Zahl (a), einschließlich der Null, die ohne Nachfolger $(a + 1)$ wäre. Also können wir unsere obige Behauptung so abschwächen:

Die Eigenschaft, einen Nachfolger zu besitzen, bestimmt eine natürliche Zahl. Alle natürlichen Zahlen mit Ausnahme der Zahl Null besitzen außerdem einen Vorgänger. Mit anderen Worten: Die Operation $a + 1$ liefert stets wieder eine natürliche Zahl. Die Operation $a - 1$ ist dagegen nicht unbeschränkt ausführbar. Für den Fall $a = 0$ liefert sie keine natürliche Zahl.

Die Reihe der natürlichen Zahlen, ganz gleich, ob wir sie nun mit 0 oder 1 beginnen lassen, besitzt also immer ein *erstes Glied,* eben 0 oder 1. Dagegen gibt es *kein letztes Glied* in dieser Reihe. Zu jeder beliebig großen Zahl n können wir uns ja immer die um die Einheit größere Zahl vorstellen, $n + 1$ also. Das können wir durch die Aussage festhalten: »Die natürliche Zahlenreihe ist *›einseitig‹ unendlich.*«

Wir haben diese Zahlenreihe stets mit der Tätigkeit des Zählens in Verbindung gebracht (s. vor allem Seite 83). Aber bekanntlich ist es auch nicht allzu schwierig, rückwärts zu zählen. Im Zeitalter der Raketentechnik ist diese Zähltechnik sogar sehr gebräuchlich geworden. Die meisten unter uns haben bestimmt schon einen Film- oder Fernsehbericht über einen Raketenstart gesehen. Hier werden die Sekunden vor dem Start bis hin zum Abschuß der Rakete rückwärts gezählt: »..., fünf, vier, drei, zwei, eins, null!« Was spricht dagegen, diesen Zählprozeß hier weiterzuführen? Das könnte so geschehen: »Eine Sekunde nach dem Start, zwei Sekunden nach dem Start, drei Sekunden nach dem Start, ...«

Betrachten wir dazu wieder unser einfaches Hilfsbild von der Perlenkette: Es ist doch gar nicht schwierig, sie auch nach links unbegrenzt verlängert zu denken. Der Deutlichkeit wegen können wir zudem noch weiße statt schwarze Perlen verwendet denken. Für den konstruierbaren Vorgänger der Zahl 0 schreiben wir dann »-1«, den Vorgänger des Vorgängers von 0 nennen wir »-2«, usw.

–4 –3 –2 –1 0 1 2 3 4 5...

Zur Unterscheidung von den natürlichen Zahlen ist die Schreibweise -1, -2, -3, -4, usw. natürlich sehr nützlich. Dabei kann der Ausdruck »-1« einfach »minus eins« gelesen werden. Der Mathematiker nennt die neuen mathematischen Gebilde *»negative Zahlen«.* Von den natürlichen Zahlen unterscheiden sie sich formal nur durch ihr Vorzeichen »$-$«, das auch »Minuszeichen« genannt wird. Es sieht zwar genauso aus wie das Operationszeichen für die Subtraktion, das wir in der Verbin-

»Der Sinn der Zahlen liegt in ›Zählen‹«, schreibt Paul Lorenzen. Das ist eine Tätigkeit, die uns seit frühester Kindheit vertraut ist. »Um-eins-Weiterzählen« ist eine höchst einfache, aber wichtige Methode, um konstruktive Arithmetik zu treiben.

dung mit Zahlenvariablen kennengelernt haben (z.B. a−b, c−d, usw.), *muß aber eindeutig von ihm unterschieden werden.* Um jede Verwechslung auszuschließen, empfiehlt es sich, zusätzlich Klammern als Hilfszeichen zu verwenden: (−1), (−2), (−3), usw. Das Symbol »(−22)« ist dann Name für einen mathematischen Gegenstand, der zwei klare Eigenschaften besitzt: Das negative Vorzeichen weist ihn als negative Zahl aus, und die Ziffern geben den entsprechenden Betrag der Zahl an.

Mit diesen negativen Zahlen haben wir eine *Erweiterung des Zahlbegriffs* vorgenommen, der sich bisher ja nur auf natürliche Zahlen beschränkte. Natürliche und negative Zahlen zusammen werden *»ganze Zahlen«* genannt. Ein sehr einfaches und anschauliches Bild dieser neuen mathematischen Gebilde ist die Gradskala eines Thermometers. Wir verspüren es am eigenen Leib oder spätestens beim Starten unseres Wagens, wenn die Temperaturen im Freien »unter Null« sinken. Damit ist gemeint, daß die Lufttemperatur weniger als null Grad Celsius (0° C) beträgt. Man spricht dann in der Umgangssprache von »zehn Grad unter Null« oder »fünfzehn Grad unter Null«. Der Wetterbericht in Funk und Fernsehen meldet solche Temperaturen mit der Bezeichnung »minus zehn Grad« (−10° C) und »minus fünfzehn Grad« (−15° C). Hier sind die negativen Zahlen aus dem alltäglichen Sprachgebrauch nicht mehr wegzudenken; denn »der nächste Winter kommt bestimmt« wieder, wie uns die Werbefachleute glaubhaft zu versichern wissen.

Die Mathematiker hatten allerdings niemals die Thermometerskala vor Augen, als sie darangingen, negative Zahlen zu konstruieren: Die Operation c − b, das »Abziehen« einer natürlichen Zahl b von einer natürlichen Zahl c, läßt sich nämlich nicht unbeschränkt ausführen. Erinnern

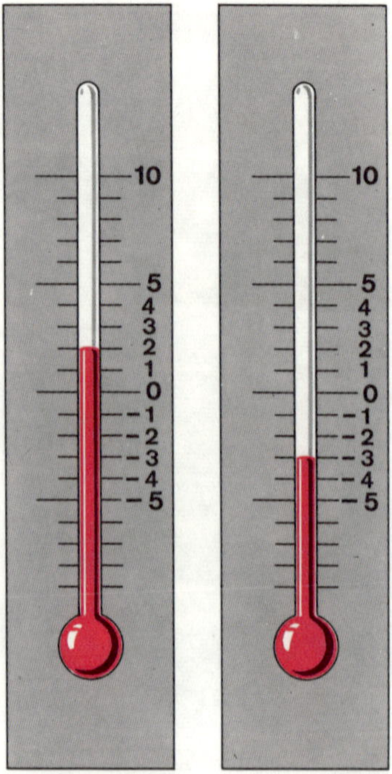

Wenn an einem Wintertag die Temperatur, die zur Mittagszeit zwei Grad Celsius (2° C) beträgt, am Abend um fünf Grad fällt, zeigt sich am Thermometer obiges Bild. Der Temperaturwert muß dann mit einer negativen Zahl angegeben werden: minus drei Grad (−3° C).

wir uns: Wir hatten die Differenz c − b zweier natürlicher Zahlen als die natürliche Zahl a definiert, für die c = a + b gilt (s. Abb. Seite 98). Wie jedoch leicht nachzuprüfen ist, erhalten wir bei dieser Operation nur dann eine natürliche Zahl a, wenn c *größer* als b ist: »c > b« schreibt in diesem Fall der Mathematiker.

Die Operation c − b ist also im Bereich der natürlichen Zahlen nur dann definiert, wenn c > b (gelesen: »c ist größer als b« oder einfacher

»c größer b«) gilt. Bei Hinzunahme der Null zu der Reihe der natürlichen Zahlen läßt sich die Operation allerdings auch für den Fall c = b ausführen. Wir wissen ja bereits, daß c − c = 0 gilt.

Nachdem die Differenz c − b sowohl für den Fall c > b (»größer b«) als auch für den Fall c = b (»c gleich b«) bestimmt ist, verbleibt noch immer die Möglichkeit, daß c kleiner als b ist, oder, was das gleiche besagt: daß b größer ist als c. Das Kleiner-Zeichen »<« ist übrigens einfach das umgekehrte Größer-Zeichen »>«, so daß wir den Ausdruck »b < c« jeweils durch »c > b« ersetzen können und umgekehrt. Wer Schwierigkeiten beim Lesen dieser Zeichen hat, sie leicht verwechselt, merke sich einfach: Die Spitze des Größer- und Kleiner-Zeichens zeigt stets auf die kleinere der beiden Zahlen.

Beispiele: 5 > 4 und 4 < 5
2 > 0 und 0 < 2
13 > 7 und 7 < 13, usw.

Doch nun zurück zum ungeklärten Fall c < b (»c kleiner b«) für die Operation c − b. Wir wollen zunächst wieder ganz anschaulich am Bild des Thermometers vorgehen und noch keine strenge Exaktheitsforderung an die folgenden Betrachtungen stellen: Nehmen wir an, daß am Nachmittag eines schönen Wintertages das Thermometer zwei Grad über dem Nullpunkt anzeigt, also 2° C. Am folgenden Morgen steht die Quecksilbersäule dann fünf Grad tiefer: Die Temperatur ist ein wenig gefallen. Den neuen Temperaturwert erhalten wir also, wenn wir fünf Zählschritte »zurück«gehen, wobei der alte Wert als Startpunkt gewählt wird.

Ausgangswert:	2 Grad
1. Schritt:	1 Grad
2. Schritt:	0 Grad
3. Schritt:	−1 Grad
4. Schritt:	−2 Grad
5. Schritt:	−3 Grad

Auch an den Bildpunkten unserer

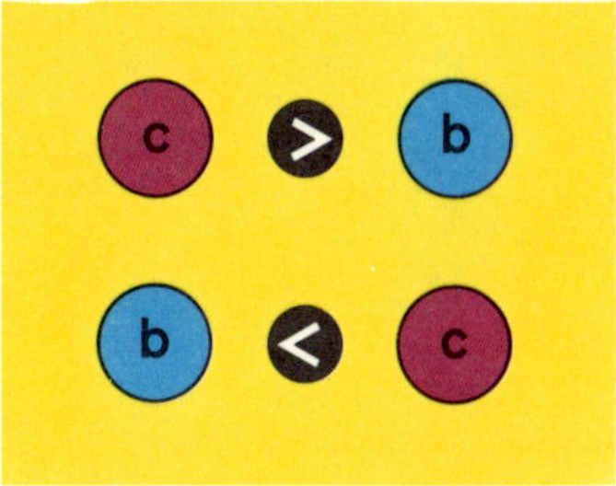

Wenn eine Zahl c größer ist als eine Zahl b (c > b), dann ist diese Zahl b kleiner als c (b < c). Der Ausdruck »c > b« kann also jederzeit durch »b < c« ersetzt werden und umgekehrt.

Perlenkette wird diese »erweiterte« Subtraktion zweier natürlicher Zahlen anschaulich, die zu einer negativen Zahl führt. Die Operation 2 − 5 = (−3) wird hier gut verdeutlicht (s. Abbildung). Und schließlich gibt es noch das – vielleicht überzeugendste – Hilfsbild der negativen Zahlen, den *Schuldbetrag* nämlich. Hier kann die Subtraktion 2 − 5 = (−3) ungefähr so illustriert werden: Hans, der genau zwei Mark in der Tasche hat, will sich ein Buch kaufen, das fünf Mark kostet. Normalerweise stände Hans damit vor einer unlösbaren Aufgabe. Nun ist aber der Buchhändler ein guter Bekannter, der ihn als kreditwürdig betrachtet. Der Buchhändler überläßt Hans also das Buch und nimmt die zwei Mark als Anzahlung. Dadurch ist ihm Hans aber noch drei Mark schuldig. Mit seinen drei Mark Schulden hat Hans also einen »Besitz« von »minus drei Mark«.

Mit solchen einprägsamen Beispielen lassen sich die wichtigsten Rechenregeln der Addition und Subtraktion von ganzen Zahlen gut erläutern. Betrachten wir zwei davon:

(−5) + (−10) = (−15)

Jemand hat fünf Mark Schulden. Dazu kommen noch weitere zehn Mark, die er schuldig ist. Also beträgt die Gesamtschuld fünfzehn Mark.

Der Mathematiker formuliert hier allgemein: Die Summe von zwei negativen Zahlen $(-a)$ und $(-b)$ ist gleich der negativen Summe ihrer Beträge $-(a+b)$. Die entsprechende Formel lautet dann: $(-a)+(-b) = -(a+b)$.

Ein anderes Beispiel:

$12-(-6)=18$

Jemandem, der zwölf Mark besitzt, werden sechs Mark Schulden erlassen. Er »besitzt« dann achtzehn Mark.

Allgemein formuliert: Eine negative Zahl $(-b)$ wird subtrahiert, indem ihr Betrag addiert wird: $a-(-b) = a+b$.

Solche Beispiele lassen sich natürlich beliebig vermehren. Für den Mathematiker sind jedoch solche Hilfsbilder, so nützlich sie auch im alltäglichen Rahmen sein mögen, kein befriedigendes Fundament für die Begründung von Rechenoperationen mit negativen Zahlen. So fragte F. Waismann in seiner »Einführung in das mathematische Denken« (vgl. Seite 76): »Will man im Ernst behaupten, daß die Existenz der negativen Zahlen durch die Tatsache, daß es Wärme und Kälte, Vermögen und Schulden auf der Welt gibt, garantiert ist? Sollen wir uns beim Aufbau der Arithmetik auf diese Dinge berufen? Wer sieht nicht, daß dadurch ein ganz fremdes Element in die Arithmetik hineinkommt, welches die Reinheit und Klarheit ihrer Begriffe gefährdet?«

Ein von Formalisten und Konstruktivisten gleichermaßen anerkanntes Verfahren ist die *rekursive Definition,* der wir schon mehrmals begegnet sind. Man spricht in der Mathematik hier auch von einer »rekurrierenden« oder einer »induktiven« Definition. Das entscheidende Merkmal einer auf diese Weise konstruierten Definitionskette ist, wie wir bereits wissen, daß in jeder einzelnen Definition auf die jeweils vorangegangene Bezug genommen wird (s. Seite 85 f.).

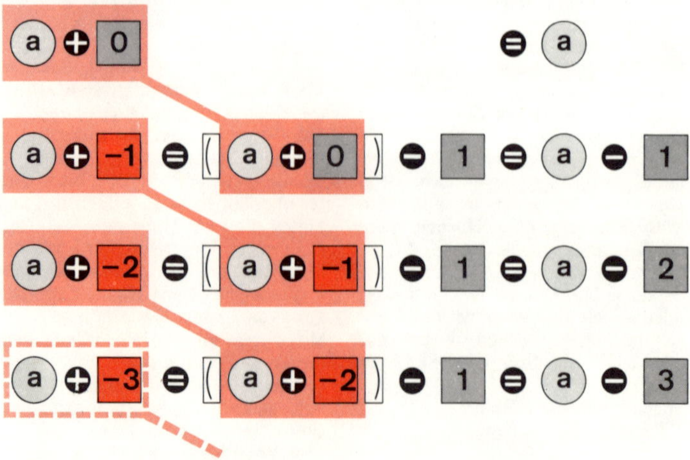

Die Addition einer beliebigen natürlichen Zahl a mit negativen Zahlen kann wieder rekursiv definiert werden: In jeder Definition wird dabei wiederum auf die unmittelbar vorangegangene Definition Bezug genommen. Diese Verkettung wird in der Abbildung durch die roten Felder angedeutet.

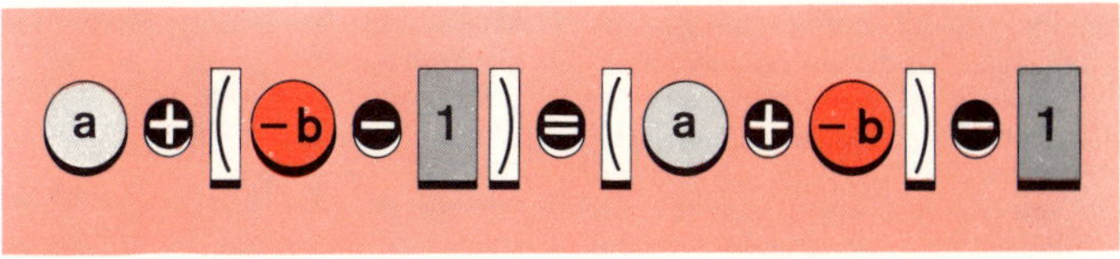

Auch für die Addition von negativen Zahlen kann eine allgemeine Anweisung zur Bildung der rekursiven Definitionen gegeben werden, die in der vorigen Abbildung aufgeführt sind.

Soll also die Addition einer beliebigen natürlichen Zahl a mit einer negativen Zahl rekursiv definiert werden, so setzen wir zunächst fest, daß $a + 0 = a$ ist (s. Seite 118). Auf diese definitorisch bestimmte Formel nimmt dann die Definition für den Ausdruck »$a + (-1)$« Bezug, auf diese wieder die Definition für »$a + (-2)$«, usw.

$$a + 0 = a$$
$$a + (-1) = (a + 0) - 1 = a - 1$$
$$a + (-2) = (a + (-1)) - 1 = a - 2$$
$$a + (-3) = (a + (-2)) - 1 = a - 3,$$

usw.

Die allgemeine Anweisung zur Bildung dieser Definitionen lautet:

$$a + ((-b) - 1) = (a + (-b)) - 1$$

Auf ähnliche Weise kann auch wieder die Multiplikation mit einer negativen Zahl rekursiv definiert werden. Dazu können wir ein Rekursionsschema anschreiben, das scheinbar gar keine negative Zahl enthält:

$$a \cdot 1 = a$$
$$a \cdot (b - 1) = a \cdot b - a$$

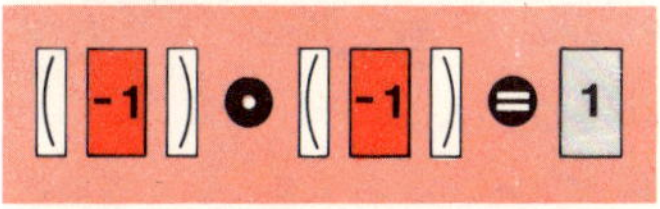

Diese Gleichung ist eine zwar (theoretisch) willkürliche, aber doch (praktisch) äußerst zweckmäßige Definition. Aus diesem Grund kann sie nicht bewiesen werden.

Der vollständige Rechnungsgang allerdings zeigt folgendes Bild:

$$a \cdot (b - 1) = a \cdot b + (-a) = a \cdot b - a$$

Der »Trick« dieser Formel ist der Klammerausdruck »$b - 1$«: Jede ganze Zahl hat, wie wir bereits wissen, einen *Vorgänger*. Der Vorgänger einer beliebigen ganzen Zahl b, die eine natürliche oder negative Zahl sein kann, ist die ganze Zahl $b - 1$. Wir wissen außerdem, daß ein solches Rekursionsschema, eine solche rekursive Definition, als *Herstellungsvorschrift* von Definitionen anzusehen ist (s. Seite 87). Wählen wir den Fall $b = 1$, so erhalten wir das Ergebnis für $a \cdot 0$:

$$a \cdot 0 = a \cdot 1 + (-a) = a - a = 0$$

Ersetzen wir die Variable b durch die Zahl 0 (Fall $b = 0$), so entsteht die Definition des Ausdrucks »$a \cdot (-1)$«. Dabei wird auf die Definition von $a \cdot 0$ Bezug genommen:

$$a \cdot (-1) = a \cdot 0 + (-a) = 0 - a = (-a)$$

Auf diese Weise fortschreitend, können wir mit Hilfe des Rekursionsschemas, $a \cdot (-2)$, $a \cdot (-3)$, $a \cdot (-4)$, usw. definieren. Jede Definition nimmt auf die bekannte Weise Bezug auf die unmittelbar vorangegangene.

Eine wichtige Formel ist:

$$(-a) \cdot b = -(a \cdot b)$$

Als äußerst zweckmäßige Festsetzung für die Multiplikation negativer Zahlen hat sich vor allem die Definition

$$(-1) \cdot (-1) = 1$$

erwiesen. Es hat übrigens lange gedauert, bis den Mathematikern klar wurde, daß solche Definitionen nicht »bewiesen« werden können. Erst zu

Beginn des 19. Jahrhunderts wurde diese Tatsache richtig erkannt: Wichtig ist ja nicht die Frage nach den mathematischen *Gegenständen,* nach den natürlichen Zahlen oder den negativen Zahlen also, sondern das möglichst lückenlose Funktionieren der mathematischen *Operationen.* Im vorliegenden Fall ist also weniger wichtig, daß aus der Multiplikation zweier negativer Zahlen plötzlich wieder eine natürliche Zahl entsteht. Bedeutsam ist nur, daß gewisse gültige Formeln für die natürlichen Zahlen, die auch arithmetische »Gesetze« oder »Grundgesetze« genannt werden, durch bestimmte Festsetzungen (Definitionen) nun auch noch für negative Zahlen, also für *alle ganzen Zahlen*, unbeschränkt gelten.

Betrachten wir dazu als Beispiel das für die beiden Operationen der Addition und der Multiplikation wichtigste Grundgesetz, das *»Gesetz der Distributivität«*. Es ist ein *Verteilungsgesetz,* das wir durch folgende Formel ausdrücken können:

$$a \cdot (b + c) = a \cdot b + a \cdot c.$$

Daß diese Formel für natürliche Zahlen Gültigkeit besitzt, ist einleuchtend. Den umständlichen Induktionsbeweis wollen wir uns deshalb ersparen. Machen wir lediglich eine »Probe«, indem wir die Zahlenvariablen durch einfache natürliche Zahlen ersetzen, z.B. $a = 2$, $b = 3$, $c = 4$. (Dabei sind wir uns klar darüber, daß eine Probe *kein Beweis* ist.) Dann erhalten wir folgende gültigen Zahlgleichungen:

$$2 \cdot (3 + 4) = 2 \cdot 3 + 2 \cdot 4$$
$$2 \cdot 7 = 6 + 8$$
$$14 = 14$$

Wählen wir nun jedoch die Werte $a = (-1)$, $b = 1$, $c = (-1)$, d.h. ersetzen wir die Zahlenvariablen in der Formel nicht nur durch natürliche, sondern auch durch negative Zahlen, dann erhalten wir zunächst die Gleichung:

$$(-1) \cdot (1 + (-1)) = (-1) \cdot 1 + (-1) \cdot (-1).$$

Den ersten Klammerausdruck »$(1 + (-1))$« können wir aufgrund unserer rekursiven Definition der Addition durch den Ausdruck »$1 - 1$« ersetzen, der definitionsgemäß den Wert 0 besitzt ($a - a = 0$). Aus der rekursiven Definition der Multiplikation folgt außerdem allgemein $a \cdot 0 = 0$, und damit speziell $(-1) \cdot 0 = 0$. Schließlich ergibt $(-1) \cdot 1$ den Wert (-1), so daß die Gleichung umgeformt lautet:

$$0 = (-1) + (-1) \cdot (-1).$$

Um die Gültigkeit der allgemeinen Formel $a \cdot (b + c) = a \cdot b + a \cdot c$ auch für die ganzen Zahlen (die natürlichen *und* die negativen Zahlen) zu retten, müssen wir also definieren: $(-1) \cdot (-1) = 1$. Dann und nur dann entsteht nämlich die richtige Gleichung $0 = 0$. Würden wir etwa festsetzen $(-1) \cdot (-1) = (-1)$, so erhielten wir die falsche Gleichung $0 = (-2)$.

Durch die Festsetzung $(-1) \cdot (-1) = 1$

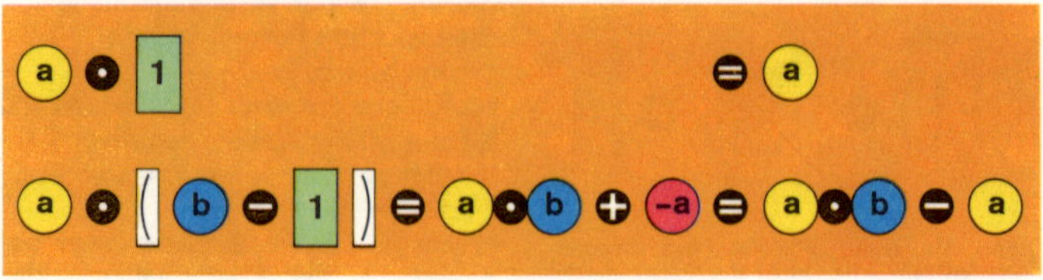

So sieht das allgemeine Rekursionsschema für die Multiplikation einer natürlichen Zahl a mit einer negativen Zahl aus.

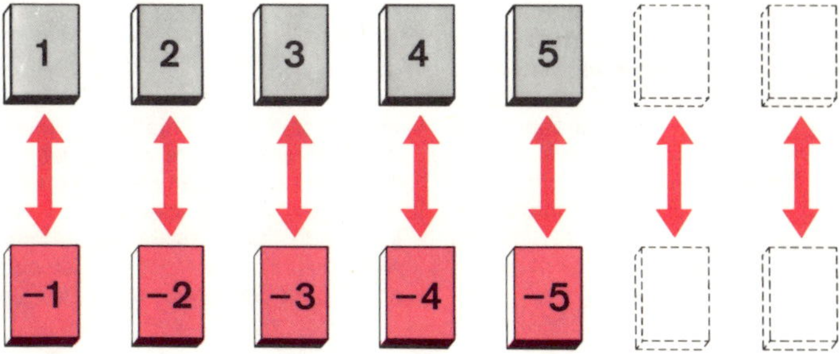

Ohne Schwierigkeiten können die negativen Zahlen den natürlichen Zahlen eineindeutig zugeordnet werden.

erreicht der Mathematiker also, daß die Gesetze der elementaren Arithmetik auch für den Bereich der ganzen Zahlen gelten. In Formeln wie $(a + b) + c = a + (b + c)$, $a \cdot b = b \cdot a$ oder $a \cdot (b + c) = a \cdot b + a \cdot c$, usw. können dann die Zahlenvariablen a, b, c durch *beliebige ganze Zahlen,* also auch durch negative Zahlen, sinnvoll ersetzt werden. Die »Vorzeichenregel« $(-1) \cdot (-1) = 1$ zeigt mit seltener Deutlichkeit, daß nicht alle Tatsachen der Arithmetik durch die veranschaulichenden Beispiele von Wärme und Kälte, von Vermögen und Schulden erläutert werden können. Der Mathematiker macht sich deshalb möglichst frei von solchen Hilfsbildern. Unter Umständen verwirren sie nämlich mehr als sie aufklären.

Von der Konstruktion der negativen Zahlen wollen wir nun wieder zur mengentheoretischen Betrachtung dieser neuen mathematischen Gegenstände zurückkehren: Aus den Mengen $\{1, 2, 3, 4, \dots\}$ und $\{(-1), (-2), (-3), (-4), \dots\}$ entsteht durch »Verflechtung« oder »Mischung« unter Hinzufügen der Null die *Menge S aller ganzen Zahlen:*

$S = \{0, 1, (-1), 2, (-2), 3, (-3), \dots\}$.

Und wieder läßt sich die – zunächst erstaunliche Tatsache – beweisen,

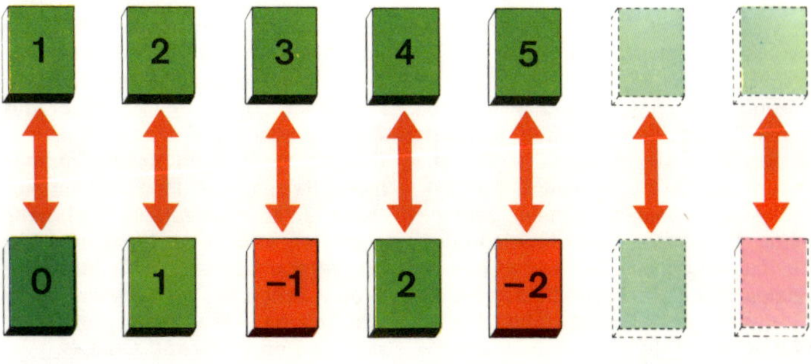

Die Abbildung der Menge S aller ganzen Zahlen in die Menge M aller natürlichen Zahlen zeigt die gleiche Mächtigkeit beider Gesamtheiten.

daß diese Menge S aller ganzen Zahlen, also der natürlichen (»positiven«) und der negativen Zahlen zusammen, von der gleichen Mächtigkeit ist wie die Menge M aller natürlichen Zahlen. Die beiden Mengen M und S sind äquivalent. Es gilt: $S \sim M$ und $M \sim S$. Eine Abbildung der Menge S in die Menge M läßt sich nämlich ohne Schwierigkeit durchführen:

$$\begin{array}{lccccccccc} M: & 1 & 2 & 3 & 4 & 5 & 6 & 7 & \ldots \\ & \Updownarrow & \Updownarrow & \Updownarrow & \Updownarrow & \Updownarrow & \Updownarrow & \Updownarrow & \\ S: & 0 & (-1) & 1 & 2 & (-2) & 3 & (-3) & \ldots \end{array}$$

Mit dieser ein-eindeutigen Zuordnung der Elemente aus M und S ist gezeigt, daß die beiden Mengen gleichmächtig sind, daß also auch S die transfinite Kardinalzahl $\aleph_0$ (Aleph-Null) besitzt: Die Menge S ist eine abzählbare unendliche Menge.

5.2 »Unendlich mal unendlich viele« Brüche

Die Abzählbarkeit der rationalen Zahlen

Von den natürlichen Zahlen, die nach Kroneckers berühmtem Ausspruch »der liebe Gott geschaffen« hat, bis zu den von Cantor geschaffenen transfiniten Kardinalzahlen führt ein weiter Weg durch die mathematische Landschaft. Mit der »Erfindung« der negativen Zahlen hat es der Mathematiker erreicht, daß die Operationen der Addition und Subtraktion mit ganzen Zahlen unbegrenzt ausgeführt werden können. Ist nämlich $a < b$ (»a kleiner b«), so ist $a - b$ im Gebiet der *natürlichen* Zahlen ganz einfach *sinnlos*. Dagegen existiert die natürliche Zahl $c = b - a$. Beispiel: Es gibt keine natürliche Zahl, die sich durch die Operation $3 - 5$ bestimmen läßt. Dagegen liefert $5 - 3$ den Wert 2. Erst durch die Einführung der negativen Zahlen, wenn wir also $a - b = (-c)$ definieren, wird $a - b$ sinnvoll: In unserem Beispiel gilt dann $3 - 5 = (-2)$.

Während die natürliche Zahlenreihe nur einseitig unendlich ist – d.h. ein erstes Element (0 oder 1) besitzt, jedoch kein letztes Element –, ist die Reihe der ganzen Zahlen *beiderseitig unendlich:* Diese Zahlenreihe besitzt weder ein erstes noch ein letztes Glied. Daß die beiden Operationen des Zusammenzählens und Wegnehmens durch eine äußerst einfache Umformung verknüpft sind, zeigt schon der erste Blick auf die beiden Formeln. Aus $a + b = c$ wird $a = c - b$. Warum sollten wir die Multiplikation nicht ähnlich einfach in eine verwandte Operation umformen können? Der *Vervielfältigung* entspricht als umgekehrte Tätigkeit die *Teilung*. Hier die formale Verknüpfung der beiden Operationen:

$a \cdot b = c$

$a = \frac{c}{b}$ (gelesen »a ist gleich c geteilt durch b«).

Der Ausdruck »$\frac{c}{b}$« deutet mit den Variablen b und c für ganze Zahlen eine *»gebrochene Zahl«* an, kurz gesagt einen *»Bruch«*. Solche Brüche wie $^1/_2$, $^3/_4$, $^4/_8$, usw. verdanken in der Geschichte der mathematischen Wissenschaft ihre Entstehung dem *Übergang vom Zählen zum Messen*. Für die meisten Messungen ist ein Größengebiet notwendig, das über die Zone der ganzen Zahlen hinausgeht. Denken wir nur an unser Thermometer-Beispiel: Jemand, der im Ablesen eines Meßwertes nicht sehr geübt ist, wird vielleicht sagen: »Die Temperatur liegt *ungefähr* bei zwölf Grad.« Schon ein wenig genauer ist die Angabe: »Die Temperatur liegt *zwischen* elf und zwölf Grad.«

Damit wird bereits das Reich der ganzen Zahlen verlassen: Wir wis-

Um zwei Äpfel gleichmäßig an vier Kinder zu verteilen, müssen beide Früchte geteilt werden: Dadurch entstehen vier halbe Äpfel. Lassen sich aber ganze Zahlen wie Äpfel teilen?

sen, daß jede ganze Zahl sowohl einen Vorgänger als auch einen Nachfolger besitzt. Zwischen zwei unmittelbar aufeinanderfolgenden ganzen Zahlen a und a + 1 oder b − 1 und b läßt sich dann keine weitere ganze Zahl einfügen. Diese Konstruktion entspricht jedoch nicht dem Bedürfnis des Messens: Am Thermometer kann sich die Quecksilbersäule auch zwischen den Werten 11 und 12, 12 und 13, 13 und 14, usw. einstellen. Im Alltag gibt es natürlich wiederum zahlreiche Beispiele für Tätigkeiten, bei denen der Gebrauch von ganzen Zahlen nicht mehr ausreicht: Eine Mutter, die zwei schöne große Äpfel gerecht an ihre vier Kinder verteilen will, muß zum Küchenmesser greifen, um die beiden Früchte zu *teilen:* Sie *halbiert* die Äpfel jeweils und hat dann vier halbe Äpfel. So werden bereits im Alltag elementare Grundkenntnisse über die gebrochenen Zahlen verwendet. Lassen sich aber ganze Zahlen wie Äpfel teilen?
Um den Prozeß des Teilens kennenzulernen, wie ihn der Mathematiker handhabt, wollen wir unsere anschaulichen Hilfsbilder vergessen – müssen sie vergessen. Erinnern wir uns an die warnenden Fragen von F. Waismann (s. Seite 122). Wie bekommt aber der Mathematiker die gebrochenen Zahlen präzise in den Griff? Der einfachste Zugang geschieht wieder über die Rechenoperation: Bei den natürlichen Zahlen funktioniert unbeschränkt nur die Tätigkeit des Zusammenzählens, die Addition. Die unbeschränkte Subtraktion erfordert aber bereits die Konstruktion der negativen Zahlen. Und die Tätigkeit des Teilens, das Dividieren, erfordert schließlich gebrochene Zahlen.
Den Prozeß der Vervielfältigung haben wir, wie wir uns erinnern, rekursiv definiert (s. Seite 87): Auf die Definition $a \cdot 1 = a$ nimmt die Herstellungsvorschrift $a \cdot (b + 1) = a \cdot b + a$ Bezug. Der umgekehrte Prozeß ist die Teilung. Unsere Umformung $a = \frac{c}{b}$ aus $a \cdot b = c$ können wir dann so interpretieren: Wenn b und c zwei ganze Zahlen andeuten, dann ist a die Zahl, für die gilt: $a \cdot b = c$. Des-

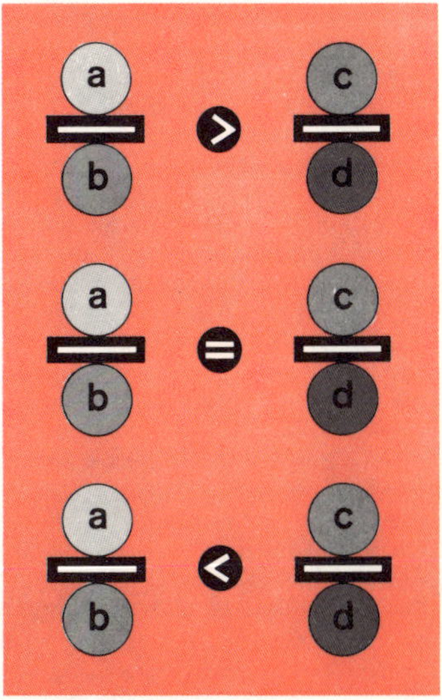

Im geordneten System der rationalen Zahlen gilt für zwei Brüche $\frac{a}{b}$ und $\frac{c}{d}$ stets, daß der erste größer als der zweite oder beide gleich oder der erste kleiner als der zweite ist.

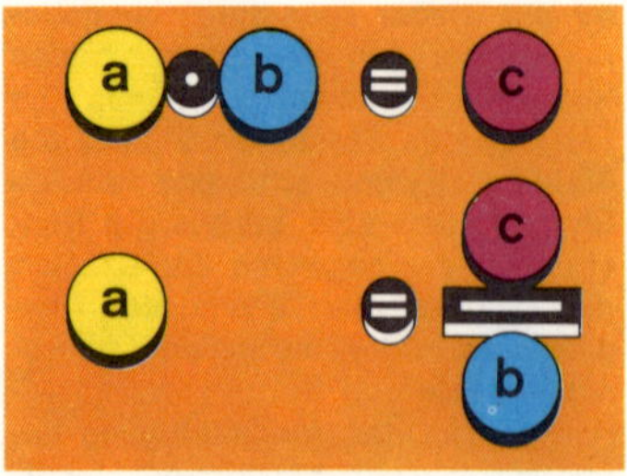

Ähnlich wie durch eine einfache Umformung aus der Addition $a + b = c$ die Subtraktion $a = c - b$ hervorgeht, entsteht aus der Multiplikation $a \cdot b = c$ die Division $a = \frac{c}{b}$.

halb wird der Ausdruck »$a \cdot b = c$« bisweilen auch die »Bestimmungsgleichung« für gebrochene Zahlen genannt.

Daß es nämlich keinesfalls für jedes ganze Zahlenpaar b, c eine *ganze* Zahl a als »Lösung« dieser Bestimmungsgleichung gibt, läßt sich durch zahlreiche Gegenbeispiele belegen. Für $b = 5$ und $c = 3$ ergibt sich etwa nach $a \cdot 5 = 3$ die gebrochene Zahl $a = {}^3/_5$. Der Bruch ${}^3/_5$ gehört also zu einem neuen mathematischen Gegenstandsbereich, der über die ganzen Zahlen hinausgeht: Die gebrochene Zahl ${}^3/_5$ liegt zwischen den ganzen Zahlen 0 und 1. Mit Gebilden wie ${}^7/_2$, ${}^{11}/_{13}$, ${}^{203}/_4$, usw. haben wir also eine neuerliche Erweiterung unseres Zahlenbegriffs vorgenommen: Natürliche und negative Zahlen bilden zusammen die ganzen Zahlen. Ganze und gebrochene Zahlen zusammengenommen werden *»rationale Zahlen«* genannt.

Zu den rationalen Zahlen gehören auch die *negativen Brüche* wie $(-{}^1/_2)$, $(-{}^7/_8)$, $(-{}^{11}/_3)$, usw. Der negative Bruch $(-{}^7/_8)$ kann etwa die Bestimmungsgleichungen $a \cdot (-8) = 7$ oder $a \cdot 8 = (-7)$ besitzen. Es gilt also:

$$\frac{(-7)}{8} = \frac{7}{(-8)} = \left(-\frac{7}{8}\right)$$

oder allgemein formuliert:

$$\frac{(-c)}{b} = \frac{c}{(-b)} = \left(-\frac{c}{b}\right).$$

Daß mit der Bestimmungsgleichung $a \cdot b = c$ auch die ganzen Zahlen erfaßt werden, zeigt folgende Überlegung: Ersetzen wir die Variable b durch die Zahl 1, so entsteht die Gleichung $a \cdot 1 = c$, also $a = \frac{c}{1}$. Nach der vertrauten Definition $a \cdot 1 = a$ bedeutet das jedoch die Gleichheit von a und c: $a = c$. Deshalb erfüllen alle natürlichen Zahlen nach $a = \frac{a}{1}$ die Bestimmungsgleichung für gebrochene Zahlen. Ähnliches gilt auch für die negativen Zahlen, z.B. $5 = {}^5/_1$ und $(-5) = \frac{(-5)}{1}$.

Ersetzen wir dagegen die Variable b der Bestimmungsgleichung durch die Zahl 0, erhalten wir $a \cdot 0 = c$. Die damit geforderte Operation $\frac{c}{0}$ ist jedoch nicht ausführbar: Es gibt keine rationale Zahl, keine ganze oder gebrochene Zahl a, die, mit 0 multipliziert, eine ganze Zahl c ergibt. Wie wir wissen, ergibt die Operation $a \cdot 0$ nämlich stets wieder den Wert 0: Es gilt stets $a \cdot 0 = 0$. Die Möglichkeit der Division für den Fall $\frac{c}{0}$ kann also nicht gerettet werden. Doch kann diese kleine Beschränkung leicht verschmerzt werden.

Betrachten wir nun aber wieder die neuen mathematischen Gegenstände selbst, die rationalen Zahlen also: Wir können uns leicht überlegen, daß zwischen zwei ganzen Zahlen, etwa 0 und 1, *unendlich viele gebrochene Zahlen* liegen. Das gleiche gilt natürlich für die Brüche zwischen 1 und 2, 2 und 3, 3 und 4, usw. Und weil es keine größte natürliche Zahl gibt, sind »unendlich mal unendlich viele« gebrochene Zahlen vorstell-

Allgemein gilt: Zwischen zwei beliebigen Brüchen $\frac{a}{b}$ und $\frac{c}{d}$ liegt stets ein weiterer Bruch $\frac{a+c}{b+d}$. Die rationalen Zahlen bilden deshalb ein dichtes System.

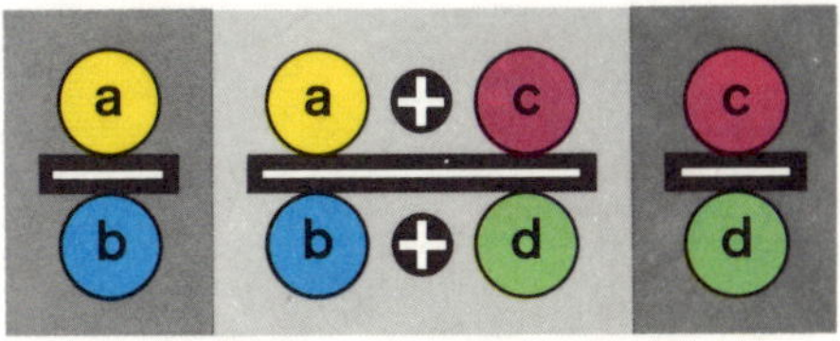

bar. Das ist natürlich sehr vage formuliert. Aber unsere Alltagssprache, die nun einmal nicht für ein Gespräch über solche Gesamtheiten geschaffen ist, kann sich hier nicht präziser ausdrücken. Wie können wir uns trotzdem sinnvoll über diese transfinite Landschaft der rationalen Zahlen unterhalten?
Versuchen wir, »mathematisch« vorzugehen. Das könnte dann so aussehen: Wie die natürlichen und die ganzen Zahlen sind die gebrochenen Zahlen zweifellos ein *geordnetes System;* d.h. von zwei beliebigen Brüchen $\frac{a}{b}$ und $\frac{c}{d}$ steht immer fest, welcher von beiden der kleinere bzw. welcher der größere ist; oder aber beide Brüche sind gleich. Es gilt also stets: Entweder ist

$$\frac{a}{b} > \frac{c}{d} \text{ oder } \frac{a}{b} = \frac{c}{b} \text{ oder } \frac{a}{b} < \frac{c}{d}.$$

Jede weitere Möglichkeit ist ausgeschlossen. Die Eigenschaft, ein geordnetes System zu sein, haben die rationalen Zahlen also mit den natürlichen und den ganzen Zahlen gemein. Leider gilt das nicht mehr für den Begriff des Nachfolgers oder Vorgängers: Wir können nicht vom »Nachfolger einer rationalen Zahl« sprechen. Warum das so ist, können wir uns leicht klarmachen. Greifen wir den Bruch $^1/_3$ heraus, der zwischen den ganzen Zahlen 0 und 1 liegt. Diese gebrochene Zahl $^1/_3$

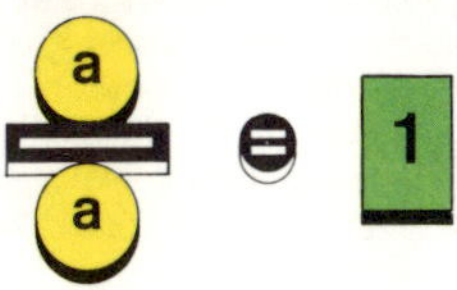

Die Multiplikation zweier Brüche $\frac{a}{b}$ und $\frac{c}{d}$ erfolgt nach einer wesentlich einfacheren Regel als ihre Addition. Der wichtige Ausdruck »$\frac{a}{a} = 1$« entsteht als einfache Umformung der bekannten Definition »$a \cdot 1 = a$«.

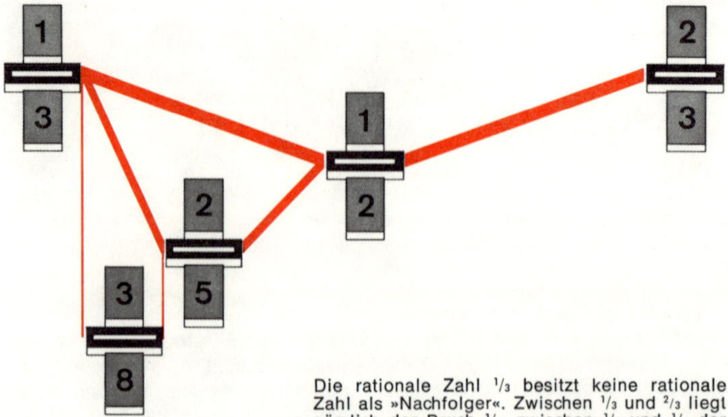

Die rationale Zahl $^1/_3$ besitzt keine rationale Zahl als »Nachfolger«. Zwischen $^1/_3$ und $^2/_3$ liegt nämlich der Bruch $^1/_2$, zwischen $^1/_3$ und $^1/_2$ der Bruch $^2/_5$, zwischen $^1/_3$ und $^2/_5$ der Bruch $^3/_8$ usw.

kann deshalb keinen Nachfolger besitzen, weil für jede gebrochene Zahl, die wir zu diesem Zweck auswählen, eine andere gefunden werden kann, die noch näher an $^1/_3$ liegt als die ausgewählte. Bestimmen wir etwa den Bruch $^2/_3$ zum »Nachfolger«, dann läßt sich ohne Schwierigkeit der Bruch $\frac{1+2}{3+3} = \frac{3}{6}$ bilden. Den Bruch $^3/_6$ aber können wir, wie wir noch aus der Schule wissen oder, falls nicht mehr, noch auf Seite 131 erfahren werden, zu $^1/_2$ »kürzen«. $^3/_6 = {}^1/_2$ liegt zwischen $^1/_3$ und $^2/_3$. Aber auch der Bruch $^1/_2$ kann nicht »Nachfolger« von $^1/_3$ sein: Zwischen $^1/_3$ und $^1/_2$ liegt nämlich $\frac{1+1}{3+2} = \frac{2}{5}$. Und zwischen $^1/_3$ und $^2/_5$ liegt $\frac{1+2}{3+5} = \frac{3}{8}$, usw. Wir können also allgemein formulieren:

Zwischen zwei beliebigen rationalen Zahlen $\frac{a}{b}$ *und* $\frac{c}{d}$ *liegt stets die rationale Zahl* $\frac{a+c}{b+d}$.

Der Bruch $\frac{a+c}{b+d}$ ist natürlich nicht die Summe aus $\frac{a}{b}$ und $\frac{c}{d}$: Zwei Brüche werden nach der Regel $\frac{a}{b} + \frac{c}{d} = \frac{a \cdot d + b \cdot c}{b \cdot d}$ addiert. Die Multiplikation von Brüchen ist dagegen wesentlich einfacher. Es gilt: $\frac{a}{b} \cdot \frac{c}{d} = \frac{c \cdot a}{b \cdot d}$. Ein System von mathematischen Gegenständen, das, wie die rationalen Zahlen, diese Eigenschaft besitzt, daß zwischen zwei beliebigen Gegenständen stets ein weiterer Gegenstand »eingeschoben« werden kann, wird »dicht« genannt. Die rationalen Zahlen stellen also ein *»dichtes System«* dar. Natürlich besitzen die ganzen Zahlen diese verblüffende Eigenschaft nicht: Zwischen zwei ganzen Zahlen a und a + 1 oder zwischen b − 1 und b kann eine weitere ganze Zahl eingefügt werden. Weder besteht zwischen den ganzen Zahlen (−24) und (−23) eine »Lücke«, die durch eine ganze Zahl geschlossen werden könnte, noch gilt dies für die ganzen Zahlenpaare (−1) und 0, 0 und 1, 11 und 12, 199 und 200, und so weiter.

Mit dieser dichten Struktur haben wir die wesentliche Eigenschaft des Systems der rationalen Zahlen kennengelernt. Die Menge aller Brüche, so sagt der Mathematiker auch, sei »in sich dicht«. Wie verhält es sich nun jedoch mit der *Mächtigkeit* der Menge R aller rationalen Zahlen? Ist die Menge R der Menge M aller natürlichen Zahlen gleichmächtig? Auf den ersten Blick scheint dies sehr unwahrscheinlich zu sein: Die rationalen Zahlen liegen ja bereits zwischen den beiden natürlichen Zahlen 0 und 1 so dicht gepackt, daß man zwischen zwei noch so »eng« zusammenliegenden Brüchen immer noch einen dritten dazwischenschieben kann. Aber wir brauchen ja nur zu zeigen, daß diese Brüche »numeriert« werden können, daß wir ihnen die natürlichen Zahlen aus M eineindeutig zuordnen können. Mit anderen Worten: Die Menge R muß abzählbar unendlich viele Glieder besitzen (s. Seite 116). R setzt sich zusammen aus Elementen wie $\frac{1}{2}$, $\left(-\frac{1}{3}\right)$, $\frac{13112871}{1370}$, $\left(-\frac{200000000001}{200000000000}\right)$, usw. Allgemein können wir formulieren: Die Menge R aller rationalen Zahlen läßt sich als Folge von Brüchen von der Gestalt $\frac{n}{m}$ darstellen.

Um die negativen Brüche zu erfassen, genügt es, daß n die Werte der ganzen Zahlen, m die Werte der natürlichen Zahlen durchläuft: Durch die Kombination $n = 2$ und $m = 3$ wird etwa der Bruch $^2/_3$ erfaßt, durch die Werte $n = (-2)$ und $m = 3$ der negative Bruch $(-^2/_3)$. Überflüssig sind die Kombination $n = 2$ und $m = (-3)$, die wieder $(-^2/_3)$ liefert, und die Kombination $n = (-2)$ und $m = (-3)$, aus der sich der Wert $^2/_3$ ergibt.

Einen wesentlichen Gedanken müssen wir aber noch beachten: Es gibt beim »Bruchrechnen« ein ziemlich vertrautes, äußerst wichtiges Gesetz, das wir bereits stillschweigend benützt haben, als wir $^3/_6 = {}^1/_2$ setzten (s. Seite 129). Allgemein kann dieses einfache Gesetz so formuliert werden: $\frac{a \cdot c}{b \cdot c} = \frac{a}{b}$. Mit seiner Hilfe läßt sich ein Bruch also »kürzen«. Der

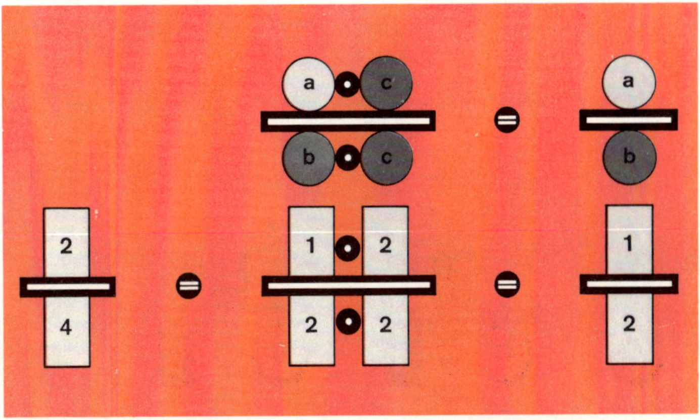

Nach einem höchst einfachen Gesetz (obere Zeile) lassen sich Brüche »kürzen«.

Bruch $2/4$ etwa ist deshalb dem Bruch $1/2$ gleich: $\frac{2}{4} = \frac{1 \cdot 2}{2 \cdot 2} = \frac{1}{2}$. Wir wollen daher $1/2$ einen *»echten Bruch«* nennen. $2/4$ ist dagegen kein echter Bruch.

Den echten Bruch $\frac{n}{m}$, der als Repräsentant der rationalen Zahl angesehen wird, können wir daher definieren:

$\frac{n}{m}$ deutet genau dann eine rationale Zahl an, wenn die Variable n durch beliebige ganze Zahlen ersetzt werden kann und m eine zu n »teilerfremde« natürliche Zahl außer 0 andeutet. Dabei sind zwei Zahlen genau dann teilerfremd, wenn es außer der Zahl 1 keine andere natürliche Zahl c gibt, die sowohl in n als auch in m enthalten ist. Ein Umformung von der Gestalt $\frac{n}{m} = \frac{a \cdot c}{b \cdot c}$ darf also nicht möglich sein. So sind z.B. $3/7$, $119/20$ und $6000/6773$ echte Brüche, nicht jedoch $3/9$ und $200/60$: $\frac{3}{9} = \frac{1 \cdot 3}{3 \cdot 3} = \frac{1}{3}$, und $\frac{200}{60} = \frac{10 \cdot 20}{3 \cdot 20} = \frac{10}{3}$. Daß m nicht den Wert 0 annehmen darf, ist auch klar: Für die Fälle $\frac{n}{0}$ ist die Division ja nicht definiert (s. Seite 128). Außerdem liefern alle Fälle $\frac{0}{m}$ stets den Wert 0.

Wenn wir zunächst einmal die negativen Brüche aus unserer Betrachtung ausklammern, im Ausdruck $\frac{n}{m}$ die beiden Variablen also nur durch natürliche Zahlen ersetzen, erhalten wir ein System von Brüchen, das wir als abzählbar unendlich viele Zeilen mit abzählbar unendlich vielen Gliedern so anschreiben können:

$$
\begin{array}{ccccccccccc}
\frac{0}{1} & \frac{1}{1} & \frac{2}{1} & \frac{3}{1} & \frac{4}{1} & \frac{5}{1} & \frac{6}{1} & \frac{7}{1} & \ldots\ldots & \frac{n}{1} & \ldots\ldots \\
 & \frac{1}{2} & \frac{2}{2} & \frac{3}{2} & \frac{4}{2} & \frac{5}{2} & \frac{6}{2} & \frac{7}{2} & \ldots\ldots & \frac{n}{2} & \ldots\ldots \\
 & \frac{1}{3} & \frac{2}{3} & \frac{3}{3} & \frac{4}{3} & \frac{5}{3} & \frac{6}{3} & \frac{7}{3} & \ldots\ldots & \frac{n}{3} & \ldots\ldots \\
 & \frac{1}{4} & \frac{2}{4} & \frac{3}{4} & \frac{4}{4} & \frac{5}{4} & \frac{6}{4} & \frac{7}{4} & \ldots\ldots & \frac{n}{4} & \ldots\ldots \\
 & \ldots & \ldots & \ldots & \ldots & \ldots & \ldots & \ldots & \ldots & \ldots & \ldots \\
 & \frac{1}{m} & \frac{2}{m} & \frac{3}{m} & \frac{4}{m} & \frac{5}{m} & \frac{6}{m} & \frac{7}{m} & \ldots\ldots & \frac{n}{m} & \ldots\ldots \\
 & \ldots & \ldots & \ldots & \ldots & \ldots & \ldots & \ldots & \ldots & \ldots & \ldots
\end{array}
$$

Auf diese Weise durchlaufen sowohl die Variable n als auch die Variable m alle natürlichen Zahlen. Wie dieses System aus unendlich vielen Zeilen und Spalten, das der Mathema-

Dadurch, daß die Matrix der »unendlich mal unendlich vielen« Brüche gekippt wird, entsteht ein System, das aus Zeilen von wachsender Länge besteht (s. Abb. Seite 134): In der n-ten Zeile dieser Aufstellung stehen dann die obigen Brüche. Das Bildungsgesetz ist dabei leicht zu erkennen.

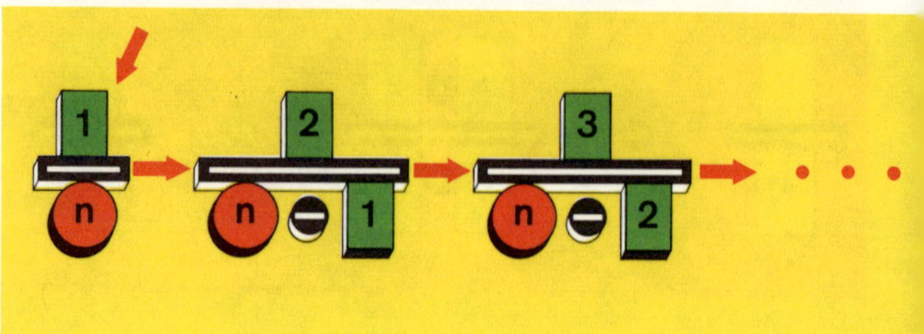

tiker eine *»Matrix«* nennt, gebildet wird, ist leicht zu sehen: In der ersten Zeile etwa wird $m = 1$ gesetzt, und n durchläuft die natürlichen Zahlenwerte 1, 2, 3, 4, ... Dadurch entsteht die Reihe der natürlichen Zahlen in der Schreibweise der rationalen Zahlen: $\frac{0}{1}, \frac{1}{1}, \frac{2}{1}, \frac{3}{1}, \frac{4}{1}, \ldots$

Der Mathematiker sagt in diesem Fall, diese Brüche seien den natürlichen Zahlen *»isomorph«*. Auf diesen bedeutenden Begriff werden wir noch zurückkommen. Deshalb können wir sagen: $\frac{n}{1}$ ist gleichbedeutend mit n. Die rationale Zahl $\frac{27}{1}$ ist gleich der natürlichen Zahl 27, $\frac{381}{1}$ gleich 381, usw. Auf ähnliche Weise werden die Spalten der Matrix gebildet: Bei der 5. Spalte etwa wird $n = 5$ gesetzt. Dieser Wert wird »festgehalten«, während m alle Werte der natürlichen Zahlenreihe durchlaufen kann: $\frac{5}{1}, \frac{5}{2}, \frac{5}{3}, \frac{5}{4}, \ldots$

Folgende Überlegung trifft nun zu: Wenn die Glieder dieser Matrix wiederum abzählbar sind, dann ist auch die Menge aller Brüche (vorläufig mit Ausnahme der negativen Brüche) abzählbar unendlich, d.h. sie besitzt die Mächtigkeit der Menge M aller natürlichen Zahlen. Wie sollen wir aber die Glieder dieser Matrix abzählen, die sich doch aus unendlich vielen Zeilen und unendlich vielen Spalten zusammensetzt?

Ein verblüffend einfacher Trick hilft uns dabei weiter: Um es ganz deutlich zu machen, »kippen« wir die Matrix so, daß ihre linke obere Ecke zur Spitze eines unendlichen »Dreiecks« wird. Kleine Pfeile deuten dann an, wie einfach die Abzählung durchgeführt werden kann:

$$\begin{array}{ccccccccc}
 & & & & \frac{0}{1} & & & & \\
 & & & & \downarrow & & & & \\
 & & & & \frac{1}{1} & \searrow & & & \\
 & & & \frac{1}{2} & \leftarrow & \frac{2}{1} & & & \\
 & & \swarrow & & & & & & \\
 & & \frac{1}{3} & \rightarrow & \frac{2}{2} & \rightarrow & \frac{3}{1} & \searrow & \\
 & \frac{1}{4} & \leftarrow & \frac{2}{3} & \leftarrow & \frac{3}{2} & \leftarrow & \frac{4}{1} & \\
\swarrow & & & & & & & &
\end{array}$$

usw.

In dieser Anordnung der abzählbar unendlich vielen Brüche müssen wir nur noch die nicht echten Brüche herausstreichen: Jeder Bruch, der einem vorausgegangenen aufgrund der Gleichheitsbeziehung gleich ist, wird gestrichen. So fallen z.B. die Brüche $^2/_2$ und $^3/_3$ dem Rotstift zum Opfer, weil sie gleich dem Bruch $^1/_1$ sind, der in unserer Aufstellung gleich unter $^0/_1$ erscheint. Und auch $^2/_4$ und $^4/_2$ entfallen, weil sie gleich $^1/_2$ (vierte Zahl unserer Aufstellung) und $^2/_1$

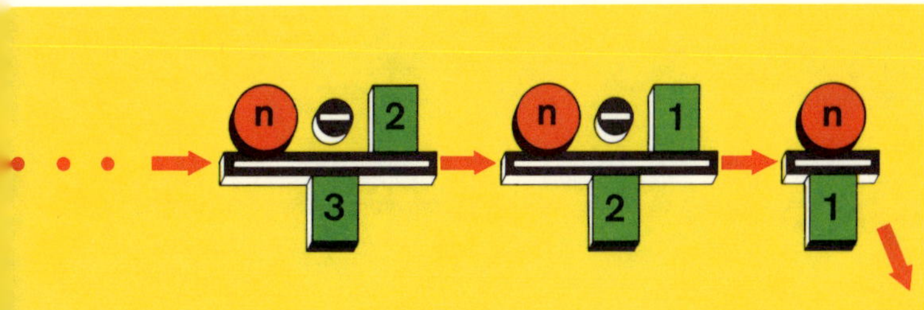

Eine »gekippte Matrix«, in der auf unendlich vielen Zeilen jeweils unendlich viele Brüche stehen, zeigt sich als ein abzählbar unendliches System. Das Abzählen erfolgt in Pfeilrichtung.

(dritte Zahl unserer Aufstellung) sind. Die so erhaltene Folge von Brüchen sieht dann so aus: $^0/_1$, $^1/_1$, $^2/_1$, $^1/_2$, $^1/_3$, $^3/_1$, $^4/_1$, $^3/_2$, $^2/_3$, $^1/_4$, $^1/_5$, $^5/_1$, ... Die Menge dieser rationalen Zahlen ist also zweifellos abzählbar.

Um nun jedoch die Menge aller rationalen Zahlen auf ihre Mächtigkeit hin zu untersuchen, müssen wir auch noch die negativen Brüche in die Betrachtung einbeziehen. Zu diesem Zweck mischen wir die beiden Brucharten auf ähnliche Weise, wie wir das gemacht haben, um die Menge S aller ganzen Zahlen aus den natürlichen und den negativen Zahlen zu bilden (s. Seite 125): In jeder Zeile der Matrix schreiben wir einfach hinter jeden Bruch $\frac{n}{m}$ den entsprechenden negativen Bruch $\left(-\frac{n}{m}\right)$. Die neue Matrix, die dadurch entsteht, besitzt – wie leicht ersichtlich – wiederum abzählbar unendlich viele Elemente:

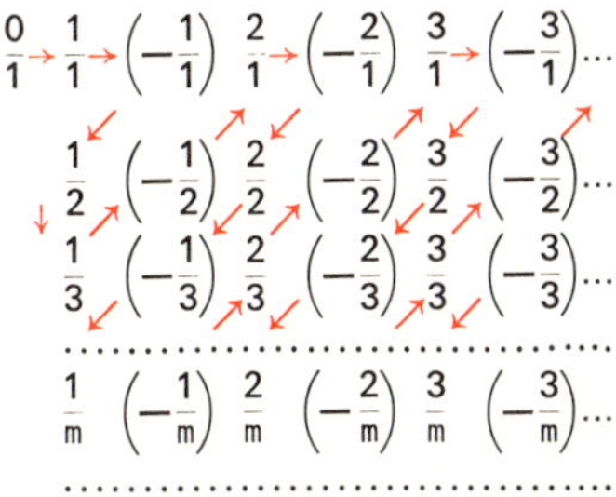

Wenn wir auch hier die nicht echten Brüche streichen, erhalten wir die Elemente der Menge R aller rationalen Zahlen, die sich ohne Schwierigkeit den natürlichen Zahlen aus M ein-eindeutig zuordnen lassen.

$$\begin{array}{lcccccccc} R: & \frac{0}{1} & \frac{1}{1} & \left(-\frac{1}{1}\right) & \frac{1}{2} & \frac{1}{3} & \left(-\frac{1}{2}\right) & \frac{2}{1} & \ldots \\ & \Updownarrow & \Updownarrow & \Updownarrow & \Updownarrow & \Updownarrow & \Updownarrow & \Updownarrow & \\ M: & 1 & 2 & 3 & 4 & 5 & 6 & 7 & \ldots \end{array}$$

Damit steht also eindeutig fest, daß auch die »unendlich mal unendlich vielen« Brüche, die »dicht gesät« zwischen den ganzen Zahlen liegen, wiederum eine Menge bilden, die »nur« von der Mächtigkeit der Menge aller natürlichen Zahlen ist: Die Menge R besitzt wie M die transfinite Kardinalzahl $\aleph_0$ und ist damit abzählbar unendlich.

Die Abzählung aller Brüche gerade auf diese Weise durchzuführen, ist eine Methode von großartiger, wohldurchdachter Einfachheit. Überlegen wir doch einmal: Zwischen zwei Brüchen $\frac{a}{b}$ und $\frac{c}{d}$ liegt stets wieder ein Bruch $\frac{a+c}{b+d}$. So beliebig nahe sie auch zusammenliegen mögen, immer hat noch ein weiterer Bruch zwischen ihnen Platz. Der Prozeß dieses Einfügens kann ja unbegrenzt oft ausgeführt werden. Deshalb gibt es keinen »Nachfolger« einer rationalen Zahl. Wie soll man diese Brüche zählen können? Georg Cantor hat es uns gezeigt. Sein Verfahren ist geradezu genial einfach. Es gestattet uns, ein System von Zahlen mit jener seltsamen Struktur, die wir »dicht« genannt haben, abzuzählen. Dabei scheint diese Unendlichkeit der rationalen Zahlen doch so grundverschieden von der zu sein, die wir bei den natürlichen Zahlen kennengelernt haben.

Wieder einmal versagt hier unsere Anschauung: Unendlichkeiten sind abzählbar.

Nur der klare, methodische Geist vermag diese Ungeheuerlichkeit zu begreifen. Und wieder setzt das Begreifen beim mathematischen »Ur-Prozeß« ein, beim Zählen nämlich. Wie hoch diese Tätigkeit von den Konstruktivisten eingeschätzt wird, haben wir bereits erläutert (s. Seite 81). Aber auch einer der ganz großen mathematischen Denker, der nicht zu den Konstruktivisten zählt, Richard Dedekind, bekannte in einer seiner Schriften: »Ich sehe die Arithmetik der rationalen Zahlen als eine notwendige oder wenigstens natürliche Folge des einfachsten arithmetischen Aktes, des Zählens, an, und das Zählen selbst ist nichts anderes als eine sukzessive Schöpfung der unendlichen Reihe der positiven ganzen (natürlichen) Zahlen, in welcher jedes Individuum durch das unmittelbar vorhergehende definiert wird. Der einfachste Akt ist der Übergang von einem schon erschaffenen Individuum zu dem darauffolgenden neu zu erschaffenden. Die Kette dieser Zahlen bildet an sich schon ein überaus nützliches Hilfsmittel für den menschlichen Geist, und sie bietet einen unerschöpflichen Reichtum an merkwürdigen Gesetzen dar, zu welchen man durch die Einführung der vier arithmetischen Grundoperationen gelangt.«

5.3 Kann das Unendliche »überabzählbar« sein?

An den äußeren Grenzen einer mathematischen Theorie

Zwischen zwei ganzen Zahlen a und a + 1 oder b − 1 und b, die unmittelbar aufeinanderfolgen, liegen »dicht gepackt« abzählbar unendlich viele Brüche. Liegen sie so dicht, daß für überhaupt keine anderen Zahlen mehr »Platz« verbleibt? Die Formulierung dieser Frage ist durch das Bild der *»Zahlengeraden«* geprägt, eines geometrischen Hilfsmittels der Veranschaulichung: Man zeichnet eine Gerade und ordnet den *Punkten* auf dieser Geraden die rationalen Zahlenwerte so zu, wie es unsere Abbildung zeigt. Jede rationale Zahl $\frac{n}{m}$ besitzt auf diese Weise genau einen Bildpunkt auf dieser Zahlengeraden. Es herrscht eine umkehrbar eindeutige Zuordnung von Zahlen und Punkten. Es ist daher sinnvoll, von *»rationalen Punkten«* zu sprechen. Aufgrund der Abbildung der Menge R aller rationalen Zahlen in die Menge G aller rationalen Punkte besitzt auch G die dichte Struktur.

Man könnte nun vermuten, daß die »unendlich dicht« gepackten Punkte diese Zahlengerade lückenlos auffüllen. Das ist jedoch eine nicht bewiesene, naiv anschauliche Überlegung. Und wieder einmal versagt hier unsere Anschauung. Bereits vor zweieinhalb Jahrtausenden hat näm-

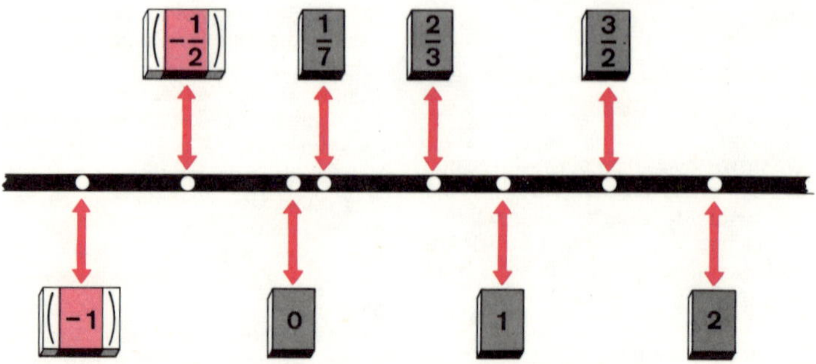

Im Bild der Zahlengeraden werden die rationalen Zahlen den Punkten auf der Geraden ein-eindeutig zugeordnet. Der Mathematiker spricht deshalb von »rationalen Punkten«.

Der bekannte Lehrsatz des Pythagoras ($a^2 + b^2 = c^2$) wird am einfachsten durch den Fall $a = 3$ und $b = 4$ illustriert. Für c ergibt sich dann der Wert 5.

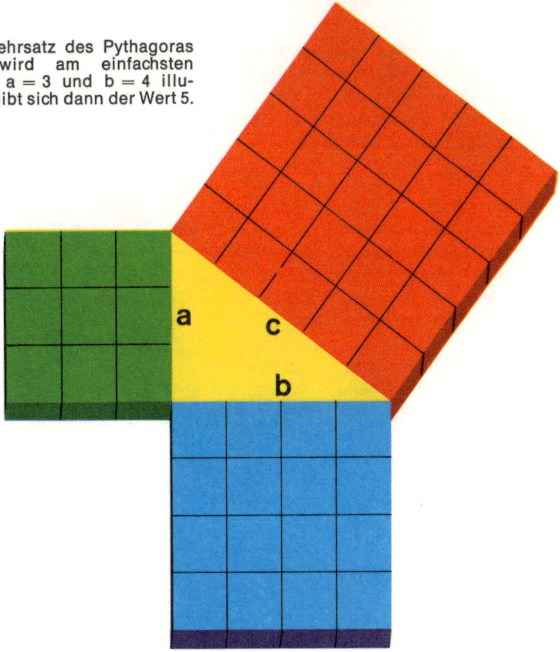

lich der griechische Mathematiker Pythagoras gezeigt, daß es Zahlen gibt, die noch *zwischen den rationalen Zahlen* liegen – Zahlen nämlich, die nicht in der uns bekannten Bruch-

orm $\frac{n}{m}$ dargestellt werden können.

Auf der Zahlengeraden liegen also auch noch »nichtrationale« Punkte. Diesen Punkten und vor allem den ihnen ein-eindeutig zugeordneten Zahlen wollen wir uns nun zuwenden.

Nach dem berühmten Lehrsatz des Pythagoras, der aus dem mathematischen Schulunterricht meist am frischesten in Erinnerung bleibt, gilt, daß die Summe der Quadrate über den Seiten eines rechtwinkligen Dreiecks, die am rechten Winkel liegen – den »Katheten« a und b –, gleich dem Quadrat über der »längsten« Dreiecksseite, der »Hypotenuse« c ist. Schreiben wir also für ein Pro-

Der pythagoreische Lehrsatz liefert für $a = 1$ und $b = 1$ die Gleichung $1^2 + 1^2 = c^2$ gleich $c^2 = 2$. Wie das Bild zeigt, existiert für diesen Fall eindeutig eine Strecke: die Diagonale des Quadrats von der Seitenlänge 1. Welchen Zahlenwert nimmt also c an?

dukt der Form $a \cdot a$, das die Fläche eines Quadrats bestimmt, einfacher a^2 (gelesen »a hoch zwei«), so können wir den Pythagoreischen Lehrsatz in der Formel ausdrücken:

$a^2 + b^2 = c^2$

Für den Fall $a = 3$ und $b = 4$ haben wir diese Formel bereits in einer Anwendung kennengelernt (s. Seite 26): $3 \cdot 3 + 4 \cdot 4 = c^2$, $9 + 16 = c^2$, $25 = c \cdot c$, $c = 5$. Mit der Lösung $c = 5$ sind wir also auf eine rationale Zahl gestoßen. Wie sieht es aber aus, wenn wir einfach sowohl für a als auch für b den Wert 1 annehmen? Wie unser Bild zeigt, existiert für diesen Fall eindeutig eine Strecke, die als *Diagonale* eines Quadrats von der Seitenlänge 1 angesehen werden kann. Setzen wir also die Werte $a = 1$ und $b = 1$ in unsere Formel ein: $1^2 + 1^2 = c^2$. Weil $1^2 = 1 \cdot 1 = 1$ ist, ergibt sich dann: $c^2 = 2$ oder $c \cdot c = 2$.

Die Frage, die sich uns nun stellt, lautet: Welche Zahl ergibt, mit sich selbst malgenommen, den Zahlenwert 2?

Eine ganze Zahl kann das in keinem Fall sein: Sowohl $1 \cdot 1 = 1$ wie (-1) mal $(-1) = 1$ ergeben einen zu kleinen Wert. Die nächste Möglichkeit, $2 \cdot 2 = 4$ bzw. $(-2) \cdot (-2) = 4$ liefert bereits einen viel zu großen Wert. Es muß also eine Zahl zwischen 1 und 2 sein, die mit sich selbst multipliziert 2 ergibt, ein Bruch vielleicht. Wir können probieren, einen solchen Bruch zu finden: Mit den Werten $\frac{10}{7}$, $\frac{7}{5}$ oder $\frac{17}{12}$ kommt man der Zahl 2 zwar schon sehr nahe, doch stets ist das Ergebnis entweder ein bißchen zu klein oder zu groß.

Wir können jedoch durch eine einfache Überlegung klar erkennen, daß es überhaupt nicht möglich ist, einen Bruch $\frac{a}{b}$ zu finden, der, mit sich selbst multipliziert, 2 ergibt: $\frac{a \cdot a}{b \cdot b} = 2$ gleich

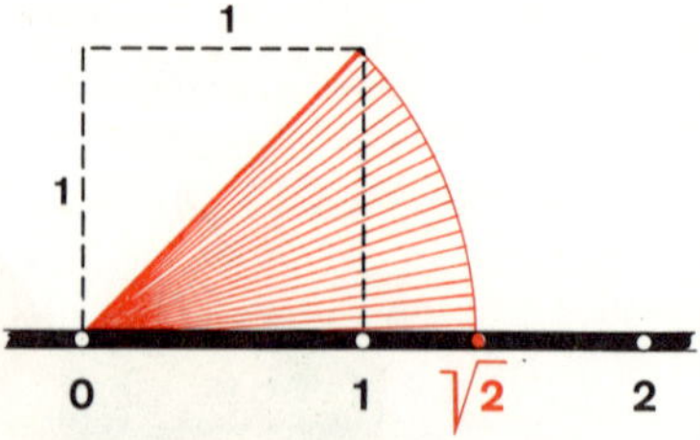

Die Länge der Diagonale im Quadrat der Seitenlänge 1 kann vom Nullpunkt aus auf der Zahlengeraden abgetragen werden. Der so entstandene Punkt ist jedoch kein rationaler: Er muß der irrationalen Zahl $\sqrt{2}$ zugeordnet werden.

$\frac{a^2}{b^2} = 2$ kann dann und nur dann eine natürliche Zahl wie 2 zur Lösung haben, wenn eben a^2 durch b^2 teilbar ist. Selbstverständlich ist das auch nur dann der Fall, wenn a durch b teilbar ist: $\frac{a}{b}$ muß eine ganze Zahl ergeben, darf also kein echter Bruch sein. Nun soll jedoch außerdem $\frac{a}{b}$ zwischen den Zahlen 1 und 2 liegen. Diese Forderungen widersprechen sich jedoch: Zwischen 1 und 2 liegt bekanntlich keine ganze Zahl. 2 ist der Nachfolger von 1. Damit ist jedoch bewiesen: Es kann keine *rationale* Zahl $\frac{a}{b}$ geben, die durch die Operation $\frac{a \cdot a}{b \cdot b}$ den Wert 2 annimmt.

Das gilt übrigens für alle natürlichen Zahlen, die keine Quadratzahlen sind wie 4, 9, 16, 25, usw.

Vielen Lesern mag bereits geläufig sein, daß die Mathematik von dem Ausdruck »$c^2 = 2$« zu »$c = \sqrt{2}$« übergeht. Dabei kann »$\sqrt{2}$« »Quadratwurzel aus 2« oder »Wurzel aus 2« gelesen werden. $\sqrt{2}$ ist also diejenige Zahl, die, mit sich selbst malgenommen, den Wert 2 liefert: $\sqrt{2} \cdot \sqrt{2} = 2$. Unsere Überlegungen haben aber

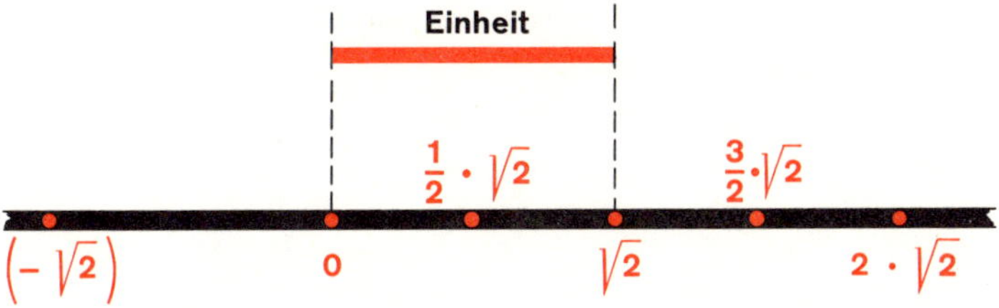

Wählen wir auf der Zahlengeraden statt der Einheit 1 die Einheit $\sqrt{2}$, dann stellt sie eine abzählbar unendliche irrationale Punktmenge dar.

gezeigt, daß $\sqrt{2}$ keine rationale Zahl sein kann. Welche Folgen hat das? Lassen wir wieder einmal Friedrich Waismann antworten:

»Die einfachste Besinnung auf die Teilbarkeitseigenschaften der Zahlen zeigt, daß es hoffnungslos ist, eine rationale Zahl finden zu wollen, deren Quadrat genau 2 ist. Andererseits kann niemand zweifeln, daß die Diagonale des Quadrats mit der Seitenlänge 1 eine ganz bestimmte Länge hat. Denken wir uns diese Länge auf der Zahlengeraden von 0 aus aufgetragen, so erhalten wir einen Punkt, der der geometrische Repräsentant von $\sqrt{2}$ ist. Dort, wo $\sqrt{2}$ liegt, kann kein rationaler Punkt der Zahlengeraden gelegen sein. Das Ergebnis ist also: Obwohl die rationalen Punkte die Zahlengerade wie ein unendlich feiner Staub bedecken, füllen sie sie doch nicht vollständig aus. Sie bilden gleichsam ein poröses System, in dessen Ritzen und Spalten noch Platz bleibt für eine andere Art von Zahlen, die *irrationalen*.«

$\sqrt{2}$ ist also eine »irrationale« (nicht rationale) Zahl. Wir können uns ohne Schwierigkeit überlegen, daß eine bestimmte Teilmenge dieser irrationalen Zahlen ein weiteres mathematisches System von dichter Struktur bildet: Wir brauchen nur die rationalen Zahlen $\frac{n}{m}$ jeweils mit $\sqrt{2}$ malzunehmen. Aus $^1/_2$ etwa wird dann $^1/_2 \cdot \sqrt{2}$, aus $^{21}/_{16}$ wird $^{21}/_{16} \cdot \sqrt{2}$, usw. In unserem Hilfsbild der Zahlengeraden leuchtet das unmittelbar ein: Wir brauchen nun lediglich statt der alten Einheit 1 die Einheit $\sqrt{2}$ wählen, und wir erhalten ein Bild dieser irrationalen Punktmenge. Ähnliches läßt sich natürlich mit irrationalen Zahlen wie $\sqrt{3}$, $\sqrt{5}$, $\sqrt{7}$, usw. praktizieren. Rationale und irrationale Zahlen werden in der Mathematik zu *»reellen Zahlen«* zusammengefaßt. Damit ist der Zahlbegriff wieder einmal erweitert worden.

Es ist für unsere Betrachtung wenig sinnvoll, nun verschiedenartige irrationale Zahlen unter die Lupe zu nehmen. Mit $\sqrt{2}$ haben wir bereits einen typischen Vertreter dieser mathematischen Gegenstände kennengelernt. Wichtig für die weiteren Untersuchungen ist aber die Tatsache, daß sich alle reellen Zahlen in der Form *unendlicher Dezimalbrüche* darstellen lassen. Jedermann kennt aus seiner Schulzeit Umformungen wie $^1/_{10} = 0{,}1$ oder $^{73}/_{10} = 7{,}3$. Diese »Komma-Schreibweise« ist oftmals sehr zweckmäßig. Und jede rationale Zahl kann auf diese Weise umgeformt werden: $^2/_5 = {}^4/_{10} = 0{,}4$, $^1/_8 = 0{,}125$, $^1/_{25} = 0{,}04$, usw. Neben solchen endlichen oder »abbrechenden« Dezimalbrüchen gibt es aber auch unendliche Dezimalbrüche:

$^1/_3 = 0{,}3333333333333\ldots$
$^7/_6 = 1{,}1666666666666\ldots$
$^1/_{11} = 0{,}0909090909090\ldots$

CALCUL DE PI SUR ORDINATEUR IBM 704

3,14159	26535	89793	23846	26433	83279	50288	41971	69399	37510
58209	74944	59230	78164	06286	20899	86280	34825	34211	70679
82148	08651	32823	06647	09384	46095	50582	23172	53594	08128
48111	74502	84102	70193	85211	05559	64462	29489	54930	38196
44288	10975	66593	34461	28475	64823	37867	83165	27120	19091
45648	56692	34603	48610	45432	66482	13393	60726	02491	41273
72458	70066	06315	58817	48815	20920	96282	92540	91715	36436
78925	90360	01133	05305	48820	46652	13841	46951	94151	16094
33057	27036	57595	91953	09218	61173	81932	61179	31051	18548
07446	23799	62749	56735	18857	52724	89122	79381	83011	94912
98336	73362	44065	66430	86021	39494	63952	24737	19070	21798
60943	70277	05392	17176	29317	67523	84674	81846	76694	05132
00056	81271	45263	56082	77857	71342	75778	96091	73637	17872
14684	40901	22495	34301	46549	58537	10507	92279	68925	89235
42019	95611	21290	21960	86403	44181	59813	62977	47713	09960
51870	72113	49999	99837	29780	49951	05973	17328	16096	31859
50244	59455	34690	83026	42522	30825	33446	85035	26193	11881
71010	00313	78387	52886	58753	32083	81420	61717	76691	47303
59825	34904	28755	46873	11595	62863	88235	37875	93751	95778
18577	80532	17122	68066	13001	92787	66111	95909	21642	01989
38095	25720	10654	85863	27886	59361	53381	82796	82303	01952
03530	18529	68995	77362	25994	13891	24972	17752	83479	13151
55748	57242	45415	06959	50829	53311	68617	27855	88907	50983
81754	63746	49393	19255	06040	09277	01671	13900	98488	24012
85836	16035	63707	66010	47101	81942	95559	61989	46767	83744
94482	55379	77472	68471	04047	53464	62080	46684	25906	94912
93313	67702	89891	52104	75216	20569	66024	05803	81501	93511
25338	24300	35587	64024	74964	73263	91419	92726	04269	92279
67823	54781	63600	93417	21641	21992	45863	15030	28618	29745
55706	74983	85054	94588	58692	69956	90927	21079	75093	02955
32116	53449	87202	75596	02364	80665	49911	98818	34797	75356
63698	07426	54252	78625	51818	41757	46728	90977	77279	38000
81647	06001	61452	49192	17321	72147	72350	14144	19735	68548
16136	11573	52552	13347	57418	49468	43852	33239	07394	14333
45477	62416	86251	89835	69485	56209	92192	22184	27255	02542
56887	67179	04946	01653	46680	49886	27232	79178	60857	84383
82796	79766	81454	10095	38837	86360	95068	00642	25125	20511
73929	84896	08412	84886	26945	60424	19652	85022	21066	11863
06744	27862	20391	94945	04712	37137	86960	95636	43719	17287
46776	46575	73962	41389	08658	32645	99581	33904	78027	59009

Dies sind die ersten 2000 Dezimalstellen der berühmten Kreiszahl π, die auf einem Elektronenrechner vom Typ IBM 704 in einem französischen Institut berechnet wurden. Die irrationale Zahl π ist hier offenkundig als »aperiodischer« Dezimalbruch erkennbar.

Wenn unsere Behauptung stimmt, daß sich alle reellen Zahlen als niemals abbrechende, unendliche Dezimalbrüche darstellen lassen, muß das natürlich auch für Brüche wie 1,36 oder 0,04 gelten. Solche Brüche dann einfach 1,3600000000 . . . oder 0,040000000 . . . zu schreiben, führt natürlich nicht weit: Sie sind dann lediglich »versteckte« endliche Dezimalbrüche. Trotzdem bereitet die effektive Umformung keinerlei Schwierigkeiten. Es gilt nämlich: 1,36 = 1,359999999999 . . . und 0,04 = 0,03999999999 . . . Bereits eine äußerst einfache Überlegung zeigt uns die Gültigkeit dieser Gleichheit, die selbstverständlich auch streng bewiesen werden kann: Multiplizieren wir nämlich die Gleichung $^1/_3$ = 0,333333333 . . . auf beiden Seiten des Gleichheitszeichens mit 3, dann erhalten wir $3 \cdot {}^1/_3 = 3 \cdot 0{,}3333333\ldots$ und damit die Beziehung 1 = 0,9999999 . . . Unsere Beispiele zeigen, daß die rationalen Zahlen, wenn sie als endlose Dezimalbrüche dargestellt werden, eine charakteristische Eigenschaft besitzen: Ab einer gewissen Stelle hinter dem Komma erscheint stets die gleiche »Ziffer« zwischen 1 und 9 oder eine »Periode« wie 09 beim Bruch $^1/_{11}$. Diese *»periodischen« Dezimalbrüche* entsprechen den rationalen Zahlen.

Aber nicht nur alle rationalen Zahlen, auch alle irrationalen Zahlen lassen sich als unendliche Dezimalbrüche darstellen: Der Dezimalbruchwert von $\sqrt{2}$ liegt zwischen 1,414 und 1,415. Er bricht jedoch niemals ab: 1,414214 . . . . . Von der »berühmtesten« irrationalen Zahl, der Kreiszahl π (gelesen »pi«), die das Verhältnis zwischen dem Umfang und dem Durchmesser eines Kreises angibt, haben wir auf der nebenstehenden Bildtafel die ersten zweitausend Dezimalstellen abgedruckt. Natürlich bricht der Dezimalbruch auch dann noch immer nicht ab. Im Gegensatz zu den rationalen Zahlen liefern irrationale Zahlen also *»aperiodische« Dezimalbrüche.*

Wir können also festhalten: Alle reellen Zahlen – das sind also alle rationalen und irrationalen Zahlen – mit Ausnahme der Null lassen sich umkehrbar eindeutig den unendlichen (periodischen und aperiodischen) Dezimalbrüchen zuordnen. Wieder einmal »tanzt« zwar die Zahl 0 aus der Reihe. An ihre einzigartige Ausnahmestellung haben wir uns jedoch bereits gewöhnt.

Georg Cantor, der Schöpfer der Mengenlehre, hat nun erstmals klar zeigen können, daß die Menge Z aller reellen Zahlen *nicht mehr abzählbar* ist: Sie ist von höherer Mächtigkeit als die Menge M der natürlichen Zahlen, im mengentheoretischen Sprachgebrauch: *»überabzählbar« unendlich.* Cantor hat sich ein äußerst eindrucksvolles Beweisverfahren ausgedacht, das bereits die Überabzählbarkeit einer Teilmenge von Z zeigt: Schon die Menge aller unendlichen Dezimalbrüche zwischen 0 und 1, die wir »Z_1« nennen wollen, kann nicht mehr abgezählt werden. Natürlich müssen wir die Null aus dieser Menge ausschließen, weil sie nicht als unendlicher Dezimalbruch darstellbar ist. (0,000 . . . ist *kein* unendlicher Dezimalbruch!) Alle reellen Zahlen r_1, r_2, r_3, usw. zwischen 0 und 1 lassen sich dann in der Form

$r_n = 0{,}a_{n1}\, a_{n2}\, a_{n3}\, a_{n4}\, a_{n5} \ldots a_{nn} \ldots$

darstellen. So deutet etwa in r_8 (im achten unendlichen Dezimalbruch) die Variable a_{83} die 3. »Ziffer« an, in r_{21} (im einundzwanzigsten unendlichen Dezimalbruch) die Variable $a_{21\,7501}$ die 7501. »Ziffer« an usw. Die Veränderlichen a_{n1} . . . . . a_{nn} . . . . . sind also »Ziffernvariablen«, die nur natürliche Zahlenwerte zwischen 0 und 9 annehmen können. Beim unendlichen Dezimalbruch 0,3333333 . . . . . wird einfach jede Variable durch die Ziffer 3 ersetzt.

Das Cantorsche Beweisverfahren ist nun ein *indirekter Beweis:* Bei einer solchen Beweisform wird eine bestimmte Annahme gemacht, aus der dann ein Widerspruch abgeleitet werden kann. Um zu beweisen, daß die Menge Z_1 überabzählbar unendlich ist, müssen wir also zunächst annehmen, daß Z_1 abzählbar sei, und daraus einen Widerspruch entwickeln. Wenn die unendlichen Dezimalbrüche zwischen 0 und 1 abzählbar unendlich-viele sind, müssen sie sich in folgender Gestalt anordnen lassen:

$$
\begin{array}{l}
r_1 = 0{,}a_{11}\ a_{12}\ a_{13}\ a_{14}\ a_{15} \ldots\ldots \\
\qquad\searrow \\
r_2 = 0{,}a_{21}\ a_{22}\ a_{23}\ a_{24}\ a_{25} \ldots \\
\qquad\quad\searrow \\
r_3 = 0{,}a_{31}\ a_{32}\ a_{33}\ a_{34}\ a_{35} \ldots \\
\qquad\qquad\searrow \\
r_4 = 0{,}a_{41}\ a_{42}\ a_{43}\ a_{44}\ a_{45} \ldots \\
\qquad\qquad\quad\searrow \\
r_5 = 0{,}a_{51}\ a_{52}\ a_{53}\ a_{54}\ a_{55} \ldots \\
\qquad\qquad\qquad\searrow \\
\ldots\ldots\ldots\ldots\ldots\ldots
\end{array}
$$

Dieses »Quadrat« aus unendlich vielen unendlichen Dezimalbrüchen r_1, r_2, r_3, ... r_n, ... muß als vollständige Aufstellung aller reellen Zahlen zwischen 0 und 1 mit Ausnahme der Null genügen, wenn diese »nur« abzählbar unendlich viele sind. Um diese Annahme zu widerlegen, genügt es, eine einzige reelle Zahl in unendlicher Dezimalbruchdarstellung aus diesem Bereich anzugeben, die nicht durch die angeführte Aufstellung erfaßt wird. Das ist gar nicht so schwierig, wie es zunächst den Anschein hat: In der »Diagonale« unseres unendlichen »Quadrats«, die wir wieder durch rote Pfeile angedeutet haben, stehen die Ziffernvariablen a_{11}, a_{22}, a_{33}, ... a_{nn}, ... Aus ihnen bilden wir zunächst einen unendlichen Dezimalbruch von der Form $d = 0{,}a_{11}\ a_{22}\ a_{33}\ a_{44} \ldots\ldots a_{nn} \ldots\ldots$

Ein weiterer Dezimalbruch $b = 0{,}b_1\ b_2\ b_3\ b_4 \ldots b_n \ldots$ geht nun aus diesem Bruch d hervor, wenn wir folgendes Bildungsprinzip in Anwendung bringen: Wir ersetzen im allgemeinen die Ziffernvariablen b_1, b_2, b_3, ... durch Einsen: $b_1 = 1$, $b_2 = 1$, $b_3 = 1$, usw. Steht jedoch in irgendeiner Stelle des unendlichen Dezimalbruchs d selbst der Wert 1 (z.B. $a_{33} = 1$, $a_{55} = 1$, $a_{12\,12} = 1$, usw.), dann wählen wir für die entsprechenden b_3, b_5, b_{12}, usw. im Bruch b den Wert 2.

Nehmen wir an, der unendliche Dezimalbruch d begänne mit folgender Ziffernreihe

d = 0,00**1**2**1**308757**1**462 . . . . .,

dann sähe unser Bruch b so aus:

b = 0,11**2**1**2**111111**2**111 . . . . .

Ganz offensichtlich kann dieser unendliche Dezimalbruch b *nicht* durch unsere Aufstellung r_1, r_2, r_3, usw. erfaßt werden: Wäre nämlich b etwa r_m, also der m-te Bruch dieses Systems, dann müßte zumindest seine m-te Ziffer a_{mm} mit b_m übereinstimmen. Aufgrund unseres Bildungsprinzips ist das jedoch völlig ausgeschlossen: b_m besitzt ja im allgemeinen den Wert 1. Sollte jedoch a_{mm} »zufällig« den Wert 1 besitzen, wäre die Variable b_m durch den Wert 2 ersetzt worden. Unser unendlicher Dezimalbruch b weicht also in jedem Fall zumindest in der Ziffer a_{mm} vom unendlichen Dezimalbruch r_m ab. Das gilt für jeden Bruch, der in der Aufstellung r_1, r_2, r_3, usw. steht. Damit ist eindeutig unsere Annahme *widerlegt*: Die angeschriebene Aufstellung der unendlichen Dezimalbrüche erfaßt *nicht alle* unendlichen Dezimalbrüche zwischen 0 und 1: *Die Menge aller reellen Zahlen zwischen 0 und 1 ist nicht mehr abzählbar.*

Aus ersichtlichem Grunde wird dieser Beweis *»Cantorsches Diagonalverfahren«* genannt. Mit diesem Beweis für die »Überabzählbarkeit« der Menge Z_1, die eine Teilmenge von Z – der Menge aller reellen Zahlen – ist, wird natürlich auch Z selbst überabzählbar. Damit haben wir zum erstenmal eine Gesamtheit von mathematischen Gegenständen kennengelernt, die eine höhere Mächtigkeit besitzt als die Menge M aller natürlichen Zahlen. Die (transfinite) Kardinalzahl von Z muß also größer sein als $\aleph_0$. Die Existenz einer weiteren transfiniten Kardinalzahl muß angenommen werden: Zu $\aleph_0$ (Aleph-Null), der Kardinalzahl der Menge aller natürlichen Zahlen, gesellt sich $\aleph$ (»Aleph«), die Kardinalzahl der Menge aller reellen Zahlen. $\aleph$ wird auch die »Mächtigkeit des *Kontinuums«* genannt. Davon wird im nächsten Kapitel noch die Rede sein.

Wenn wir jedoch lediglich an den Aufbau der elementaren Arithmetik denken, muß das bloße Vorhandensein von zwei transfiniten Kardinalzahlen als äußerst jämmerlich angesehen werden. Cantor hat aber beweisen können, daß es neben den unendlich vielen Zahlen der Arithmetik auch unendlich viele transfinite Kardinalzahlen gibt, unendlich viele »Alephs« also: *Zu jeder (endlichen oder unendlichen) Kardinalzahl gibt es stets eine größere*.

An dieser Stelle wollen wir unseren Ausflug in die faszinierende Landschaft der Cantorschen Mengenlehre beenden. Von der Kritik an einigen Gedanken Cantors muß allerdings noch die Rede sein. Wir wissen bereits, daß Hilbert diese Mengenlehre ein »Paradies« genannt hat (s. Seite 115). Er sprach emphatisch von ihr als der »bewundernswertesten Blüte mathematischen Geistes«. Für den Mathematiker Hilbert war diese Theorie »eine der höchsten Leistungen rein verstandesmäßiger menschlicher Tätigkeit«. Im Laufe unseres Jahrhunderts ist die ursprüngliche Begeisterung bei vielen Mathematikern verflogen. Warum das so ist, wollen wir noch eingehend durchdenken. Dabei werden vor allem wieder die konstruktivistisch gesinnten Denker unter den Mathematikern zu Worte kommen. Paul Lorenzen hat das spöttische Wort vom »Fabelreich des Überabzählbaren« geprägt.

6. Ein Bazillus namens »Antinomie«

6.1 »Im Kleinen gibt es kein Kleinstes«

Betrachtungen zum Kontinuum

»Will man ein kurzes Schlagwort, welches den lebendigen Mittelpunkt der Mathematik trifft, so darf man wohl sagen: Sie ist die Wissenschaft vom Unendlichen.« Nach unseren Betrachtungen zur Cantorschen Mengenlehre verstehen wir diese treffende Kennzeichnung Hermann Weyls für seine Wissenschaft weit besser. Mit Hilfe des Begriffs der *Abzählbarkeit* ist es gelungen, Ordnung in der transfiniten Landschaft zu schaffen. Von grundlegender Bedeutung sind dabei wieder die natürlichen Zahlen: Erst die Menge der reellen Zahlen kann, wie wir bewiesen haben, nicht mehr abgezählt werden. In den Worten der Mengenlehre: Es existiert *keine Abbildung* zwischen der Menge M aller natürlichen Zahlen und der Menge Z aller reellen Zahlen. Deshalb deuten die Mengentheoretiker das Cantorsche Diagonalverfahren: Die Menge Z ist *überabzählbar.*

Betrachten wir dieses Ergebnis des Cantorschen Beweises aber einmal nicht unter dem Blickwinkel der Überabzählbarkeit, sondern der »erfolglosen« Abzählbarkeit. Wenn wir nämlich die *Mathematik als Tätigkeit* auffassen, geraten wir mit dem Begriff des Überabzählbaren in nicht unerhebliche Schwierigkeiten: Der Abzählbarkeit entspricht natürlich die *Tätigkeit des Zählens.* (Auf dieses wichtige Tun des Mathematikers müssen wir immer wieder hinweisen, so trivial es vielleicht erscheint.)

Wie steht es aber nun mit der ähnlichen Charakterisierung der Überabzählbarkeit? Wenn wir die Mathematik als ein Feld kluger menschlicher Tätigkeit auffassen, dann bereitet dieser Begriff zweifellos Kopfschmerzen: Wenn eine Gesamtheit von Dingen überabzählbar ist, kann sie nicht mehr gezählt werden. Mit welcher Tätigkeit könnte die Überabzählbarkeit aber dann in Verbindung gebracht werden? Das Zurückführen dieses mathematischen Begriffs auf eine einfache schematische Operation gelingt ganz offensichtlich nicht. Der Konstruktivist unter den Mathematikern, der seine Wissenschaft auf gewissen einsichtigen Handlungen begründen will, muß einen Begriff wie die Überabzählbarkeit also ablehnen: Dieser Begriff ist für ihn sinnlos, ein »Scheinbegriff«.

Eine ähnliche Haltung für *jede* wissenschaftliche Betätigung des Menschen überhaupt nimmt übrigens der Wiener Wissenschaftstheoretiker Moritz Schlick ein, der zu den »Neopositivisten« unter den Philosophen zählt. Wir können den folgenden Text von Schlick, der Ende der dreißiger Jahre entstand, auch als Bekenntnis eines konstruktivistischen Denkers in der Mathematik werten:

»Daß die Arbeit des Philosophen nicht in der Aufstellung von Sätzen besteht, daß also die Sinngebung der Sätze nicht wiederum durch Sätze geschehen kann, ist leicht einzusehen. Denn wenn ich etwa die Bedeutung meiner Worte durch Erläuterungen und Definitionen angebe, also mit Hilfe neuer Worte, so muß man weiter nach der Bedeutung dieser anderen Worte fragen, und so fort. Dieser Prozeß kann nicht ins Unendliche gehen, *er findet sein Ende immer nur in tatsächlichen Aufweisungen, im Vorzeigen des Gemeinten, in wirklichen Akten also.* Nur diese sind keiner weiteren Erläuterung fähig und bedürftig. Die letzte philosophische Sinngebung geschieht mithin stets durch *Handlungen;* sie machen die philosophische Tätigkeit aus.«

Aber auch für den konstruktivistisch gesinnten Mathematiker braucht das Cantorsche Diagonalverfahren, der Beweis selbst, nicht sinnlos zu sein: Mit unserer Aufstellung von unendlichen Dezimalbrüchen $r_1, r_2, r_3, \ldots, r_n, \ldots$ haben wir ja eine *abzählbar* unendliche Gesamtheit geschaffen, die sich aus reellen Zahlen zwischen 0 und 1 zusammensetzt. Eine solche abzählbare Menge ist lediglich *nicht vollständig:* Sie stellt nicht die Menge *aller* reellen Zahlen zwischen 0 und 1 dar. Stets lassen sich aus diesem Bereich weitere reelle Zahlen angeben, die nicht Elemente der Menge sind. In unserem Fall war es der »diagonale« unendliche Dezimalbruch $b = 0, b_1 b_2 b_3 \ldots\ldots$ (s. Seite 142). Diese reelle Zahl haben wir jedoch *konstruiert.*

Was ist damit gesagt? Doch nichts anderes als das: Selbst die nicht abzählbare Gesamtheit der reellen Zahlen, das *»Kontinuum«,* wie der Mathematiker auch sagt, läßt sich mit einer Tätigkeit in Verbindung bringen, der *mathematischen Konstruktion* nämlich: Wir haben für die Erläuterungen zum Cantorschen Beweisverfahren die reellen Zahlen als unendliche Dezimalbrüche dargestellt. Ein solcher Bruch stellt sich jedoch, wenn wir ihn nun genauer analysieren, als eine *Abkürzung für eine »Intervallschachtelung«* heraus. Was aber ist darunter zu verstehen? Wir haben bereits angedeutet, daß man mittels bestimmter Brüche dem Wert der irrationalen Zahl $\sqrt{2}$ bereits gut nahekommen kann. Diese Brüche sind lediglich mal ein bißchen zu klein, mal ein bißchen zu groß. Wir können daher folgende »Ungleichungen« mit der Kleiner- und Größer-Beziehung anschreiben:

$$1 < \sqrt{2} < 2$$
$$4/3 < \sqrt{2} < 3/2$$

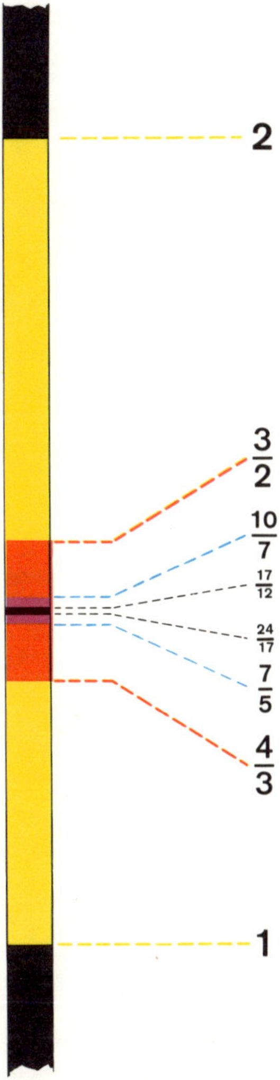

Die Differenzen der rationalen Näherungswerte für $\sqrt{2}$ können als Intervalle auf der Zahlengeraden schrittweise verkleinert werden. Dabei liegt das jeweilig kleinere Intervall stets im Bereich des vorangegangenen größeren Intervalls.

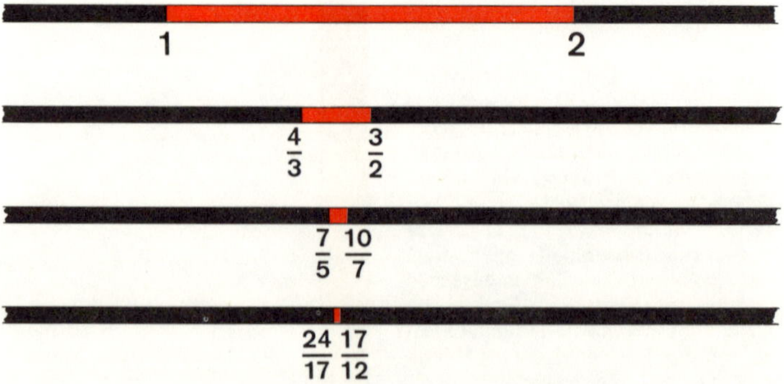

Ein unendlicher Dezimalbruch kann als Abkürzung für eine Intervallschachtelung aufgefaßt werden. Die Intervalle (hier auf der Zahlengeraden) erstrecken sich zwischen den rationalen Näherungswerten.

$^7/_5 < \sqrt{2} < {}^{10}/_7$

$^{24}/_{17} < \sqrt{2} < {}^{17}/_{12}$, usw.

Die Zahlenwerte, die links von der irrationalen Zahl $\sqrt{2}$ stehen, sind also stets ein wenig zu klein, während die rechts stehenden Brüche bereits zu groß sind. Jedes rationale Zahlenpaar, 1 und 2, $^4/_3$ und $^3/_2$, usw., das hier aufgeführt ist, liefert also mehr oder weniger genaue *rationale Näherungswerte* von $\sqrt{2}$. Diese Werte werden natürlich um so genauer sein, je kleiner das »Intervall« zwischen den beiden Näherungswerten, je kleiner also die Differenz $^3/_2 - {}^4/_3$, $^{10}/_7 - {}^7/_5$, usw. wird. Nach der Subtraktionsregel für Brüche, die analog der Additionsregel (s. Seite 129) gebaut ist, erhalten wir folgende Intervallgrößen:

$$\frac{3\cdot3-4\cdot2}{2\cdot3} = \frac{9-8}{6} = \frac{1}{6}$$

$$\frac{5\cdot10-7\cdot7}{7\cdot5} = \frac{50-49}{35} = \frac{1}{35}$$

$$\frac{17\cdot17-24\cdot12}{12\cdot17} = \frac{289-288}{204} = \frac{1}{204}$$

Die Intervalle auf der Zahlengeraden, die Differenzen der rationalen Näherungswerte für $\sqrt{2}$, können also Schritt für Schritt verkleinert werden, wobei das jeweils kleinere Intervall stets, wie die Abbildung zeigt, im Bereich des vorangegangenen größeren liegt. Daher spricht der Mathematiker von »Intervallschachtelung«, und die Differenz zweier Brüche $\frac{a}{b} - \frac{c}{d}$ kann ein Maß sein, das die Genauigkeit der Annäherung rationaler Näherungswerte an eine irrationale Zahl angibt. Wenn wir also schreiben »$\sqrt{2} = 1{,}414214\ldots$«, wobei die irrationale Zahl als unendlicher (nicht abbrechender) Dezimalbruch dargestellt wird, dann ist das lediglich eine Abkürzung für eine Intervallschachtelung. Besonders deutlich wird die Gesetzmäßigkeit dieses »Einschachtelungsverfahrens«, wenn wir die rationalen Zahlenpaare der Näherungswerte als abbrechende Dezimalbrüche darstellen:

$$\sqrt{2} = \begin{pmatrix} 2,\ 1{,}5,\ 1{,}42,\ 1{,}415,\ \ldots \\ 1,\ 1{,}4,\ 1{,}43,\ 1{,}414,\ \ldots \end{pmatrix}$$

Vor allem für die angewandte Mathematik des Technikers und Ingenieurs

»Kleiner und kleiner« nennt der holländische Graphiker M. C. Escher diesen Holzstich. Er illustriert auf plastische Weise Hermann Weyls Ausspruch, nach dem die einzelnen Zahlen ins Kontinuum »hineinfallen«, dort nämlich, wo es »im Kleinen kein Kleinstes gibt« (Anaxagoras).

sind solche rationalen Näherungswerte in Dezimalbruchform von großer Bedeutung. Unsere Betrachtungen gelten aber vorerst weniger der mathematischen Praxis als ihrer »reinen« Theorie. Wir müssen uns deshalb die Frage stellen: Was bedeutet dieses Einschachtelungsverfahren für die Theorie der irrationalen Zahlen? Vermittelt es vielleicht einen Einblick in die mathematische Konstruktion des Kontinuums?
Tatsächlich kommentierte Hermann Weyl die Intervallschachtelung als ein grundlegendes Verfahren der Darstellung reeller Zahlen: »Der Begriff der reellen Zahl als einer zwar nur approximativ gegebenen Zahl, für welche sich aber der Grad der Annäherung *über jede Grenze* treiben läßt, ist einfach so zu formulieren: Eine reelle Zahl ist eine unendliche Folge von ›Dezimalintervallen‹ von der Art, daß jedes Intervall dieser Reihe das nächstfolgende ganz in seinem Inneren enthält.«
Diese »unendliche Folge von Dezimalintervallen« ist natürlich wieder abzählbar im Sinne der Mengenlehre. Aber ist es nicht ein verblüffender Gedanke, diese niemals abbrechenden Intervallschachtelungen selbst als Zahlen aufzufassen? Um diese Darstellungsweise der reellen Zahlen ganz zu verstehen, können wir jedoch wieder auf mathematisches Gedankengut des klassischen Griechenland zurückgreifen: Anaxagoras, der vor rund 2500 Jahren gelebt hat, ist uns bereits durch den erhellenden Satz bekannt: »Beim Großen gibt es stets ein Größeres« (s. Seite 97). Aber nicht nur das über alle Schranken wachsende Unendlich-Große, auch das Kontinuum des Unendlich-Kleinen hat Anaxagoras bereits klar gekennzeichnet: »Im Kleinen gibt es *kein Kleinstes.* Es gibt stets noch ein Kleineres. Denn was ist, kann durch keine noch so weit getriebene Teilung je aufhören zu sein.«
In den unbegrenzten Intervallschachtelungen und damit in den nicht abbrechenden Dezimalbrüchen spiegelt sich deutlich dieser Gedanke des griechischen Mathematikers. Und gerade das Cantorsche Diagonalverfahren kann uns den entscheidenden Unterschied zeigen zwischen

den *individuellen* – scharf getrennten und *»diskreten«* – Gegenständen einer abzählbar unendlichen Gesamtheit (natürliche, ganze und rationale Zahlen) und den allmählich bis zur Ununterscheidbarkeit verschwimmenden *»kontinuierlichen«* Gegenständen einer nicht mehr abzählbaren Gesamtheit, wie es die der reellen Zahlen ist.

Die Struktur des Kontinuums ist ja vor allem dadurch gekennzeichnet, daß die unendlichen Dezimalbrüche nicht mehr »voneinander abgetrennt werden« können, nicht mehr »wie mit dem Beile voneinander abgehauen werden«, wie es Anaxagoras äußerst plastisch ausgedrückt hat. Die reellen Zahlen liegen nicht mehr lediglich *»dicht«* wie die rationalen Zahlen, sondern völlig lückenlos, *»stetig«*, wie der Mathematiker sagt: Dadurch, daß die unendlichen Dezimalbrüche nicht mehr abgezählt werden können, kann das Kontinuum als Ganzes, als starres, abgeschlossenes Gebilde, nur noch mit dem farblosen Begriff des Überabzählbaren gekennzeichnet werden, der sich auf keine menschliche Tätigkeit zurückführen läßt.

Müssen wir aber das Kontinuum unbedingt als ein starres, abgeschlossenes Gebilde betrachten? Ist das überhaupt sinnvoll? »Denn was ist, kann durch keine noch so weit getriebene Teilung je aufhören zu sein«, hat es Anaxagoras ausgedrückt. Das heißt aber doch: Die Elemente des Kontinuums existieren im allgemeinen gar nicht, sie *sind* nicht, sondern sie *entstehen.* Ohne die ständige Operation der Teilung sind sie für uns schwerlich vorstellbar. Wenn wir uns jedoch an das Einschachtelungsverfahren erinnern, mit dessen Hilfe eine reelle Zahl konstruiert werden kann, ist diese Überlegung sogar sehr naheliegend: Der Mengentheoretiker Adolf Fraenkel kommentierte deshalb eine mögliche Betrachtung der reellen Zahlen: »Sie *entstehen* in der Begrenzung durch immer enger werdende Intervalle, die vermöge freier Wahlakte *endlos* ineinander geschachtelt werden und von der freilich jedes seinerseits wiederum kontinuierlich ist.«

Dieser klare erkenntnistheoretische Gedanke wurde in unserem Jahrhundert vor allem von dem niederländischen Mathematiker Luitzen E. J. Brouwer (geb. 1881) ausgeführt. Unser bereits mehrfach zitiertes Schlagwort von der »Mathematik als Tätigkeit« drückt übrigens einen Brouwerschen Gedanken aus: »Die Mathematik ist mehr ein Tun als eine Lehre.« Es sind die *geistigen Konstruktionen,* die nach Brouwers Meinung die mathematischen Gegenstände liefern. Deshalb wird der holländische Denker zu den *Konstruktivisten* gezählt (s. Seite 81). Brouwer selbst nannte sich einen »Neo-Intuitionisten«. Er sieht in seiner Theorie das Kontinuum nicht als ein starres, abgeschlossenes Gebilde, sondern als *Medium des freien Werdens.* Damit begegnen wir wiederum dem Grundgedanken jeder konstruktiven mathematischen Theorie.

Leider sind »die Brouwerschen Erklärungen des Konstruktiven, vor allem im Zusammenhang mit dem freien Werden des Kontinuums, anscheinend nur für wenige Eingeweihte verständlich«. So drückt es der ebenfalls konstruktivistisch gesinnte Mathematiker Lorenzen aus. Versuchen wir dennoch, die wesentlichen Gedanken des bedeutenden niederländischen Denkers zu begreifen, wobei uns vor allem die Kommentare Hermann Weyls behilflich sein werden.

Beginnen wir zunächst wieder mit der »natürlichsten« Unendlichkeit, der Unendlichkeit der natürlichen Zahlenreihe also. Die hier besonders bedeutsame *vollständige Induktion* haben wir bereits ausführlich untersucht (s. Seite 89 f.). Dieser mathematische Schluß von n auf n + 1 ist in der Brouwerschen Theorie eine Leerform, die dadurch entsteht, daß man beim Fortschreiten aus der Vergangenheit in die Zukunft »alle Besonderheiten abstrahiert«. Das ist ein philosophischer Gedanke, den wir bereits bei Kant kennengelernt haben, die »sukzessive Hinzusetzung der Einheiten in der Zeit« nämlich (s. Seite 81). Die Unendlichkeit der Zahlenreihe wird hier mit unserer zeitlichen Anschauung in Verbindung gebracht: Auf das Erlebnis des »Nacheinander« in der Zeit wird Bezug genommen. Bei Brouwer liest sich das dann so:

»Mathematik entsteht, wenn das Subjekt von der Zweiheit, die aus dem Fortgang der Zeit resultiert, alle Besonderheiten abstrahiert. Die übrigbleibende leere Form des gemeinsamen Inhalts aller dieser Zweiheiten wird als *Ur-Intuition* der Mathematik *unbeschränkt* wiederholt und erschafft neue mathematische Gegenstände.«

Das Unendliche bedeutet damit im Gedankengebäude Brouwers die *Möglichkeit einer unbeschränkten geistigen Konstruktion.* Solche beliebig oft wiederholbaren Operationen führen zu unendlichen Gesamtheiten. Aber die »Mengen«, die der Mathematiker dadurch erhält, sind *Folgen von konstruierbaren* Gegenständen. Im Gegensatz zu den Mengen der Cantorschen Theorie sind sie *keine abgeschlossenen Gebilde.* Ihre wesentliche Eigenschaft soll ja gerade sein, daß sie über alle Schranken wachsen können. Daß die Glieder dieser Folgen abzählbar im Sinne der Mengenlehre sind, ist ganz selbstverständlich: Erst indem der Mensch sie zählt, entstehen sie ja als geistige Konstruktionen.

Die Elemente des Kontinuums *sind* nicht, sie *entstehen.* So haben wir bereits die Gedanken von Anaxagoras gedeutet. Durch die Brouwersche Philosophie der Mathematik wird diese Idee klar bestätigt. Das Kontinuum als Medium des freien Werdens wird damit zu einer Gesamtheit, von der immer nur abzählbar unendliche Teilmengen angegeben werden können. Die Elemente dieser Teilmengen lassen sich selbstverständlich den natürlichen Zahlen ein-eindeutig zuordnen, wie wir das von der Cantorschen Mengenlehre her kennen. Aber auch die Folge der natürlichen Zahlen müssen wir nicht als abgeschlossene Gesamtheit betrachten: Ihre Gegenstände können unbeschränkt konstruiert werden.

Auch bei dieser Betrachtung wird das Cantorsche Diagonalverfahren keinesfalls bedeutungslos: Zu den abzählbar unendlichen Teilmengen des Kontinuums lassen sich, wie wir gesehen haben, durch Konstruktion stets noch weitere Elemente angeben, die nicht durch die Teilmengen erfaßt werden, aber genau in dem Bereich liegen, den sie darstellen. Durch den Gedanken des nicht statisch starren, sondern des *werdenden* Kontinuums wird auch die Tatsache verständlich, daß beim unbegrenzten Zusammenrücken der reellen Zahlen (bei der Intervallschachtelung) eine allmähliche Ununterscheidbarkeit eintritt. Hermann Weyl sprach in diesem Zusammenhang einmal spöttisch von der »kontinuierlichen Sauce«. Brouwers Betrachtungen zum Kontinuum empfand er jedoch als »einfach und tief«:

»Hier entsteht uns ein Kontinuum, in welches wohl *die einzelnen Zahlen hineinfallen,* das sich aber selbst keineswegs in eine Menge fertig seiender reeller Zahlen auflöst, vielmehr ein Medium freien Werdens.«

Das Bild der ins Kontinuum »hineinfallenden« reellen Zahlen taucht bei Weyl in diesem Zusammenhang öfter auf. Es illustriert verhältnismäßig gut den Prozeß der Intervallschachtelung: Das Kontinuum kann eben nicht aus Teilen zusammengesetzt werden.

Luitzen E. J. Brouwer definiert deshalb den Mengenbegriff anders als Cantor. Erinnern wir uns: Cantor wollte die Menge als »jene Zusammenfassung von bestimmten wohlunterschiedenen Objekten unserer Anschauung oder unseres Denkens zu einem Ganzen« verstanden wissen (s. Seite 102). Dabei wird auf eine konstruktive Tätigkeit des Mathematikers kein Bezug genommen, obwohl das Wort »Zusammenfassung« dies vermuten lassen könnte: Wie soll die Tätigkeit aber aussehen, die unendlich-viele Objekte auf diese Weise zusammenfaßt? Läßt sich die Mengenlehre auch konstruktiv begründen?
»Nicht in der Beziehung von Element zu Menge, sondern in derjenigen des *Teiles zum Ganzen* sieht Brouwer im Einklang mit der Anschauung das Wesen des Kontinuums.« So erläutert Hermann Weyl den gedanklichen Ansatz des holländischen Mathematikers. Brouwer spricht deshalb von einer »unbegrenzten Wahlfolge«, wenn er abzählbar unendliche Gesamtheiten charakterisieren will: Das ist eine Folge, die Schritt für Schritt durch ein freies Auswählen der mathematischen Gegenstände entsteht. Versuchen wir es wieder mit Weyls Bild der ins Kontinuum fallenden Zahlen zu verdeutlichen:
»Die *werdende* Wahlfolge repräsentiert das Kontinuum, die durch ein Gesetz ins Unendliche bestimmte Folge aber die einzelne, in das Kontinuum hineinfallende reelle Zahl. Das Kontinuum erscheint nicht als ein Aggregat fester Elemente, mit Leibniz zu reden, sondern als ein *Medium freien Werdens*.« »... mit Brouwer zu reden«, könnten wir Weyl hier ergänzen. Neben diesen »potentiellen« Unendlichkeiten bestimmt Brouwer die endlichen Mengen durch eine »Hemmung« des Erzeugungsprozesses. Wird eine Folge abgebrochen, »gehemmt«, oder ein bereits konstruiertes Element wieder vernichtet, entsteht eine endliche Gesamtheit.
Anschließend wollen wir aber nun doch noch zeigen, wie die eigentlich sehr klaren Grundgedanken Brouwers von ihm selbst ein wenig dunkel formuliert wurden, so daß sie im »Urtext« eben doch »nur für wenige Eingeweihte verständlich« sind. Hier ist die Brouwersche konstruktive Mengendefinition in ihrem vollen Wortlaut:
»Eine Menge ist ein Gesetz, auf Grund dessen, wenn immer wieder ein willkürlicher Ziffernkomplex der Folge 1, 2, 3, 4, 5, ... gewählt wird, jede dieser Wahlen entweder ein bestimmtes Zeichen oder nichts erzeugt oder aber die Hemmung des Prozesses und die definitive Vernichtung seines Resultates herbeiführt, wobei für jedes $n > 1$ [»n größer als eins«] nach jeder ungehemmten Folge von $n - 1$ Wahlen wenigstens ein Ziffernkomplex angegeben werden kann, der, wenn er als n-ter Ziffernkomplex gewählt wird, nicht die Hemmung des Prozesses herbeiführt. Jede in dieser Weise von einer unbegrenzten Wahlfolge erzeugte Zeichenfolge (welche im allgemeinen nicht fertig darstellbar ist) heißt ein Element der Menge. Die gemeinsame Entstehungsart der Elemente der Menge M wird ebenfalls kurz als die Menge M bezeichnet.«
Es lohnt sich bestimmt, diese Definition mehrmals zu lesen und ihren Inhalt von Formulierung zu Formulierung zu überdenken. Dieser Brouwersche Text drückt manchen Gedanken in allgemeiner und konzentrierter Form aus, den wir auf den letzten Seiten bedächtiger entwickelt haben. Wiederum besteht natürlich kein Anlaß zur Verzweiflung, wenn jemand die Mengendefinition Brouwers nicht ganz verstanden haben sollte: An vielen Texten aus der Feder dieses holländischen Mathematikers hat sich schon mancher

seiner Fachkollegen die Gehirnzellen mächtig strapazieren müssen. Ähnlich dem Dedekindschen Beweis aus dem vierten Kapitel haben wir die Brouwersche Definition wieder mehr aus historischem Interesse in unsere Betrachtung aufgenommen. Brouwers Gedanken zur Begründung der Mathematik zählen nämlich mit zu den bedeutendsten geisteswissenschaftlichen Leistungen unseres Jahrhunderts. Mit seinen Gedanken zu den Unendlichkeiten steht Brouwer übrigens den Philosophen Aristoteles und Kant sehr nahe. Auf die gedankliche Verwandtschaft Brouwers – wie auch der anderen Konstruktivisten – zu Kant haben wir bereits hingewiesen. Aber auch Aristoteles hatte bereits vor vielen Jahrhunderten auf geniale Weise über das Unendliche (»Unbegrenzte«) in ähnlichem Sinne reflektiert. Im dritten Buch seiner »Physik« findet sich etwa folgender für uns »aktueller« Gedanke:

»Das Existieren des Unbegrenzten wird teilweise im Sinne von ›der Potenz nach‹, teils im Sinne ›der Verwirklichung nach‹ gesagt. Das Unbegrenzte existiert jedoch teils durch ein Hinzusetzen, teils durch ein Wegnehmen.«

Es existiert also in der Tätigkeit des Menschen. Denn »der Potenz nach« existieren heißt: Das Unendliche besteht als »Möglichkeit«, als Möglichkeit der gedanklichen Konstruktion etwa. Durch bestimmte Tätigkeiten des Mathematikers – Aristoteles nannte als typische Beispiele das Hinzusetzen und Wegnehmen – kann das Unendliche jedoch verwirklicht werden.

Einen äußerst wichtigen Gedanken zur Unendlichkeit des Mathematikers müssen wir jetzt noch kurz betrachten: Es lassen sich unendliche Zahlenfolgen angeben, die einen *»Grenzwert«* besitzen. Betrachten wir etwa die Folge der rationalen Zahlen $^1/_1$, $^1/_2$, $^1/_3$, $^1/_4$, ..., allgemein also $^1/_m$, wobei m als Variable natürliche Zahlen andeutet. Je größer nun die Werte sind, die m annimmt, um so kleiner wird der Wert von $^1/_m$. Eine weitere Eigenschaft kommt jedoch noch hinzu: Der Wert des Bruches nähert sich dem Wert Null, einem Grenzwert. Eine unendliche Folge mit dieser Eigenschaft wird *»beschränkt«* genannt: Ihre »Schranke« ist der Grenzwert. Deutlich sehen wir das, wenn wir die einzelnen rationalen Brüche in (abbrechende oder periodische) Dezimalbrüche umformen. Beispiele:

$^1/_2 = 0{,}5$
$^1/_3 = 0{,}333\ldots$
$^1/_{20} = 0{,}05$
$^1/_{30} = 0{,}0333\ldots$
$^1/_{200} = 0{,}005$
$^1/_{300} = 0{,}00333\ldots$
$^1/_{2000} = 0{,}0005$
$^1/_{3000} = 0{,}000333\ldots$, usw.

Eine einfache Überlegung zeigt uns, daß der Grenzwert 0 durch noch so »hochgetriebene« Werte von m niemals erreicht werden kann. Man kommt ihm auf diese Weise nur beliebig nahe. Es ist also falsch zu sagen, daß der Wert 0 für den Bruch $^1/_m$ dadurch erhalten wird, wenn m durch eine »unendlich große Zahl« ersetzt wird oder gar »den Wert Unendlich« annimmt. Was sollen wir uns denn unter einer »unendlich großen Zahl« vorstellen? Bei der Formulierung »der Wert Unendlich« wird der Unsinn noch offenkundiger. Wir brauchen uns ja nur an das Wort des Anaxagoras zu erinnern: »Beim Großen gibt es stets ein Größeres.«

Wir können diesen Sachverhalt vielleicht so ausdrücken: m ist niemals unendlich groß, es *wird* lediglich unendlich. »m strebt gegen Unendlich«, sagt der Mathematiker auch. Aber auch das ist noch eine etwas verfängliche Formulierung. Gemeint ist hier ja nur eine »potentielle« Unendlichkeit, die bloß »der Potenz nach« besteht, um mit Aristoteles zu sprechen. Statt zu sagen »m strebt gegen Unendlich«, wäre es daher zutreffender, sich so auszudrücken: »m wächst über alle Schranken.« Damit wird sogar der Ausdruck »unendlich« überhaupt vermieden. Wie wirkt sich das für die Folge der rationalen Zahlen $\frac{1}{m}$ aus, wenn m über alle Schranken wächst?

Der französische Mathematiker Augustin Louis Cauchy (1789–1857) hat für diesen Sachverhalt folgende auch heute noch gebräuchliche Schreibweise eingeführt:

$$\lim_{m \to \infty} \frac{1}{m} = 0$$

Dabei ist »lim« Abkürzung für das lateinische Wort »limes«. Wir kennen es auch im Alltag – »limitieren« heißt den Preis begrenzen – und aus der Geschichte: Der Limes war die über 500 Kilometer lange Grenzbefestigung des Römischen Reiches gegen die Germanen. In der Mathematik bedeutet limes soviel wie »Grenzwert«, »∞« dagegen ist ein Symbol für »unendlich«, darf aber keinesfalls mit einem Zahlzeichen verwechselt werden. Der obige Ausdruck ist dann zu lesen: »Der Limes des Bruches $\frac{1}{m}$, wenn m gegen Unendlich strebt, ist Null.« Das Unendliche ist hier jedoch nur eine »façon de parler«, eine gewisse Sprachgewohnheit, die umgangen werden kann, wenn man sagt:

Der Bruch $\frac{1}{m}$, wobei m eine natürliche Zahl andeutet, kann dadurch *beliebig genau* in seinem Wert an 0 angenähert werden, daß m *genügend groß* gewählt wird.

Deshalb »protestiere ich gegen den Gebrauch einer unendlichen Größe als einer *vollendeten,* welcher in der Mathematik niemals erlaubt ist. Das Unendliche ist nur eine façon de parler, indem man eigentlich von *Grenzen* spricht, denen gewisse Verhältnisse so nahe kommen als man will, während andern *ohne Einschränkung zu wachsen* verstattet ist.« Diesen den meisten Mathematikern wohlvertrauten Satz hat Karl Friedrich Gauß, der »Fürst der Mathematiker«, im Jahre 1831 niedergeschrieben. Er zeigt uns, daß es sich sogar oftmals vermeiden läßt, vom »Unendlichen« zu reden, wo nur eine scheinbar existierende Unendlichkeit vorliegt.

Unsere Betrachtungen haben uns jedenfalls eines gelehrt: Der Mathematiker beherrscht die verschiedenartigsten Formen der Unendlichkeit und kann sinnvolle Aussagen über sie machen: »All die tönenden Worte, die mit dem Begriff der Unendlichkeit zu tun haben, bedeuten nichts, wenn sie sich nicht auf einen bestimmten Bereich von Gedanken und ein bestimmtes Problem beziehen.« Diese klugen Worte des theoretischen Physikers und Nobelpreisträgers Max Born ziehen die Bilanz unserer Erkenntnisse um die Unendlichkeiten des Mathematikers, seien es nun die Brouwerschen oder die Cantorschen.

6.2 Schwierigkeiten mit der »Menge aller Mengen«

Antinomien der Mengenlehre

Nach diesen ausführlichen Betrachtungen zum Unendlichkeitsproblem, wie der Mathematiker es sieht, können wir vor allem zwei wichtige Erkenntnisse notieren: In den mathematischen Grundlagenfragen, bei denen immer wieder mit philosophischen Gedanken argumentiert werden *muß,* gibt es unter den Mathematikern keine einheitliche Auffassung. Gerade an der Unendlichkeit scheiden sich die Geister:

Wenn es um die Fundamente der exakten Wissenschaft geht, gibt es sogar in der Mathematik einen Streit der Meinungen.

Aber warum soll man das unbedingt bedauern? Mathematik ist eine Tätigkeit, die von Menschen ausgeübt wird. Es gibt viele Menschen, denen die Beschäftigung mit der Mathematik viel Freude bereitet. Wäre diese Mathematik aber nicht eine armselige, bedauernswerte Tätigkeit, wenn alle Menschen, die zwar in gleicher Weise »rechnen«, auch alle die gleiche Meinung über ihre Wissenschaft besäßen? Der philosophische Gedankenraum greift weit in die Grundlagen der exakten Wissenschaft Mathematik hinein und befruchtet die Überlegungen der Mathematiker. Diese Wissenschaft ist kein stures Formelspiel, das jeden freien Gedanken niederwalzt. Die scheinbare Pedanterie der Beweise, von denen wir bereits die verschiedenartigsten Formen kennengelernt haben, läßt in Wirklichkeit der Freiheit des Ansatzes einen weiten Raum. Ist die Ausgangsstellung dann allerdings gewählt, vollzieht sich der Fluß der Gedanken diszipliniert, schematisch.

Aber halten wir uns stets den Wittgensteinschen Satz vor Augen: »Sieh den Beweis nicht als einen Vorgang an, der dich *zwingt,* sondern der dich *führt.*« An dieser Stelle der »Bemerkungen über die Grundlagen der Mathematik« können wir weiterlesen: »Aber wie kommt es, daß der Beweis *jeden* von uns so führt, daß wir übereinstimmend von ihm beeinflußt werden? Nun, wie kommt es, daß wir übereinstimmend *zählen*? ›Wir sind eben so abgerichtet‹, kann man sagen, ›und die Übereinstimmung, die so erzeugt wird, setzt sich durch die Beweise fort‹.«

Mathematik ist eine Tätigkeit für Menschen, denen es um eine *»Sicherheit«* in ihrer Wissenschaft geht, wie sie David Hilbert gefordert hat (s. Seite 57). Sie können aber auch mit Hermann Weyl bekennen: »Wir *haben* die Wahrheit nicht, sie will *durch Handeln* gewonnen werden.« Bereits Galileo Galilei hat ähnlich gedacht: »Wir gehen mittels schrittweiser Erörterung weiter von Schluß zu Schluß.«

Die zweite Erkenntnis resultiert mit aus der ersten: Es ist immer größte Vorsicht geboten, wenn vom Begriff der Unendlichkeit die Rede ist. Stets müssen wir den »bestimmten Bereich von Gedanken«, das »bestimmte Problem« vor Augen haben, auf das sich die jeweilige Unendlichkeit bezieht. So hat es Max Born warnend formuliert. Allzu sorgloses Operieren mit der Unendlichkeit birgt stets größte Gefahren in sich. Daß dies nicht nur für den völlig naiven Umgang mit unendlichen Folgen gilt, wollen wir nun noch ganz deutlich aufzeigen.

Man nennt den Teil der Mathematik, der sich den Rechenoperationen mit stetigen, kontinuierlich veränderlichen Größen widmet, die *»Analysis«.* Diese Bezeichnung kommt aus dem Griechischen und bedeutet »Auflösung«. Die Analysis unterscheidet sich durch ihre Beschäftigung mit stetigen Größen wesentlich von der Arithmetik, die es mit individuellen, diskreten Größen zu tun hat (s. Seite 83 f.). Ähnlich wie für die Geometrie ist auch für die Analysis ein Axiomensystem entwickelt worden. Das geschah Ende des vorigen Jahrhunderts. Ein Axiom der Analysis sieht etwa so aus:

»Jede beschränkte Menge von reellen Zahlen besitzt eine obere Grenze.«

Dieses Axiom kann auch anders formuliert werden:

»Jede beschränkte Folge von reellen Zahlen besitzt mindestens eine Häufungsstelle.«

Vielen Mathematikern ist dieses Axiom auch als »Satz von Bolzano-Weierstraß« geläufig, benannt nach den beiden bedeutenden Mathematikern Karl Theodor Weierstraß (1815 bis 1897) und Bernhard Bolzano (1781 bis 1848). Leider sind bisher alle Ansätze gescheitert, die gesamte Analysis zur allgemeinen Befriedigung vollständig zu axiomatisieren: Es gelang also nicht, alle Aussagen der Analysis aufgrund gewisser Axiome zu beweisen und alle ihre Begriffe aufgrund bestimmter (undefinierter) Grundbegriffe zu definieren. Solche Mängel braucht eine *Mengenlehre* nicht aufzuweisen. Sie reicht außerdem aus, um die gesamte Analysis befriedigend zu begründen. So argumentieren wenigstens die Axiomatizisten. Ihr Lösungsvorschlag ist eine *»axiomatische«* Mengenlehre. Von ihr wird noch die Rede sein (s. Seite 160).

Wieso haben aber dann Brouwer und Weyl die ursprüngliche Mengenlehre Cantors so radikal verändert und eine *»intuitionistische«* Mengenlehre begründet? Warum Lorenzen das Überabzählbare ein »Fabelreich« nennt, das haben wir im wesentlichen schon diskutiert (s. Seite 144): Die intuitionistische oder konstruktivistische Auffassung der Mathematik als Tätigkeit kann mit dem Begriff des Überabzählbaren nichts anfangen. Deshalb akzeptieren die Konstruktivisten das Unendlich auch nur in der aufgezeigten »potentiellen« Form – eine Auffassung, die wir durch Sätze von Aristoteles, Kant und Brouwer belegt haben.

Cantor fand jedoch: »Zu dem Gedanken, das Unendlichgroße nicht bloß in der Form des unbegrenzt Wachsenden, sondern es auch in der bestimmten Form des *Vollendet-Unendlichen* mathematisch durch Zahlen zu fixieren, bin ich fast wider meinen Willen, weil im Gegensatz zu mir wertgewordenen Traditionen, durch den Verlauf vieljähriger wissenschaftlicher Bemühungen und Versuche logisch gezwungen worden.« Damit legte Cantor jedoch gleichzeitig ein Bekenntnis zur Platonischen Philosophie des Unendlichen ab: Da gibt es das »Eigentlich-Unendliche«, das »Aktual-Unendliche«, und wir können es erkennen und mathematisch beschreiben. Erinnern wir uns also an die erkenntnistheoretischen Betrachtungen zur Platonischen Lehre (s. Seite 34). Erinnern wir uns aber auch an Hermann Weyls Kommentar: »Der Sprung ins Jenseits wird hier vollzogen, wenn die ins Unendliche offene, gesetzmäßig entstehende Reihe der Zahlen zu einem Inbegriff an sich existierender Gegenstände gemacht wird« (s. Seite 100). Für den Konstruktivisten ist also auch eine abzählbare Menge nicht abgeschlossen im Cantorschen Sinn. Für ihn ist Mathematik eben menschliche Aktivität, nicht staunender Blick in die göttliche Werkstatt. Dagegen bekannte Cantor in einem Brief an einen Geistlichen: »Die allgemeine Mengenlehre gehört durchaus zur *Metaphysik*.«

Diese angestrebte Weite mathematischer Begriffsbildung hat sich, wie wir gleich zeigen werden, äußerst verhängnisvoll ausgewirkt. Dagegen machte sich Henri Poincaré zum Sprecher der Konstruktivisten, als er sich gegen die »Realität« des Unendlichen aussprach: *»Es gibt kein*

Aktual-Unendliches. Was wir ›unendlich‹ nennen, ist nur die Möglichkeit, unaufhörlich neue Objekte zu schaffen, wie zahlreich auch die schon geschaffenen Objekte seien« – ein Gedanke, der uns von Aristoteles, Kant und Gauß bereits gut vertraut ist. Auch Lorenzens plastischer Vergleich der unendlichen vielen Ableitungen eines einfachen Kalküls mit den Äpfeln im Korb gehört hierher (s. Seite 66). Von besonderer Bedeutung ist vor allem die *Ungültigkeit des Satzes vom ausgeschlossenen Dritten* (tertium non datur). Wieder einmal war es L. E. J. Brouwer, der erstmals auf die Unzulässigkeit dieses Prinzips für unendliche Gesamtheiten hinwies: Die klassische mathematische Logik, in der das tertium non datur gilt, wurde nach Ansicht Brouwers »unberechtigterweise auf die Mathematik der unendlichen Mengen angewandt«. Wir konnten ja bereits zeigen, daß die effektive Logik diesem Gedanken Rechnung trägt: Für die Aussagenverknüpfung $A \vee \neg A$ gibt es keine allgemeine »Gewinnstrategie« im Lorenzenschen »Dialogspiel«. Die effektive Logik ist die *Logik des mathematischen Konstruktivismus.*

Doch nun wollen wir uns wieder dem »naiven« Aufbau der Cantorschen Mengenlehre zuwenden und zeigen, warum diese mathematische Theorie in der ursprünglichen Fassung zum Scheitern verurteilt war. Daß daran wesentlich die angestrebte Weite der Cantorschen Begriffsbildung schuld war, haben wir bereits angedeutet: Man kann nämlich in der Theorie Cantors nicht nur aus der rationalen Zahl $1/3$, dem Gedanken an ein saftiges Steak und den Archivbeständen des Nachrichtenmagazins »Der Spiegel« eine wohlgebildete Menge formen, sondern es ist auch eine *»Menge aller Mengen«* mit bestimmten Eigenschaften zulässig. Mit anderen Worten: Eine Menge *aller* Mengen mit bestimmten Eigenschaften ist eine Menge im Cantorschen Sinne. Nun konnte aber der englische Logiker und Mathematiker Bertrand Russell, den wir bereits als Mitverfasser der »Principia Mathematica« kennengelernt haben, zu Beginn unseres Jahrhunderts zeigen, daß diese Begriffsbildung zu *Widersprüchen* führt.

Betrachten wir diese *»Russellsche Antinomie«*, wie die widerspruchsvolle Begriffsbildung allgemein genannt wird, einmal umgangssprachlich formuliert: Nach der Cantorschen Mengen-Definition ist eine Menge durchaus vorstellbar, die genau alle Mengen zusammenfaßt, die sich selbst nicht als Elemente enthalten. Zu ihnen gehört etwa eine Menge W, die sich selbst, also W, nicht als Element enthält. Russell stellte nun die berechtigte Frage: Enthält diese *Menge aller Mengen, die sich selbst nicht als Element enthalten,* dann sich selbst als Element oder nicht?

Ob man diese Frage bejaht oder verneint – stets formt sich ein Widerspruch: Enthält die Menge sich nämlich selbst als Element, so verstößt sie gegen ihre definierende Bedingung als Menge aller Mengen, die sich selbst *nicht* als Element enthalten. Sie hat also innerhalb einer solchen Menge gar nichts zu suchen. *Also* enthält sie sich eben nicht als Element, müssen wir schließen: Dann ist sie aber nicht mehr die Menge *aller* Mengen, die sich selbst nicht als Element enthalten; denn sie selbst steht ja nun – obwohl sie jetzt die definierende Bedingung erfüllt – außerhalb dieser Menge, die dann nicht mehr Menge aller Mengen sein kann. Führt sie sich dagegen als Element auf . . .

Ein Teufelskreis entsteht auf diese Weise, bei dem wir aus Widersprüchen nicht mehr herauskommen. Natürlich liegt das an der widerspruchsvollen Definition. Die Menge aller Mengen, die sich selbst nicht als Element enthalten, läßt sich aber in

einer nach der Cantorschen Theorie wohlgebildeten Formel ausdrücken. Die Definition kann dann zu folgender schwindelerregenden Formulierung geführt werden:
Die Menge aller Mengen, die sich selbst nicht als Element enthalten, ist dann und nur dann Element der Menge aller Mengen, die sich selbst nicht als Element enthalten, wenn die Menge aller Mengen, die sich selbst nicht als Element enthalten, *nicht Element* der Menge aller Mengen ist, die sich selbst nicht als Element enthalten.
Das läuft ungefähr auf eine Definition der Art hinaus, die einen Esel genau dann zu einem Esel macht, wenn er *kein* Esel ist. Nur ist die Formulierung der Menge aller Mengen, die sich selbst nicht als Element enthalten, nicht von ganz so vordergründiger Widersprüchlichkeit. Wie dieses Monstrum einer Cantor-Menge zunächst sinnvoll gebildet werden kann, wie sich dann aber auch die Widersprüchlichkeit entlarvt, wollen wir nun durch eine teilweise Formalisierung und damit Vereinfachung zeigen:
Wir haben als Beispiel bereits die Menge W genannt, die sich selbst (W) nicht als Element enthält: »W ist nicht Element von W« sagt dann der Mathematiker und schreibt:
$\neg (W \in W)$
»$\neg$«, das Zeichen für die Negation, kennen wir bereits. »$\in$« ist das Zeichen der *Element-Beziehung*. Es kann gelesen werden ». . . ist Element von . . .«: Der nicht verneinte Ausdruck »$W \in W$« würde also aussagen »W ist Element von W«. Wenn es doch für eine Menge W gilt, daß sie sich selbst nicht als Element enthält, also $\neg (W \in W)$, dann gehört W eindeutig der Menge aller Mengen, die sich selbst nicht als Element enthal-

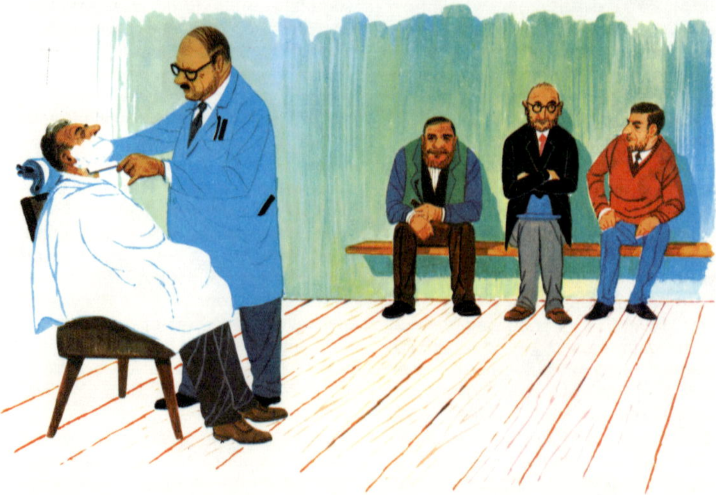

Die Russellsche Antinomie kann in eine reizvolle Situation eingekleidet und verdeutlicht werden: Ein Dorfbarbier wird als der Mann definiert, der alle Männer der Gemeinde dann und nur dann rasiert, wenn sie sich nicht selbst rasieren. Darf sich der Barbier nun selbst rasieren oder nicht?

ten, als Element an. Nennen wir diese Menge aller Mengen U, dann gilt demnach:
$W \in U$
»W ist Element von U.« Und zwar gilt $W \in U$, weil $\neg (W \in W)$ gilt.
Schreiben wir also:
$W \in U$ dann, und nur dann, wenn $\neg (W \in W)$. Die Menge U aller Mengen, die sich selbst nicht als Element enthalten, kann dann aber nur Element von sich selbst sein, wenn sie die definierende Bedingung ebenso erfüllt wie die Menge W. Es muß also gelten:
$U \in U$ dann, und nur dann, wenn $\neg (U \in U)$. Hier wird der Widerspruch ganz offenkundig. Der obige Satz ist nämlich die Grundform einer Antinomie: »Etwas gilt dann und nur dann, wenn es nicht gilt.« (Der hintere Ausdruck ist ja die Verneinung des vorderen Ausdrucks.) Daß durch diese Formulierung ein offenkundiger Widerspruch beschworen wird, müßte jedermann klar sein.
Es gibt eine äußerst reizvolle Einkleidung der Russellschen Antinomie, die uns die vielleicht ein wenig abstrakte Widersprüchlichkeit der Menge aller Mengen, die sich selbst nicht als Elemente enthalten, plastisch vor Augen führt: In früheren Zeiten, als es noch keine elektrischen Rasierapparate gab, war es noch weitgehend üblich, daß sich die Männer »barbieren« ließen. Zuständig dafür war der Barbier, eine Figur, die uns heute fast nur noch aus der Rossini-Oper »Der Barbier von Sevilla« bekannt ist. Unsere Antinomie führt jedoch nicht in die große Stadt Sevilla, sondern in die kleine Gemeinde »A-Dorf«. Für den Barbier dieses kleinen Dorfes wollen wir dann folgende definierende Bedingung wählen:
Der Barbier von A-Dorf ist der Mann, der alle Männer der Gemeinde dann und nur dann rasiert, wenn sie sich *nicht selbst* rasieren.
Leider wird durch eine solche Definition der arme Barbier in eine völlig absurde Situation versetzt: Er darf sich dann weder selbst rasieren noch ist es ihm erlaubt, sich nicht zu rasieren. Wie er sich auch entscheiden mag, stets verstößt er gegen die Definition seiner Person: Rasiert er sich, gehört er nicht mehr zu den Männern, die sich nicht selbst rasieren. Nur diese Männer darf er aber rasieren: Zum Selbstrasierer geworden, darf er sich also nicht mehr selbst rasieren. Rasiert er sich jedoch nicht mehr, gehört er genau zu den Männern, die er barbieren muß, zu denen nämlich, die sich nicht selbst rasieren. Also muß er sich doch rasieren. Tut er es aber, gehört er ...

Der Dorfbarbier, der nur Männer rasieren darf, die sich nicht selbst rasieren, sieht sich in eine absurde Situation versetzt: Sowohl wenn er sich selbst rasiert als auch wenn er sich nicht selbst rasiert, verstößt er gegen seine Definition.

Noch mehr als sein überbeschäftigter Kollege aus Rossinis Oper hätte dieser brave Mann allen Grund, singend zu wehklagen: »Alles auf einmal: Ich kann nicht mehr!« Gottlob gibt es ihn jedoch nur in unserer Phantasie. Das gleiche denken übrigens die Konstruktivisten auch von der Russellschen Menge aller Mengen im Cantorschen Sinne. Sie meinen, daß es wenig Sinn hat, durch eine bloße *Annahme* festzulegen, daß eine beliebige Menge *»existiert«*. Selbst wenn eine derart angenommene »Existenz« einer Menge zu keinerlei Widersprüchen führt, gehört ein solches Gebilde doch eher ins Fabelreich als in die Mathematik. Am schärfsten hat hier Brouwer seine Ablehnung formuliert: Mit der Erkenntnis der Widerspruchsfreiheit eines derartigen Gebildes sei praktisch »kein mathematischer Wert gewonnen«. Ein nicht verurteilter Verbrecher sei schließlich auch ein Verbrecher, wenn man ihn nicht überführt habe. Also ist »eine durch keinen widerlegenden Widerspruch zu hemmende unrichtige Theorie darum nicht weniger unrichtig«. Die Konstruktivisten machen daher auch in der Mengenlehre keinerlei Annahmen, sondern beschränken sich ausschließlich auf Mengen, die *»konstruierbar«* sind. Natürlich gibt es dabei keinen fest abgesteckten Bereich mathematischer Konstruktion. Aber gerade das macht die moderne Mathematik zu einer so reizvoll weiten und ausdrucksstarken Landschaft.

Unabhängig von den strengen Ansichten der konstruktivistisch gesinnten Mathematiker hat Bertrand Russell eine einfache Einschränkung der Mengenbildung vorgenommen, die auch weiterhalf: Er kennzeichnete die Bildungsform der Menge aller Mengen, die sich selbst nicht als Elemente enthalten, als ein unerlaubtes *»nicht-prädikatives«* Verfahren. Ein solches liegt genau dann vor, wenn folgender Sachverhalt zutrifft: Ein Gegenstand gehört einer bestimmten Gesamtheit als Teil oder Element an. Dieser Gegenstand wird nun aber derart definiert, daß auf die Gesamtheit, der er selbst angehört, Bezug genommen wird.

Wie leicht zu erkennen ist, liegt hier der »Pferdefuß« begraben, sowohl für die Bildung der Menge aller Mengen mit bestimmter Eigenschaft als auch für den »A-Dorfer Barbier«. Im Jahre 1908 hat Russell deshalb die naive Mengenlehre Cantors durch eine »verzweigte Typentheorie« korrigiert, die diese Widerspruchsquellen ausschließt. Leider mußte Russell seinen Mathematikerkollegen im Zusammenhang mit dieser Theorie einen völlig uneinsichtigen Grundsatz, das »Reduzibilitätsaxiom«, vorsetzen. Als Axiom brauchte er es natürlich nicht zu beweisen. Aber Axiome sollen doch unmittelbar einleuchten. Hermann Weyl meinte deshalb, daß hier die Vernunft »Harakiri begehen« müsse. In einem sehr lebendigen Bild bringt der Berliner Mathematiker Herbert Meschkowski die skeptische Haltung gegenüber der Russell-Korrektur zum Ausdruck: »Man kann hier einwenden, daß Russell verglichen werden könne mit dem Mann im Vordergrunde von Pieter Bruegels Darstellung der Sprichwörter: ›Er schüttet den Brunnen zu, nachdem das Kalb ertrunken ist.‹ *Dieser* Brunnen ist zugeschüttet – aber sind wir sicher, daß es im Gelände Cantors nicht noch andere Abgründe gibt, die vorwitzigen mathematischen Kälbern gefährlich werden könnten? In einigen Jahrzehnten der Forschung hat man keine gefunden. Aber das sagt doch nicht, daß das nicht doch einmal geschehen könnte. Aber da ist die Mengenlehre in keiner anderen Lage als etwa die Analysis. Man kennt keine Widersprüche in diesem Gebiet der Mathematik. Aber *könnten* nicht einmal welche auftauchen?«

Diese Frage muß sich heute jeder Mathematiker stellen, der über das hinaus will, was mit konstruktiven Mitteln zu erreichen ist. Das gilt vor allem für die *Axiomatiker* (»Axiomatizisten«), von denen auch schon mehrfach die Rede war (vgl. vor allem Seite 76). Der mathematische Konstruktivismus war in unseren Betrachtungen dagegen vor allem mit den Namen Poincaré, Brouwer, Weyl und Lorenzen verbunden, wobei sich der erste selbst einen »Pragmatisten«, der zweite einen »Neo-Intuitionisten« und der dritte einen »Halb-Intuitionisten« nennt. Zu den ersten Verfechtern konstruktivistischer Ideen können auch noch die beiden französischen Mathematiker Émile Borel (1871–1956) und Henri Lebesgue (1875–1941) gezählt werden. Borel war es, der als erster die *»effektive Aufzählbarkeit«* der Elemente einer unendlichen Menge im Sinne der potentiellen Unendlichkeit von der aktual-unendlich gedachten Abzählbarkeit Cantors klar unterschied (s. auch Seite 262).

Erinnern wir uns nun jedoch der Tatsache, daß jede bewiesene Aussage der axiomatischen Mathematik die Form hat: »Aus dem Axiomensystem ... ist die Aussage ... logisch ableitbar« (s. Seite 76). »Solche Behauptungen können von jedem, auch von dem Konstruktivisten, auf ihre Wahrheit geprüft werden – unabhängig davon, ob er die Untersuchung gerade dieser Axiome für zweckmäßig hält oder nicht«, schreibt dazu Paul Lorenzen. Auch unter den Mengentheoretikern gibt es natürlich Axiomatizisten. Hilbert und Fraenkel haben wir bereits kennengelernt. Dazu kommt als bedeutender Mathematiker, der sich der Axiomatisierung der Cantorschen Mengenlehre gewidmet hatte, Ernst Zermelo (1871–1953). Von ihm stammt das für die Axiomensysteme der Mengenlehre so bedeutsame »Auswahl-Axiom«. Von den Konstruktivisten wird es abgelehnt, weil es Aussagen über Mengen gestattet, für die kein Verfahren angegeben werden muß, wie die Mengen zu konstruieren sind. Derartige bloße »Existenzaussagen« erscheinen den Konstruktivisten als sinnlos. Für die Axiomatiker ist jedoch allein die *Widerspruchsfreiheit* entscheidend, ein Standpunkt also, den vor allem Brouwer leidenschaftlich abgelehnt hat. Deshalb gibt es in der Landschaft der modernen Mathematik zwei Arten von Mengenlehren, eine axiomatische und eine konstruktive.

Für alle bisher vorliegenden Axiomatisierungen der Cantorschen Mengenlehre, so elegant ihre Formalismen meist auch sind, so wirksam sie sich für die Grundlegung der Analysis erwiesen haben, muß jedoch festgestellt werden: *Ihre Widerspruchsfreiheit ist noch unbewiesen.* Andererseits haben sich zwar auch bisher keine Widersprüche herausgestellt. Aber das ist noch keine Garantie dafür, daß nicht eines Tages doch einer gefunden werden kann.

Im November 1963 machte die axiomatische Mengenlehre sogar Schlagzeilen in der Weltpresse: Die »New York Times« servierte eine mathematische Nachricht in der europäischen Ausgabe auf der ersten Seite! Nahezu alle Presseleute standen dem Inhalt der Meldung allerdings mit fast völliger Verständnislosigkeit gegenüber. Was war geschehen?

Ein junger amerikanischer Physiker, Paul Cohen (geb. 1934), hatte angeblich eine Entdeckung gemacht, die – so las man es – »an einem der Pfeiler rüttelte, auf denen das Fundament der Mathematik ruht«. Die Wirklichkeit sah allerdings ein wenig nüchterner aus: Cohen hatte bewiesen, daß sich für die Axiomatisierung der Mengenlehre nichts ändert, wenn die Verneinung der Kontinuumshypothese und die Verneinung des Auswahl-Axioms zur Theorie hinzugefügt wird. Nun wissen wir aber, daß überhaupt noch kein Beweis für die Widerspruchsfreiheit einer axiomatisierten Mengenlehre (z.B. für das System von Zermelo und Fraenkel) vorliegt. Cohens Beweis besagt also nur, daß unter der Voraussetzung der Widerspruchsfreiheit einer Axiomatisierung der Mengenlehre Cantors auch eine Erweiterung des Systems um die beiden genannten Verneinungen weiterhin widerspruchsfrei bleiben *würde.* Die Behauptung Cohens ist also rein hypothetisch.

Für einen konstruktivistisch gesinnten Mathematiker bleibt damit der Zustand der Axiomatisierung weiterhin sehr problematisch. Gibt es also immer noch einen Grundlagenstreit oder gar eine *»Grundlagenkrise«* in der Mathematik, in der exaktesten aller exakten Wissenschaften? Tatsächlich herrschte in den zwanziger Jahren ein uns heute seltsam anmutender »Kampf« zwischen Konstruktivisten und Axiomatizisten. »Heerführer« der feindlichen Lager waren Brouwer und Hilbert: Das von Brouwer verworfene tertium non datur forderte Hilbert innerhalb seiner »formalen Systeme«. Man dürfe seinen Gebrauch dem Mathematiker so wenig verbieten wie dem Boxer den Gebrauch seiner Fäuste. Dagegen entsprach jedoch die Hilbertsche Forderung nach dem Beweis der Widerspruchsfreiheit der Formalismen mit *»finiten«* Mitteln praktisch einem konstruktivistischen Gedanken: »Das Operieren mit dem Unendlichen kann nur durch das *Endliche* gesichert werden.« Dies ist ein wesentlicher Gedanke der Hilbertschen »Metamathematik« (vgl. Seite 57). Sein metamathematisches Programm hat vieles zur Klärung der konstruktivistischen und axiomatischen Methodik in der Arithmetik beigetragen. Wir haben uns vorwiegend mit dem konstruktiven Aufbau dieser mathematischen Disziplin beschäftigt. Axiomatische Ansätze von Hilbert und Peano wurden nur angedeutet (s. Seiten 97 und 117). Das hier bedeutsame Verhältnis von klassisch mathematischer Logik und effektiver Logik haben wir jedoch ausführlich dargestellt.

In der mathematischen *Praxis* siegte im Kampf die »Hilbert-Mannschaft«: Die mathematischen Lehrbücher werden immer noch vorwiegend unter dem Gesichtspunkt der Axiomatik verfaßt. Brouwers Namen lernt der Mathematikstudent meist erst in seiner Spezialvorlesung über »Topologie« kennen. Der Streit der beiden Lager ist zwar noch immer nicht ganz abgeklungen. Die meisten Mathematiker, denen die Grundlagen ihrer Wissenschaft am Herzen liegen, werden jedoch Paul Lorenzen zustimmen, wenn er feststellt:

»Es ist heute leicht zu sehen, warum der Kampf nicht *theoretisch* entschieden werden konnte: *Zwischen konstruktiver und axiomatischer Mengenlehre besteht gar kein Widerspruch.* Man kann ja beides tun. So wie die Mathematik Platz hat für den Arithmetiker und für den Geometer, so hat sie auch Platz für eine konstruktive Mengenlehre und Analysis und für eine axiomatische Mengenlehre und Analysis. Stellt man die Frage, ob es unbedingt nötig sei, daß neben der einen Form der Mengenlehre auch noch die andere betrieben werde, dann ist selbstverständlich der Streit unvermeidlich, weil jede Partei, die einen Totalitätsanspruch stellt, damit der anderen Partei die Existenzberechtigung abspricht.«

Der Vollständigkeit halber sei noch erwähnt, daß es neben den Axiomatizisten und Konstruktivisten eine Gruppe von Mathematikern (Frege, Russell, Whitehead) gab, die versucht hatten, die gesamte Mathematik auf die Logik zurückzuführen. Man nannte sie deshalb *»Logizisten«*. Hier mußten so einfache mathematische Gegenstände wie die natürlichen Zahlen mittels komplizierter logischer Begriffe definiert werden. Heute erfüllen den Axiomatikern die *Peano-Axiome* diese Aufgabe (s. Seite 117). Die Konstruktivisten dagegen teilen die Ansicht Hermann Weyls, »daß die Vorstellung der natürlichen Zahlenreihe ein letztes Fundament des mathematischen Denkens ist«. Der logizistische Versuch, alle Mathematik auf die Logik zurückzuführen, scheint daher heute überholt zu sein.

Da die Logizisten in der Geschichte der mathematischen Grundlagenforschung aber doch eine bedeutsame Rolle gespielt haben, wollen wir hier noch zwei Vertretern dieser Auffassung das Wort erteilen: Bertrand

Russell findet, daß »formale Logik dasselbe ist wie Mathematik«. Und Gottlob Frege bekannte: »Es ist keine scharfe Grenze zwischen Logik und Arithmetik zu ziehen.« Unsere bisherigen Betrachtungen haben diese Auffassungen nicht bestätigen können. Aber hören wir den Verfasser der »Principia Mathematica«:

»Wir gehen in der reinen Mathematik von bestimmten Schlußregeln aus, die uns den Schluß gestatten, daß, wenn ein Satz wahr ist, auch ein anderer Satz wahr sei. Diese Schlußregeln stellen den größten Teil der Prinzipien der formalen Logik dar. Wir machen eine Annahme, die verlockend erscheint, und leiten ihre Folgerungen ab. Wenn unsere Annahme etwas ganz *Allgemeines* betrifft und nichts mehr oder weniger Besonderes, dann stellen unsere Schlußfolgerungen Mathematik dar.«

Erinnern wir uns aber, wie Gentzen und Wittgenstein dieses Vorgehen kommentiert haben (s. Seite 64). Wie Courant und Robbins glauben wir zudem, daß »der Lebensnerv der Mathematik« durch derartige Behauptungen bedroht ist (s. Seite 18). Macht es sich Russell vielleicht nicht doch etwas zu einfach, wenn er schließlich zu folgender Erkenntnis kommt:

»Auf diese Weise könnte man Mathematik als den Gegenstand definieren, bei dem wir niemals wissen, worüber wir reden, noch ob das, was wir sagen, wahr sei. Leute, die sich über die Anfangsgründe der Mathematik den Kopf zerbrochen haben, werden hoffentlich Trost in dieser Definition finden und sie wahrscheinlich billigen.«

Nun, wir haben bereits eine stattliche Anzahl von Mathematikern kennenlernen können, die sich nicht auf diese billige Weise haben trösten lassen. Wir haben mehrmals darauf hingewiesen, daß die Grundlagen jeder Wissenschaft, auch der exaktesten, *einfach* sein sollten. Dieses Prinzip haben vor allem die Konstruktivisten beherzigt. Russell dagegen meint gar: »Es ist für den Geist des Laien nicht leicht, bei der Erörterung der Grundlagen der Mathematik die Bedeutung des Symbolismus einzusehen, und die Erklärung könnte vielleicht seltsam paradox erscheinen. Doch ist es eine Tatsache, daß der Symbolismus nützlich ist, *weil er die Dinge erschwert.* (Dies gilt nicht für die fortgeschrittenen Partien der Mathematik, sondern nur für die Anfangsgründe.)«

Diese Erklärung *erscheint* nicht nur »vielleicht seltsam paradox«, sie *ist* es. Wir wollen uns in dieser Frage an den Schweizer Mathematiker Speiser halten, der schrieb: »Unsere Aufgabe ist ja nicht die, möglichst komplizierte Begriffsgebäude aufzustellen, sondern vielmehr einfache, aber kräftige Anschauungen zu entdecken.«

7. Strukturen

7.1 »Ein Monstrum der idealen Welt?«

Strukturelle Betrachtungen zur komplexen Zahl

Manchem Leser mag es bei der Lektüre der beiden letzten Kapitel bereits aufgefallen sein: Während wir zunächst mehr oder weniger viele Formeln entwickeln mußten, um die mathematischen Erkenntnisse zu formulieren, konnten wir die konstruktiven Gedanken zum Unendlichkeitsproblem nahezu ohne die Anwendung solcher Gebilde abhandeln. Jeder Nichtmathematiker wird das begrüßen; denn »ein auffälliger Zug aller Mathematik, der den Zugang zu ihr dem Laien so sehr erschwert, ist der *reichliche Gebrauch von Symbolen«*. So wie Hermann Weyl haben die meisten Mathematiker die Scheu der Außenstehenden vor ihrer Wissenschaft begriffen. Es gibt gewiß auch Vertreter der exakten Wissenschaften, die gar nichts gegen diesen »künstlichen« Schutzwall um »ihre« Mathematik einzuwenden haben. Im Gegenteil: Je höher die Formel-Hecke sprießt, um so ungestörter wähnen sie sich, geschützt vor den Blicken der Öffentlichkeit ...

Die Konstruktivisten dagegen können mit Weyl bekennen: »Vom intuitionistischen Standpunkt aus liegt im Gebrauch von Symbolen kein wesenhaftes Merkmal der Mathematik. Der Intuitionist sieht in den Symbolen wie in der Sprache *nur Hilfsmittel* zur Unterstützung des Gedächtnisses durch Fixierung und zur Mitteilung.« Mathematik und mathematische Sprache sind damit für einen konstruktivistischen Denker scharf zu trennen. Mathematik ist für ihn ja »mehr ein Tun als eine Lehre« (s. Seite 148). Um einen sicheren Überblick über seine Tätigkeiten zu gewinnen, um sie klar und lückenlos anderen Menschen mitzuteilen, wird er sie jedoch am zweckmäßigsten »zu Papier« bringen oder an eine Tafel schreiben. Sein Tun ist damit fixiert. Es wird für jeden kontrollierbar, läßt sich Schritt für Schritt vergleichen und nachvollziehen. Gerade deshalb ist auch die vom Konstruktivisten geforderte Einsichtigkeit der einzelnen Beweisschritte zu verstehen.

Aber Sprache und Symbole sind in der konstruktiven Mathematik eben nur Hilfsmittel: In der Arithmetik können wir ja die Einheit (»Eins«) lediglich *denken* und dann gewisse fundamentale Folgen aus Einheiten »in Gedanken« bilden, ohne Papier und Bleistift zu Hilfe zu nehmen. Wir können *zählen,* ohne zu sprechen (vgl. Seite 80). Die ungarische Mathematikerin Rózsa Péter kommentiert dieses Tun, das ohne Sprache und Symbole erfolgen kann: »Man erhält die natürlichen Zahlen, wenn man von 0 oder 1 ausgeht und immer wieder um 1 weiterzählt. Dann ist in der Wissenschaft der natürlichen Zahlen dieses ›um 1 Weiterzählen‹ eine der wichtigsten Methoden.« Viele einfache schematische Operationen können, wie wir gesehen haben, prinzipiell ohne sprachliche Mitteilung erlernt werden (s. Seite 61). Selbst die logischen Junktoren lassen sich, wie Kolmogoroff und Lorenzen gezeigt haben, ohne Bezugnahme auf Worte der Umgangssprache wie »und«, »oder«, »nicht« usw. einführen (s. Seite 67 f.).

Ein Formalist aus der »Hilbert-Schule« denkt in diesem Fall ganz anders: »Für ihn besteht die Mathematik ganz und gar aus Symbolen, die keine in der sinnlichen oder geistigen Anschauung aufzuweisende

Bedeutung haben und mit denen nach sicheren Regeln operiert wird.« So hat es wieder der »abtrünnige« Hilbert-Schüler Weyl gekennzeichnet. Wichtig für den Formalisten sind die »sicheren« *Spielregeln,* die keinen Widerspruch entstehen lassen, und das bedeutungslose Zeichen auf dem Papier, das von Fall zu Fall als »Gerade« oder »Bierseidel« gedeutet wird (s. Seite 32). David Hilbert hat einmal fast prophetisch bekannt:

»Am Anfang ist das Zeichen.«

Hilbert nannte die von uns geschilderte sukzessive Erweiterung des Zahlbegriffs, die beim Zählen der natürlichen Zahlen beginnt und die wir bis zur *Erzeugung* der reellen Zahlen verfolgt haben, die »genetische Methode«. Es gibt noch heute viele formalistisch gesinnte Mathematiker, die diese Methode als »vorwissenschaftlich« empfinden. Auch Hilbert fand:

»Trotz des hohen pädagogischen und heuristischen Wertes der genetischen Methode verdient doch zur endgültigen Darstellung und völlig *logischen Sicherung* des Inhalts unserer Erkenntnis die axiomatische Methode den Vorzug.«

Wir haben festgestellt, daß die konstruktive, hier von Hilbert als »genetisch« bezeichnete Methode und die axiomatische oder formale Methode *keinen theoretischen Widerspruch* bilden: Man kann ja beides tun (s. Seite 160). Gerade Paul Lorenzen »mischt in origineller Weise intuitionistische mit formalen Methoden«, wie ihm ein Kollege bestätigt hat. Die meisten Konstruktivisten – sehen wir einmal von ihrem »puristischsten« Vertreter Brouwer ab – sind, was die Auswahl des mathematischen Handwerkszeugs anbelangt, meistens viel großzügiger und duldsamer als viele ihrer axiomatizistischen Kollegen. Unter diesen gibt es nämlich noch einige, für die es ausschließlich die axiomatische Mathematik gibt. Alles andere, etwa die konstruktive Arithmetik, ist in ihren Augen lediglich »vorwissenschaftlich«.

Die Ursache dieser arrogant anmutenden Haltung ist in der platonischen Philosophie der Mathematik und im Absolutheitsanspruch zu suchen, den Gottlob Frege in diese Wissenschaft gebracht hat. Wir wissen bereits, daß für den griechischen Philosophen Platon die eigentliche Realität in einem völlig unstofflichen Ideenreich liegt, dessen Urbilder wir nur als verschwommene, schattenhafte Abbilder wahrnehmen können (s. Seite 34). Durch die Brille einer derartigen Ideenlehre gesehen, beschäftigt sich der konstruktive Mathematiker natürlich mit Gegenständen und Tätigkeiten einer »niederen« körperlichen Welt. Dazu kommt die gewiß streng begründete, aber doch sehr dogmatische Lehre Freges, der in den Axiomen *»wahre Gedanken«* sah. »Der Gedanke ist für alle derselbe, und seine *Wahrheit* ist ganz unabhängig davon, ob er von diesem oder jenem Menschen gedacht wird oder nicht. Das Denken ist also nicht als Hervorbringen des Gedankens, sondern als dessen Erfassen anzusehen.«

Dieses Erfassen, dieser »erschauende Blick« in eine übernatürliche Welt, kann natürlich auf Konstruktionen irgendwelcher Art, auf menschliche Tätigkeiten überhaupt, verzichten: Die natürlichen Zahlen, um ein einfaches Beispiel zu nennen, existieren dann auch, *ohne daß Menschen zählen.* Die irrationale Zahl $\sqrt{2}$ existiert nach dieser Auffassung, ohne daß wir eine Intervallschachtelung vornehmen usw. Der Mathematiker konstruiert hier also nicht, er *entdeckt.* Er stößt in ein unermeßliches Reich der Ideen vor: Die mathematische Theorie erhält ausschließlich dadurch ihre Berechtigung und Rechtfertigung, daß sie *Erkenntnisse über das Seiende* formuliert, weil sie wahre Aussagen über das Reich der Ideen macht.

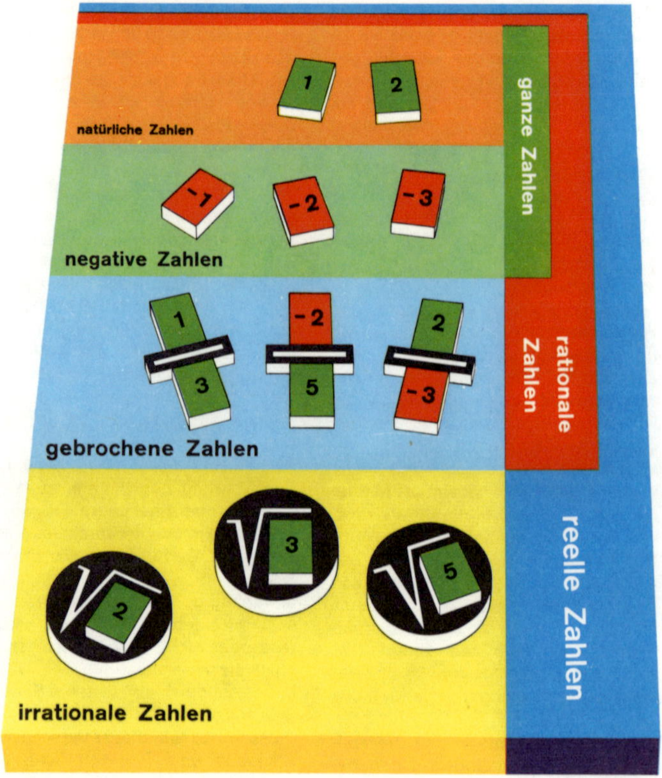

Die Mathematiker mußten den Zahlbegriff, der zunächst nur die natürlichen Zahlen 1, 2, 3, . . . umfaßte, systematisch erweitern, um jeweils bestimmte Operationen unbeschränkt ausführen zu können.

Die mathematischen Gegenstände sind dann ja »an sich« vorhanden, sie existieren ideell, unabhängig von der Tätigkeit des Mathematikers ...
Gewiß sind viele Mathematiker mit dieser Haltung sehr weit gekommen, erstaunlich weit sogar, wenn wir es nüchtern betrachten. Die Russellsche Menge aller Mengen, die sich selbst nicht als Element enthalten, entpuppte sich dann jedoch als der erste »Brunnen«, der zugeschüttet werden mußte, als das Kalb bereits ertrunken war (s. Seite 158). Die konstruktiven Mathematiker packen dieses Problem daher ganz anders an: Warum sollen wir dieses Ideenreich der »an sich« existierenden mathematischen Gegenstände überhaupt voraussetzen? fragen sie: Für uns existieren diese Gebilde nur dann, wenn sie das klare Ergebnis von (geistigen) *Konstruktionen* sind, die natürlich von *Menschen* ausgeführt werden. Mathematik ist eine sinnvolle Tätigkeit für schöpferische

Menschen, kein Blick in eine überirdische Werkstatt. Die von diesen Menschen angewandten Konstruktionen sollen von anderen Menschen Schritt für Schritt verfolgt werden können, also klar und einsichtig aufgebaut sein.

Solche Fragen betreffen nur allesamt das Problem der *logisch-mathematischen Grundlagenforschung.* Mit ihm haben wir uns in diesem Buch von den ersten Seiten an beschäftigt. Die verschiedenartigen Gedanken der Mathematiker zu diesem Problemkreis haben uns deutlich erkennen lassen, was wir bereits in der Einleitung andeuten mußten: Es gibt keine eindeutige und erschöpfende Auskunft auf die Frage: »Was ist Mathematik?« Dabei haben wir bisher nur einen kleinen Teil der mathematischen Landschaft kennengelernt.

Ziehen wir trotzdem Bilanz zur Grundlagenforschung der exakten Wissenschaften: Den konstruktivistisch gesinnten Mathematikern und ihren axiomatizistisch gesinnten Kollegen geht es um *die Pfeiler, auf denen das Gebäude der »reinen« Mathematik ruht.* Beide Gruppen sind redlich darum bemüht, vor allem die zerbrechenden naiv-mengentheoretischen Stützen des mathematischen Fundamentes auszuwechseln. Für den Konstruktivisten geht es weiterhin noch darum, die ihm unsicher erscheinenden axiomatischen Verstrebungen durch ein solides Pfahlwerk aus einfachen, einleuchten-Konstruktionen abzusichern. Doch das ist keine Frage der Theorie mehr, sondern der »bautechnischen« Praxis. Völlig einig sind sich heute die Grundlagenforscher, *»daß die Mathematik über einen unabhängig von aller Logik gesicherten Inhalt verfügt und daher nie und nimmer allein durch die Logik begründet werden kann«.* So hat es bereits Hilbert in seinem berühmten Aufsatz »Über das Unendliche« ausgedrückt.

Aber richten wir nun unseren Blick weg von den Fundamenten dieser Wissenschaft: Was wäre denn die mathematische Landschaft ohne die weiten Gefilde der *angewandten Mathematik*? Erst sie hat doch unser Zeitalter der großartigen theoretischen Weltkonstruktion ermöglicht, die sich heute in Physik, Chemie und Molekularbiologie abspielt. Ohne die präzisen mathematischen Werkzeuge gäbe es keine Einsteinsche Relativitätstheorie, keine Heisenbergsche Matrizenmechanik, keine theoretische Elementarteilchen-Forschung usw. Und in dieser Landschaft der angewandten Mathematik gibt es nicht einmal einen Streit zwischen Konstruktivisten und Formalisten um die *Praxis* der theoretischen Hilfsmittel in den exakten Naturwissenschaften: Jeder Physiker oder Chemiker kann heute unbekümmert mit den Formeln rechnen, die ihm der Mathematiker zur Verfügung stellt. Ganz gleich, wie sich der Streit um die Mengenlehre nun eines Tages entscheiden wird – für den Naturforscher ist das ohne jede Bedeutung. Bereits zu Beginn der dreißiger Jahre erläuterte nämlich Hermann Weyl diese Situation in einem Vortrag, den er »Stufen des Unendlichen« überschrieben hatte:

»Nimmt man die Mathematik für sich allein, so beschränke man sich mit Brouwer auf die *einsichtigen Wahrheiten,* in die das Unendliche nur als ein offenes Feld von Möglichkeiten eingeht. Es ist kein Motiv erfindbar, das darüber hinausdrängt. In der Naturwissenschaft aber berühren wir eine Sphäre, die der schauenden Evidenz sowieso undurchdringlich ist. Hier wird Erkenntnis notwendig zur *symbolischen Gestaltung,* und es ist darum, wenn die Mathematik durch die Physik in den Prozeß der theoretischen Weltkonstruktion mit hineingenommen wird, auch nicht mehr nötig, daß das Mathematische sich daraus als ein besonderer Bezirk des anschaulich Gewissen isolieren lasse: Auf dieser höheren Warte, von der aus die ganze Wissenschaft als eine Einheit erscheint, gebe ich Hilbert recht.«

Diese Ansicht Weyls wird von den meisten Mathematikern geteilt, die sich mit den Grundlagen ihrer Wissenschaft beschäftigen. Außerdem kann es sich selbst der konsequenteste Konstruktivist nicht leisten, auf Symbole und Formeln zu verzichten, auch wenn sie nur Hilfsmittel für ihn darstellen. In einer klaren symbolischen Sprache hat man nun einmal »im Unterschied zu den gewöhnlichen Wortsprachen, eindeutige Zeichen und exakte Formulierungen. Die Korrektheit und vor allem die Reinheit einer Ableitung können daher hier leichter und genauer geprüft werden als in der Wortsprache. Unter der Reinheit einer Ableitung ist gemeint, daß sie keine anderen Voraussetzungen verwendet als diejenigen, die ausdrücklich aufgezählt werden.«

Ähnlich wie hier der Logiker Rudolf Carnap haben es viele Vertreter der *Formalwissenschaften* Mathematik und Logik formuliert: »Bei einer Ableitung in der Wortsprache geschieht es sehr häufig, daß Voraussetzungen, die nicht angeführt sind, unvermerkt mit eingeschmuggelt werden.« Mit diesem Makel möchte sich natürlich kein gewissenhafter Wissenschaftler behaften (vgl. Seite 37).

Zudem sind die Formeln, die aus den eindeutigen Zeichen gebildet werden, ganz einfach wieder *zweckmäßig:* Als nützliches Hilfsmittel für eine knappe und übersichtliche Darstellung sind sie unentbehrlich geworden. Wenn wir eine so einfache Tatsache, die wir in der knappen Formel

$$(a + b)^2 = a^2 + 2 \cdot a \cdot b + b^2$$

ausdrücken können, wortsprachlich formulieren, heißt sie im einfachsten Fall:

»Das Quadrat der Summe zweier natürlicher Zahlen ist gleich der Summe folgender Summanden: des Quadrats der ersten Zahl, des doppelten Produkts beider Zahlen und des Quadrats der zweiten Zahl.«

Das ist jedoch nur ein sehr einfaches Beispiel: Es gibt nämlich äußerst knappe und informationsreiche Symbole in der Mathematik, etwa »∇«, das »Nabla-Operator« genannt wird: Mit seiner Hilfe kann durch ein einzelnes Zeichen eine höchst umfangreiche, für den Nichtmathematiker reichlich verwickelte Handlungsvorschrift ausgedrückt werden, die die »Vektorrechnung« betrifft. Hier müßte sich die wortsprachliche Erläuterung über einige Seiten dieses Buches erstrecken. Für den Mathematiker und den exakten Naturwissenschaftler sind solche Zeichen also prächtige, messerscharfe Werkzeuge.

Als es um die Grundlagen der exakten Wissenschaft ging, haben wir die Mathematik unter dem Blickwinkel einer *sinnvollen, nachvollziehbaren Tätigkeit* betrachtet. Mit der Einbeziehung dieser Wissenschaft in den »Prozeß der theoretischen Weltkonstruktion« durch die angewandte Mathematik fällt jedoch ein anderer Aspekt mehr ins Gewicht: *Mathematik als Lehre von Strukturen.* Diesen Gesichtspunkt haben wir bereits beim Hilbertschen Ansatz in der Euklidischen Geometrie kennengelernt (s. Seite 28 f.). Im folgenden wollen wir nun jedoch ausführlicher untersuchen, warum sich die moderne Mathematik »in erster Linie für Strukturen interessiert«, wie es Hans Hermes ausgedrückt hat (s. Seite 24). Mit diesem Begriff verbindet sich bei den meisten Menschen etwas sehr »Abstraktes«. Manche denken wohl auch noch an moderne Musik oder moderne Lyrik. Sie halten dann die Struktur für eine überflüssige »Erfindung« unserer Zeit und vor allem für etwas völlig Unverständliches. Das ist natürlich barer Unsinn: Jeder, der erkennt, daß drei Kaffeetassen, drei Finger und drei Buchstaben, etwa A, B, C, *etwas Gemeinsames* besitzen, denkt schon abstrakt. Damit besitzt er bereits die besten Voraussetzungen für ein Erfassen dessen, was unter einer Struktur zu verstehen ist.

Wir wollen nun versuchen, den Struktur-Begriff im Zusammenhang mit der nächsten Stufe der Zahlerweiterung erfaßbar zu machen. Unsere Stufenleiter in der Erweiterung des Zahlbegriffs sieht bisher so aus, wie es die Abbildung (s. Seite 164) zeigt: Eingeführt haben die Mathematiker diese jeweils neuen Gegenstände, um jeweils bestimmte Operationen unbegrenzt ausführen zu können. Um die Subtraktion ohne Schranken zu handhaben, wurden die negativen Zahlen konstruiert. Damit die Teilung ständig funktioniert, haben die Mathematiker gebrochene Zahlen eingeführt. Und schließlich schufen sie die irrationalen Zahlen, um die unbegrenzte Bildung von Quadraten zu erlauben: $\sqrt{2} \cdot \sqrt{2} = 2$, $\sqrt{3} \cdot \sqrt{3} = 3$, $\sqrt{5} \cdot \sqrt{5} = 5$, usw. All diese Zahlen zusammen bilden als reelle Zahlen das *Kontinuum,* mit dem wir uns ausführlich beschäftigt haben.

Die irrationalen Zahlen sind also mit der Operation des *»Wurzelziehens«* eng verbunden. Ihre Bestimmungsgleichungen sind ja von der Form wie $a^2 = 2$ gleich $a = \sqrt{2}$. Aus jeder natürlichen Zahl a, aber auch aus jeder positiven rationalen Zahl $\frac{a}{b}$ läßt sich auf diese Weise die Quadratwurzel ziehen: Solche Zahlen haben dann stets die Eigenschaft, mit sich selbst malgenommen wieder eine Zahl der Gestalt a oder $\frac{a}{b}$ zu ergeben. Es gilt stets:

$(\sqrt{a})^2 = a$ oder:

$\sqrt{a} \cdot \sqrt{a} = a$

$\left(\sqrt{\frac{a}{b}}\right)^2 = \frac{a}{b}$ oder:

$\sqrt{\frac{a}{b}} \cdot \sqrt{\frac{a}{b}} = \frac{a}{b}$

Außerdem gilt aufgrund der berühmten Definition $(-1) \cdot (-1) = 1$:

$(-\sqrt{a}) \cdot (-\sqrt{a}) = a$

$\left(-\sqrt{\frac{a}{b}}\right) \cdot \left(-\sqrt{\frac{a}{b}}\right) = \frac{a}{b}$

Wie steht es aber nun mit der Wurzel aus einer beliebigen *negativen* Zahl? Der allgemeine Fall würde $\sqrt{-a}$ lauten, der einfachste spezielle Fall also $\sqrt{-1}$. Seine entsprechende Bestimmungsgleichung ist $a^2 = (-1)$. Ist dieses $\sqrt{-1}$, die Quadratwurzel aus der negativen Zahl (-1), eine reelle Zahl?

Wenn wir uns wieder an die Definition $(-1) \cdot (-1) = 1$ erinnern, dann erkennen wir auf den ersten Blick, daß $\sqrt{-1}$ niemals reell sein kann: Es kann keine negative reelle Zahl geben, die mit sich selbst multipliziert wieder eine negative Zahl ergibt: »Minus mal minus« gibt ja stets »Plus«: Diese »Erkenntnis« hat sich bisher als äußerst zweckmäßige Definition erwiesen. Es wäre nicht ratsam, sie wieder umzustoßen. Die Folge ist allerdings: Wieder einmal ist eine mathematische Operation nicht unbeschränkt ausführbar. Im Bereich der reellen Zahlen gilt das nun eben für die Tätigkeit des Wurzelziehens.

Abermals müssen deshalb neuartige mathematische Gegenstände eingeführt werden, die *»komplexen Zahlen«.* Auch von »imaginären Zahlen« ist in diesem Zusammenhang die Rede. Das klingt sehr geheimnisvoll; scheinbar sind diese Gebilde noch viel weniger greifbar als die »irrationalen« Zahlen. Aber so wie wir diese Konstruktionen enträtselt haben, werden wir es auch mit den komplexen Zahlen praktizieren: Sobald wir diese Gegenstände nämlich unter dem Blickwinkel einer unbeschränkt ausführbaren Operation

und nicht als »an sich existierende« Wesenheiten betrachten, verlieren sie ihren ehrfurchtheischenden Glanz. Aber selbst G. W. Leibniz, der große, klar denkende Mathematiker, bekam noch einen geradezu mystischen Zungenschlag, als er von diesen Zahlen sprach: Er nannte die imaginäre Zahl »ein Wunder der Analysis, ein Monstrum der idealen Welt, fast ein Amphibium zwischen Sein und Nicht-Sein«. In unserer Zeit, in der jeder Elektrotechniker mit diesen Zahlen rechnen muß, ist ein solcher Nimbus natürlich nicht nur schädlich, sondern einfach unsinnig.
Wie geht der Mathematiker heute vor, wenn er sich mit imaginären oder komplexen Zahlen beschäftigt? Zunächst definiert er die imaginäre Einheit $\sqrt{-1}$ als jene Größe, die mit sich selbst multipliziert den Wert (-1) ergibt. Es gilt also laut Definition:

$\sqrt{-1} \cdot \sqrt{-1} = (-1)$ gleich

$(\sqrt{-1})^2 = (-1)$

Diese Größe $\sqrt{-1}$ hat eine zunächst äußerst verblüffende Eigenschaft für eine »Zahl«: Sie ist nämlich weder kleiner noch größer als eine beliebige reelle Zahl. Außerdem ist sie weder positiv noch negativ. Kann sie überhaupt mit einer reellen Zahl verglichen werden? Ist sie vielleicht doch ein »Amphibium zwischen Sein und Nicht-Sein«, wie Leibniz es schwärmerisch ausgedrückt hat?
Nun, gewöhnlich sind Mathematiker äußerst nüchterne und sachliche Menschen, zumindest, was ihre Wissenschaft betrifft. Sie können heute wie folgt argumentieren: Komplexe Zahlen lassen sich am einfachsten und zweckmäßigsten als *Paare von reellen Zahlen* darstellen. So sind etwa (3;1), 12;7) oder (173;245) komplexe Zahlen in Paar-Schreibweise. Wie wir weiter unten sehen werden. läßt sich $\sqrt{-1}$ in dieser Schreibweise als Paar der Zahlen 0 und 1, nämlich als (0;1) anschreiben.

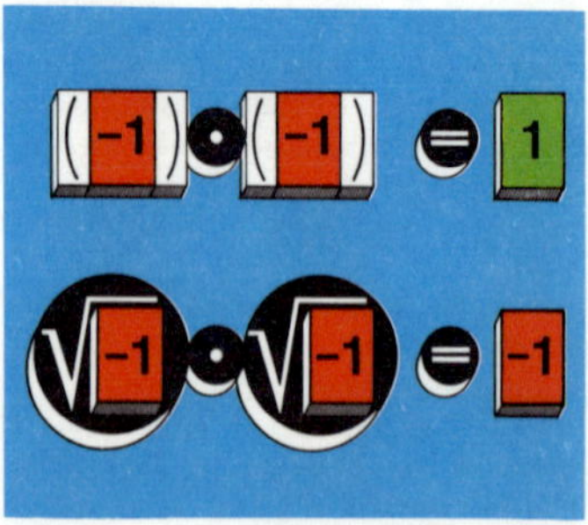

Aufgrund der äußerst zweckmäßigen Definition $(-1) \cdot (-1) = 1$ gilt für negative Quadratwurzeln etwa $(-\sqrt{1}) \cdot (-\sqrt{1}) = 1$. Um aber die Wurzel aus der negativen Zahl (-1) zu ziehen, muß über die Menge der reellen Zahlen hinausgegangen werden: $\sqrt{-1}$ ist keine reelle Zahl mehr.

Bevor wir jedoch zu dieser Erkenntnis kommen, sind noch einige Überlegungen angebracht: Eine solche Festsetzung, komplexe Zahlen in der Form (a;b) anzuschreiben, ist natürlich nur dann sinnvoll, wenn mit diesen Zahlenpaaren auch gerechnet werden kann. Vor allem aber muß die Operation des Wurzelziehens aus einer negativen Zahl funktionieren. Dazu muß zunächst definiert werden:

Komplexe Zahlen lassen sich als Paare von reellen Zahlen darstellen. Zwei Zahlenpaare sind genau dann gleich, wenn sie in beiden Komponenten übereinstimmen: $(a; b) = (c; d)$ gilt deshalb dann und nur dann, wenn sowohl die Bedingung $a = c$ als auch die Bedingung $b = d$ erfüllt sind.

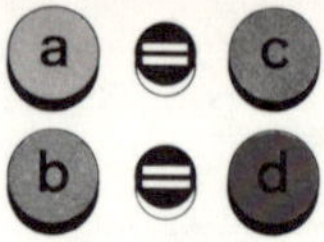

Die Grundoperation der Addition kann für Zahlenpaare sehr einfach festgelegt werden.

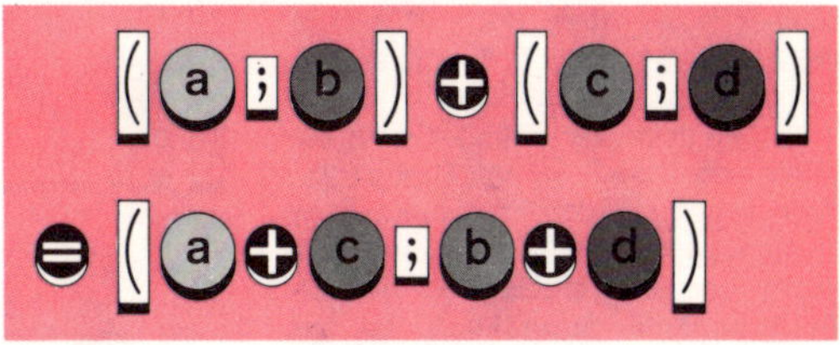

(a;b) = (c;d) genau dann, wenn a = c und b = d.
Damit ist eindeutig festgelegt, wenn zwei komplexe Zahlen einander gleich sind: (3;1) ist genau gleich (3;1) oder (5;2) ist genau gleich (5;2), usw. Dagegen sind (3;1) und (1;3) oder (5;2) und (10;4) einander *nicht* gleich. Die Begriffe *größer* und *kleiner* werden dagegen *überhaupt nicht definiert:* Damit wird die Frage, ob nun (1;3) kleiner sei als (3;1) oder umgekehrt, *sinnlos*. Für Zahlenpaare gibt es die lineare Ordnung nicht mehr, die wir bei den rationalen Zahlen mit der Zahlgeraden kennengelernt haben (s. Seite 136). Auf diese Weise ist die *Zahlengröße,* die bei allen bisher betrachteten Zahlen eine sehr wesentliche Eigenschaft darstellte, für die komplexen Zahlen überhaupt nicht mehr entscheidend. Das scheint für eine »Zahl« höchst ungewöhnlich zu sein, besser: für das, was wir uns landläufig unter einer »Zahl« vorstellen.
Derartige Verluste an Eigenschaften geschehen beim Erweitern des Zahlbegriffs aber ständig: Bei den ganzen Zahlen etwa lernten wir die Eigenschaft kennen, gerade oder ungerade zu sein. Gerade Zahlen sind etwa 2, (−6), 18, (−240), usw., ganze Zahlen also, die durch 2 teilbar sind. Ungerade Zahlen dagegen sind z.B. (−3), 15, 71, (−231), usw. Gebrochene Zahlen besitzen diese Eigenschaften schon nicht mehr: Es ist einfach sinnlos zu fragen, ob Brüche wie $^1/_2$, $(-^1/_8)$, $^1/_{50}$, usw. gerade oder ungerade sind.
Doch kehren wir nun wieder zu den komplexen Zahlen als Paare von reellen Zahlen zurück. Die Grundoperationen der Addition und Subtraktion werden sehr einfach und formal äußerst ähnlich definiert:
(a;b) + (c;d) = (a + c; b + d)
(a;b) − (c;d) = (a − c; b − d).
Damit lassen sich komplexe Zahlen fast so leicht zusammenzählen und voneinander abziehen wie natürliche Zahlen. Betrachten wir dazu lediglich zwei einfache Beispiele:

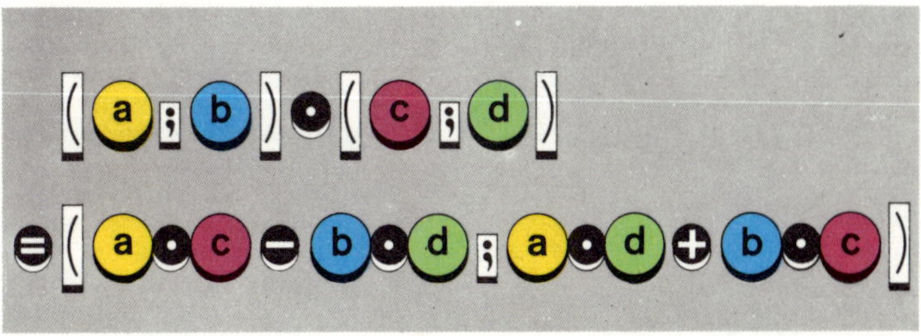

Ein wenig umständlicher als Addition und Subtraktion ist die Multiplikation zweier komplexer Zahlen definiert.

Zwischen den Gesamtheiten der Zahlenpaare und Quadratwurzeln aus negativen Zahlen herrscht Isomorphie: Zwischen den Elementen der beiden Mengen können nämlich ein-eindeutige Zuordnungen hergestellt werden.

$(5;2) + (1;3) = (5 + 1; 2 + 3) = (6;5)$
$(9;7) - (3;3) = (9 - 3; 7 - 3) = (6,4)$.
Für unsere Betrachtungen reicht es aus, nur noch die definitorische Bestimmung der *Multiplikation mit komplexen Zahlen* zu betrachten. Diese Operation muß zwar ein wenig »schwieriger« festgelegt werden als Addition und Subtraktion, ist am Ende aber auch nicht komplizierter als vergleichsweise die Addition von Brüchen (vgl. Seite 129):
$(a;b) \cdot (c;d) = (a \cdot c - b \cdot d; a \cdot d + b \cdot c)$.
Auch hier wollen wir lediglich zur Illustration ein Beispiel durchrechnen:
$(3;1) \cdot (5;2) = (3 \cdot 5 - 1 \cdot 2; 3 \cdot 2 + 1 \cdot 5) = (13;11)$.
Mancher Leser mag sich hier fragen: Was soll dieser Ausflug ins abstrakte Reich der Zahlenpaare? Wozu kann uns denn diese völlig willkürliche Festlegung der Multiplikation von Zahlenpaaren dienen? Eigentlich müßten wir doch zeigen, daß durch die Schaffung der komplexen Zahlen die unbeschränkte Tätigkeit des Wurzelziehens funktioniert! Gerade hier hilft uns jedoch der »Trick« mit den Zahlenpaaren weiter. Unsere Ausgangsfrage können wir ja einfach so formulieren: Wie muß die Zahl aussehen, die mit sich selbst multipliziert den Wert (-1) ergibt? Daß dieses »$\sqrt{-1}$« benannte Gebilde *keine reelle Zahl* sein kann, haben wir bereits festgestellt. Es daher einfach mit der Bezeichnung »imaginäre Einheit« zu versehen, kann aber nur der allererste Schritt sein: Wir haben damit die »Eins« der komplexen Zahl geschaffen. In der Paar-Schreibweise ist ihr Name »(0;1)«.
Warum diese Bezeichnung »(0;1)« ein »guter Name« für die Eins der komplexen Zahlen ist, werden wir gleich feststellen: Bisher haben wir die Zahlenpaare noch nicht mit den reellen Zahlen in eine engere Beziehung gebracht: Bei der bisherigen Praxis der Zahlerweiterung waren die »alten« Zahlen aber stets in der Menge der »neuen« Zahlen enthalten. Als wir etwa von den ganzen zu den gebrochenen Zahlen übergegangen sind, haben wir die »alte« Zahl a der »neuen« Zahl $\frac{a}{1}$ gleichgesetzt: 3 entsprach $\frac{3}{1}$, 10 entsprach $\frac{10}{1}$, usw.
Auch beim Übergang von den rationalen Zahlen zu den reellen Zahlen nahmen wir ähnliche Umformungen vor:
$1 = 0{,}99999\ldots$, $\sqrt{2} = 1{,}414214\ldots$, usw.
In solchen Fällen spricht der Mathematiker von einer *»Isomorphie«*, einer Beziehung, die der *Gleichheit* sehr ähnlich ist. Wir können dann sagen, die natürliche Zahl 1 sei zu der gebrochenen Zahl $^1/_1$ »isomorph« (s. Seite 131). Von diesem äußerst bedeutsamen Isomorphie-Begriff soll nun ausführlicher die Rede sein.
Unsere bisherige Darstellung der komplexen Zahlen als Paare von reellen Zahlen hat nämlich vor allem auch folgende Bedeutung: *Die reellen Zahlen a, b, c sind in bezug auf die mathematischen Grundoperationen den komplexen Zahlen von der Gestalt (a;0), (b;0), (c;0) isomorph.*
Bei den komplexen Zahlen in dieser Zahlenpaar-Schreibweise spielt also wieder einmal die Null eine entscheidende Rolle. Der Mathematiker spricht bei Zahlenpaaren der Form (a;0) von einer »verschwindenden zweiten Komponente«, die eben durch die Null angedeutet wird. Am einfachsten können wir die Isomorphie wieder durch den Begriff der

umkehrbar eindeutigen Zuordnung deuten, wobei die allgemeine Form
(a;0) ⟺ a ist:
(1;0) ⟺ 1
(2;0) ⟺ 2
(3;0) ⟺ 3, usw.
Der Mathematiker spricht bei einer solchen Gegenüberstellung von *»zwei isomorphen Gesamtheiten«.* Hans Hermes erläutert uns den Vorteil dieser Betrachtungsweise: »Liegen zwei isomorphe Gesamtheiten vor, so zieht die Kenntnis der Verhältnisse in *einer* Gesamtheit die Kenntnisse der Verhältnisse in der zweiten nach sich, falls man sich auf die Tatsachen beschränkt, die es ausschließlich mit den Beziehungen zu tun haben, bezüglich denen Isomorphie besteht. Insofern sind isomorphe Gesamtheiten als gleichwertig zu betrachten. Abstrahiert man von all dem, was sich bei dem Übergang von einer Gesamtheit zu einer isomorphen ändert, so bleibt die in beiden Gesamtheiten verkörperte *Struktur.*«
Damit sind wir wieder bei diesem zentralen Begriff der modernen Mathematik, der uns in diesem Kapitel beschäftigen soll. Betrachten wir die Isomorphie der Zahlen a, b, c und der Zahlenpaare (a;0), (b;0), (c;0) in bezug auf Addition und Multiplikation anhand zweier Beispiele:
$2 + 3 = 5$
$(2;0) + (3;0) = (2 + 3; 0 + 0) = (5;0)$
5 und (5;0) gehören also isomorphen Gesamtheiten an.
$2 \cdot 3 = 6$
$(2;0) \cdot (3;0) = (2 \cdot 3 - 0 \cdot 0; 2 \cdot 0 + 0 \cdot 3) = (6;0)$
6 und (6;0) sind ebenfalls Elemente dieser zwei isomorphen Gesamtheiten.

Die gleiche Struktur der beiden isomorphen Objektbereiche ist unverkennbar. Welche Bedeutung hat diese strukturelle Betrachtung für die moderne Mathematik? Lassen wir wieder Hans Hermes antworten: »Vom strukturellen Standpunkt aus muß man daher die komplexen Zahlen mit

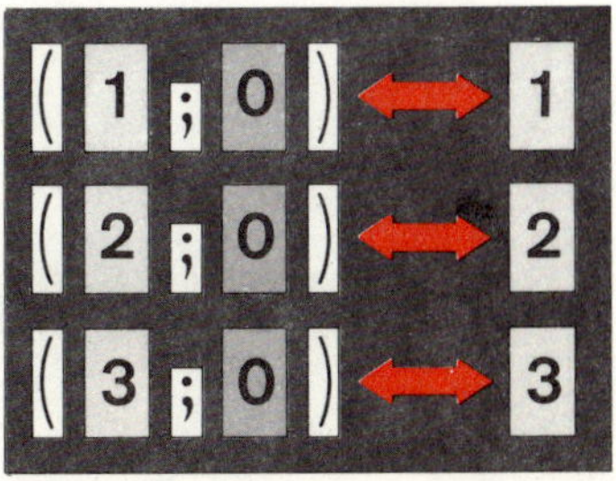

Zahlenpaare mit verschwindender zweiter Komponente sind in bezug auf die Grundoperationen den reellen Zahlen isomorph: Die Elemente beider Gesamtheiten können ein-eindeutig zugeordnet werden.

verschwindender zweiten Komponente als gleichwertig mit der Verkörperung der reellen Zahlen ansehen, von der man bei der Konstruktion ausgegangen ist. In diesem Sinne ist nun jede reelle auch eine komplexe Zahl.«
Jetzt läßt sich aber auch eindeutig diejenige komplexe Zahl angeben, die, mit sich selbst malgenommen, den Wert (-1) ergibt. Anders ausgedrückt: Wir können aus der negativen Zahl (-1) sowie aus jeder anderen negativen Zahl die Quadratwurzel ziehen. Dazu müssen wir im ersten Fall ein Zahlenpaar suchen, das, mit sich selbst multipliziert, das Zahlenpaar $((-1);0)$ ergibt. Diese komplexe Zahl ist nach (a;0) ⟺ a mit der Zahl (-1) isomorph. Das gesuchte Zahlenpaar kann nur (0;1) sein; denn es gilt die Gleichung: $(0;1)^2 = ((-1);0)$, was wir leicht nachrechnen können:
$(0;1) \cdot (0;1) = (0 \cdot 0 - 1 \cdot 1; 0 \cdot 1 + 1 \cdot 0) = ((-1);0)$
Nun wird auch der letzte Zweifler anerkennen, daß $\sqrt{-1}$ gleich (0;1) keine reelle Zahl sein kann: Um die Isomorphie zwischen den Zahlenpaaren und den reellen Zahlen zu garantieren, muß ja die zweite Komponente verschwinden, nicht die erste, wie es hier der Fall ist. Zah-

Komplexe Zahlen können in Zahlenpaar-Schreibweise zu Papier gebracht werden (oben). Sehr gebräuchlich, vor allem in der Physik und der Elektrotechnik, ist aber auch die algebraische Schreibweise (unten).

lenpaare von der Gestalt (0;a) verkörpern daher stets Quadratwurzeln aus negativen Zahlen, imaginäre Zahlen wie $\sqrt{-1}$, $\sqrt{-2}$, $\sqrt{-3}$, usw. Die imaginäre Einheit $\sqrt{-1}$ wird vielfach auch mit i oder j angeschrieben. Es ist also definitorisch $i = j = \sqrt{-1}$ oder $i^2 = j^2 = (-1)$ festgelegt. Anstelle der Ausdrücke »$\sqrt{-5}$« oder «(0;5)« können dann die Ausdrücke »$\sqrt{5} \cdot i$« oder »$\sqrt{5} \cdot j$« treten. Das ist eine Frage der Schreibweise: Wir haben komplexe Zahlen in der sehr zweckmäßigen Zahlenpaar-Schreibweise »(a;b)« und »(c;d)« kennengelernt: »$a + b \cdot i$« und »$c + d \cdot i$« ist die entsprechende Form der komplexen Zahlen in der »algebraischen« Schreibweise. Die Fruchtbarkeit solcher strukturellen Betrachtungen für die moderne Mathematik wollen wir nun anhand einfacher Beispiele verdeutlichen.

7.2 Mathematische »Kleiderkollektionen«

Grundgedanken zur Algebra, Verbands- und Gruppentheorie

»Mathematik als Lehre von den Strukturen« ist das Leitmotiv unserer jetzigen Betrachtung. Damit ist ein viel weiteres Gelände abgesteckt als mit unserem bisherigen Schlagwort von der »Mathematik als Tätigkeit«. An die Stelle der tatsächlichen genetischen Konstruktionen sind nun die *statischen Baupläne* beliebiger Theorien getreten: Entscheidend sind hier die Zeichen auf dem Papier. Mit diesen Grundbausteinen der Zeichen werden nach »sicheren« Regeln im Hilbertschen Sinn Strukturen gezeichnet. Das ist natürlich ein axiomatizistischer Gedanke, der gewisse verborgene Gefahren nicht ausschließen kann (vgl. Seite 157). Der französische Mathematiker André Weil hat dieses permanente Risiko in dem treffenden Vergleich umschrieben: »Gott existiert, weil die Mathematik widerspruchsfrei ist. Und der Teufel existiert, weil wir es nicht beweisen können.«

In der modernen Mathematik trägt die Strukturtheorie der Rechengesetze den alten Namen *»Algebra«*. Er entstammt dem Titel eines arabischen Lehrbuchs, das im neunten nachchristlichen Jahrhundert verfaßt wurde: »Al-Dschabr (oder Al-Gabr) wa'l Mukabala« von Al-Chwarizmi, das bei der Übersetzung ins Lateinische zu »Algebra et Almucabala« wurde. Der arabische Mathematiker bekannte, daß er sich auf das beschränkt habe, »was das leichteste und nützlichste in der Arithmetik ist, was die Menschen täglich brauchen bei Erbschaften, Legaten, Teilung, Prozessen, beim Handel und bei allen Geschäften, die sie miteinander machen«.

»Algebra«, das bedeutet bei Al-Chwarizmi noch ungefähr »Hinüberbringen«, wobei auf einfache Operationen Bezug genommen wird, die an verschiedenartigsten mathematischen Gleichungen vorgenommen werden. Auch bei unserer wohlvertrauten schematischen Umformung vom Ausdruck »$a + b = c$« zu »$a = c - b$« müssen wir ja die Variable b »hinüberbringen« – auf die rechte Seite der Gleichung nämlich.

Aus dem arabischen »Rezeptbuch« für Erbschaft und Prozesse, für Lösungsmethoden von Gleichungen, das den Namen »Algebra« trug, ist heute jedoch unter gleicher Bezeichnung ein fast unüberschaubares Feld der strukturellen Betrachtung geworden. Der Mathematiker Eberhard Fels kommentiert die neue Situation:

»Wo man buchstäblich machen darf, was man will – wo man nur zu sagen braucht: Ich stelle mir eine Menge x-beliebiger Dinge vor und mache damit nach Gutdünken dieses oder jenes, *sage aber was,* da hat man *Elemente* und *Operationen;* da treibt man Algebra. Und weil der Willkür (freilich mit gestrenger Pedanterie gepaart) keine Grenzen gesetzt sind, kann es gar nicht ausbleiben, daß Algebren gleichsam wie Kleiderkollektionen entstehen: durch den nötigen Stoff irgendwie immer ähnlich, originell mit uralten Mitteln, ›raffiniert‹ einfach, stets auf Ästhetik bedacht, voller modischer Einfälle.«

In diesem Bild, das Eberhard Fels von den formalistisch gesinnten »Theorien-Schneidern« der heutigen Mathematik zeichnet, spiegelt sich die Situation in der modernen Algebra gut wider: Da gibt es nämlich wahre Meister der mathematischen »Haute Couture«, die prächtige Zeichenspiele aus einfachstem Grundmaterial hervorzaubern. Wieder zählt David Hilbert zu den »Altmeistern« der Zunft, gleichsam ein Christian Dior der formalen Systeme. Seine Theorie der »Hilbert-Räume« ist z.B. zu einem der bestechendsten Werkzeuge der theoretischen Physik geworden. Hilberts Brillantfeuerwerk von Formeln können wir an dieser Stelle leider nicht abbrennen lassen. Es muß den Studenten der Mathematik und theoretischen Physik vorbehalten bleiben.

Auch das großartige Werk des Nicolas Bourbaki, die *»Elemente der Mathematik«,* läßt sich hier nur in den Grundgedanken skizzieren: In diesem heute bereits mehr als dreißigbändigen Werk wird die gesamte Mathematik systematisch »algebraisiert«. Von einfachen Grundstrukturen wird ausgegangen, aus denen sich dann immer komplexere Strukturen aufbauen. Mathematik als Lehre von den Strukturen: Bei Bourbaki wird unser Schlagwort zum Programm. Hier ist der konsequente Formalismus Trumpf: Nicht die Gegenstände, mit denen operiert wird, sind entscheidend, aber auch nicht die Einsichtigkeit der Operation, auf die bei den Konstruktivisten so großer Wert gelegt wird. Hier ist sogar der inhaltliche Sinn der mathematischen Tätigkeit völlig belanglos: Die ganze Aufmerksamkeit gilt den *Beziehungen* zwischen den Gegenständen, ihren *»Relationen«* also.

Wir haben bei den bisherigen Betrachtungen stets mit Nachdruck auf die mathematische *Tätigkeit* hingewiesen, auf die genetische *Konstruktion.* Das wohl einfachste Beispiel soll uns hier wieder weiterhelfen: Für uns war die Addition zweier natürlicher Zahlen a und b der Vollzug einer einleuchtenden Operation, die Tätigkeit des Addierens a + b, die aus a und b eine neue natürliche Zahl a + b *erzeugt*. Das war ganz im Sinne einer konstruktiven Arithmetik: Der Mathematiker tut etwas. Das Zeichen »+« ist für ihn eine Handlungsvorschrift, ein Operationssignal. Der formalistisch gesinnte Mathematiker sieht diesen Sachverhalt dagegen so: Zwischen drei natürlichen (er würde sicher sagen: »positiven ganzen«) Zahlen a, b, c, besteht eine Beziehung a + b = c derart, daß diese Beziehung eindeutig ist in bezug auf das »Argument« c. Mit anderen Worten: Zu zwei Zahlen a und b gibt es stets genau eine Zahl c derart, daß die Relation a + b = c gilt (s. Seite 84). Hier ist also die Konstruierbarkeit von zweitrangiger Bedeutung. Entscheidend ist, daß eine *Relation* zwischen Dingen, in diesem Fall: zwischen Zahlen, *existiert*.

Natürlich hat auch diese Betrachtungsweise ihre großen Vorteile: Wir werden feststellen, daß die Axiomenschemata für gewisse Grundstrukturen in der Mathematik äußerst einfach angelegt sind. Mit den Axiomen der »klassischen« Analysis des 19. Jahrhunderts sind sie, was Klarheit und Überschaubarkeit betrifft, nicht zu vergleichen (s. Seite 154). Außerdem ist es stets von Nutzen, gleiches Terrain unter verschiedenartigen Blickwinkeln zu betrachten.

Einige kurze Bemerkungen »zur Person« Nicolas Bourbaki sind zunächst noch angebracht: Wir können diesen Namen zwar in zahlreichen mathematischen Autorenverzeichnissen seit dem Jahre 1938 finden. In allen Adreßbüchern der Erde werden wir jedoch vergeblich nach diesem Namen suchen. »Monsieur« Bourbaki gibt seine Anschrift zwar mit der Stadt »Nancago« preis, aber auch dieses Gemeinwesen existiert auf unserem Planeten leider nicht. Der rätselhafte Verfasser der umfassenden »Elemente der Mathematik« ist nämlich ein sich ständig vergrößernder Kreis aus – vorwiegend französischen – Mathematikern. »Bourbaki« ist der *Deckname* dieser Gruppe von Wissenschaftlern, die das große Projekt einer Algebraisierung der Mathematik verwirklichen wollen. Obwohl Nicolas Bourbaki offensichtlich Wert auf Anonymität seiner Mitglieder legt, sollen wenigstens einige genannt werden: In Nancy wirkten zunächst Jean Dieudonné und Laurent Schwartz, in Chicago André Weil. Der Erscheinungsort des Werkes, »Nancago«, ist damit leicht als Mixtur der Worte *»Nancy«* und *»Chicago«* zu verstehen. In Paris arbeitet der »Bourbakist« Henri Cartan, in New York Samuel Eilenberg. Nicolas Bourbaki ist also ein transatlantischer »Kopfarbeiter« von stattlicher Denkkapazität . . .

Da uns die Hintergründe zum Thema Bourbaki aber nur am Rande interessieren, wenden wir uns nun wieder der Algebra selbst zu: Wie sieht es denn aus, wenn Mathematiker Algebra treiben? Erinnern wir uns an die Worte von Eberhard Fels: »Ich stelle mir eine Menge x-beliebiger Dinge vor und mache damit nach Gutdünken dieses oder jenes, *sage aber was.«* Wenn wir seinen Ratschlag befolgen, können wir uns selbst eine elementare Mengenalgebra zurechtzimmern. Was eine »Menge« in diesem Falle *ist,* interessiert uns dabei überhaupt nicht: Wir betrachten sie einfach als einen undefinierten Gegenstand. Wichtig für uns ist nur, daß sich Mengen aus Elementen (»x-beliebigen Dingen«) zusammensetzen. Ist also M_1 eine beliebige Menge und x Element von M_1, so drücken wir das in dem Schema so aus:

$x \in M_1$

Damit haben wir bereits die *Element-Beziehung* erklärt: »x ist Element von M_1«. Allein die Existenz dieser Beziehung, dieser Relation zwischen beliebigen Gegenständen, ist ent-

scheidend, wenn wir den Sachverhalt durch die strukturelle Brille betrachten.
Wir haben bereits von den axiomatischen Mengenlehren gesprochen (s. Seite 159). Dort fragt man nicht mehr, wie Cantor das getan hat: »Was *ist* eine Menge?« Cantors unbefriedigende Antwort kennen wir als Definition (s. Seite 102). Die Axiomatizisten fragen nur noch: »Wie können wir Mengen in die Mathematik einführen, ohne daß es zu Widersprüchen kommt?« Die naiv-anschauliche Mengenlehre ist – wir erinnern uns – an der Russellschen Antinomie gescheitert. Diese Fehlerquelle und verschiedene andere dazu kann eine axiomatische Mengenlehre durch entsprechende Formulierung ihrer Axiome ausschalten. Die technischen Details dieser Axiomatisierungen brauchen uns aber hier nicht zu interessieren: Sie erfolgen im Rahmen einer *Prädikatenlogik,* mit der wir uns erst im 12. Kapitel ein wenig beschäftigen wollen (s. Seite 269). Für unsere Betrachtung genügt es vorläufig, festzustellen, daß es verschiedene Lösungsvorschläge gibt, die alle sehr brauchbar sind.
Zwischen unseren Mengen, wählen wir M_1 und M_2 aus, und ihren Elementen lassen sich nun verschiedene einfache *Grundbeziehungen* herstellen. So können wir etwa aus M_1 und M_2 eine *»Vereinigung«* herstellen, die wiederum eine Menge bildet. Wir wollen diese neue Menge »$M_1 \cup M_2$« nennen. Über die Elemente, die zu $M_1 \cup M_2$ (gelesen »M_1 vereinigt mit M_2«) gehören, können wir folgendes aussagen: Ein Element x, das zum Objektbereich der Vereinigung von M_1 und M_2 gehört, muß Element von M_1 *oder* Element von M_2 sein. Das Wörtchen »oder« ist hier im »nichtausschließenden« Sinne gebraucht, d.h. x kann Element von M_1, von M_2 oder aber sowohl von M_1 als auch von M_2 sein. Die Vereinigung zweier Mengen wird so definiert:

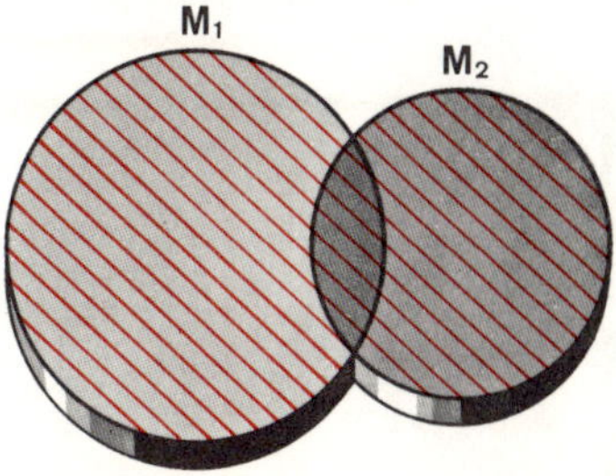

Die Vereinigung zweier Mengen M_1 und M_2 ist hier im Venn-Diagramm dargestellt. Die neue Menge trägt die Bezeichnung »$M_1 \cup M_2$«. Diese graphischen Darstellungen sind nach dem Mathematiker John Venn benannt.

$x \in (M_1 \cup M_2)$ dann und nur dann, wenn $(x \in M_1) \vee (x \in M_2)$

Das logische Zeichen »$\vee$« ist uns ja bereits gut bekannt: Es drückt hier die »Oder«-Verknüpfung aus (s. Seite 41). Unsere Abbildung, die ein sogenanntes »Venn-Diagramm« darstellt, dient als gute Veranschaulichung dieser Vereinigung zweier Mengen. Wählen wir dazu noch ein einfaches erläuterndes Beispiel aus: M_1 sei die Menge aller bärtigen Männer aus A-Dorf. M_2 sei die Menge aller A-Dorfer Männer, die Hüte tragen. Dann kann Element dieser Vereinigung von M_1 und M_2 nur sein, wer ein männlicher Bewohner von A-Dorf ist und außerdem bärtig ist oder einen Hut trägt. Sowohl Bart- als auch Hutträger gehören natürlich auch zu dieser Menge.
Eine andere Möglichkeit, beliebige Mengen M_1 und M_2 in Beziehung zu bringen, ist die, ihren *»Durchschnitt«* zu bilden, wobei zu beachten ist, daß

Die Menge M_1 ist hier die endliche Gesamtheit aller bärtigen Männer aus A-Dorf. M_2 ist die Menge aller Männer aus A-Dorf, die Hüte tragen. Die Vereinigung von M_1 und M_2 umfaßt dann sowohl die Bartträger, die Hutträger als auch die bärtigen Hutträger.

der »Durchschnitt« hier nichts mit dem gleichlautenden Ausdruck der Umgangssprache zu tun hat. Damit dieses Mal ein beliebiges x Element vom Durchschnitt aus M_1 und M_2 ist, muß es sowohl Element von M_1 als auch Element von M_2 sein. Nennen wir diese Mengen-Verknüpfung »$M_1 \cap M_2$«, wobei wir den Ausdruck »M_1 geschnitten mit M_2« lesen, dann können wir festlegen:

$x \in (M_1 \cap M_2)$ dann und nur dann,
wenn $(x \in M_1) \wedge (x \in M_2)$

x muß dieses Mal also Element von M_1 *und* Element von M_2 sein. An die Stelle der Oder-Verknüpfung ist die Und-Verknüpfung getreten. Die formale Ähnlichkeit der Zeichen »$\cap$« und »$\wedge$« als auch der Zeichen »$\cup$« und »$\vee$« fällt sofort auf. Tatsächlich existiert, wie wir gleich deutlicher sehen werden, eine *ausgeprägte Verwandtschaft zwischen den mengentheoretischen und logischen Beziehungen.* Das Venn-Diagramm illustriert wieder anschaulich die Einfachheit dieser Relation. Auf unsere A-Dorfer Männer angewandt, erfüllen nun ausschließlich die bärtigen Männer mit Hut die definierende Bedingung des Durchschnitts.

Bevor wir uns im folgenden einigen abstrakteren Gesetzmäßigkeiten bei Mengen zuwenden, wollen wir noch eine kleine Aufgabe zu lösen versuchen. Sie zeigt, daß Mengenlehre auch auf eine höchst anschauliche Weise vertraut gemacht werden kann: Im Personenzug nach B-Stadt sitzen in den verschiedenen Raucher-Abteilen mehrere Männer, die heftig »blauen Dunst« erzeugen: Acht Männer rauchen Zigaretten, sechs Zigarren und vier Pfeife. Würde sich jeder der Rauchenden auf eine dieser Rauchwaren beschränken, würden also entweder Zigaretten oder Zigarren oder aber Pfeifen geraucht, dann wüßten wir bereits, daß $8 + 6 + 4 = 18$ Männer die Bänke der Raucher-Abteile drücken. Leider haben jedoch einige der hier versammelten Raucher die Angewohnheit, nicht nur eine einzige Art von Rauchwaren zu verqualmen: Drei der Herren rauchen nämlich sowohl Zigaretten als auch Zigarren, zwei unter ihnen rauchen Zigarren und Pfeife, ein weiterer raucht gar Zigaretten, Zigarren und Pfeife. Wie viele Männer sind also in den Raucher-Abteilen des B-Städter Zuges?

Die Antwort ist hier gar nicht so einfach, wie das zunächst scheint. Wem die mengentheoretische Betrachtungsweise der *Durchschnitte* nicht mehr fremd ist, kann die Aufgabe bei einigem Nachdenken lösen. Wem das allerdings zu anstrengend ist, darf die Lösung ohne »Gewissensbisse« auf Seite 274 nachschlagen. Doch nun zurück zu den allgemeineren Fragen mengentheoretischer Beziehungen.

Für Vereinigungen und Durchschnitte von Mengen gelten einfache Gesetze, die wir – im Rahmen unserer Betrachtung – einfach aus den Venn-Diagrammen »ablesen«. Betrachten wir hier zunächst eine einzelne Menge M_1. Jedes M_1, das mit sich selbst vereinigt oder geschnitten wird, ist sich selbst gleich. Es gelten deshalb die beiden Formeln:

$M_1 \cup M_1 = M_1$

$M_1 \cap M_1 = M_1$

Diese einfachen mengentheoretischen Schemata erinnern an die arithmetischen Aussagen »$1 \cdot 1 = 1$« und »$\frac{1}{1} = 1$«, aber auch an die logischen

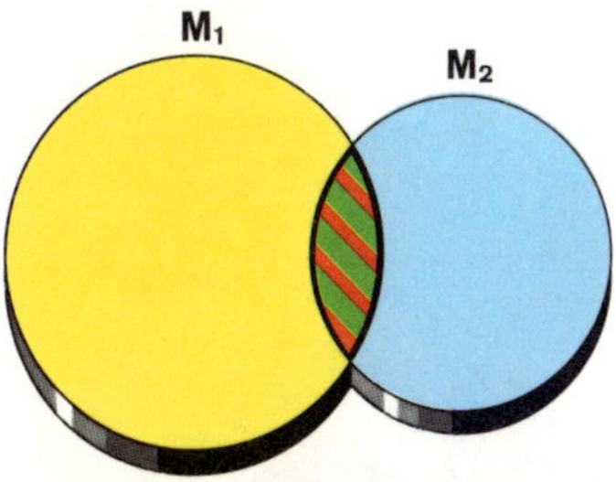

Der Durchschnitt aus M_1 und M_2 trägt die Bezeichnung »$M_1 \cap M_2$«. Elemente, die dem Durchschnitt $M_1 \cap M_2$ angehören, müssen sowohl Element von M_1 als auch Element von M_2 sein.

Formeln $A \vee A \rightarrow A$ und $A \wedge A \rightarrow A$. Der Mengentheoretiker spricht hier vom Gesetz der *»Idempotenz«*. (»Idem« kommt vom lateinischen idem – betont auf dem i – und bedeutet »das gleiche«.) Das klingt wieder einmal komplizierter als es ist: Eine Idempotenz ist nämlich in der Mathematik ein allgemeines *Einheitselement* (»Einselement«), das, mit sich selbst in eine bestimmte Beziehung gesetzt, wieder sich selbst als Wert ergibt. Ein solches Element ist praktisch eine Verallgemeinerung der Eins. Nennen wir das Einheitselement »**e**« und drücken die Beziehung mit dem Zeichen »o« aus, dann gilt stets:

e o **e** = **e**

Dieses Gebilde – wir könnten es ein »Produkt« nennen – ist eine formalistische Verallgemeinerung von $1 \cdot 1 = 1$, die dann verschiedenartig gedeutet werden kann. Übrigens können wir auch die Gleichheit, die in der Formel mit dem Zeichen »=« ausgedrückt wird, als eine beliebige formale Beziehung betrachten, mit der sich keine inhaltliche Vorstellung verbinden muß: Für die strukturelle Betrachtung ist dann nur von Bedeutung, daß die Gleichheitsrelation durch ganz bestimmte *formale Eigenschaften* festgelegt werden kann. Folgende Forderungen müssen erfüllt sein:

1. $M_1 = M_1$.

Jede Menge ist sich selbst gleich, bzw. jeder Gegenstand, in der Formel durch »M_1« angedeutet, ist sich selbst gleich. Diese Festlegung ist weder banal noch eine »Binsenweisheit«: Besitzt eine Relation nämlich diese Eigenschaft der *»Reflexivität«*, dann ist sie vor vielen anderen Relationen in Mathematik und Logik ausgezeichnet. Sie gilt z.B. auch für die Äquivalenz von Mengen: $N \sim N$ (s. Seite 110). Dagegen ist die Größer- und Kleiner-Beziehung zwischen reellen Zahlen nicht reflexiv: Die beiden Schemata »$a > a$« und »$a < a$«

liefern ja stets falsche Aussagen.

2. Wenn $M_1 = M_2$, dann auch $M_2 = M_1$.

Diese geforderte Eigenschaft der Beziehung wird *»Kommutativität«* genannt, was einfach »Vertauschbarkeit« bedeutet: M_1 und M_2 sind in der Gleichung vertauschbar. Wenn M_1 M_2 gleich ist, dann ist auch M_2 M_1 gleich und umgekehrt.

3. Wenn $M_1 = M_2$ und $M_2 = M_3$, dann auch $M_1 = M_3$.

Diese letzte entscheidende Eigenschaft der Gleichheitsrelation ist die *»Transitivität«*. Auch sie leuchtet wohl ohne großes Kopfzerbrechen ein.

Sind diese drei Forderungen erfüllt, *ist eine Beziehung also reflexiv, kommutativ und transitiv,* dann können wir von einer *»Gleichheit«* sprechen. Die *Äquivalenz* ist übrigens eine der Gleichheit sehr verwandte Relation: Auch sie erfüllt die drei Forderungen (vgl. Seite 85).

Doch wenden wir uns nun wieder den einfachen Gesetzen zu, die für die Vereinigungen und Durchschnitte von Mengen gelten. Außer den beiden Idempotenz-Gesetzen gelten für zwei Mengen M_1 und M_2 die Gesetze der *Kommutativität:*

$M_1 \cup M_2 = M_2 \cup M_1$

$M_1 \cap M_2 = M_2 \cap M_1$

Auch in dieser Formel können bei Vereinigung und Durchschnitt die beiden Mengen M_1 und M_2 vertauscht werden: Die Formel ist *»symmetrisch«*, wie der Mathematiker auch sagt. Erinnern wir uns in diesem Zusammenhang an die beiden Formeln $a + b = b + a$ und $a \cdot b = b \cdot a$, die wir schon bei unseren Betrachtungen zur Arithmetik kennengelernt haben (s. Seiten 87 u. 89): Die Struktur der Formeln ist eindeutig die gleiche.

Für zwei Mengen M_1 und M_2 gelten außerdem noch zwei *»Verschmelzungsgesetze«*, bei denen eine Vereinigung geschnitten bzw. ein Durchschnitt vereinigt wird. In den Venn-Diagrammen sind diese einfachen Verknüpfungen deutlich zu erkennen, die jeweils zum gleichen Ergebnis führen:

$(M_1 \cup M_2) \cap M_1 = M_1$

$(M_1 \cap M_2) \cup M_1 = M_1$

Zuletzt wollen wir noch zwei typische Verknüpfungen von drei Mengen M_1, M_2, M_3 betrachten, die in den *»Assoziativitätsgesetzen«* formuliert sind:

$(M_1 \cup M_2) \cup M_3 = M_1 \cup (M_2 \cup M_3)$

$(M_1 \cap M_2) \cap M_3 = M_1 \cap (M_2 \cap M_3)$

Betrachten wir nun diese Mengen M_1, M_2, M_3 als Glieder eines neuen Systems, so bilden sie in bezug auf die beiden Relationen $\cup$ und $\cap$ einen

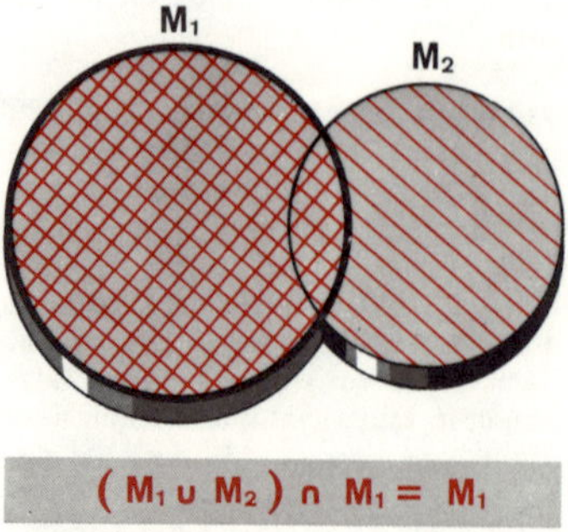

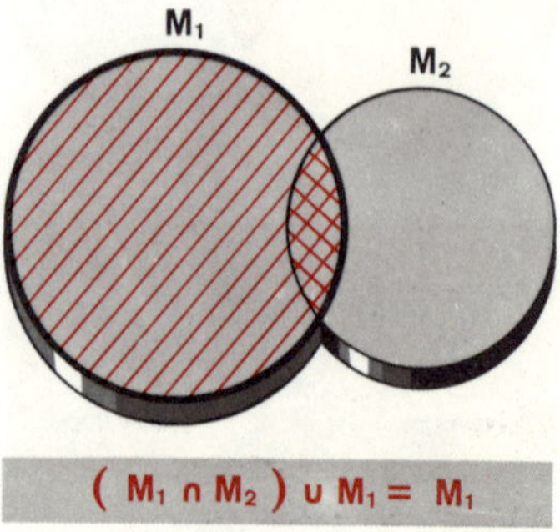

Dieses Venn-Diagramm zeigt deutlich, daß es gleichgültig ist, ob eine Vereinigung geschnitten oder ein Durchschnitt vereinigt wird. Diese Tatsache wird in den beiden Verschmelzungsgesetzen ausgedrückt.

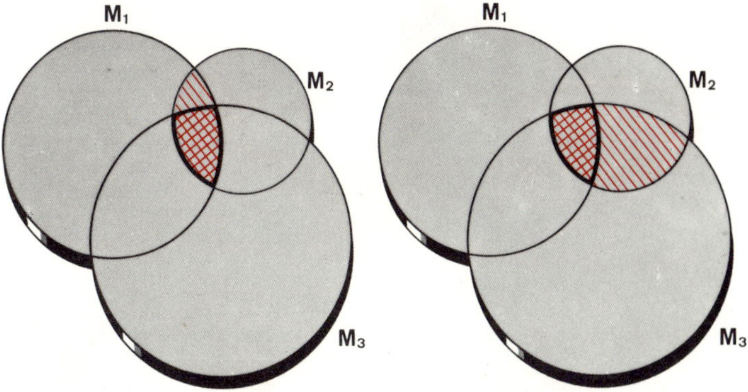

$(M_1 \cap M_2) \cap M_3 = M_1 \cap (M_2 \cap M_3)$

Diese beiden Venn-Diagramme illustrieren das Assoziativitätsgesetz für die Beziehung des Durchschnitts.

»Verband«. In einer *»Verbandstheorie«* können z.B. die Gesetze der Kommutativität, der Verschmelzung und der Assoziativität als *Axiome* verwendet werden. Durch die Axiome wird dann ein formales System mit beliebigen Elementen bestimmt, das bezüglich der beiden Relationen der Vereinigung und des Durchschnitts einen Verband bildet.

Neben den Verbänden und Algebren verdienen bei einer strukturellen Betrachtung vor allem die *»Gruppen«* Betrachtung. Hier wird im Gegensatz zu Algebra und Verband *nur eine einzige Verknüpfung* definiert, die von den Elementen einer Gruppe erfüllt sein muß. Durch verhältnismäßig einfache Axiome kann eine solche Gruppe bestimmt werden. Sie sehen z.B. so aus:

Axiom: Aus jeweils zwei Elementen s_1 und s_2 einer Gruppe kann ein eindeutig bestimmtes »Produkt« $s_1 \circ s_2$ gebildet werden, das selbst wieder Gruppenelement ist.

Die allgemeine Verknüpfung $s_1 \circ s_2$ haben wir bereits mit der Formel »$\mathbf{e} \circ \mathbf{e} = \mathbf{e}$« kennengelernt (s. Seite 177). Wenn wir sie »Produkt« nennen, hat das nur den Grund, daß diese Beziehung an eine verallgemeinerte Form der Multiplikation erinnert. Wir könnten sie auch »G-Relation«, »G-Verknüpfung« usw. nennen. Bei der strukturellen Betrachtung ist die Deutung dieser Beziehungen ganz gleichgültig. Nur die formalen Eigenschaften entscheiden ja: Eine weitere Forderung an die Verknüpfung der Gruppenelemente sieht dann so aus:

Axiom: Die Verknüpfung der Gruppenelemente ist assoziativ. Für drei Elemente s_1, s_2, s_3 gilt also stets:

$(s_1 \circ s_2) \circ s_3 = s_1 \circ (s_2 \circ s_3)$

In einem anderen Axiom wird die Existenz eines Einheitselementes **e** gefordert:

Axiom: Für die Verknüpfung der Gruppenelemente gibt es ein Einselement **e**, so daß für jedes Element s_n gilt: $s_n \circ \mathbf{e} = \mathbf{e} \circ s_n = s_n$. Zuletzt wird noch für jedes Gruppenelement ein *»Inverses«* gefordert, wobei die Verknüpfung der beiden zum Einselement führt:

Axiom: Jedes Element der Gruppe

Eine Abbildung einer endlichen Menge auf sich selbst erfolgt durch eindeutige Zuordnungen zwischen den Elementen der Menge. Im Pfeildiagramm (rechts) wird diese Form der Abbildung besonders deutlich. Das Element C z.B. wird sich selbst zugeordnet.

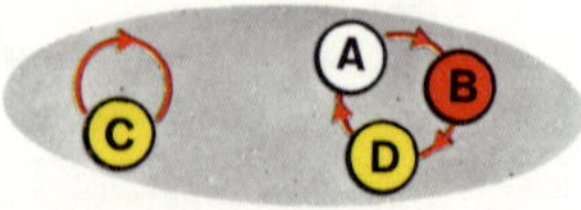

besitzt ein Inverses, so daß stets $s_1 \circ (s_1)^{-1} = \mathbf{e}$ gilt.
Der Ausdruck »$(s_1)^{-1}$« kann »s_1 hoch minus eins« gelesen werden. Was dieses Inverse eines Gruppenelementes bedeutet, braucht uns vorläufig nicht zu interessieren. Durch die Formeln in den Axiomen ist es ja eindeutig festgelegt, »implizit definiert«, wie ein Formalist sagen würde. In der Arithmetik können z.B. die Zahl $1/5$ als Inverses von 5 bezüglich der Multiplikation deuten: $5 \cdot \frac{1}{5} = 1$. Allgemein gilt: $a \cdot \frac{1}{a} = 1$.
Daß man dieses abstrakte Terrain der durch Axiome definierten Gruppen auch durch ganz handgreifliche Beispiele illustrieren kann, wollen wir nun zeigen: Nehmen wir dazu einige x-beliebige Dinge, etwa einen Bierkrug (A), eine Salatschüssel (B), eine Kaffeekanne (C) und einen Suppentopf (D). Zusammen bilden sie die endliche Menge $\{A, B, C, D\}$. Diese Elemente können wir nun verschiedenartig anordnen, z.B. so, wie wir sie gerade aufgezählt haben, also: A B C D. Das ist aber nur eine von 24 möglichen Anordnungen $(1 \cdot 2 \cdot 3 \cdot 4 = 24)$, was sich durch vollständige Induktion leicht zeigen läßt. Frischen wir also unsere Erinnerung in bezug auf dieses wichtige Beweisverfahren wieder auf, indem wir den Schluß von n auf n + 1 praktizieren: Am einfachsten ist es natürlich, wenn nur ein einziger Gegenstand »angeordnet« werden soll: A. Das ist eine und nur eine Möglichkeit, die formal interessant ist. Bei zwei Dingen A und B gibt es dann bereits zwei Möglichkeiten der Anordnung. A B und B A. Ihre Anzahl ist also $1 \cdot 2 = 2$. Dieser Teil des Beweises ist wirklich trivial. Nun muß aber noch folgendes gezeigt werden:
Wenn die Anzahl der Anordnungen für n Dinge $1 \cdot 2 \cdot 3 \cdot 4 \cdot \ldots \cdot n$ ist, *dann* ist sie für n + 1 Dinge $1 \cdot 2 \cdot 3 \cdot 4 \cdot \ldots \cdot n \cdot (n + 1)$.
Auch das ist nicht schwer zu beweisen: Laut Annahme können wir n Gegenstände auf $(1 \cdot 2 \cdot 3 \cdot 4 \cdot \ldots \cdot n)$-fache Weise anordnen. Kommt zu diesen n Gegenständen noch ein (n + 1)-ter Gegenstand hinzu, kann er auf folgende Weise den bereits gebildeten Anordnungen beigefügt werden: Wir setzen ihn *vor* die erste Stelle jeder Anordnung, dann *vor* die zweite Stelle in jeder Anordnung, *vor* die dritte Stelle in jeder Anordnung, ..., *vor* die n-te Stelle in jeder

Anordnung und schließlich *hinter* die n-te Stelle jeder Anordnung. Das Hinzusetzen des (n + 1)-ten Gegenstandes erfolgt also genau n + 1 mal. Damit ist auch der zweite Teil des Beweises erledigt:
Ist die Anzahl der Anordnungen für n Dinge $1 \cdot 2 \cdot 3 \cdot \ldots \cdot n$, so ist sie für n + 1 Dinge $1 \cdot 2 \cdot 3 \cdot \ldots \cdot n \cdot (n+1)$.
Genau das sollten wir ja beweisen. Wieder wird der Fall anhand eines einfachen Beispiels ganz klar: Kommt zu den beiden (1 · 2) Anordnungen A B und B A von zwei Dingen das dritte Ding C dazu, bestehen genau drei weitere Möglichkeiten, die beiden Anordnungen zu ergänzen, also insgesamt 1 · 2 · 3. Im einzelnen sieht das so aus: C wird vor die erste Stelle gesetzt. Das ergibt die beiden Anordnungen: CAB und CBA. Dann setzen wir C vor die zweite Stelle: A C B und B C A. Und schließlich läßt sich noch C hinter die zweite Stelle setzen, was noch die Anordnungen A B C und B A C liefert.
So können wir etwa im Falle der vier Elemente Krug (A), Schüssel (B), Kanne (C) und Topf (D) die Anordnung Schüssel Topf Kanne Krug (B D C A) wählen. Werden beliebige Objekte auf diese Weise vertauscht, dann spricht der Mathematiker auch von *»Permutationen«*. Eine Gruppe ist nun dadurch gekennzeichnet, daß von einer beliebigen Anordnung (»Permutation«) der Objekte, etwa der »natürlichen« Anordnung ABCD, zu jeder beliebigen anderen Anordnung übergegangen werden kann. Der Übergang zur Anordnung BDCA sieht etwa so aus:

Krug	⇒ Schüssel	(A ⇒ B)
Schüssel	⇒ Topf	(B ⇒ D)
Kanne	⇒ Kanne	(C ⇒ C)
Topf	⇒ Krug	(D ⇒ A)

Diese eindeutigen Zuordnungen zwischen den Elementen der endlichen Menge stellen eine *Abbildung einer Menge auf sich selbst* dar. Eine solche Abbildung nennt der Mathematiker auch *»Substitution«*. Die einfachste Schreibweise für eine solche Substitution sieht so aus, wenn wir wieder das obige Beispiel wählen:

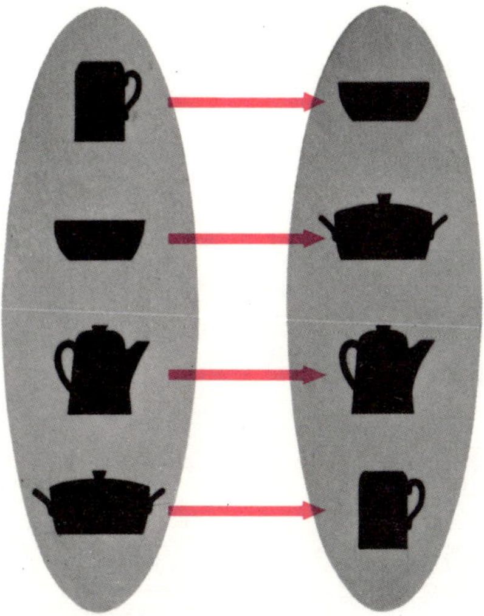

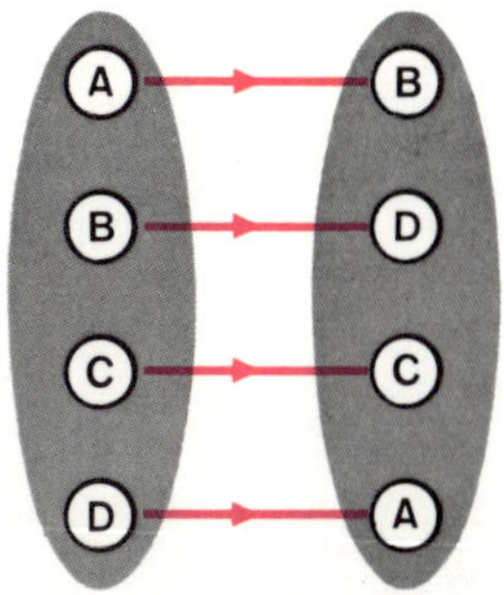

Diese beiden Diagramme verdeutlichen die Abbildung einer Menge auf sich selbst. Eine solche Abbildung wird »Substitution« genannt.

$$s = \begin{pmatrix} A\,B\,C\,D \\ B\,D\,C\,A \end{pmatrix}$$

Die Zuordnung erfolgt also vom Element, das in der oberen Zeile steht, zum direkt unter ihm stehenden Element ($A \Rightarrow B$, $B \Rightarrow D$, usw.). Sehr eindrucksvoll läßt sich die Art der Zuordnung innerhalb der Menge in einem *»Pfeildiagramm«* erkennen (s. Seite 181).

Wir haben bereits erwähnt, daß zwischen vier Elementen 24 solcher Permutationen möglich sind. Betrachtet man auch die Abbildung, bei der einfach jedes Element der Menge sich selbst zugeordnet wird, als Substitution, also

$$s_1 = \begin{pmatrix} A\,B\,C\,D \\ A\,B\,C\,D \end{pmatrix}$$

dann sind auch 24 Substitutionen möglich. Wir wollen nun zeigen, daß solche Substitutionen »Elemente« einer Gruppe im oben definierten Sinne bilden. Dazu wollen wir jedoch von Permutationen ausgehen, die nur mit drei Elementen A B C gebildet werden können. Auf diese Weise sind nämlich nur noch $1 \cdot 2 \cdot 3 = 6$ Anordnungen der drei Mengenelemente möglich. Gehen wir wieder von der natürlichen Anordnung ABC aus, dann sind folgende Übergänge (Substitutionen) möglich:

$$s_1 = \begin{pmatrix} A\,B\,C \\ A\,B\,C \end{pmatrix}$$

$$s_2 = \begin{pmatrix} A\,B\,C \\ A\,C\,B \end{pmatrix}$$

$$s_3 = \begin{pmatrix} A\,B\,C \\ C\,B\,A \end{pmatrix}$$

$$s_4 = \begin{pmatrix} A\,B\,C \\ B\,A\,C \end{pmatrix}$$

$$s_5 = \begin{pmatrix} A\,B\,C \\ B\,C\,A \end{pmatrix}$$

$$s_6 = \begin{pmatrix} A\,B\,C \\ C\,A\,B \end{pmatrix}$$

Wieder können wir die Zuordnungen in den Pfeildiagrammen am schönsten erkennen.

Warum bilden diese Substitutionen eine Gruppe? Wir wissen aus unseren Axiomen, daß ein solches System dadurch festgelegt ist, daß eine

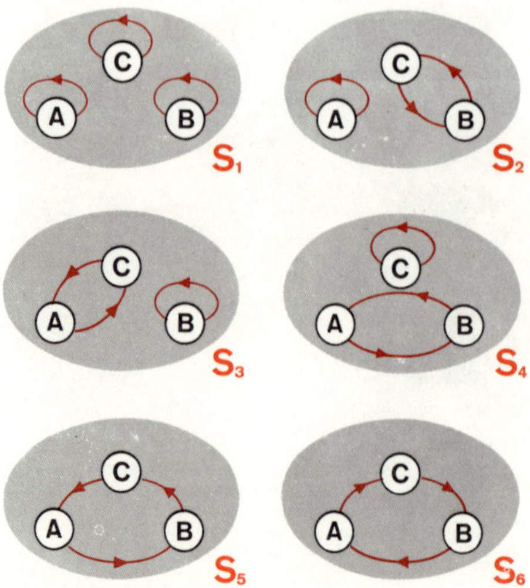

Innerhalb einer Menge von drei Elementen A, B, C sind genau sechs Substitutionen möglich. Die Pfeildiagramme lassen die eindeutigen Zuordnungen zwischen den Elementen erkennen.

ganz bestimmte Verknüpfung, für die wir das Zeichen »o« verwendet haben, definiert ist. Die sechs Substitutionen s_1 bis s_6 lassen sich aber auch verknüpfen: Sehen wir uns doch einmal an, was geschieht, wenn zwei beliebige Übergänge hintereinander ausgeführt werden. Führen wir etwa zunächst s_6, dann s_3 aus. Dazu brauchen wir lediglich die für den jeweiligen Übergang typischen Zuordnungen der Elemente A, B, C vorzunehmen. s_6 führt uns zunächst zum Ergebnis:

A ⇒ C
B ⇒ A
C ⇒ B

Auf die erhaltene Permutation C A B wenden wir dann s_3 an:

C ⇒ A
A ⇒ C
B ⇒ B

Die Anordnung A C B, die wir dabei erhalten, wenn wir zunächst die Substitution s_6 und dann die Substitution s_3 durchführen, ist aber die gleiche, die durch einfache Anwendung von s_2 gewonnen wird. Die Zuordnungen in s_2 sehen ja im einzelnen so aus:

A ⇒ A
B ⇒ C
C ⇒ B

Wir können also schreiben:
$s_6 \circ s_3 = s_2$
Wie im ersten Axiom gefordert, ist also das »Produkt« aus zwei Gruppenelementen selbst wieder Gruppenelement (s. Seite 179). Führt die Verknüpfung $s_3 \circ s_6$ wieder zum gleichen Ergebnis? Man ist zunächst geneigt, das anzunehmen. Wie sich jedoch leicht nachprüfen läßt, ist das im allgemeinen nicht der Fall:

A ⇒ C
B ⇒ B
C ⇒ A

sind die Zuordnungen der Substitution s_3. Verbinden wir sie dann mit s_6, sieht das Ergebnis so aus:

C ⇒ B
B ⇒ A
A ⇒ C

Nun ergibt die Verknüpfung also nicht mehr den Übergang s_2, sondern s_4. Es gilt:
$s_3 \circ s_6 = s_4$
Nun sehen wir deutlich den *Unterschied,* der *zwischen einem Verband und einer Gruppe* besteht: Während der Verband durch zwei Axiome der Kommutativität bestimmt wird, ist in der Gruppe diese Eigenschaft der Vertauschbarkeit im allgemeinen *nicht* erfüllt. In unserem Fall gilt nämlich:
$s_3 \circ s_6 \neq s_6 \circ s_3$
Gilt das kommutative Gesetz bei gewissen Gruppen trotzdem, dann spricht der Mathematiker speziell von einer »kommutativen Gruppe« oder einer *»Abelschen Gruppe«.* Sie ist nach dem norwegischen Mathematiker Niels H. Abel (1802–1829) benannt. Unser Beispiel der Verknüpfung von s_3 und s_6 hat aber gezeigt, daß die Gruppe aus den Gliedern s_1 bis s_6 nicht kommutativ oder nicht »abelsch« ist.
Wie sich dagegen leicht nachprüfen läßt, bildet die Substitution s_1, die jedes Element sich selbst zuordnet, das geforderte *Einheitselement* der Gruppe. Für eine beliebige der sechs Substitutionen gilt nämlich stets:
$s_n \circ s_1 = s_1 \circ s_n = s_n$
Auch der zunächst ein wenig sehr abstrakt anmutende Begriff des Inversen leuchtet nun ein. Betrachten wir dazu etwa das Gruppenelement s_5: Es verwandelt als Substitution die Anordnung A B C in die Anordnung B C A, was im einzelnen durch folgende Zuordnungen geschieht:

A ⇒ B
B ⇒ C
C ⇒ A

Um nun von dieser Anordnung B C A wieder zur ursprünglichen Anordnung A B C überzugehen, brauchen wir s_5

lediglich mit s_6 zu verknüpfen und erhalten dann:

B ⇒ A
C ⇒ B
A ⇒ C

Das Ergebnis der Verknüpfung von s_5 mit s_6 ist also dem gleich, das unser Einselement s_1 ebenfalls geleistet hätte, nämlich die Zuordnungen:

A ⇒ A
B ⇒ B
C ⇒ C

Da die Verknüpfung von s_5 mit s_6 wieder s_1 ergibt, ist s_6 nach dem vierten Axiom (s. Seite 179) das Inverse von s_5. Wir können also in diesem Falle schreiben: $s_6 = (s_5)^{-1}$. Und es gilt: $s_5 \circ s_6 = s_1$.

Mit diesen Überlegungen haben wir natürlich nur das »kleine Einmaleins« der strukturellen Betrachtung kennenlernen können. Aber die Grundgedanken des neuen Bourbakischen Aufbaus der Mathematik sind uns nun nicht mehr ganz so fremd. Es ist ein weiter Weg von den »Elementen« des Euklid zu den »Elementen« des Bourbaki. Das Programm jedoch ist ähnlich geblieben: Das mathematische Wissen der Zeit soll einheitlich und streng methodisch geordnet werden. Bei Euklid stehen am Beginn des Systems einfache, inhaltlich formulierte Aussagen, die Axiome, bei Bourbaki sind es die weit abstrakteren, aber auch exakteren Grundstrukturen.

8. Netzwerke für Zufall und Strategie

8.1 »Wahrscheinlichkeitsfelder« in der mathematischen Landschaft

Zur Wahrscheinlichkeitsrechnung

Die moderne Mathematik als Lehre von den Strukturen ist von einem durchgreifenden *Prozeß der Abstraktion* bestimmt. Besonders deutlich haben das unsere Betrachtungen zur Gruppentheorie vor Augen geführt. Aber diese Abstraktheit weiter Gefilde der mathematischen Landschaft braucht für den Nichtmathematiker nicht zum Schreckgespenst zu werden. Jeder, der gelernt hat, seinen Verstand richtig zu gebrauchen, kann auch auf diesen Gebieten zumindest den grundsätzlichen Überlegungen der Mathematik folgen.

Auf zwei entscheidende Gesichtspunkte der strukturellen Betrachtung wollen wir noch einmal nachdrücklich hinweisen: Wo es sich in der modernen Mathematik um *Isomorphien* dreht, ist es üblich, gewisse Sachverhalte ganz einfach zu »übersehen«, aus der Betrachtung »auszuklammern«. Der Mathematiker erklärt manche Tatsachen, die uns vielleicht zunächst wichtig erscheinen, schlichtweg als »unwesentlich«. Dazu ist er durchaus berechtigt. Auch andere Menschen gehen auf diese Weise vor: Nehmen wir als Beispiel einen schönen rotbackigen Apfel. Für den Erntearbeiter ist an ihm wesentlich, daß er günstig am Baum hängt und möglichst einfach gepflückt werden kann. Unwesentlich ist in seinen Augen, daß an einer Stelle der Apfelschale eine prächtige rotgrüne Musterung vorhanden ist. Das interessiert aber gerade einen Malschüler, der diesen Apfel in ein Stilleben einbaut. Ihn interessiert überhaupt nicht, wie der Apfel am Baum gehangen hat. Bevor ihn der Malschüler jedoch in die Hand bekommt, hat der Apfel bereits einige weitere Stationen durchlaufen: Da ist z.B. der Großhändler, dem es vollkommen gleichgültig ist, wie der Apfel am Baum hing und daß er schließlich auf dem Aquarell festgehalten wird. Für ihn ist nur ein Gesichtspunkt wesentlich: »Handelsklasse A«, eine bestimmte Element-Mengen-Relation also. Die Verpackerin, der Transporteur, der Kaufmann an der Ecke, die Hausfrau, das Schulkind, der Biologe, der Lebensmittelchemiker – sie alle werden den Apfel mit verschiedenen Augen ansehen, eben gewisse Sachverhalte übersehen und andere für besonders wichtig erachten. Das Vorgehen des Mathematikers bei der strukturellen Betrachtung ist also genauso »willkürlich« und doch zugleich auch »zielbewußt« wie das der Hausfrau beim Einkaufen eines Apfels. Die Hausfrau will »gute« Äpfel, der Mathematiker »gute« Theorien...

Nur auf diese Weise gelangt der Mathematiker zu den gewünschten Erkenntnissen über Strukturen, die ihm die Gerüste und filigranfeinen Netzwerke seiner Theorien zeichnen. Die »Elemente der Mathematik« des Nicolas Bourbaki können wir in dieser Sicht als riesige Mappe von Bauplänen ansehen, auf denen das stattliche Gebäude der modernen Mathematik in einheitlichen Zeichen zu Papier gebracht worden ist.

Neben dieser willkürlichen Auswahl und Ausklammerung von Tatsachen, die zu verschiedenartigsten Strukturen führt, ist als zweites die Beschaffenheit der widerspruchsfreien Axiomensysteme von entscheidender Bedeutung: Allein diese abstrakten Schemata legen ja die Systeme der Algebren, Verbände, Gruppen, »Ringe« und »Körper« fest. Gerade der hohe

Grad an Abstraktheit dieser sonst verhältnismäßig einfachen Axiome bewirkt nämlich, daß ein derart festgelegtes System »so gehaltvoll wird, daß man hinreichend viele interessante Folgen aus ihm ziehen kann«, wie Hans Hermes knapp und zutreffend sagt.

Durch die strukturelle Betrachtungsweise ist die moderne Mathematik zum weiten Experimentierfeld des »reinen Geistes« geworden. Viele Mathematiker betrachten deshalb ihre exakte Wissenschaft als *Geisteswissenschaft* par excellence.

Um das Terrain der mathematischen Landschaft besser zu überblicken, das wir nun besuchen wollen, sollten wir wieder einen kurzen Blick in die Geschichte der Mathematik werfen: Im Frankreich des 17. Jahrhunderts war in den höheren Gesellschaftsschichten der Typ des Spielers häufig vertreten, ein wohlhabender »Mann von Stand«, dessen wichtigste Beschäftigung es war, sich die Langeweile durch *Glücksspiele* zu vertreiben. Zu diesen Playboys mit gepuderter Perücke zählte auch der Chevalier de Méré, ein geistreicher Mann, ein leidenschaftlicher Spieler, aber bar jeglicher mathematischer Begabung. Das wurde seiner hemmungslosen Lust am Spiel zum Verhängnis. Glücksspiel und Spielerglück gehören eben nicht immer zusammen. Der Chevalier, der wie alle Spieler keinen besonderen Genuß am Verlieren, wohl aber an Gewinnsträhnen hatte, wandte sich deshalb um die Mitte des 17. Jahrhunderts an den berühmten Blaise Pascal, um sich von diesem seinem mathematisch hochgebildeten Zeitgenossen über die Gewinnchancen beim Glücksspiel aufklären zu lassen. Vor allem an den zweckmäßigen Einsätzen im Würfelspiel zeigte sich de Méré sehr interessiert. Pascal faszinierten die Fragestellungen des nach Gewinn strebenden Chevaliers natürlich unter einem anderen, eben abstrakteren Gesichtspunkt; aber bald entspann sich ein reger Briefwechsel mit seinem Mathematikerkollegen Pierre de Fermat (1601–1665): Die ersten systematischen Versuche der Mathematiker, den Zufall zu »kalkulieren«, hatten begonnen.

So stand am Anfang der mathematischen Wahrscheinlichkeitstheorie eine leidige Spielererfahrung, die Pechsträhne des Chevaliers de Méré im Würfelspiel. Betrachten wir ein einfaches Problem, das die französischen Playboys des 17. Jahrhunderts beschäftigte – ein Problem, das sie aufgrund ihres mathematischen Unverstandes nicht zu lösen vermochten. Zwei Spieler, nennen wir sie einfach »S_1« und »S_2«, haben eine Serie von Glücksspielen vereinbart, aus der als Sieger derjenige hervorgeht, der als erster fünf Partien gewonnen hat. Der Sieger kassiert dann alle Einsätze. Was ist zu tun, wenn folgendes geschieht: Das Spiel muß aus irgendeinem Grund vorzeitig abgebrochen werden, wobei S_1 bereits vier Partien für sich entschieden hat, S_2 dagegen nur drei. Natürlich wird sich in dieser Situation S_2 weigern, alle Einsätze an S_1 abzugeben. Wie werden die Einsätze also gerecht verteilt?

In den Salons herrschte in solchen und ähnlichen Situationen stets große Aufregung: Einige Anwesende vermuteten, daß hier die Einsätze im Verhältnis vier zu drei $\frac{4}{3}$ aufgeteilt werden müßten, andere plädierten für $\frac{5-3}{5-4} = \frac{2}{1}$ (»zwei zu eins«) usw.

Der Mathematiker Pascal löste die Aufgabe durch eine einfache Überlegung: Um das Spiel zu entscheiden, hätte es höchstens noch zweier Partien bedurft: S_1 hätte die erste Partie gewinnen können, womit das Spiel bereits entschieden gewesen wäre. Hätte dagegen S_2 die erste Partie gewonnen, wäre für S_1 durch den Gewinn der zweiten Partie das Spiel immer noch zu seinen Gunsten

gelaufen. Nur wenn S_2 die beiden noch ausstehenden Partien für sich entschieden hätte, wäre er der Gewinner gewesen.
Die vier Möglichkeiten des weiteren Spielverlaufs sehen nämlich so aus:

1. Partie:	*2. Partie:*
S_1 gewinnt	S_1 gewinnt
S_1 gewinnt	S_2 gewinnt
S_2 gewinnt	S_1 gewinnt
S_2 gewinnt	S_2 gewinnt

S_2 besitzt also nur *eine* von vier Möglichkeiten, das Spiel für sich zu entscheiden: Er muß beide Partien gewinnen. In den ersten drei Fällen gewinnt dagegen S_1. Es ist also im vorliegenden Fall fair, die Einsätze im Verhältnis drei zu eins an die Spieler S_1 und S_2 zu verteilen.
Es geht hier also um die Frage, wer von den beiden Spielern das abgebrochene Glücksspiel mit größerer *Wahrscheinlichkeit* gewonnen hätte.
Um eine *Wahrscheinlichkeitsrechnung* im streng mathematischen Sinn zu entwickeln, mußte man jedoch eine allgemeinere Optik wählen als die durch die Brille des Glücksspiels. Sie mußte zur »reinen« Theorie werden. Wieder einmal mußten sich die Mathematiker hier mit ähnlichen Problemen herumschlagen, die wir bereits bei der Geometrie und der Mengenlehre kennengelernt haben: Die Frage: »Was *ist* Wahrscheinlichkeit?« löst dabei die gleichen Schwierigkeiten aus wie Cantors Frage »Was *ist* eine Menge?«
Die »Klassiker« der reinen Wahrscheinlichkeitstheorie mußten deshalb in ähnlicher Weise Schiffbruch erleiden wie der Schöpfer der Mengenlehre. Der Schweizer Mathematiker Jakob Bernoulli (1654–1705), der aus einer berühmten Basler Mathematikerdynastie stammt, versuchte, die Wahrscheinlichkeit als *»Grad von Gewißheit«* zu definieren. Er machte dabei die stillschweigende Annahme, daß alle möglichen Fälle *gleich-wahrscheinlich* sind. Aber auch als sein französischer Kollege Pierre-Simon de Laplace (1749–1827) diesen Sachverhalt offen aussprach, wurden die Schwierigkeiten nicht behoben. Laplace hat die »klassische« Definition der Wahrscheinlichkeit gegeben:
»Die Wahrscheinlichkeitstheorie besteht in der Zurückführung aller Ereignisse einer Menge auf eine gewisse Anzahl *gleich-wahrscheinlicher Fälle* – das sind Fälle, über deren Eintreffen wir in der gleichen Ungewißheit sind – und in der Bestimmung der Anzahl der Fälle, welche *für das Ereignis günstig sind,* dessen Wahrscheinlichkeit wir suchen.« Setzen wir wieder die kritische Sonde an diese Definition: Von zentraler Bedeutung sind die »gleich-wahrscheinlichen Fälle«. Ihre Erläuterung durch Laplace ist jedoch unter dem Blickwinkel der modernen Mathematik gänzlich unbefriedigend. Die Definition erinnert stark an die Cantorsche Mengendefinition mit allen ihren Mängeln. Mit seiner Kennzeichnung der gleich-wahrscheinlichen Fälle als solche, »über deren Eintreffen wir in der gleichen Ungewißheit sind«, muß Laplace tief in die psychologische Landschaft eindringen. Auch an anderer Stelle erläuterte er ebenso unbefriedigend: »Bei den gleich-wahrscheinlichen Fällen haben wir keinen Grund zu glauben, daß einer dieser Fälle eher eintreten werde als der andere.«
Erst in unserem Jahrhundert sind einige mehr oder weniger überzeugende Theorien der Wahrscheinlichkeit entstanden. Zu den anerkannten Systemen zählt eine axiomatische Wahrscheinlichkeitstheorie, deren Grundgedanken wir im folgenden erläutern wollen. Nachdem Hilbert seine abstrakte Axiomatisierung der Euklidischen Geometrie so großartig vorexerziert hatte, lag es eigentlich nahe, auch die Wahrscheinlichkeitsrechnung ähnlich aufzubauen: »Die Wahrscheinlichkeitstheorie als mathematische Disziplin soll und kann genauso in demselben Sinn axiomati-

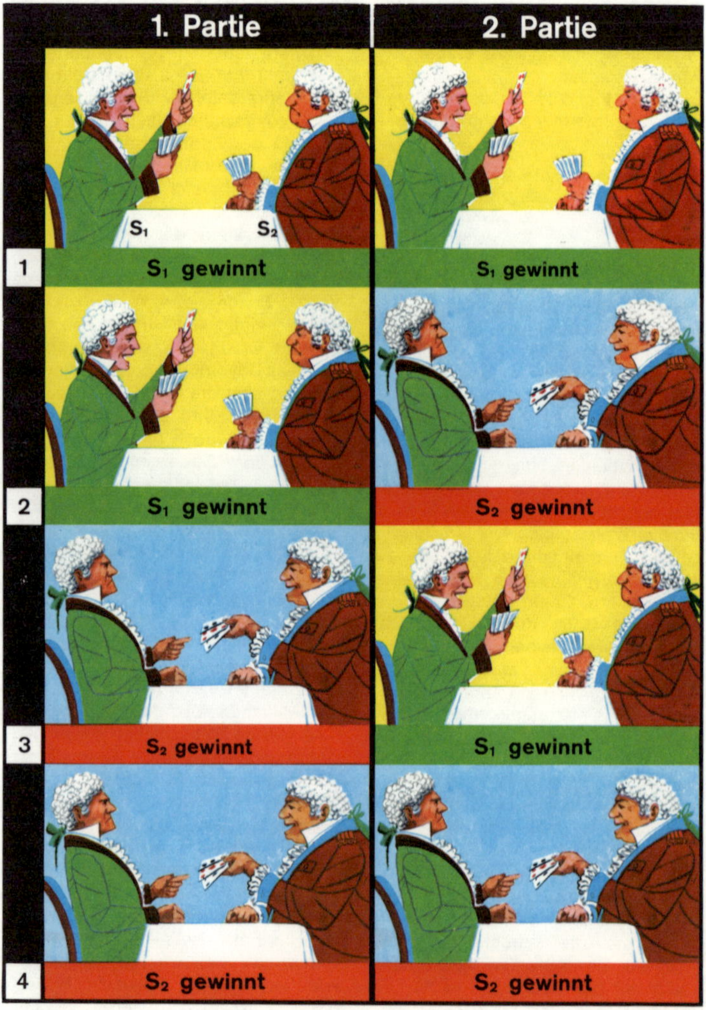

Zwei Spieler, S_1 und S_2, haben eine Serie von Glücksspielen vereinbart, wobei derjenige gewinnt, der als erster fünf Partien für sich entscheidet. Das Spiel muß vorzeitig abgebrochen werden, als S_1 vier und S_2 drei Partien gewonnen hat. Um das Spiel zu entscheiden, wären höchstens noch zwei Partien erforderlich gewesen. Nur im letzten Fall (4) hätte S_2 das Spiel für sich entscheiden können.

siert werden wie die Geometrie oder die Algebra. Das bedeutet, daß, nachdem die Namen der zu untersuchenden Gegenstände und ihre Grundbeziehungen sowie die Axiome, denen diese Grundbeziehungen zu gehorchen haben, angegeben sind, die ganze weitere Darstellung sich ausschließlich auf die Axiome gründen soll und keine Rücksicht auf die jeweilige konkrete Bedeutung dieser Gegenstände und Beziehungen nehmen darf.«

Dieses formalistische Programm hatte sich der russische Mathematiker Andrej Nikolajewitsch Kolmogoroff (geb. 1903) im Jahre 1933 aufgestellt. Kolmogoroff ist uns bereits durch seine Deutung der effektiven Logik als »Aufgabenrechnung« bekannt (s. Seite 67). Zwar kommentiert Lorenzen: »Die *Grundlagen* der Wahrscheinlichkeitstheorie sind bisher noch nicht geklärt worden. Auch die Axiomatisierung von Kolmogoroff ist nur eine vorläufige Grundlage.« Obwohl die mathematische Forschung hier also noch völlig im Fluß ist, wollen wir Kolmogoroffs Lösungsvorschlag, den bisher klarsten und überzeugendsten, in seinen Grundgedanken skizzieren. Wir beschränken uns dabei auf die *»elementare« Wahrscheinlichkeitsrechnung,* bei der »Wahrscheinlichkeiten von nur endlich vielen zufälligen Ereignissen vorkommen«.

Kolmogoroff verwendete also in seiner Theorie den Grundbegriff des *zufälligen Ereignisses.* Was darunter zu verstehen ist, spielt für die axiomatisch aufgebaute Theorie keine Rolle. Die Begriffe werden ja ausschließlich durch das Axiomensystem festgelegt, »implizit« definiert, wie der formalistisch gesinnte Mathematiker sagt. Wie führte Kolmogoroff die zufälligen Ereignisse in die Theorie ein? Wie wir sehen werden, erscheinen sie als *Teilmengen.* Was Teilmengen sind, wissen wir bereits (vgl. Seite 106). Kolmogoroffs Gedankengang sieht etwa so aus: Da wird zunächst eine Menge E von endlich vielen Elementen angenommen, die *»elementare Ereignisse«* genannt werden. Nun wird auf einfache Weise eine Menge von Mengen gebildet: $\mathfrak{F}$ sei die Menge der Teilmengen von E. Die Glieder dieser Gesamtheit $\mathfrak{F}$, Teilmengen von E, werden *»zufällige Ereignisse«* genannt. Das sind bisher immer noch inhaltliche, intuitive Erläuterungen; denn »was die Elemente dieser Mengen sind, ist dabei für die rein mathematische Entwick-

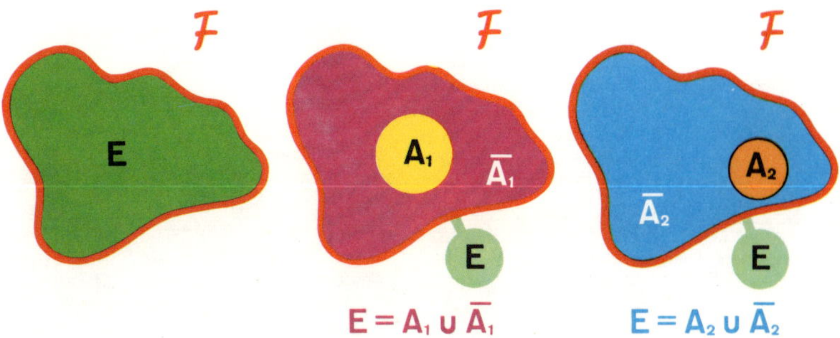

Die Menge E aller elementaren Ereignisse ist die wichtigste Menge aus $\mathfrak{F}$. Die Vereinigung einer beliebigen Teilmenge von E mit ihrem Komplement ergibt jeweils wieder die Menge E.

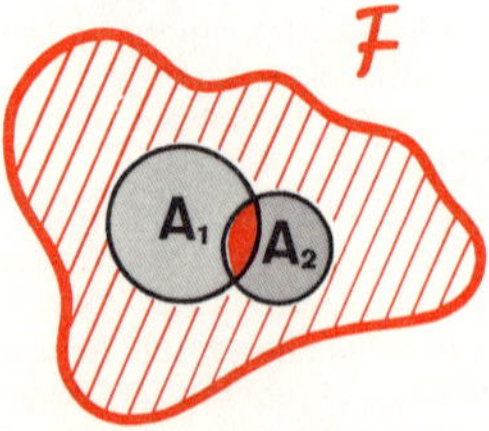

Eine Gesamtheit von Mengen $\mathfrak{F}$ wird »Mengenkörper« genannt, wenn unter anderem der Durchschnitt von Mengen aus $\mathfrak{F}$ wieder zu $\mathfrak{F}$ gehört.

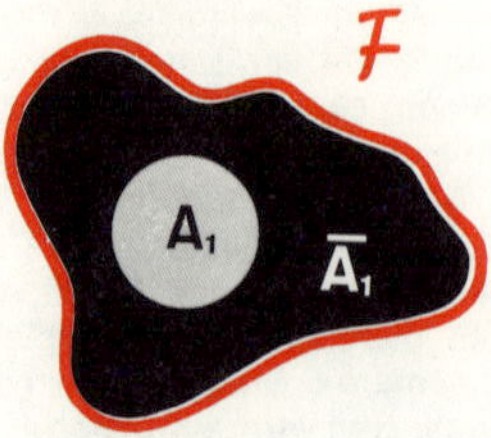

Zu den Bedingungen, daß $\mathfrak{F}$ Mengenkörper ist, gehört auch, daß die Bildung eines Komplements $\bar{A}_1$ von A innerhalb von $\mathfrak{F}$ ausgeführt werden kann.

lung der Wahrscheinlichkeitsrechnung völlig gleichgültig«. So schrieb Kolmogoroff ganz im Hilbertschen Sinne. Das System der Elemente und ihrer Beziehungen wird durch fünf Axiome festgelegt:

Axiom 1: $\mathfrak{F}$ ist ein *»Mengenkörper«.*

Hier sind einige Erläuterungen angebracht: Ein Mengenkörper ist eine Menge von Mengen, die als Gesamtheit ganz bestimmte Eigenschaften aufweist. Ein beliebiges System $\mathfrak{F}$ ist genau dann ein Mengenkörper, wenn zwei Bedingungen erfüllt sind:

a) Sind die Mengen A_1 und A_2 Glieder von $\mathfrak{F}$, dann muß die Bildung ihres *Durchschnitts* $A_1 \cap A_2$ innerhalb von $\mathfrak{F}$ durchführbar sein, d.h. die Menge $A_1 \cap A_2$ muß wieder $\mathfrak{F}$ angehören.
b) Gehört eine Menge A_1 zu $\mathfrak{F}$, dann muß die Bildung des *»Komplements«* $\bar{A}_1$ von A_1 innerhalb $\mathfrak{F}$ durchführbar sein.

Im allgemeinen Fall ist ein ganz beliebiges Element x genau dann Element des Komplements $\bar{A}_1$, wenn es *nicht* Element von A_1 ist. Da wir es aber im vorliegenden Fall mit *endlichen* Gesamtheiten zu tun haben, müssen wir diese definierende Bedingung auf die Elemente im Bereich von $\mathfrak{F}$ beschränken. Unsere Abbildung gibt ein klares Bild des Sachverhalts.

Axiom 2: Der Mengenkörper $\mathfrak{F}$ enthält die Menge E.

Die Menge E, deren Elemente die elementaren Ereignisse sind, ist die wichtigste Menge, die zum Mengenkörper $\mathfrak{F}$ gehört: A_1 und $\bar{A}_1$, A_2 und $\bar{A}_2$, A_3 und $\bar{A}_3$, usw. bilden jeweils wieder die Menge E der elementaren Ereignisse:

Axiom 3: Jeder Menge A aus $\mathfrak{F}$ ist eine nichtnegative reelle Zahl zugeordnet, die »P(A)« genannt wird (gelesen »P von A«). Eine Zahl $P(A_1)$ drückt die *»Wahrscheinlichkeit des Ereignisses* A_1« aus.

Mit diesem Axiom ist eine eindeutige Zuordnung zwischen den Mengen aus $\mathfrak{F}$ und bestimmten reellen Zahlen festgelegt. Für die Menge E der elementaren Ereignisse gilt im besonderen:

Axiom 4: P(E) nimmt für E stets den Wert 1 an: $(P(E) = 1$.

Die Mengen A_1, A_2, A_3, von denen im dritten Axiom die Rede ist, sind die zufälligen Ereignisse A_1, A_2, A_3, die jeweils eine eindeutig bestimmte Wahrscheinlichkeit $P(A_1)$, $P(A_2)$, $P(A_3)$ besitzen. Ist übrigens A_1 ein durch bestimmte Merkmale festgelegtes zufälliges Ereignis, dann ist $\bar{A}_1$ das zu A_1 entgegengesetzte Ereignis: Es besteht im Nichterscheinen des Ereignisses A_1. Das letzte Kolmogoroff-Axiom lautet dann noch:

Axiom 5: Wenn zwei Mengen A_1 und A_2 aus $\mathfrak{F}$ keine gemeinsamen Elemente besitzen, wenn also ihr *Durchschnitt leer* ist, dann gilt stets:

$P(A_1 + A_2) = P(A_1) + P(A_2)$

Eine beliebige Gesamtheit $\mathfrak{F}$ von endlichen Mengen A_1, A_2, A_3 bildet dann zusammen mit den eindeutig zugeordneten nicht-negativen reellen Zahlen $P(A_1)$, $P(A_2)$, $P(A_3)$ ein *»Wahrscheinlichkeitsfeld«,* wenn die Forderungen der Kolmogoroff-Axiome erfüllt sind.

Das System der fünf Axiome ist natürlich *widerspruchsfrei*. Kolmogoroff selbst zeigte das auf äußerst einfache Weise: Nehmen wir an, die Menge E bestehe lediglich aus einem einzigen elementaren Ereignis. Die Menge aller Mengen $\mathfrak{F}$ soll sich außerdem lediglich aus E und der Nullmenge **0** zusammensetzen. Wie wir wissen, ist die Nullmenge die *leere Menge,* die überhaupt kein Element besitzt (s. Seite 106). Das einzige Ereignis E ist also elementar und zugleich zufällig: $P(E) = 1$. Dagegen vertritt die leere Menge das *»unmögliche Ereignis«* mit der Wahrscheinlichkeit $P(\mathbf{0}) = 0$.

Für alle, denen diese Gedankengänge vielleicht doch zu abstrakt erscheinen, wollen wir das Kolmogoroffsche Wahrscheinlichkeitsfeld mit einigen Beispielen »bepflanzen«: Ein ausgewähltes zufälliges Ereignis, nennen wir es »A_7«, ist durch folgende Merkmale festgelegt: A_7 sei das Ereignis, mit dem Wurf zweier Würfel sieben »Augen« zu erzielen. (Natürlich erreicht man den gleichen Effekt, wenn man bestimmt, daß mit zwei nacheinander ausgeführten Würfen eines einzigen Würfels die Sieben erhalten werden soll.) Die Menge A_7, die im Wahrscheinlichkeitsfeld dem Ereignis A_7 entspricht, besitzt folgende sechs Würfe als Elemente:

(6 , 1), (1 , 6),
(5 , 2), (2 , 5),
(4 , 3), (3 , 4).

Bei diesen Zahlenpaaren gibt die linke Zahl jeweils die Augenzahl des ersten oder erstgeworfenen Würfels an, die rechte entsprechend die des zweiten oder zweitgeworfenen Würfels. Ein einzelnes Zahlenpaar, etwa (2 , 5), entspricht einem elementaren Ereignis. Die Menge E setzt sich aus den 36 möglichen Würfen zusammen, die mit zwei Würfeln bzw. bei zweimaligem Würfeln mit einem Würfel ausgeführt werden können: E besitzt 36 elementare Ereignisse als Elemente. A_7 ist eine Teilmenge von E,

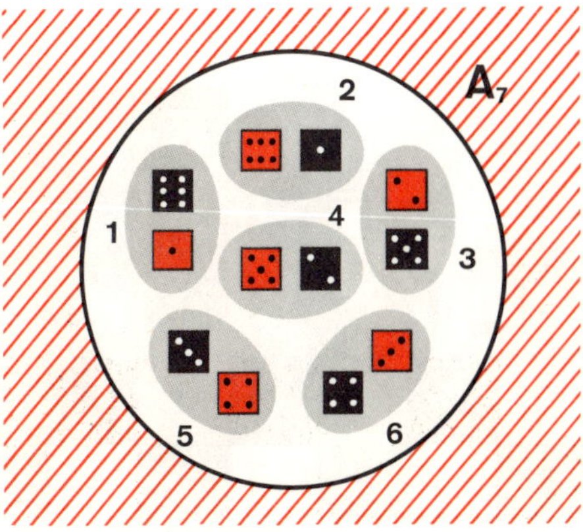

A_7 sei das zufällige Ereignis, mit zwei Würfeln in einem Wurf sieben »Augen« zu erzielen. Die Menge A_7 setzt sich dann aus sechs Elementen zusammen. Sie ist Teilmenge von E.

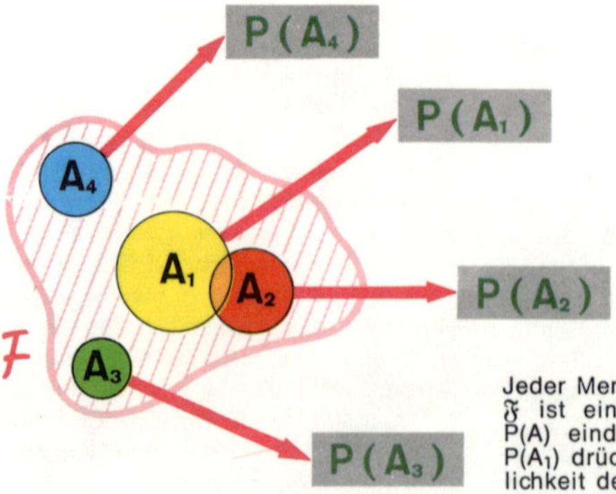

Jeder Menge A aus dem Mengenkörper 𝔉 ist eine nicht-negative reelle Zahl P(A) eindeutig zugeordnet. Eine Zahl $P(A_1)$ drückt dann z.B. die Wahrscheinlichkeit des Ereignisses A_1 aus.

nämlich $A_7 = \{(6,1), (1,6), (5,2), (2,5), (4,3), (3,4)\}$
Die Elemente von E besitzen die allgemeine Form (a , b), wobei in unserem Fall die beiden Variablen a und b jedoch auf die natürlichen Zahlen zwischen 1 und 6 beschränkt sind und nur durch solche ersetzt werden können. (7 , 3) oder (0 , 6) sind also keine Elemente von E.

Bevor wir dieses Würfelspiel weiter untersuchen, wollen wir zunächst den einfachsten Fall einer Wahrscheinlichkeitsrechnung betrachten, den berühmten und vielbeschriebenen *Münzwurf.* Im Alltag ist ja schon manche Entscheidung durch die Alternative »Kopf« oder »Adler« gefallen. Für einen Wurf der Münze gibt es die beiden elementaren Ereignisse »Kopf«

Das Glücksspiel mit zwei Würfeln bestimmt 36 elementare Ereignisse. Zwei Einsen oder zwei Sechsen zu würfeln, sind die beiden zufälligen Ereignisse A_2 und A_{12} mit den niedrigsten Wahrscheinlichkeiten: $P(A_2) = P(A_{12}) = 1/36$.

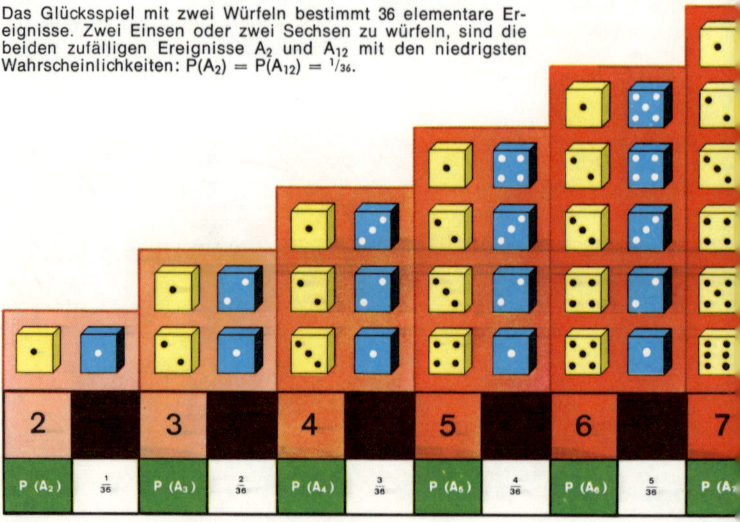

oder »Adler«. Der Fall, daß die Münze auf die Kante fallen und nicht umkippen könne, ist natürlich ausgeschlossen. Die Chancen, bei einem Wurf Kopf oder Adler zu bekommen, stehen also »halbe, halbe«, wie der Volksmund sagt. Die beiden Wahrscheinlichkeiten besitzen jeweils den Wert $^1/_2$, so daß P(E) wieder den Wert 1 ($= ^1/_2 + ^1/_2$) annimmt. Diese einfache Überlegung zeigt bereits, daß Kolmogoroffs Axiome 3 bis 5 aus der Erfahrung »abstrahiert« worden sind.

Vier elementare Ereignisse gibt es bereits, wenn die Münze zweimal hintereinander geworfen wird, oder, was den gleichen Effekt hat, wenn zwei Münzen zugleich geworfen werden:

(Kopf, Kopf)
(Kopf, Adler), (Adler, Kopf)
(Adler, Adler)

Daß ein Spieler zweimal Kopf oder zweimal Adler wirft, hat jeweils die Chance, in einem von vier Fällen einzutreten, wenn nur genügend oft geworfen wird. In der *Praxis* der Wahrscheinlichkeitsrechnung wird also folgendes angenommen: Wenn bei n-maligem Werfen der Münze das Ereignis (Kopf, Kopf) in m Fällen eintritt, dann wird das Verhältnis $\frac{m}{n}$ ungefähr den Wert $\frac{1}{4}$ annehmen. Dabei ist die *»Häufigkeit«* $\frac{m}{n}$, wie dieses Verhältnis auch genannt wird, als *Erfahrungswert* von der theoretisch festgelegten Wahrscheinlichkeit P(A) wohl zu unterscheiden. Eine *praktische Regel* der Wahrscheinlichkeitsrechnung lautet also:

Führt eine n-malige Verwirklichung der geforderten Bedingungen in m Fällen zum zufälligen Ereignis A, dann wird sich die Häufigkeit $\frac{m}{n}$ nur wenig von der Wahrscheinlichkeit P(A) unterscheiden.

Eine weitere praktische Regel, die von Kolmogoroff angegeben wurde, leuchtet ebenfalls unmittelbar ein:

Ist die Wahrscheinlichkeit P(A) eines zufälligen Ereignisses A sehr klein,

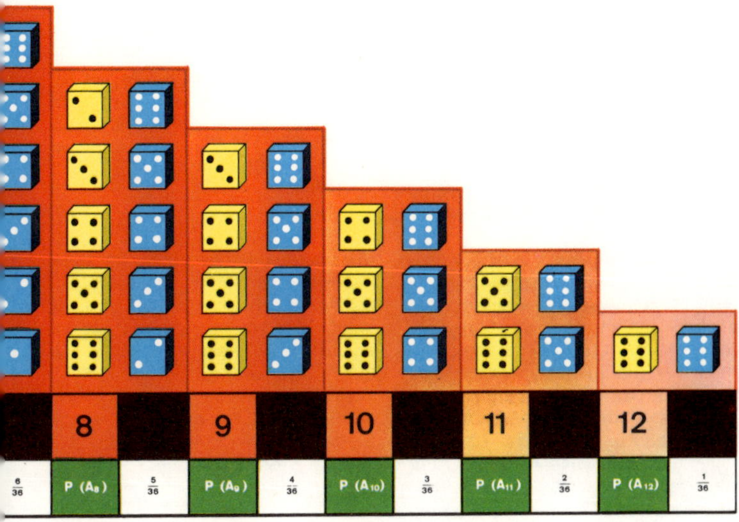

Wird eine Münze zweimal hintereinander geworfen, gibt es vier elementare Ereignisse: (Kopf, Kopf) – (Kopf, Adler) – (Adler, Kopf) – (Adler, Adler).

kann man praktisch sicher sein, daß bei einer einmaligen Verwirklichung der geforderten Bedingungen das Ereignis A nicht stattfindet.
Jetzt wird es uns leichtfallen, weitere Erkenntnisse über das wieder ein wenig komplexere Würfelspiel mit seinen 36 elementaren Ereignissen zu gewinnen: Unsere Abbildung zeigt, daß der von uns zunächst betrachtete Fall, mit zwei Würfeln sieben Augen zu erzielen, das Ereignis mit der höchsten Wahrscheinlichkeit ist: $P(A_7) = 6/36 = 1/6$. ($P(A_1)$ entfällt bei dieser Schreibweise, weil wir ja mit zwei Würfeln spielen bzw. einen Würfel zweimal werfen und daher niemals nur ein einziges Auge fallen kann.) Die Summe aller elf Wahrscheinlichkeiten $P(A_2) + P(A_3) + \ldots + P(A_{11}) + P(A_{12})$ entspricht P(E), also gleich 1. 1 wird bisweilen die »Gewißheitszahl« genannt: Es ist schließlich ganz gewiß, daß bei jedem beliebigen Wurf mit zwei Würfeln eines der 36 Elementarereignisse eintritt.

8.2 Mathematisierung des menschlichen Handelns

Grundbegriffe der Spieltheorie

Es ist eine beliebte Sprachgewohnheit, daß bei den reinen Glücksspielen der »blinde« Zufall regiere. Aber auch für ihn wurde in der Mathematik ein kunstvolles Netzwerk gesponnen, das ihn in bestimmtem Sinne »kalkulierbar« macht. Allerdings machen die Theorien der Mathematiker ausschließlich allgemeine Aussagen über den *Zufallsmechanismus*. Für die Praxis bedeutet das vor allem: Jedes zufällige Ereignis ist völlig unabhängig von sämtlichen vorangegangenen. Es gibt keine »Wahrscheinlichkeitsnachwirkung« oder wie immer man ein solches Hirngespinst nennen will: Selbst wenn nach vierhundertneunundneunzig Würfen mit zwei Würfeln immer noch kein »Sechser-Pasch« (12 Augen) erzielt wurde, bleibt die Wahrscheinlichkeit $P(A_{12})$ auch für den fünfhundertsten Versuch immer nur $\frac{1}{36}$. Es ist also keineswegs »wahrscheinlicher« geworden, daß der Sechser-Pasch mit diesem Wurf kommt, »weil« er vierhundertneunundneunzigmal ausgeblieben ist. Solche allgemeinen wahrscheinlichkeitstheoretischen Einsichten sind für einen leidenschaftlichen Spieler wenig tröstlich. Immerhin konnten die wahrscheinlichkeitstheoretischen Überlegungen von Pascal und Fermat bereits verhindern, daß Chevalier de Méré nicht mehr Wetten wie diese abschloß: Als er eines Tages zu sehr viel Geld gekommen war, weil er hoch gewettet hatte, mit einem Würfel in vier Versuchen mindestens einmal die Sechs zu erzielen, setzte er die gleiche Summe auf einen Sechser-Pasch mit zwei Würfeln bei 24 Versuchen. Dabei verlor er jedoch sein ganzes Geld. Der Grund für seinen Verlust? Die unterschiedlichen Wahrscheinlichkeiten der beiden Ereignisse: Im ersten Fall war sie $\frac{1}{6}$, im zweiten Fall immerhin $\frac{1}{36}$ *für jeden einzelnen Wurf.*

Mit Kolmogoroffs elementarer Wahrscheinlichkeitsrechnung haben wir den einfachsten Fall eines reinen Formalismus kennengelernt, dessen Deutung es gestattet, den Zufall zu kalkulieren. Von dieser mathematischen Theorie kann dann, wie auf Seite 193 ausgeführt, die Brücke zur Praxis mit Hilfe von praktischen Regeln geschlagen werden: Die theoretische Wahrscheinlichkeit P(A) eines zufälligen Ereignisses A wird dann mit wachsender Anzahl n der Versuche durch die praktische (»empirische«) Häufigkeit $\frac{m}{n}$ angenähert erreicht. Dann unterscheiden sich die beiden Werte P(A) und $\frac{m}{n}$ nur ganz gering. Diese praktische Regel für Kolmogoroffs Theorie ist in der klassischen Wahrscheinlichkeitsrechnung als *»Gesetz der großen Zahlen«* bekannt. Auch vom »Satz von Bernoulli« kann in diesem Zusammenhang die Rede sein (vgl. Seite 187).

Nun gibt es neben den reinen Glücksspielen aber noch zahlreiche andere Spiele, in denen der Spielausgang nicht ausschließlich vom Zufallsmechanismus abhängt. Bei den meisten Kartenspielen etwa spielt der Zufall zwar beim Mischen der Karten noch eine nicht unbedeutende Rolle, aber den Spielern wird es erlaubt sein, nach gewissen »Spielregeln« zu agieren. Vom Spieler werden also bestimmte *Entscheidungen* erwartet. Dadurch können im Spielverlauf Situationen eintreten, in denen es für den Spieler günstiger ist, sich auf eine bestimmte Art und Weise zu verhalten, während es ungünstiger ist, sich anders zu verhalten. Die Folge der richtigen oder falschen Entscheidungen des Spielers entscheidet dann mit über Sieg oder Niederlage in der Partie. Jeder Kartenspieler kennt das von den langen und nicht selten hitzigen Debatten am Ende einer Partie: »Hättest du Kreuz statt Herz angespielt, wäre ...« Spiele dieser Art verlangen von den Spielern »Geschicklichkeit«, wie wir im Alltag sagen. In der mathematischen Theorie der Spiele spricht man präziser von *»strategischen Spielen«*. Was ist darunter zu verstehen? Strategische Spiele umfassen weit mehr als Karten- oder Brettspiele wie Bridge und Skat, wie Halma und Schach. Zu ihnen zählen volkswirtschaftliche, soziologische und politische Situationen, in denen viele Menschen »mitspielen« können. Sogar kriegerische Konfliktsituationen werden durch diesen allgemeinen Spielbegriff erfaßt.

Doch wollen und können wir im Rahmen unserer Betrachtung weder besonders ausgeklügelte Skatpartien vorexerzieren noch die formalen Modelle für einen wirtschaftlichen Wettbewerb oder einen politischen Konflikt entwickeln. Der Wirtschaftswissenschaftler Oskar Morgenstern

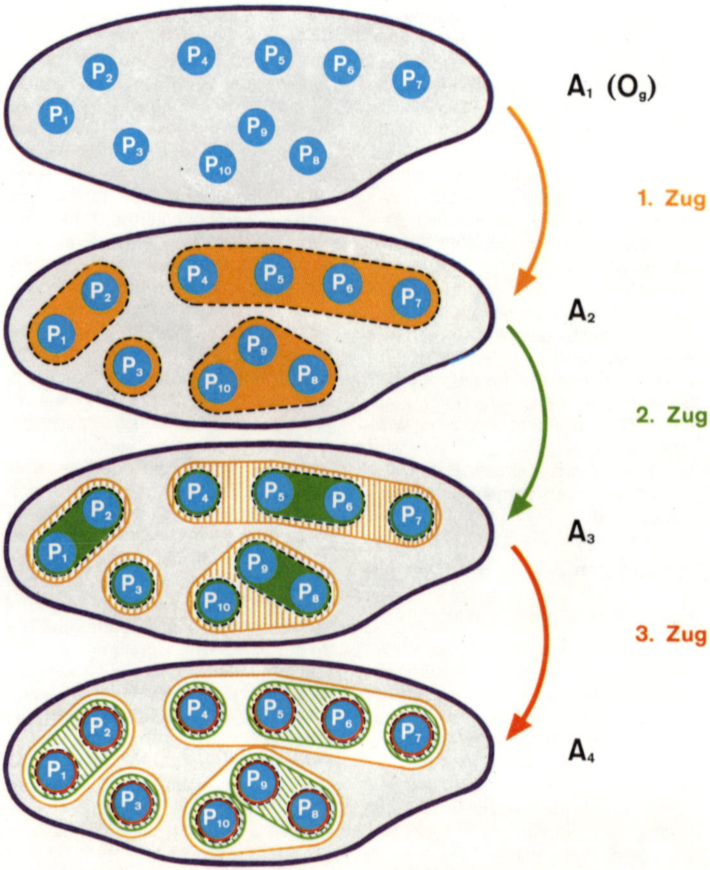

schreibt nämlich im berühmtesten Buch der mathematischen Spieltheorie: »Alle *Anwendungen* nicht trivialer Art sind schwierig. Gewöhnlich vergeht eine beträchtliche, oft in Jahrzehnten gemessene Zeit, bis abstrakte Theorien auf komplizierte empirische Gebiete anwendbar werden.«
Der Titel dieses für die moderne Mathematik so bedeutsamen Werkes: »Spieltheorie und wirtschaftliches Verhalten.« 1944 ist es in englischer Sprache in den Vereinigten Staaten erschienen. Zwei Wissenschaftler zeichnen als Verfasser: John von Neumann (1903–1957), ein genialer Mathematiker, und Oskar Morgenstern, ein Wirtschaftswissenschaftler. John von Neumann zählt gewiß zu den großartigsten Denkern unseres Jahrhunderts. Schon als fünfundzwanzigjähriger Mathematiker veröffentlichte er eine Abhandlung »Zur

Für ein einfaches Spiel G setze sich die Menge O_g aus den zehn Partien $p_1, p_2, \ldots, p_{10}$ als Element zusammen. Jeder Zug bestimmt eine Zerlegung der Menge O_g: Jede Teilmenge von O_g entspricht dabei einer konkreten Situation in einer bestimmten Partie p_1 bis p_{10}. In der rechten Abbildung ist der Verlauf der Partien p_2 und p_6 als gelber Streckenzug eingezeichnet.

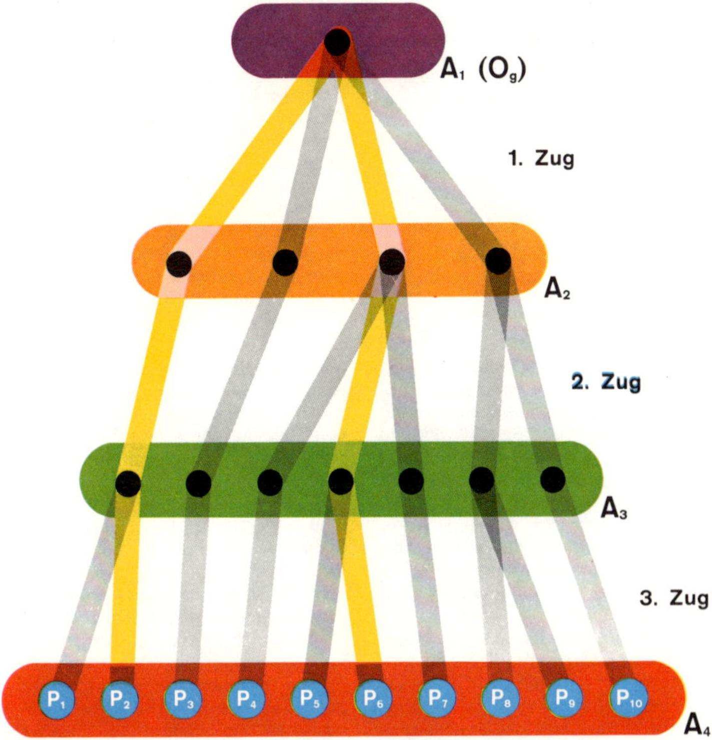

Theorie der Gesellschaftsspiele«, die zunächst jedoch wenig beachtet wurde. Vier Jahre später, im Jahre 1932, erschienen dann die »Mathematischen Grundlagen der Quantenmechanik«, eines der brillantesten Werke der theoretischen Physik überhaupt. Seit 1933 arbeitete John von Neumann, der, in Ungarn geboren, in Deutschland und der Schweiz studiert und gelehrt hatte, am berühmten »Institute for Advanced Study« im amerikanischen Universitätsstädtchen Princeton. Der weitaus bekannteste Mitarbeiter dieses Instituts war Albert Einstein, der Schöpfer der Relativitätstheorie. John von Neumann, Schöpfer der nicht minder bedeutsamen und revolutionierenden Spieltheorie, hat niemals die Berühmtheit und Popularität seines Institutskollegen erreicht. 1957 starb von Neumann in Washington an den Folgen eines schweren Krebsleidens.

„Davon steht nichts in den Regeln . . .“

»Der Spielbegriff existiert im allgemeinen in einer für die Praxis ausreichenden Form«, schrieben von Neumann und Morgenstern. Diese Karikatur witzelt dagegen bereits gegen die Mangelhaftigkeit der Spielregeln bei einem populären Kampfspiel. Die Praxis des Boxkampfes funktioniert aber trotzdem im allgemeinen recht gut.

Betrachten wir nun jedoch, wie es John von Neumann gelang, die präzise mathematische Beschreibung eines allgemeinen Spielbegriffs zu entwickeln. Ist eine solche Spieltheorie überhaupt notwendig? wird sicher mancher fragen. Und die versierten Skatspieler oder in vielen Partien erprobten Schachspieler werden ergänzen: Wir haben doch für unsere Spiele eindeutige Spielregeln. Sie allein bestimmen ja den Verlauf jeder Partie. Lassen wir von Neumann und Morgenstern hierauf antworten: »Der Spielbegriff existiert im allgemeinen in einer für die Praxis ausreichenden Form. Er ist jedoch zu unscharf, um eine exakte Behandlung zu ermöglichen.« Mit der mathematischen Spieltheorie soll nach Auffassung der beiden Wissenschaftler eine »Zwielichtzone« abgebaut, sollen »präzise Formulierungen« entwickelt werden. Die glänzenden Erfolge der Spieltheorie in ihren Anwendungen hat ihnen bereits recht gegeben, obwohl wir hier erst am Beginn der Entwicklung stehen.

Aber läßt sich denn ein Gegenstandsbereich überhaupt mathematisieren, in dem menschliche Entscheidungen das Geschehen bestimmen, in dem die »Willensfreiheit« des Menschen auf ihr Recht pocht? So mögen wieder andere fragen, die sich aus verschiedenartigen Gründen gegen die »Mathematisierung des Menschen« wenden, die dann im nächsten Satz bereits meist zu einer »Mechanisierung« des Menschen wird. Der Wahrscheinlichkeitsrechnung wird von solchen Leuten ein Sinn nur deswegen nicht abgesprochen, weil hier ja »nur« der »blinde« Zufall waltet, der vom Menschen nicht beeinflußt wird. Der handelnde Mensch kann in diesem Falle ja ohne Schwierigkeiten ausgeklammert werden. Dadurch wird der Zufalls*mechanismus* sogar noch offenkundiger: Eine »Wurfmaschine« könnte hier z.B. ohne Schwierigkeit den würfelnden oder münzenwerfenden Spieler ersetzen. Aber den beiden Autoren der »Spieltheorie« ging es gerade darum, was verschiedene Leute auch heute noch ganz einfach nicht wahrhaben wollen: Sie hoffen, daß ihr Verfahren »als Beispiel für die Richtigkeit einer vielbestrittenen Behauptung dienen kann: *daß es möglich ist, menschliche Handlungen, die hauptsächlich auf psychologischen Momenten beruhen, mathematisch zu untersuchen«.* Ohne das scharfgeschliffene Werkzeug der mathematischen Formel kommen wir nämlich nicht allzu weit, wenn wir versuchen wollen, den Spielbegriff in präziser Weise zu fixieren. Aus der Philosophie unseres Jahrhunderts sind hier als Versuch vor allem die klugen Betrachtungen Ludwig Wittgensteins zu erwähnen, der ein »Netz von *Ähnlichkeiten*« bei den Spielen entdeckte. In seinen »Philosophischen Untersuchungen« meditierte er:

»Betrachte einmal die Vorgänge, die wir ›Spiele‹ nennen. Ich meine Brettspiele, Kartenspiele, Ballspiele, Kampfspiele usw. Was ist allen diesen gemeinsam? – Sag nicht: Es *muß* ihnen etwas gemeinsam sein, sonst hießen sie nicht ›Spiele‹ – sondern *schau,* ob ihnen allen etwas gemeinsam ist. – Denn, wenn du sie anschaust, wirst du zwar nicht etwas sehen, was *allen* gemeinsam wäre, aber du wirst Ähnlichkeiten, Verwandtschaften sehen, und zwar eine ganze Reihe. Wie gesagt: denk nicht, sondern schau! – Schau z.B. die Brettspiele an, mit ihren mannigfachen Verwandtschaften. Nun geh zu den Kartenspielen über: hier findest du viele Entsprechungen mit jener ersten Klasse, aber viele gemeinsame Züge verschwinden, andere treten auf. Wenn wir nun zu den Ballspielen übergehen, so bleibt manches Gemeinsame erhalten, aber vieles geht verloren. – Sind sie alle *›unterhaltend‹*? Vergleiche Schach mit dem Mühlfahren. Oder gibt es überall ein Gewinnen und Verlieren, oder eine Konkurrenz der Spielenden? Denk an die Patiencen. In den Ballspielen gibt es Gewinnen und Verlieren; aber wenn ein Kind den Ball an die Wand wirft und wieder auffängt, so ist dieser Zug verschwunden. Schau, welche Rolle Geschick und Glück spielen. Und wie verschieden ist Geschick im Schachspiel und Geschick im Tennisspiel. Denk nur an die Reigenspiele: Hier ist das Element der Unterhaltung, aber wie viele der anderen Charakterzüge sind verschwunden! Und so können wir durch die vielen, vielen anderen Gruppen von Spielen gehen, Ähnlichkeiten auftauchen und verschwinden sehen.

Und das Ergebnis dieser Betrachtungen lautet nun: Wir sehen ein kompliziertes Netz von Ähnlichkeiten, die einander übergreifen und kreuzen.

Leider führen diese »Ähnlichkeiten« der Spiele im Rahmen einer mathematischen Betrachtung nicht allzu weit. Wie bereits Wittgenstein feststellen mußte, ist das Netz der Ähnlichkeiten »kompliziert«. Für eine philosophische Betrachtung mag die Wittgensteinsche Bilanz befriedigen: »Und ich werde sagen: *die ›Spiele‹ bilden eine Familie.*« Dem Mathematiker genügt dies allerdings nicht: Er folgt dem Weg, den John von Neumann gewiesen hat. Betrachten wir also eine Reihe von begrifflichen Bestimmungen, die der Schöpfer der mathematischen Spieltheorie formuliert hat, um einen eindeutigen Sprachgebrauch festzulegen:

»Das *Spiel* ist einfach die Gesamtheit aller Regeln, die es beschreiben. Jedes spezielle Beispiel, bei dem ein Spiel auf eine ganz spezielle Art von Anfang bis zu Ende gespielt wird, ist eine *Partie.*«

Wie wir alle wissen, daß die Umgangssprache hier wenig exakt ist: Der Skatspieler nennt eine bestimmte Partie etwa »Spiel mit zwei Buben«, der Tennisspieler spricht von einem »Satz«, ein Fußballverein hat ein »Heimspiel« zu absolvieren usw. Präzise ist in diesem Falle allerdings die französische Sprache: »jeu« ist Spiel und »partie« ist Partie im Neumannschen oder spieltheoretischen Sinn. Die Gesamtheit der Regeln beschreibt ein Spiel, erläuterte von Neumann. Es sind die »Spielregeln«:

»Die *Spielregeln* besitzen absolute Gültigkeit. Wenn sie verletzt werden, hat die ganze Handlung nichts mehr mit dem Spiel zu tun, das durch diese Regeln beschrieben wird.«

Ein weiterer wesentlicher Begriff der mathematischen Spieltheorie ist der »Zug« im Spiel:

»Ein *Zug* ist die Gelegenheit zur Wahl zwischen verschiedenen Alternativen, die entweder von einem Spieler getroffen oder von einem Zufallsmechanismus bestimmt werden, und zwar unter Bedingungen, die durch die Spielregeln genau festgelegt sind. Der Zug ist nichts anderes als diese abstrakte ›Gelegenheit‹ mit den dazugehörigen Einzelheiten in der Beschreibung, d.h. eine Komponente des Spiels.«

Was für das Spiel der Zug, das ist für die einzelne Partie die von Neumann bereits erwähnte *»Wahl«*:
»Die speziell gewählte Alternative im konkreten Beispiel – d.h. in der konkreten Partie – ist die *Wahl*. Die Züge verhalten sich also zu den Wahlen wie die Spiele zu den Partien: Das Spiel besteht aus einer Folge von Zügen, die Partie aus einer Folge von Wahlen.«
Zur Beschreibung von Strukturen strategischer Spiele verwendete John von Neumann mengentheoretisches Werkzeug, wie wir es auch bei Kolmogoroffs axiomatischer Wahrscheinlichkeitstheorie kennengelernt haben.
Ein allgemeines Personenspiel $\mathfrak{G}$, an dem sich die Spieler $S_1, S_2, \ldots, S_n$ beteiligen, läßt sich durch Daten der folgenden Art eindeutig festlegen:

1. Eine Zahl n gibt die Länge des Spieles $\mathfrak{G}$ an.
2. Einer endlichen Menge O_g gehören alle Partien p des Spieles $\mathfrak{G}$ als Elemente an: $p_1 \in O_g$, $p_2 \in O_g$, $p_3 \in O_g, \ldots, p_n \in O_g$. Die Glieder von O_g sind also effektiv aufzählbar (vgl. Seite 159).
3. Für jeden der Spieler, die das Spiel $\mathfrak{G}$ bestreiten, ist bei jeder Partie p eine »Auszahlungsfunktion« F(p) definiert, d.h. zwischen S_1 und $F_1(p)$, zwischen S_2 und $F_2(p), \ldots$, zwischen S_n und $F_n(p)$ bestehen eindeutige Zuordnungen.

Ein ähnliches Schema der eindeutigen Zuordnungen haben wir ja bereits bei der Wahrscheinlichkeitstheorie kennengelernt: Hier wird der Menge A_1 die Wahrscheinlichkeit $P(A_1)$ eindeutig zugeordnet. Mit seiner dritten Festsetzung wurde John von Neumann einer jedem Spieler wohlvertrauten Tatsache gerecht: Am Ende jeder Partie gibt es bekanntlich unter den Spielern Gewinner und Verlierer, oder die Partie endet »remis«, unentschieden. In allen Fällen besagt die Auszahlungsfunktion dann einfach, daß jedem Spieler ein gewisser Betrag (Gewinn oder Verlust) zusteht, »zugeordnet wird«. In der Praxis bildet diese Auszahlungsfunktion eine Wertetabelle der Gewinn- und Verlustbeträge.

4. Für jede Länge n des Spieles $\mathfrak{G}$ existiert eine »Zerlegung« A_n der Menge O_g.

Diese Bestimmungen wollen wir nun anhand eines sehr einfachen und kurzen Spieles im Diagramm veranschaulichen, wobei auch klar wird, was hier mit »Zerlegung« gemeint ist. Die Erläuterungen beziehen sich dabei auf die linke der beiden ganzseitigen Abbildungen (s. Seite 196).
Die Menge O_g setzt sich bei diesem Spiel aus 10 Elementen $p_1, p_2, \ldots, p_{10}$ zusammen, aus 10 Partien also. Vor jedem Zug im Spiel gibt dann die jeweilige Zerlegung an, welche Teilmengen von O_g, der Menge der 10 Partien, gebildet worden sind. A_1 entspricht deshalb der Menge O_g selbst: Noch ist ja kein Zug ausgeführt worden. Durch den ersten Zug entsteht dann eine bestimmte Zerlegung A_2 in verschiedene elementfremde Teilmengen. In dem von uns willkürlich gewählten Beispiel sind es zunächst vier Teilmengen. Ein weiterer (zweiter) Zug verfeinert diese Zerlegung A_2 zur Zerlegung A_3, die bereits sieben Teilmengen aufweist. Jede dieser Teilmengen entspricht einer konkreten Situation in einer bestimmten Partie. Durch die schrittweise Bildung solcher Teilmengen, wobei die Zerlegungen immer komplexer werden, wird schließlich eine Partie p eindeutig festgelegt, wie aus den Abbildungen erkennbar.
Hier können wir unsere Betrachtungen zur mathematischen Theorie der Spiele abbrechen. Eine vollständige Darstellung des von Neumannschen Axiomensystems würde den Rahmen dieses Buches sprengen. Dazu ist ein weit intensiveres mathematisches Training erforderlich als unsere bisherige »leichte formalistische Gymnastik«. Immerhin haben unsere

Betrachtungen eine gute Ahnung davon vermittelt, wie großartig sich die strukturelle Methode in der modernen Mathematik bewährt hat, die sich vor allem mit den Namen Hilbert, Bourbaki und von Neumann verbindet. Hier bestehen noch unüberschaubare, faszinierende Möglichkeiten für die exakten Wissenschaften. Das gilt sowohl für die reine als auch für die angewandte Forschung. Nach dem Prinzip, das wir hier am Spiel aus 10 Elementen dargelegt haben, können jedenfalls heute schon »strategische Spiele« aus Wirtschaft und Politik mit Hunderten von Elementen »durchgespielt« werden.

9. Mathematische »Raumordnungen«

9.1 »Nicht-euklidische« Geometrie: eine Entdeckung Euklids

Ein wichtiges Kapitel zur Wissenschaft der räumlichen Ordnung

»Wohl an keiner Stelle durchdringen sich Mathematik, Naturwissenschaft und Philosophie so innig wie im *Problem des Raumes«,* erläuterte Hermann Weyl. Und der Schweizer Mathematiker Andreas Speiser findet, daß sich seine Wissenschaft nicht erst in der mathematischen Formel, sondern schon »in der *geometrischen Figur* von der Sprache freigemacht« habe. Von Speiser kennen wir bereits einen unserer programmatischen Sätze: »Unsere Aufgabe ist ja nicht die, möglichst komplizierte Begriffsgebäude aufzustellen, sondern vielmehr, einfache, aber kräftige Anschauungen zu entdecken.«

Dieser Satz soll uns vor allem Leitspruch für unseren jetzigen Gang durch die *Geometrie als Wissenschaft von der räumlichen Ordnung* sein. Dazu müssen wir zunächst vor allem die Geometrie *vor* Hilbert ansehen. Wir werden also nicht mehr, wie wir es in den beiden letzten Kapiteln praktiziert haben, vorwiegend die strukturelle Betrachtungsweise anwenden. Die abstrakte Hilbertsche Geometrie nimmt ja, wie wir bereits erfahren haben, keinen Bezug auf die räumliche Wirklichkeit (vgl. Seite 32). Gerade diesen Gesichtspunkt wollen wir aber nicht außer acht lassen.

Erinnern wir uns also: Die praktische Geometrie begann mit der Landvermessung im alten Mesopotamien und Ägypten; bereits vor rund 4000 Jahren wurde sie zu einem ersten Höhepunkt geführt (s. Seite 25). Dann kam vor mehr als 2000 Jahren die »griechische Entdeckung« der *Geometrie als Wissenschaft:* Die Sätze dieses Wissensgebietes wurden von Euklid als axiomatische Theorie geordnet, wurden von ihm durch ein übersichtliches Netz aus logischen Schlüssen verknüpft. Mit dem theoretischen Gebäude der Euklidischen Geometrie haben wir die erste »inhaltliche« Axiomatisierung eines mathematischen Bereiches im weitesten Sinne kennengelernt. Für eine solche Theorie werden bestimmte Forderungen erhoben. Henri Poincaré hat sie für uns in seinem Werk »Wissenschaft und Hypothese« zusammengefaßt:

»Jede Schlußfolgerung stützt sich auf Voraussetzungen. Diese Voraussetzungen sind entweder an sich einleuchtend und bedürfen keines Beweises, oder sie können nur dadurch gesichert werden, daß man sie auf andere Sätze stützt. Weil man auf diese Weise aber nicht ins Unendliche fortfahren kann, beruht jede deduktive Wissenschaft und besonders die Geometrie auf einer gewissen Anzahl von unbeweisbaren Axiomen. Alle Lehrbücher der Geometrie beginnen daher mit der Aufzählung dieser Axiome.«

Wir haben die Schwierigkeit bei diesem Vorgehen kennengelernt: Sie sind vor allem in den Schwächen des inhaltlichen Denkens begründet, das den strengen Exaktheitsforderungen der modernen Mathematik nicht mehr genügt. Eine konsequente Lösung war daher die Hilbertsche Axiomatisierung der Euklidischen Geometrie, bei der wir zum erstenmal der strukturellen Betrachtungsweise der Formalisten begegnet sind: Punkte, Gerade, Ebenen werden hier »implizit« von den Axiomen definiert. Sie sind als Gegenstände »mathematisch belanglos«, wie Hilbert

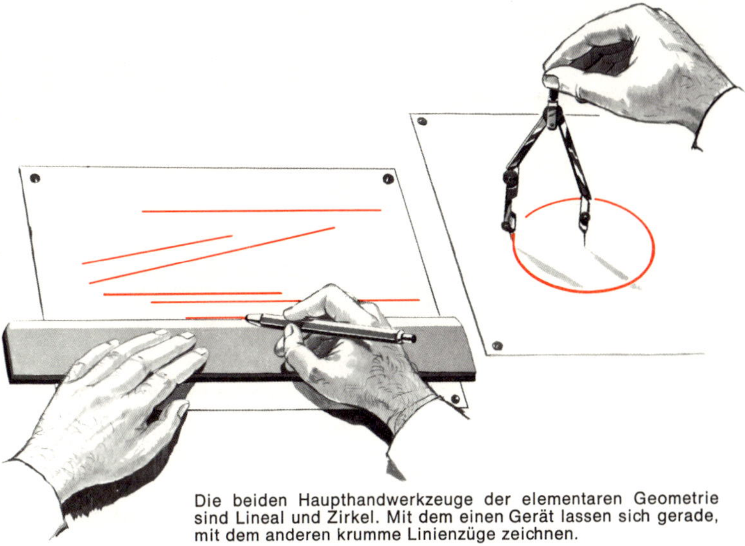

Die beiden Haupthandwerkzeuge der elementaren Geometrie sind Lineal und Zirkel. Mit dem einen Gerät lassen sich gerade, mit dem anderen krumme Linienzüge zeichnen.

meinte. Entscheidend sind ihre Relationen, ihre »Verknüpfung durch Axiome«. Hilberts Scherzwort »Man muß jederzeit anstelle von ›Punkten, Geraden, Ebenen‹ ›Tisch, Stühle, Bierseidel‹ sagen können«, zeigt dem Nichtmathematiker am eindrucksvollsten, daß für einen Formalisten auch in der Geometrie der Bezug auf eine räumliche Wirklichkeit zunächst nicht von Bedeutung ist.

Wenn wir nun durch die geometrische Landschaft wandern, sollen jedoch die inhaltlichen Überlegungen überwiegen. Von der Schule her kennen wir alle die beiden Haupt
handwerkszeuge der elementaren Geometrie, das *Lineal* und den *Zirkel.* Mit dem einen Gerät lassen sich »gerade« Linien, mit dem anderen »krumme« Linienzüge zeichnen, die auch »Kurven« genannt werden. Gewöhnlich werden diese Linien mit einer Bleistiftmine auf Papier gezogen. Natürlich läßt sich auf ähnliche Weise auch mit Tusche auf Karton, mit Kreide auf eine Wandtafel, mit dem Finger in den Sand zeichnen usw. Je spitzer unsere Bleistiftmine ist, um so feiner bilden sich die Linien aus, die wir zeichnen. In den »Elementen« Euklids wird deshalb die »ideale« Linie abstrahiert und als »eine Länge ohne Breite« gekennzeichnet: Die Breite ist damit keine wesentliche Eigenschaft der Linie – sie kann methodisch ausgeklammert, »genichtet« werden. Der Akzent liegt auf *einer* Ausdehnung: Die »Linearität« allein ist entscheidend. In einem seiner »Postulate« – das sind nicht zu beweisende Grundannahmen –, forderte dann Euklid:

»Es soll möglich sein, von einem Punkt zu einem anderen eine gerade Linie zu ziehen.«

Diese Forderung scheint recht vernünftig, wenn wir unser »Werkzeug« Lineal zur Hand nehmen: Wir ziehen dann etwa eine Verbindung zwischen einem Punkt P_1 und einem anderen Punkt P_2. Zwischen P_1 und P_2 »erstreckt« sich nun eine gerade Linie

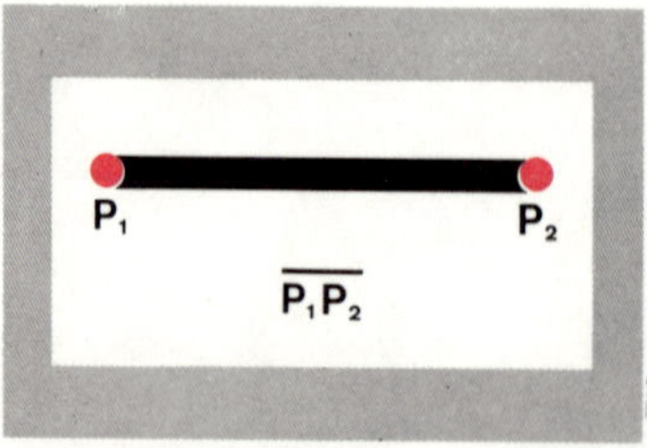

In einem seiner Postulate – unbewiesenen Grundannahmen, die Konstruktionsmöglichkeiten aufzeigen – forderte Euklid: »Es soll möglich sein, von einem Punkt zu einem anderen eine gerade Linie zu ziehen.« Zwischen zwei Punkten P_1 und P_2 gibt es damit stets eine Strecke $\overline{P_1 P_2}$.

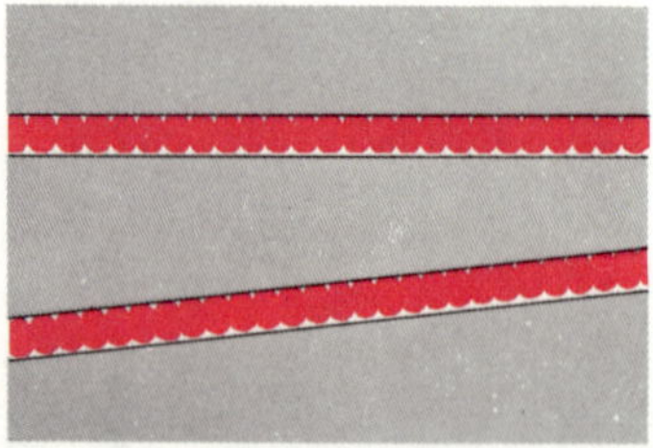

Euklids Definition der Geraden hat den Kommentatoren seiner Geometrie stets große Schwierigkeiten bereitet: Sie soll eine Linie sein, »die gleich liegt mit den Punkten auf ihr selbst«, eine Linie, »die zu ihren Punkten gleichmäßig liegt«. Paul Lorenzen kommentiert die Euklidische Definition so: »Mir scheint, daß man aus diesen Worten ohne Schwierigkeiten herauslesen kann, daß Euklid zum Ausdruck bringen wollte, daß die Gerade keinen ihrer Punkte bevorzugt.«

von bestimmter Länge, die »Strecke $\overline{P_1P_2}$«.
Gleichermaßen ist der Zirkel ein wohlvertrautes und allenthalben bekanntes Instrument. Mit seiner Hilfe lassen sich »gekrümmte« oder »gebogene« Linien zeichnen. Ziehen wir dann eine »geschlossene« Linie mit dem Zirkel, spricht der Geometer von einem »Kreis«: Alle Punkte auf dieser gleichmäßig gekrümmten Kurve besitzen jetzt den gleichen Abstand zur Einstichstelle des einen Zirkelschenkels. Dieser Punkt ist der »Mittelpunkt« des Kreises.
Der Kreis ist eine äußerst einfache, aber wichtige *»geometrische Figur«*. Diesen Begriff hat wiederum Euklid in seinem Lehrbuch geprägt: »Eine geometrische Figur wird von einer oder mehreren Grenzen eingeschlossen.« Dabei ist eine Grenze für Euklid das, »was das Äußerste eines Dinges ist«. Die Definition des Kreises in den Euklidischen »Elementen« lautet dann:
»Ein Kreis ist eine ebene Figur von einer einzigen Länge. Sie ist so eingeschlossen, daß alle von einem gewissen innerhalb der Figur liegenden Punkt an die Kreislinie gehenden geraden Linien einander gleich sind. Dieser Punkt heißt ›Mittelpunkt des Kreises‹.«
Auf kreisförmige Gebilde stoßen wir natürlich laufend in der alltäglichen Umwelt: Die Tasse, aus der unser Frühstückskaffee dampft, hat einen kreisförmigen Rand; die Räder von Autos und Straßenbahnen müssen kreisrund sein; Schallplatten, Wählscheiben am Telefon, Bedienungsknöpfe, viele Verkehrszeichen besitzen die Kreisform usw.
Vergleichen wir nun jedoch die Forderung Euklids, daß man »von einem Punkt zu einem anderen eine gerade Linie ziehen« können müsse, mit seiner Definition der *»Geraden«*. Zunächst sei hier aber noch eine zusätzliche Forderung erwähnt: »Es soll möglich sein, eine begrenzte gerade Linie stetig gerade fort zu ziehen.« Das soll heißen: Eine beliebige Strecke zwischen zwei Punkten kann jeweils »endlos« über jeden Punkt hinaus verlängert werden. Eine solche Gerade besitzt also keinen Anfangs- und keinen Endpunkt, sondern läuft beidseitig ins Unendliche (vgl. Seite 136). Euklids Definition der Geraden sieht so aus:

»Eine Gerade ist eine Linie, die gleich liegt mit den Punkten auf ihr selbst.« Eine Linie, »die zu ihren Punkten gleichmäßig liegt«, können wir auch übersetzen.

Von der Unzulänglichkeit dieser Kennzeichnung war bereits in anderem Zusammenhang die Rede (s. Seite 27). Zwischen der Geraden, die mit dem Lineal gezogen wird, und dem Kreis, der mit dem Zirkel konstruiert wird, herrscht zudem in der Behandlungsweise Euklids ein bedeutsamer Unterschied. Der englische Mathematiker Lancelot Hogben erläutert ihn so: »Euklids Definition des Kreises stimmt voll und ganz mit den Eigenschaften des Zirkels überein. Seine Definition der geraden Linie hat dagegen keinen Bezug zur Konstruktion eines Lineals. Aus dem Euklidischen System läßt sich überhaupt kein Grund ableiten, der uns die Möglichkeit gäbe, ein Lineal herzustellen. Es steht bei ihm also nichts Näheres über das Werkzeug Lineal.«

Da Euklid den beiden Zeichengeräten Lineal und Zirkel jedoch eine eindeutige Vorzugsstellung einräumt, mutet dies eigentlich recht seltsam an. Hier ist wohl auch eine Wurzel dafür zu suchen, daß sein berühmtes *»Parallelen-Postulat«* so umstritten ist:

Es gibt kein unmittelbar einleuchtendes Konstruktionsprinzip, nach dem es möglich wäre, mit den beiden Werkzeugen Lineal und Zirkel eine Parallele durch einen beliebigen

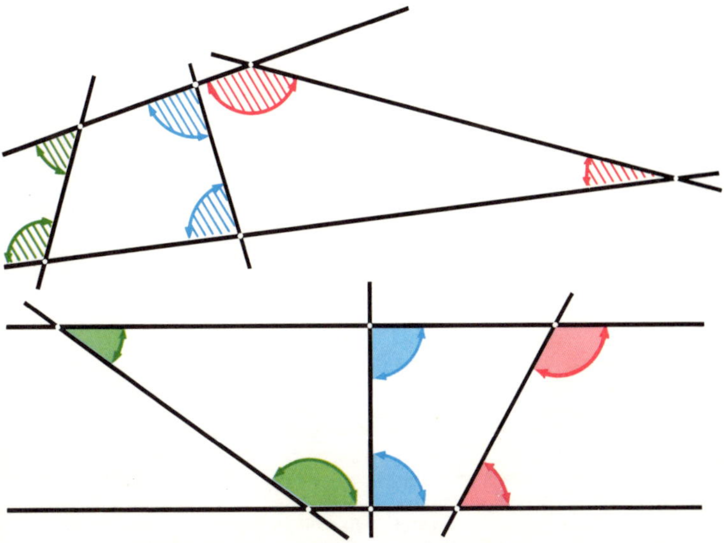

Die originale Fassung des Euklidischen Parallelen-Postulats ist nicht unmittelbar einsichtig: »Wenn eine Gerade zwei Geraden trifft und mit ihnen auf derselben Seite innere Winkel bildet, deren Summe kleiner ist als zwei rechte Winkel, dann treffen sich die beiden Geraden, wenn man sie auf dieser Seite verlängert.« Im oberen Teil der Abbildung entsprechen die Summen der Innenwinkel zwei rechten Winkeln, im unteren Teil sind sie ersichtlich kleiner als zwei rechte.

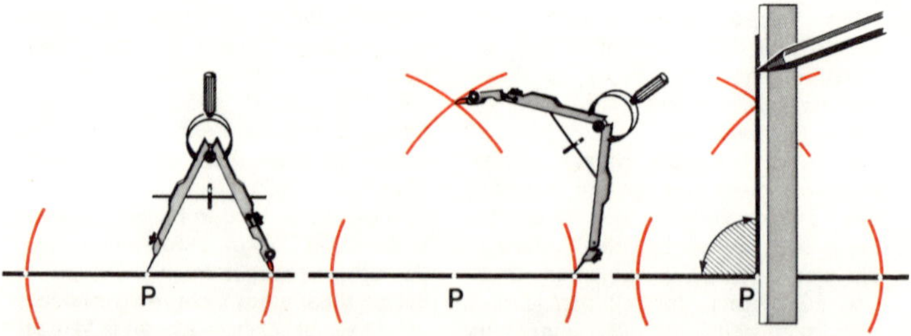

Diese Abbildung zeigt, wie man mit Zirkel und Lineal einen rechten Winkel konstruieren kann: Im Punkt P auf der Geraden wird die Senkrechte errichtet.

Punkt zu einer bereits gezogenen Geraden zu zeichnen.
Im Mathematikunterricht wird diese bemerkenswerte Tatsache der Euklidischen Geometrie gewöhnlich so formuliert: »Durch einen Punkt kann man nur eine einzige Gerade ziehen, die zu einer gegebenen Geraden parallel verläuft.« Aber erst wenn wir zu Bleistift und Papier greifen, wird dieses Postulat einigermaßen anschaulich faßbar. Dagegen ist die Euklidische Formulierung dieses Tatbestandes in den »Elementen« überhaupt nicht einsichtig. Mit Recht haben sich deshalb die Mathematiker nach Euklid gewehrt, diesen Satz als unbewiesenen »wesenhaft geschauten« Grundsatz zu akzeptieren. Euklid drückte sich nämlich in seinem fünften Postulat so aus:
»Wenn eine Gerade zwei Geraden trifft und mit ihnen auf derselben Seite innere Winkel bildet, deren Summe kleiner ist als zwei rechte Winkel, dann treffen sich die beiden Geraden, wenn man sie auf dieser Seite verlängert.«
Selbst wenn wir wissen, daß ein rechter Winkel mit Lineal und Zirkel einfach zu konstruieren ist, so recht anschaulich oder gar unmittelbar einleuchtend ist dieses Euklidische Parallelen-Postulat bestimmt nicht. Offensichtlich fühlte sich auch Euklid selbst nicht so ganz wohl bei der Etikettierung dieses »wahren« Satzes zum Grundsatz. Erst als es gar nicht mehr anders ging, im 29. Lehrsatz seiner »Elemente«, verwendete er das Parallelen-Postulat im Beweis. Trotz seines großen Zögerns bestätigte er damit jedoch, daß er an die *Unentbehrlichkeit* dieses Grundsatzes glaubte: »Insofern könnte man schon Euklid als Entdecker der ›nicht-euklidischen‹ Geometrie bezeichnen«, kommentiert Paul Lorenzen dieses »konstruktive« Zögern des Altmeisters der Geometrie, der in seinem Lehrbuch immerhin nacheinander 28 geometrische Sätze bewies, ohne sein fünftes Postulat zu benützen.
Obwohl das Unbehagen am Euklidischen Parallelen-Postulat sich auf alle kommenden Geometer-Generationen nach Euklid übertrug, gelang es doch erst im vorigen Jahrhundert, die logische Unabhängigkeit dieses Satzes von allen übrigen Forderungen der Euklidischen Theorie zu beweisen. Zunächst versuchten die Mathematiker nämlich, den mißliebigen Satz *zu beweisen*. Aus der Sicht unseres Jahrhunderts resümierte Henri Poincaré: »Was man in diese unerfüllbare Hoffnung, Euklids Parallelen-Postulat zu beweisen, an Kräften verschwendet hat, ist wirklich unvorstellbar.«
Trotzdem lohnt sich bei diesem Problem wieder ein Blick in die Geschichte der exakten Wissenschaft: Er schärft nämlich den Blick für die

Probleme und Fragestellungen der mathematischen Forschung und zeigt deutlich den Wandel in der mathematischen Denkweise. So urteilte der griechische Mathematiker Proklos (410–485) über das Parallelen-Postulat in seinem Euklid-Kommentar: »Dieser Satz ist aus der Reihe der Forderungen völlig zu streichen; denn er ist ein *Lehrsatz* mit vielen Schwierigkeiten, die zu lösen Ptolemäus in seinem Buch sich als Aufgabe stellt. Es bedarf zu seinem Beweis vieler Definitionen und anderweitiger Lehrsätze.« Leider stellte sich aber dann heraus, daß dieses leidige Postulat überhaupt nicht mit anderen Grundforderungen und Lehrsätzen der Euklidischen Theorie bewiesen werden konnte: Der Euklidische Satz über die Parallelen war eben doch kein Lehrsatz, sondern eine grundsätzliche Annahme oder Forderung, die nicht beweisbar war. Gerade der berühmte Astronom Ptolemäus, von dem Proklos sprach, scheiterte offenkundig an einem sogenannten *»Abhängigkeitsbeweis«* für das Parallelen-Postulat.
Eine andere Lösungsmöglichkeit bot sich deshalb an: Die Mathematiker versuchten, einfachere, einleuchtendere Grundforderungen als das Parallelen-Postulat zu formulieren, die an dessen Stelle treten sollten. Dieser Ausweg setzte immerhin die (wenn auch nicht offen ausgesprochene) Erkenntnis voraus, daß Euklids fünftes Postulat *nicht überflüssig,* aber doch durch eine gleichwertige Forderung ersetzbar sein muß. »Die Winkelsumme im Dreieck sei gleich der Summe zweier rechter Winkel« war eine Aussage dieser Eigenschaft. Eine andere Annahme formulierte: »Es soll möglich sein, den Raum in gleiche Würfel zu teilen.« Und schließlich schlug der englische Mathematiker John Wallis (1616–1703) vor, folgenden unbewiesenen Grundsatz anstelle des fünften Euklid-Postulats zu setzen:
»Zu jeder beliebigen Figur gebe es stets eine andere ihr ähnliche von beliebiger Größe.«
John Wallis forderte damit die unbeschränkte Verkleinerung oder Vergrößerung einer beliebigen geometrischen Figur, die bei diesem Prozeß zwar ihre Größe, nicht jedoch

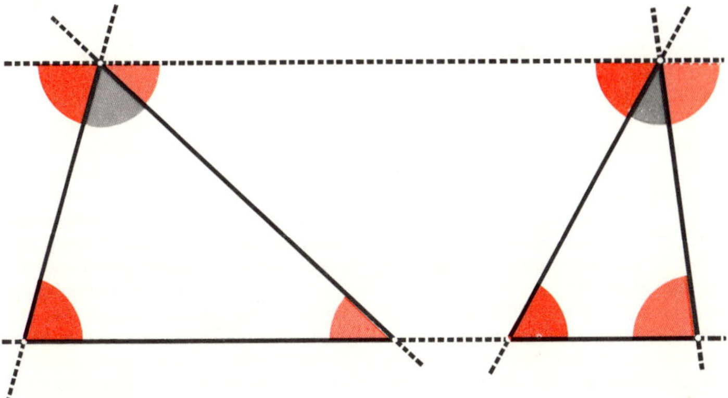

Eine dem Parallelen-Postulat gleichwertige Forderung kann lauten: »Die Winkelsumme im Dreieck sei gleich zwei rechten Winkeln.« Durch die Gleichheit der Wechselwinkel (gleiche Farbe) wird der Zusammenhang deutlich. Die drei oberen Winkel entsprechen nämlich genau der Summe zweier rechter Winkel (180 Grad).

Auch die Annahme »Es soll möglich sein, den Raum in gleiche Würfel zu teilen« kann an die Stelle des Parallelen-Postulats treten.

ihre Gestalt ändert. Der englische Mathematiker des 17. Jahrhunderts kommentierte seinen Lösungsvorschlag selbst:

»In der Tat machen alle Geometer diese Annahme – ohne sie jedoch ausdrücklich auszusprechen, vielleicht sogar, ohne sie selbst zu bemerken. Unter ihnen war auch Euklid: Denn wenn er fordert, daß sich bei gegebenem Mittelpunkt und Halbmesser der Kreis beschreiben lasse, so setzt er voraus, daß es einen Kreis von beliebiger Größe gebe. Und wenn er voraussetzt, daß etwas *möglich* sei, so fordert er, daß man es ausführen könne.«

Hier wollen wir John Wallis kurz unterbrechen und Euklids entsprechende Forderung aus den »Elementen« zitieren. Dort können wir nämlich folgendes lesen: »Es sei gefordert, aus jedem Mittelpunkt und in jedem Abstand einen Kreis zu beschreiben.« Wallis' Euklid-Kommentar war also durchaus berechtigt. Er verallgemeinerte dann diese spezielle Euklidische Forderung so:

»Nun wäre es freilich kein billiges Verlangen, daß man – ohne die nötigen Vorkenntnisse – nach einem gegebenen Maßstabe zu jeder Figur eine ähnliche solle zeichnen können. Aber daß es ausführbar ist, das darf man bei einer beliebigen Figur ebensogut wie beim Kreis voraussetzen. Denn nicht deshalb, weil er von den übrigen Figuren etwas voraus hat, gestattet es der Kreis, daß man ihn ohne Änderung der Gestalt nach Belieben stetig vergrößert oder verkleinert, sondern wegen der Eigenschaften der stetigen Größen, die den übrigen Figuren mit dem Kreis gemeinschaftlich sind. Man darf demnach ebenso voraussetzen, daß auch bei diesen – ohne Änderung der Gestalt – eine stetige und unbegrenzte Vergrößerung oder Verkleinerung möglich sei.«

Mit Hilfe seiner Forderung oder unbewiesenen Satzes »Zu jeder beliebigen Figur gebe es stets eine andere ihr ähnliche von beliebiger Größe« verwandelte John Wallis dann Euklids Parallelen-Postulat zu einem beweisbaren Lehrsatz. Er *ersetzte* jedoch nur einen nicht so recht einsichtigen Satz durch einen weit anschaulicheren. Aber das Parallelen-Postulat stellte sich dadurch nicht als überflüssig, als logisch abhängig von den anderen Forderungen der Euklidischen Theorie heraus: Es konnte lediglich durch einen *gleichwertigen Satz* ersetzt werden.

Erst ein junger ungarischer Mathematiker jedoch, Johann Bolyai (1802 bis 1860), stellte sich die entscheidende Frage: Erzeugt man denn wirklich einen »Widerspruch«, wenn man annimmt, daß durch einen beliebigen Punkt zu einer gegebenen Geraden *unendlich viele* Parallelen verlaufen? Das wäre doch zumindest in gleicher Weise *denkbar* wie die Überlegung Euklids. Damit aber wäre auch eine Geometrie möglich, die andere Aussagen macht als die klassische Euklidische Geometrie. Johann Bolyais Vater Wolfgang, ebenfalls Mathematiker und Jugendfreund des berühmten Karl Friedrich Gauß, hatte übrigens zunächst seinen damals achtundzwanzigjährigen Sohn eindringlich vor der Beschäftigung mit diesem Problemkreis gewarnt:

»Du darfst die Parallelen auf jenem Weg nicht versuchen. Ich kenne diesen Weg bis an sein Ende. Auch ich habe diese bodenlose Nacht durchgemessen, jedes Licht, jede Freude meines Lebens sind in mir ausgelöscht worden. Ich beschwöre dich bei Gott, laß die Lehre von den Parallelen in Frieden!«

Glücklicherweise beeindruckte den Sohn diese beschwörende Warnung seines Vaters überhaupt nicht. Für die Entwicklung der geometrischen Wissenschaft war also der Umstand vorteilhaft, daß eigenwillige Söhne

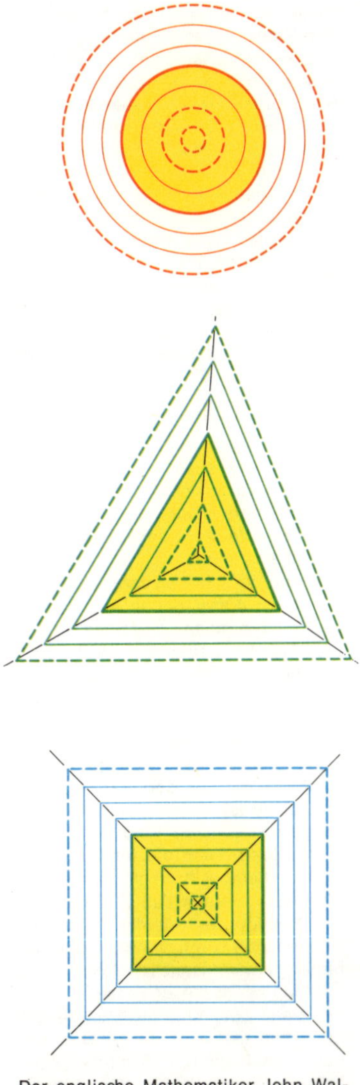

Der englische Mathematiker John Wallis ersetzte im 17. Jahrhundert Euklids Parallelen-Postulat durch die Forderung: »Zu jeder beliebigen Figur gebe es stets eine andere ihr ähnliche von beliebiger Größe.«

wenig von Erfahrungen halten, die ihre Väter gemacht haben.
In diesem Zusammenhang ist übrigens auch Wolfgang Bolyais Freund Gauß zu nennen, den ebenfalls Überlegungen zu Euklids Parallelen-Postulat sehr intensiv beschäftigten. Er kam dabei zu ganz ähnlichen Erkenntnissen, wie sie der junge ungarische Mathematiker schließlich 1831 publizierte. Gauß wollte aber seine Entdeckungen nicht veröffentlichen, weil er »das Geschrei der Böotier« scheute. Diese Haltung läßt sich wohl auch mit als ein Beitrag zum Generationsproblem deuten: Was der 1829 vierundfünfzigjährige Gauß scheute, sprach 1831 der achtundzwanzigjährige Bolyai offen aus. Neben Karl Friedrich Gauß und Johann Bolyai ist dann vor allem noch der Russe Nikolaus Iwan Lobatschewsky (1793 bis 1856) als einer der eigentlichen Entdecker der nicht-euklidischen Geometrie zu nennen.
Bedeutende Schriften zur Klärung und Festigung dieser neuen Art, Geometrie zu betreiben, verfaßten außerdem Bernhard Riemann (1826–1866), Hermann von Helmholtz (1821–1894), Sophus Lie (1842–1899) und Felix Klein (1849–1925). Wir wollen im folgenden wieder versuchen, einen möglichst anschaulichen Zugang zu den nicht-euklidischen Geometrien zu finden. Dazu ist jedoch der historische Weg nicht ratsam. Eine kurze Vorbetrachtung durch die formalistische Brille scheint allerdings ratsam.
Wir wissen bereits, daß sich die Sätze der Euklidischen Geometrie in der Hilbertschen Betrachtungsweise als bloße *Formeln* ansehen lassen. Die Satzfragmente dieser Formeln zeichnen dann zwar eine Struktur, ein allgemeines Gerüst, nehmen aber keinen Bezug auf die räumliche Wirklichkeit. Wichtig ist hier vor allem die Widerspruchsfreiheit des Systems. Nun erhalten wir aber auch dann ein widerspruchsfreies (»konsistentes«) System von Formeln, wenn als eines der Axiome nicht der formalisierte Parallelen-Satz Euklids, sondern die Formalisierung einer gegensätzlichen Behauptung gewählt wird: Bei Bolyai und Lobatschewsky ist das etwa die Feststellung, daß durch einen beliebigen Punkt zu einer gegebenen Geraden mehr als nur eine Parallele verlaufen könne. Eine verallgemeinerte Form nicht-euklidischer Geometrie, für die in einem solchen Fall überhaupt keine Parallelen existieren, hat Riemann entwickelt. Diese Theorien sind zunächst nichts weiter als *reine Formalismen.* Was eine Parallele jeweils »ist«, das wird innerhalb des Systems »implizit definiert« (vgl. Seite 180). Erst die jeweilige Deutung liefert aber dann eine Euklidische oder nicht-euklidische Geometrie. Nichtmathematischen Eiferern für die Geometrie Euklids bot und bietet sich hier auch heute noch ein reiches Betätigungsfeld, da sich die Parallelen von Lobatschewsky und Riemann in der Deutung von den Euklidischen Gebilden gleichen Namens unterscheiden.
Versuchen wir nun jedoch, dieses Terrain möglichst anschaulich und ohne Vorurteile zu erfassen. Daß die nicht-euklidischen Geometrien als bloße Formalismen ihre mathematische Existenzberechtigung besitzen, das bestreitet heute im allgemeinen kein vernünftiger Mensch mehr. Aber sind die einzelnen Theorien wirklich nichts anderes als lediglich »formale Gebilde«, »fingierte Mannigfaltigkeiten« oder, wie der Philosoph Hans Driesch es ausgedrückt hat, »bloße Beziehungsgefüge«? Tatsache ist, daß die nicht-euklidischen Geometrien keineswegs so »blutleere Gerippe« sind, wie es aufgrund solcher Schlagworte den Anschein haben könnte. Sie sind nicht bloße ätherische Produkte eines hochgestochenen mathematischen Gedankenfluges. Hermann von Helmholtz, dessen »empiristische« Gedanken zur Begründung der Arithmetik wir bereits kennengelernt

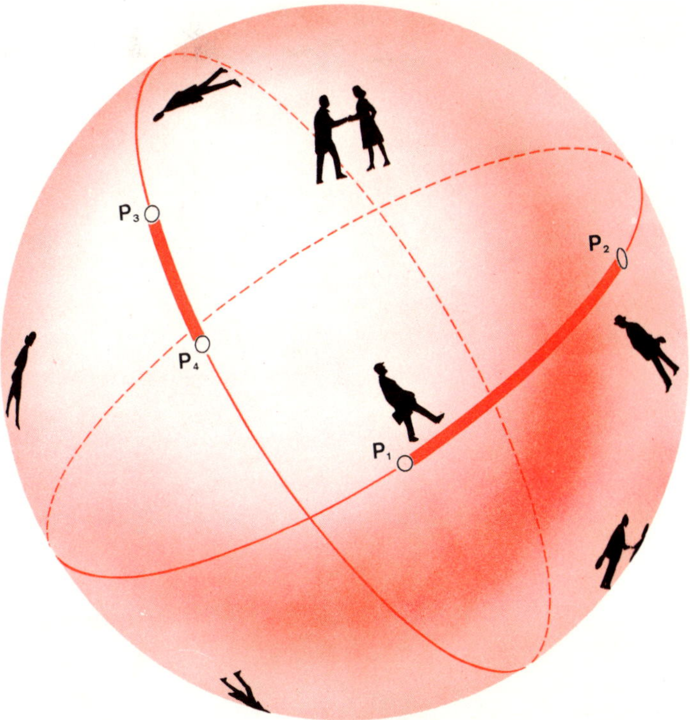

Der Franzose Henri Poincaré hat sich eine Welt auf einer Kugel ausgedacht, die von »gänzlich flachen« Lebewesen bewohnt ist. Wir können sie uns am besten als »Schattenmännchen« vorstellen. Ihre Geometrie ist die (zweidimensionale) Geometrie der Kugel. Ihre »gerade Linie« ist der Bogen eines Großkreises.

haben, wußte eine für die nichteuklidische Geometrie recht brauchbare Definition der *Anschauung* zu formulieren:
»Sich geometrische Beziehungen anschaulich vorstellen, heißt, sich die Erfahrungen vorstellen, die wir in einer Welt haben würden, in der diese Gesetze herrschen.«
Wieder finden wir in dem bereits mehrfach erwähnten, großartigen Werk »Wissenschaft und Hypothese« des Franzosen Henri Poincaré eine Überlegung, die uns hier ganz im Helmholtzschen Sinne weiterhelfen kann: »Wir wollen uns eine eigenartige Welt vorstellen, die mit Wesen bevölkert ist, die keine Dicke (Höhe) haben. Wir wollen ferner voraussetzen, daß diese ›gänzlich flachen‹ Lebewesen sich alle in derselben Ebene befinden und nicht aus ihr herauskönnen. Wir nehmen außerdem an, daß diese Welt weit genug von anderen Welten entfernt sei, so daß sie deren Einfluß entzogen ist. Es kostet uns auch weiter keine Mühe, diese Wesen mit Vernunft auszustatten und sie für fähig zu halten, Geometrie zu betreiben. In diesem Falle werden

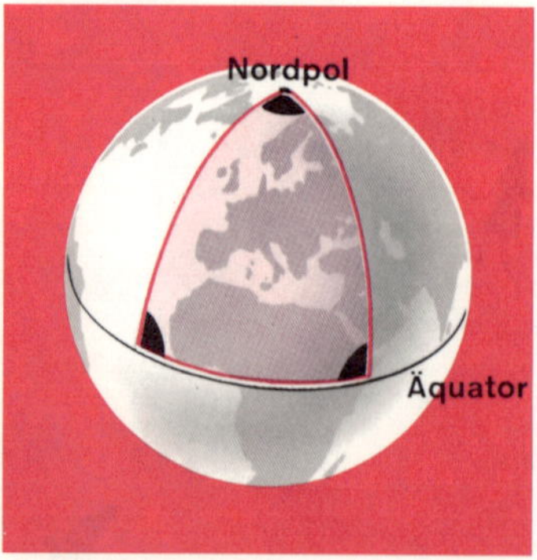

Die Winkelsumme eines großen Dreiecks auf unserer »Erdkugel« ist meist weit größer als zwei rechte Winkel. Auf unserer Abbildung sind bereits die beiden unteren Winkel jeweils rechte Winkel.

sie dem Raum gewiß nur zwei Dimensionen zuerkennen.
Aber wir wollen jetzt voraussetzen, daß diese eingebildeten Lebewesen, indem sie zwar ohne Dicke bleiben, eine kugelförmig gewölbte Gestalt haben und nicht eine flache Gestalt. Weiter sei vorausgesetzt, daß sie alle auf derselben Kugel wären, ohne die Macht zu haben, sich von ihr zu entfernen. Welche Geometrie würden diese Wesen konstruieren? Es ist klar, daß sie vor allem dem Raum nur zwei Dimensionen zusprechen würden. Aber wer würde für sie die Rolle der *›geraden Linie‹* spielen? Offenbar der kürzeste Weg zwischen zwei Punkten auf der Kugel, d.h. ein Bogen eines Großkreises. Mit einem Wort: Ihre Geometrie würde die Geometrie der Kugel sein.«
Diese Überlegung Poincarés gilt natürlich im wesentlichen auch für die Geometrie auf unserer »Erdkugel«:

Der Philosoph Hans Reichenbach hat den Begriff von der bildhaften Funktion der Anschauung geprägt: Jeder Versuch, sich einen geometrischen Gegenstand (hier: ein Dreieck) vorzustellen, ist mit früheren Wahrnehmungserlebnissen verknüpft.

Gewiß können wir da eine gerade Linie, die wir auf einem Blatt Papier mit dem Lineal ziehen, die flach gehobelte Kante eines Schreibtisches oder eine »schnurgerade« Linie auf der Kegelbahn noch als Verwirklichung einer »Geraden« im Sinne der Euklidischen Geometrie betrachten. Die kürzeste Verbindung zwischen Frankfurt und Los Angeles auf der Erdoberfläche ist aber keineswegs mehr eine Euklidische Gerade, sondern bereits der stark gekrümmte Bogen eines Großkreises, der rund um die Erde läuft. Daß zudem die Winkelsumme eines großen Dreiecks auf der Erdoberfläche stets größer, meist sogar weit größer ist als 180 Grad, größer als die Summe zweier rechter Winkel also, läßt unsere Abbildung ganz deutlich erkennen. Lesen wir nun aber weiter, was die flachen Lebewesen in Poincarés »eigenartiger Welt« – die gar nicht so wundersam ist, wie man zunächst vermuten könnte – an weiteren Erfahrungen gewinnen können:

»Was sie den ›Raum‹ nennen würden, wird die Kugel sein, von der sie sich nicht entfernen können, auf der sich alle Ereignisse abspielen, von denen sie Kenntnis haben können. Ihr ›Raum‹ wird also *ohne Grenzen* sein, weil man auf einer Kugel stets vorwärts schreiten kann, ohne jemals aufgehalten zu werden. Dennoch wird er *endlich* sein: Man wird niemals ans Ende kommen, aber man wird beim stetigen Fortschreiten in gleicher Richtung zum Ausgangspunkt zurückkehren. Im gleichen Sinne ist die Geometrie von Riemann identisch mit der Geometrie der Kugel, einer ›sphärischen‹ Geometrie also, wenn man diese auf drei Dimensionen ausdehnt.«

Damit hat uns Poincaré das Stichwort *»Dimension«* gegeben, das unsere weiteren Überlegungen bestimmen wird. Zunächst jedoch wollen wir noch eine Überlegung skizzieren, die der Philosoph Hans Reichenbach zum Thema »Anschaulichkeit der nicht-euklidischen Geometrie« angestellt hat. Reichenbach argumentierte etwa so: Sobald wir versuchen, dem Erlebnis »Anschauung« eine präzise, schärfere Formulierung zu geben, finden wir uns alsbald im Bereich psychologischer Untersuchungen, bei der Analyse ganz bestimmter geometrischer Vorstellungen. Dabei können wir aber immer nur auf bestimmte persönliche Erlebnisinhalte

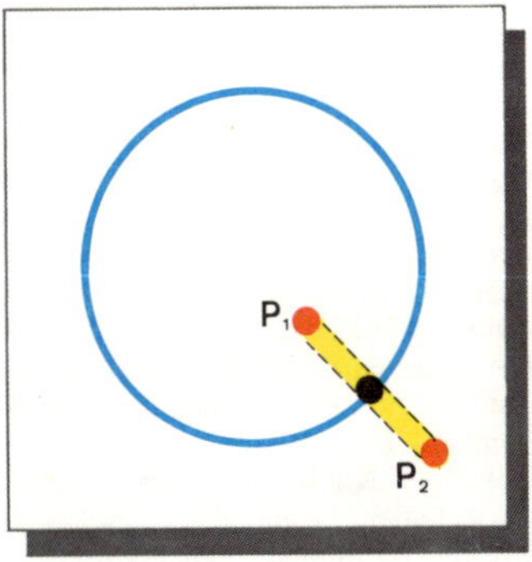

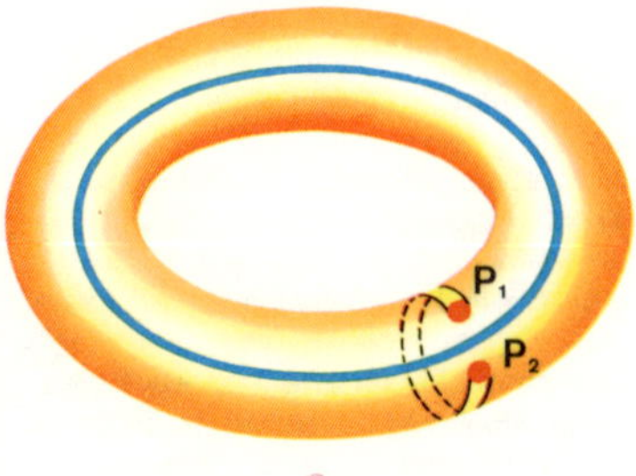

Zwei Punkte P_1 und P_2 sind durch eine geschlossene Kurve (z.B. einen Kreis) getrennt. Können sie durch eine Linie verbunden werden, ohne daß die Kurve geschnitten wird?

hinweisen, auf Punkte, Linienzüge, Flächen, Raumstücke, usw. Andere Erlebnisinhalte können sein: das Liegen eines Punktes auf einer Linie oder in einem Raumstück, das Sich-Schneiden zweier Linien in einem Punkt, das »Einbetten« einer Kugel in ein Raumstück usw.

Reichenbach prägte in diesem Zusammenhang den Begriff von der *bildhaften Funktion der Anschauung:* Jeder Versuch, sich einen beliebigen geometrischen Gegenstand, etwa ein Dreieck, vorzustellen, ist zunächst mit verschwommenen Vorstellungsbildern verbunden, die ganz ersichtlich mit früheren Wahrnehmungserlebnissen zusammenhängen. Im Falle des Dreiecks wird dies ein mit Kreide gezeichnetes Dreieck auf der Schultafel, ein bleistiftgezeichnetes auf Papier, ein farbiges Dreieck aus einem Ornament oder als Form eines Verkehrszeichens sein usw.

Neben dieser bildhaften Funktion der Anschauung tritt aber zugleich eine *normative Funktion der Anschauung* auf: Sie erlaubt uns nicht, bestimmte Vorstellungen auf eine andere Art und Weise zu sehen, als wir sie eben sehen. Sie übt gleichsam einen »logischen Zwang« auf unsere bildhafte Vorstellung aus. Sie bewirkt auch etwa, daß gewisse Fragestellungen durch ungenannte Bedingungen von vornherein eingeschränkt werden. Anhand eines Beispiels können wir uns diese Situation leicht klarmachen:

Man löse folgende Aufgabe durch reines Nachdenken: Auf einer Fläche verläuft eine in sich geschlossene Kurve, ein Kreis etwa oder ein Quadrat. Ist es möglich, von einem beliebigen Punkt innerhalb dieser Kurve zu einem Punkt auf der anderen Seite der Kurve eine Linie zu ziehen, ohne diese geschlossene Kurve zu schneiden?

Ohne daß wir zu Bleistift und Papier greifen müssen, zeigt uns die Anschauung einen Kreis oder ein Quadrat, dazu einen Punkt innerhalb und einen Punkt außerhalb der entsprechenden geometrischen Figur. Um nun eine Verbindungslinie zwischen den beiden Punkten herzustellen, muß in jedem Fall die geschlossene Kurve geschnitten werden. Also, so schließen wir aufgrund der normativen Funktion unserer Anschauung, ist es nicht möglich, die gewünschte Operation auszuführen, ohne die Kreis- oder Quadratlinie zu schneiden. Das liegt jedoch daran, daß unserem »geistigen Auge« von der bildhaften Funktion unserer Anschauung zunächst eine Euklidische Ebene serviert wurde, in den meisten Fällen wohl ein Blatt Papier, und wir deshalb versucht haben, diese Aufgabe in dieser Euklidischen Ebene zu lösen. Und hier läßt sich auch zweifellos keine Verbindungslinie herstellen, die zwei Punkte verbindet, von denen jeweils einer außerhalb und einer innerhalb der geschlossenen Kurve liegt, ohne daß die Verbindungslinie diese Kurve schneidet.

Was ist jedoch, wenn wir den Kreis oder das Quadrat nicht auf ein Stück Papier oder eine Tafel, sondern auf den Schlauch eines Autoreifens zeichnen? Daß wir das nicht tun dürfen, davon ist in der Aufgabenstellung ja nicht die Rede! Wir können die Kurve auch auf die knusprige goldbraune Oberfläche eines Schmalzkringels kratzen, den wir in der Bäkkerei kaufen. Der Mathematiker nennt Gebilde dieser Art »Tori«. Ein *Torus* ist, wie eine Kugel oder ein Würfel, ein geometrischer Körper. Nur besitzt er wesentlich andere Eigenschaften als diese beiden Gebilde. Mit einer durchbohrten Kugel besitzt der Torus dagegen viele Gemeinsamkeiten.

Auf der Oberfläche eines solchen Torus ist nun aber unsere Aufgabe, wie die Abbildung zeigt, ganz leicht zu lösen. Die beiden Punkte können wir jetzt nämlich »hinten herum« verbinden. Wie die Euklidische Ebene

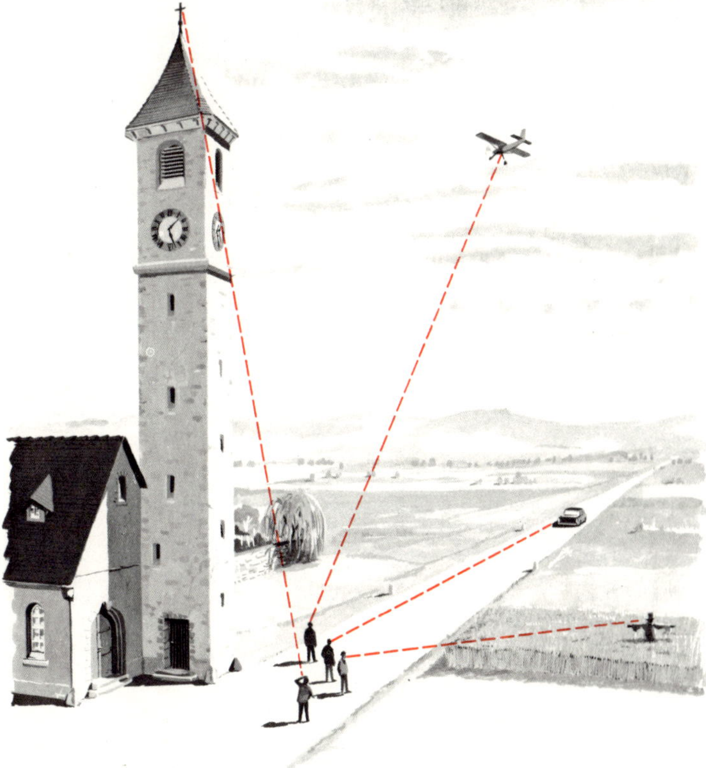

Unser sinnliches Erfassen der dritten Dimension ist weit schlechter entwickelt als das für zweidimensionale Flächen. Die Höhe eines Turmes abzuschätzen, bereitet uns ungleich mehr Schwierigkeiten, als die ungefähre Entfernung eines fahrenden Autos anzugeben. Die richtige Höhe von Flugzeugen oder Wolken zu erkennen, ist – ohne einen großen Schatz an Erfahrungswerten – nahezu ausgeschlossen.

ist die Torus-Oberfläche nämlich eine zweidimensionale Fläche. Wie die Kugeloberfläche besitzt sie dagegen eine zwar unbegrenzte, aber doch endliche Ausdehnung im Gegensatz zur Euklidischen Ebene, die sich ins Unendliche ausdehnen kann.
Damit die Fragestellung der Aufgabe also schlüssig wird, muß tatsächlich besonders darauf hingewiesen werden, ob mit der angesprochenen Fläche die Euklidische Ebene gemeint ist oder eine beliebige Oberfläche eines geometrischen Körpers zugelassen ist. Sowohl auf einer Kugel- als auch auf einer Torus-Oberfläche gelten nämlich bereits die Sätze von nicht-euklidischen Geometrien.
Unsere bisherigen Beispiele haben

wir zweidimensionalen Bereichen entnommen, einem Gelände also, das unserer bildhaften Anschauung verhältnismäßig gut zugänglich ist. Als sogenannte »dreidimensionale Wesen« stehen wir in solchen Fällen gleichsam »über den Dingen«. Auch in der dritten Dimension fühlen sich die meisten Menschen anschaulich noch verhältnismäßig sicher. Trotzdem trügt der Schein hier oftmals, wie einige unserer Abbildungen deutlich vor Augen führen. Es besteht nämlich ein wesentlicher Unterschied zwischen unserem zweidimensionalen und unserem dreidimensionalen Erkennen. Henri Poincaré kennzeichnete ihn so:

»Die dritte Dimension wird uns auf zwei verschiedene Weisen offenbar: durch die Anstrengung beim Akkommodieren und durch die Konvergenz der Augen. Die Wahrnehmung der dritten Dimension reduziert sich dabei auf die *Empfindung einer Anstrengung* bei der auszuführenden Akkommodation des Auges und auf die *Empfindung der konvergenten Richtung,* die beide Augen annehmen müssen, um einen bestimmten Gegenstand deutlich wahrnehmen zu können. Das sind *Muskelempfindungen,* und diese sind gänzlich von den Gesichtsempfindungen verschieden, die uns die Vorstellung der beiden ersten Dimensionen geben.«

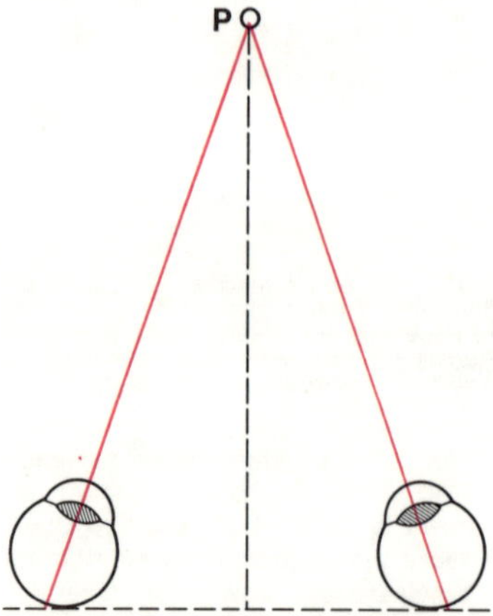

Die Konvergenzbewegung der Augen wird durch Muskeln gesteuert. Dabei bewegt sich das Augenpaar so, daß die beiden Gesichtslinien auf einen Punkt zusammenlaufen, konvergieren.

Die »Akkommodation«, von der Poincaré hier spricht, ist die Anpassung unseres Sehapparates an die wechselnden Entfernungen der Objekte im Gesichtsraum. Nur wenn die Muskeln im Inneren der Augen die Linse, die der Mediziner »Lens crystallina« nennt, abflachen oder wölben, ist nämlich eine scharfe Abbildung des betrachteten Objekts möglich. Weitere winzige Muskeln in den Augen verengen oder weiten die Pupillen. Das sind ganz ähnliche Vorgänge, wie sie jedem vom Photographieren her bekannt sind: Am Photoapparat müssen ja auch Entfernung und Blende richtig eingestellt werden. Zur Akkommodation und Pupillenverengung tritt außerdem eine »Konvergenzbewegung« der Augen, gesteuert durch jeweils sechs schmale Muskeln, die außerhalb der beiden Augäpfel sitzen: Das Augenpaar bewegt sich dabei so, daß beide Gesichtslinien auf einem Punkt zusammenlaufen, »konvergieren« (Abb. links).

Aber wenn die dritte Dimension unserer Anschauung schon Schwierigkeiten bereitet, wie steht es dann erst mit der vierten? Hier ist wohl der Physiker Albert Einstein, berühmter Begründer der Relativitätstheorie, der richtige Mann, die Antwort zu geben: »Den Nichtmathematiker ergreift ein geheimnisvoller Schauer, wenn er von vierdimensionalen Dingen hört – ähnlich dem, den Vorstellungen vom Okkulten in uns auslösen. Und dabei ist es nichts weiter als eine ganz hausbackene Feststellung, wenn wir sagen, die Welt, in der wir leben, sei ein vierdimensionales raum-zeitliches Kontinuum.«

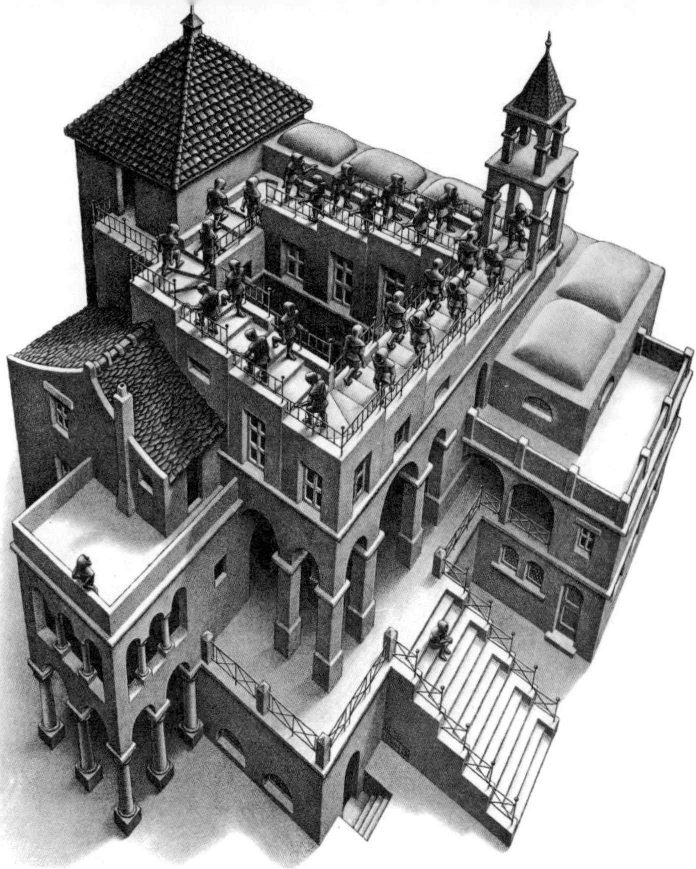

»Treppauf und treppab« nennt der holländische Graphiker M. C. Escher dieses faszinierende Bild: Es zeigt, wie unsere Augen bereits in der zweidimensionalen Darstellung einer dreidimensionalen Szenerie getäuscht werden können. Gehen nicht die Kapuzenmänner auf der äußeren Seite der endlosen Treppe ständig nur treppaufwärts, während sie innen stets treppab gehen?

Tatsächlich sind die Grundelemente der vierdimensionalen »Anschauung« nicht wesentlich komplizierter als die der dreidimensionalen. Allerdings tritt die bildhafte Funktion der Anschauung gegenüber der normativen stark zurück. Wir werden auf diesen Gedanken noch zu sprechen kommen (s. Seite 230). Die Einsteinsche Gravitationsgeometrie dagegen, die der große Physiker 1915 innerhalb seiner Allgemeinen Relativitätstheorie begründet hat, können wir an dieser Stelle nicht betrachten. Sie ist nämlich eine reine *physikalische Geometrie,* so daß sowohl ihre Grundlegung als auch ihre Ausarbeitung ausschließlich von den Fortschritten der Physik abhängt. Wir haben die prinzipiellen Gedanken dieser Theorie in *Knaurs Buch der modernen Physik* dargestellt.

9.2 Wenn ein Holzwürfel zersägt wird ...

Erläuterungen zur Dimensionstheorie und Topologie

Wir haben gesehen, daß eine nichteuklidische Theorie zumindest in den Gefilden zweier Dimensionen durchaus anschaulich sein kann. Zum »Schreckgespenst« der Physiker, die zunächst »nur« mit vier Dimensionen arbeiteten, um ihre Weltbeschreibung zu präzisieren, tritt aber ein scheinbar weit schrecklicheres Gespenst: die *»n Dimensionen«* der Mathematiker. »Was soll ich mir um Gottes willen unter einem ›n-dimensionalen Raum‹ vorstellen«, wird jeder Nichtmathematiker erschreckt fragen: »Länge, Breite und Höhe, das kann ich mir veranschaulichen, vielleicht sogar noch die Zeit als vierte ›Dimension‹, aber darüber hinaus?«

Doch bereits der pfiffige Wilhelm Busch schickte 1883 seinen »verhinderten Dichter« Balduin Bählamm in die fünfte Dimension:

»... kaum mißfällt
Ihm diese altgebackne Welt,
So knetet er aus weicher Kleie
Für sich privatim eine neue
Und zieht als freier Musensohn
In die Poetendimension,
Die fünfte, da die vierte jetzt
Von Geistern ohnehin besetzt.«

Um diesen witzigen Kinnhaken gegen die Geisterseher seiner Zeit zu führen, brauchte der Dichter Wilhelm Busch allerdings den richtungweisenden Habilitationsvortrag des Gauß-Schülers Bernhard Riemann aus dem Jahre 1854 nicht gekannt zu haben. Für uns, die wir uns nicht mit der »Geister- und Poetendimension«, sondern mit geometrischen Theorien beschäftigen wollen, ist es aber wichtig, zu wissen, daß Riemann erstmals in mathematisch präziser Weise von »n-dimensionalen Mannigfaltigkeiten« gesprochen hat. Sein Referat »Über die Hypothesen, welche der Geometrie zugrunde liegen« zählt heute zu den klassischen Werken der nicht-euklidischen Geometrie.

Roland W. Weitzenböck, der in unserer Zeit die Literatur über mehrdimensionale Räume eingehend studiert und kritisch analysiert hat, kommt außerdem zu dem für viele Menschen schmerzlichen Ergebnis: »Alles, was ohne mathematische Grundlagen über die vierte Dimension behauptet wird, erweist sich bei näherer Betrachtung als Schwindel oder gehört in den Bereich dichterischer Phantasie.« Von astralbeleibten Geistern und kühnen Zeitreisenden, von Raumschiffen in Hyperräumen und anderen Phantasieprodukten der Okkultisten und »Science-fiction«-Romanciers kann also hier nicht die Rede sein.

Um in die Gedankenwelt der mathematischen Dimensionstheorie einzudringen, ist es natürlich nicht sinnvoll, gleich mit der vierten Dimension zu beginnen, obwohl auch ihr eine gewisse Anschaulichkeit nicht abzusprechen ist. Wir beginnen viel weiter »unten«. Zunächst stellt sich vielleicht aber die Frage: Ist es überhaupt sinnvoll oder gar zulässig, von »Räumen« zu sprechen, die nicht drei, sondern mehr oder weniger Dimensionen besitzen?

Es gab und gibt Denker – und es wird sie wohl immer geben –, die eine solche Frage eindeutig verneinen. In diesem Zusammenhang wird als Kronzeuge immer wieder Immanuel Kant zitiert, in dessen Raumlehre geometrische Sätze »mit dem Bewußtsein ihrer *Notwendigkeit* verbunden« waren. So war ein Satz wie »Der Raum hat nur drei Abmessungen« für Kant »mit Notwendigkeit wahr«. Aber in der zweiten Hälfte des 18. Jahrhunderts, als der Königsberger Philosoph seine Lehre vom Raum als »reine Anschauungsform der äußeren Sinne« entwickelte, gab es halt nur die Euklidische Geometrie. Für diese Geometrie und für seine Zeit hat Kant zweifellos eine wohldurchdachte Wissenschaftstheorie geschaffen. Doch als dann an der mathematischen Existenz der nicht-euklidischen Geometrien nicht mehr zu rütteln war, stieß die Philosophie immer noch ins alte Horn. Hermann Lotze, der Lehrer Gottlob Freges, nahm in seiner »Logik« von 1874 wie folgt Stellung:

»So gewiß nun der Name des Raumes für uns nur ein Ordnungssystem bedeutet, von welchem wir diese ursprüngliche, aus rein arithmetischen Betrachtungen allein gar nicht ableitbare Anschauung haben, so gewiß ist es eine *logische Spielerei,* ein System von vier oder fünf Dimensionen noch ›Raum‹ zu nennen. Gegen alle solche Versuche muß man sich wehren; sie sind Grimassen der Wissenschaft, die durch völlige Paradoxien das gewöhnliche Bewußtsein einschüchtern und über sein gutes Recht in der Begrenzung der Begriffe täuschen.«

Die Erfolge, die mit zahlreichen mathematischen Theorien erzielt wurden, in denen mit mehr als drei Dimensionen operiert wird, widerlegen solche Stimmen zumindest in bezug auf die physikalischen Weltbeschreibungen, auf die »theoretische Weltkonstruktion« der exakten Naturwissenschaften. Zwar hat sogar Bernhard Riemann noch seine bemerkenswerten Untersuchungen als »müßig für die Naturbetrachtung« angesehen. Ein rundes Jahrhundert Physik hat hier jedoch inzwischen vieles verändert.

Wie bereits gesagt, für unsere Zwecke wird es sich als wirkungsvoll erweisen, die Dimensionsbetrachtungen »ganz unten« anzusetzen. Wir haben schon verschiedene geometrische Gebilde kennengelernt: Punkte, Linien, Strecken, Oberflächen von Körpern, Ebenen, Raumgebilde wie Kugel, Würfel, Torus usw. Und zu den wesentlichsten Eigenschaften dieser Objekte gehört zweifellos ihre Dimension. Das erkannten die Geometer bereits sehr früh: Wenn Euklid sagte, daß ein Punkt ist, »was keinen Teil hat«, wird er ihn als »nulldimensionalen« Gegenstand angesehen haben. Euklids Definition ist zwar, formalistisch betrachtet, sehr unbefriedigend. Der nulldimensionale Punkt kann aber immer noch als einfachstes Grundelement unserer geometrischen Anschauung betrachtet werden: Ein kräftiger Tupfer mit der Bleistiftspitze aufs Papier, ein winziger Stecknadelkopf, die Turmspitze einer entfernten Kirche usw., das sind immer noch sehr wirkungsvolle Hilfsbilder für den geometrischen Punkt.

Von diesem nulldimensionalen Souterrain des Punktes können wir dann in die nächste Dimensionsetage steigen, zur eindimensionalen Linie, die wir uns krumm oder gerade vor-

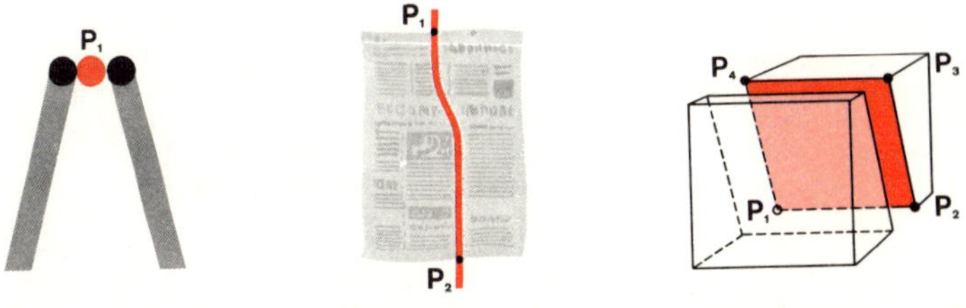

Ein beliebiges n-dimensionales Raumgebilde kann durch ein Objekt von der Dimension n − 1 in zwei getrennte Teile zerlegt werden. So wird etwa eine zweidimensionale Fläche durch eine eindimensionale Linie geteilt (Mitte).

stellen dürfen. Alle strich- und fadenförmigen Gebilde können uns diese Dimension veranschaulichen: Schnüre, Seile, Bänder, Drähte, Kabel usw. Trotz ihrer offensichtlichen Körperlichkeit liegt bei solchen Gegenständen bekanntlich der Akzent auf einer einzigen Ausdehnung. Sie sind eben »linear«.

Zwei Dimensionen besitzen dann alle Flächen. Sie sind also zweidimensionale Gebilde. Wir können sie uns tuch- und hautartig, blatt- oder dünn plattenförmig vorstellen, wobei natürlich nur die Oberfläche für die Betrachtung entscheidend ist.

Dreidimensionale Gegenstände besitzen schließlich die »raumfüllende« Form eines Würfels oder Blocks mit Ecken und Kanten oder die »glatte« gekrümmte Kugelform, Ringform usw.

Bis hin zu dieser dritten Dimension ist der Dimensionsbegriff ganz und gar anschaulich. Wie können wir aber aufgrund dieser wiederum scheinbar trivialen Betrachtungen zu einem *allgemeinen Dimensionsbegriff* kommen, mit dessen Hilfe auch Sätze über sechs- und siebendimensionale Gebilde formulierbar werden?

Folgende einfache Überlegung kann uns hier weiterhelfen: Ein dünnes Stück Draht, ein eindimensionales Gebilde also, läßt sich bekanntlich leicht mit Hilfe einer Zange durchzwicken. Auf diese Weise erhalten wir zwei getrennte Drahtstücke. In ganz ähnlicher Manier läßt sich ein Stück alte Zeitung, ein zweidimensionales Gebilde also, mittels einer Schere in zwei getrennte Papierstücke zerschneiden. Und schließlich lassen sich dreidimensionale Gegenstände, ein hölzerner Würfel etwa oder eine Kugel aus Plastik, mit mehr oder weniger Mühe in zwei Teile zersägen.

Unschwer erkennen wir in den drei Fällen eine charakteristische Ähnlichkeit: Die *Trennung* des Würfels oder der Kugel erfolgt durch eine zweidimensionale Fläche, durch ein Gebilde also, dessen Dimension um eine niedriger liegt als die des dreidimensionalen Würfels bzw. der dreidimensionalen Kugel. Beim zweidimensionalen Zeitungspapier ist die Trenn*linie* eindimensional. Und die eindimensionale Drahtlinie trennt der nulldimensionale Punkt, wenn wir den unwesentlichen Drahtdurchmesser ausklammern.

Ein Gegenstand bestimmter Dimension kann also von einem Gebilde zerlegt werden, das genau eine Dimension weniger aufweist als dieser Gegenstand. Allgemein formuliert: *Ein beliebiges n-dimensionales Raumgebilde wird durch ein Objekt von der Dimension $n-1$ in zwei getrennte Teile zerlegt.*

Unser bisheriger Gedankengang war natürlich grob und schematisch: Keinem Mathematiker würde es einfallen, auf solche Weise eine Dimensionstheorie zu begründen. Andererseits wird durch diesen Sachverhalt eine wesentliche Erkenntnis dimensionstheoretischer Betrachtung knapp und plastisch illustriert. Wieder scheint bereits Euklid diese gerade skizzierte Erkenntnis der Dimensionstheorie erkannt zu haben. Wir kennen ja bereits seine Kennzeichnung der geometrischen Figur, die »von einer oder mehreren Grenzen eingeschlossen« wird. Dabei soll Grenze sein, »was das Äußerste eines Dinges ist«. Euklid führte in seinen »Elementen« dann weiter aus, daß »das Äußerste einer Linie Punkte, das Äußerste einer Fläche Linien und das Äußerste eines Körpers Flächen sind«. Leider waren mit diesen Überlegungen die Euklidischen Dimensionsbetrachtungen bereits am Ende. Erst zu Beginn unseres Jahrhunderts griff der Franzose Henri Poincaré diese Gedanken Euklids wieder auf und versuchte, den Dimensionsbegriff re-

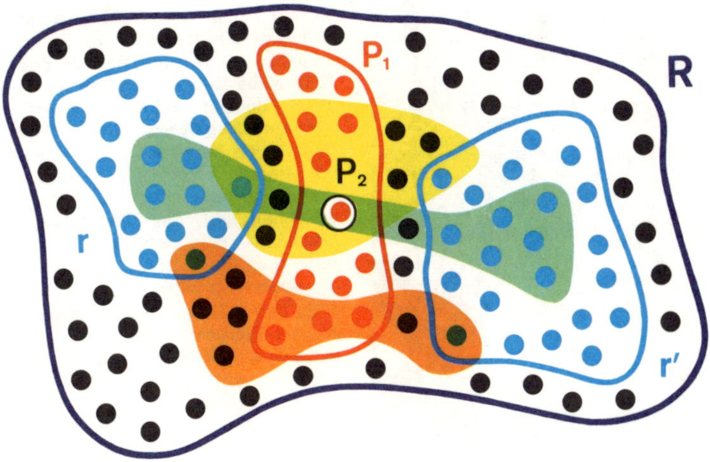

Luitzen E. Brouwer hat die dimensionstheoretischen Betrachtungen von Euklid und Poincaré präzisiert und ausgearbeitet. In einem Raum R werden die Teilmengen r und r′ durch gewisse Teilmengen getrennt, deren Dimensionsgrad entscheidend ist.

kursiv zu definieren: »Ich möchte die Bestimmung der Anzahl der Dimensionen auf den *Begriff des Schnittes* aufbauen«, erläuterte er. Leider blieben auch seine Bemühungen in skizzenhaften Andeutungen stecken.

Sein holländischer Kollege Luitzen E. Brouwer, den wir bereits als bedeutenden Vertreter der neuen konstruktiven Mathematik kennengelernt haben, korrigierte und ergänzte Poincarés fragmentarische Gedanken. Wir wissen bereits, daß Brouwers Sprache nicht ganz leicht zu verstehen ist (vgl. Seite 148). Dennoch wollen wir wieder aus seiner Originalarbeit zitieren, um die Bedächtigkeit und klare Sorgfalt seiner Überlegungen zu erkennen. Zum Dimensionsproblem schrieb nämlich der großartige Mathematiker:

»Ist **R** irgendein Raum und sind p_1, r und r′ drei Teilmengen von **R**, die in **R** abgeschlossen sind und keine gemeinsamen Punkte besitzen, dann heißen r und r′ in **R** durch p_1 getrennt, wenn jede zusammenhängende abgeschlossene Teilmenge von **R**, welche sowohl mit r wie mit r′ Punkte gemeinsam hat, auch von p_1 mindestens einen Punkt enthält. Der Ausdruck ′**R** besitzt den allgemeinen Dimensionsgrad n′, in welchem n eine beliebige natürliche Zahl bezeichnet, soll nun besagen, daß für jede Wahl von r und r′ eine trennende Menge p_2 existiert, welche den allgemeinen Dimensionsgrad $n - 1$ besitzt, daß aber nicht für jede Wahl von r und r′ eine trennende Menge p_1 existiert, welche einen geringeren allgemeinen Dimensionsgrad als $n - 1$ besitzt.«

Unsere Bild-Erläuterung zum Brouwerschen Text versucht, das anschauliche Fundament dieses mathematischen Gedankengangs aufzuzeigen und die natürliche Scheu vor dem mathematischen Denken und seinen Formulierungen zu nehmen. Wem dieser Text aber schon wieder zu abstrakt ist, den können wir mit einer phantastischen, aber doch äu-

Eine Lithographie von M. C. Escher hilft uns, eine phantastische Geschichte von E. A. Abbot leichter zu begreifen: Das »Flächenland« ist hier die Wasseroberfläche eines Tümpels, auf dem welkes Laub treibt. »Drei Welten« nennt der Künstler dieses Bild.

ßerst lehrreichen Geschichte ins Reich der Dimensionen führen: Der Engländer Edwin A. Abbot hat nämlich 1884 eine Erzählung niedergeschrieben, die im »Flächenland« spielt. Dabei erzählt ein Quadrat, das über mathematische Bildung verfügt, »eine Geschichte von den Dimensionen«.

Bevor wir diesem Quadrat das Wort erteilen, sind jedoch noch einige Erläuterungen angebracht: Alle Bewohner von Flächenland sind so flach wie die Poincaréschen Kugelwesen, von denen bereits die Rede war (s. Seite 211). Sie können also nur zwei Dimensionen wahrnehmen. Die Tatsache, daß Flächenland mit einem leichten Nebel erfüllt ist, gestattet ihnen dabei sogar, Entfernungen abzuschätzen: Je näher ein Gebilde, d.h. »das Äußerste« dieses Gebildes, um mit Euklid zu sprechen, ist, um so lichter und deutlicher läßt es sich erkennen. Entferntere Gebilde oder Teile eines Gebildes erscheinen dagegen dunkler und verschwommener. Auf diese Weise können sogar gerade von krummen Linien, Ecken und Ränder unterschieden werden. Außerdem gibt es im Flächenland ein Sprichwort, das diesem »Seh-Erkennen« eine wirksame, zusätzliche Hilfe gibt: »Besser gut gefühlt als schlecht gesehen.«

Die zweidimensionalen Wesen in Abbots Flächenland sind von verschiedenartiger Gestalt. Der Erzähler besitzt, wie wir bereits wissen, die Form eines *Quadrats*. Seine Frau ist, wie alle Frauen im Flächenland, eine *Strecke*. Arbeiter und Soldaten haben die Form von gleichschenkeligen *Dreiecken*. Aus regelmäßigen *Vierecken* und *Fünfecken* formieren sich Angestellte und die Beamtenschaft des phantastischen Gemeinwesens. Und schließlich gibt es Priester, deren Form *Vielecke* von so hoher Eckenzahl sind, daß man die einzelnen Ecken fast nicht mehr erkennen kann. Sie geben sich deshalb als Kreise aus – der Kreis ist nämlich das Ideal der Vollkommenheit im Flächenland schlechthin.

Wir erleben nun das für unser Quadrat zunächst unbegreifliche Erlebnis eines Besuchers aus der dritten Dimension: Eine *Kugel*, ein dreidimensionales Gebilde also, erscheint im Flächenland. Dem Erzähler, dem Quadrat, das keine räumliche Anschauung besitzt, erscheint dieser Besucher aus dem »Raumland« als ein Kreis, der die Fähigkeit besitzt, zu wachsen und zu schrumpfen. Wieso ihm die Kugel auf diese merkwürdige Weise erscheint, wollen wir nun jedoch dem »Originalbericht« des Quadrates entnehmen. Er ist überschrieben: »Wie der Fremde vergebens versuchte, mir die Geheimnisse von Raumland zu entschleiern«:

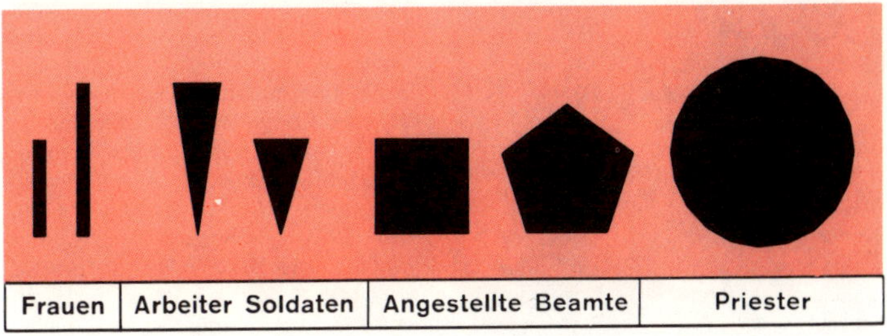

Edwin A. Abbot schilderte 1884 in einer phantastischen Geschichte die Erlebnisse eines Quadrats im »Flächenland«. Die Bewohner dieser zweidimensionalen Welt besitzen die Form von einfachen geometrischen Figuren.

»Ich näherte mich dem Fremden in der Absicht, ihn genauer zu betrachten und ihn zu bitten, sich zu setzen; aber seine Erscheinung machte mich stumm und reglos vor Erstaunen. Ohne die geringsten Anzeichen einer Winkelbildung veränderte sich doch seine Größe und Helligkeit in einem Ausmaße, das für eine Figur nach meiner Erfahrung kaum möglich war. Im Wohnzimmer, ohne Nebel, war es für mich schwer, mich auf das Seh-Erkennen zu verlassen, noch dazu auf so kurze Entfernung. Von Furcht gepackt, stürzte ich mit einem ziemlich unhöflichen ›Sie müssen mir gestatten‹ auf ihn los und befühlte ihn. Er besaß nicht die Spur von einem Winkel; niemals in meinem Leben war ich einem vollkommeneren Kreise begegnet. Er verhielt sich regungslos, während ich um ihn herumging; es war ein vollendeter Kreis, darüber konnte kein Zweifel herrschen. Dann folgte ein Dialog, und ich will mich bemühen, ihn so genau wie möglich hier niederzuschreiben.

Fremder: Haben Sie mich nun genug befühlt?
Ich: Gnädigster Herr, entschuldigen Sie meine Unschicklichkeit, die ihren Grund nicht in einer Unkenntnis höflicher Gesellschaftsformen hat, sondern nur in meinem Überraschtsein und der Nervosität, die aus diesem etwas unerwarteten Besuche folgt. Aber bevor Euer Gnaden in eine weitere Unterhaltung eintreten, würden Sie da nicht geruhen, die Neugierde eines Menschen zu befriedigen, der gern wüßte, woher sein Besucher kommt?
Fremder: Aus dem Raum natürlich, woher sonst?
Ich: Entschuldigung, mein Herr, aber sind wir nicht eben jetzt schon im Raum, Sie, Euer Gnaden, und ich, Euer ergebener Diener?
Fremder: Pah! Was verstehen Sie vom Raum? Erklären Sie, was Sie mit ›Raum‹ meinen!
Ich: Raum, Euer Gnaden, ist unendlich verlängerte Höhe und Breite.
Fremder: Da haben wir's. Sie wissen nicht einmal, was Raum ist. Sie denken ihn sich nur von zwei Dimensionen; aber ich bin gekommen, um Ihnen eine dritte zu zeigen – Höhe, Breite und Länge.
Ich: Euer Gnaden belieben zu scherzen. Wir sprechen auch von Länge und Höhe, oder Breite und Dicke, und bezeichnen so zwei Dimensionen mit vier Namen.
Fremder: Aber ich meine nicht nur drei Namen, sondern drei Ausdehnungen.
Ich: Würden Euer Gnaden mir zeigen oder erklären, in welcher Richtung die dritte, mir unbekannte Dimension liegt?

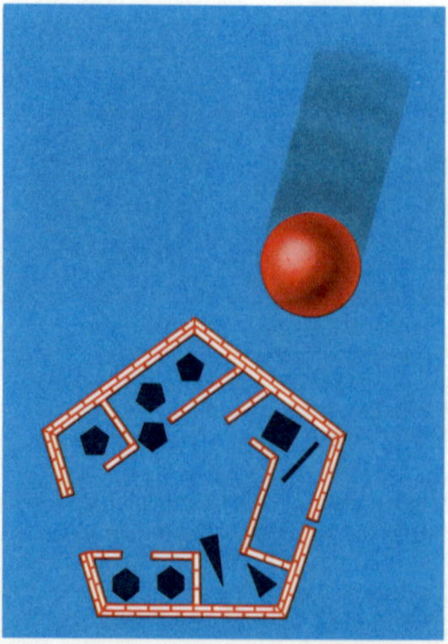

Der Kugel aus dem »Raumland« bot sich folgende Aussicht, als sie auf das Haus des Quadrats im »Flächenland« niederblickte.

Fremder: Ich komme aus ihr. Sie ist oben und unten, über und unter uns.

Ich: Euer Gnaden meinen anscheinend nördlich und südlich.

Fremder: Das meine ich nicht; ich meine eine Richtung, in welche Sie nicht blicken können, weil Sie kein Auge in Ihrer Seite haben.

Ich: Verzeihen Sie, mein Herr, ein kurzes Hinsehen wird Sie überzeugen, daß ich über ein gesundes Augenlicht an der Verbindungsstelle zweier meiner Seiten verfüge.

Fremder: Ja; aber um in den Raum sehen zu können, müßten Sie ein Auge nicht an Ihrem Umfang, sondern an Ihrer Seite haben, d.h. an dem, was Sie wahrscheinlich Ihr Inneres nennen werden; wir in Raumland nennen es Ihre Seite.

Ich: Ein Auge in meinem Inneren! In meinem Magen! Euer Gnaden scherzen.

Fremder: Ich bin nicht in der Stimmung zu scherzen. Ich sage Ihnen, daß ich aus dem Raum komme, oder, wenn Sie nicht verstehen, was Raum bedeutet, aus dem Land der Drei Dimensionen, von wo ich noch eben auf Ihre Ebene niederblickte, die Sie Raum nennen. Von jenem Standort unterschied ich alles, was Sie *›Körper‹* nennen (damit meinen Sie ›auf vier Seiten eingeschlossen‹), Ihre Häuser, Ihre Kirchen, sogar Ihre Kästen und Geldschränke, ja sogar Ihr Inneres, Ihren Magen; alles lag offen und meinem Blick ausgesetzt.

Ich: Solche Behauptungen sind leicht aufgestellt, mein Herr.

Fremder: Aber nicht leicht bewiesen, wollen Sie damit sagen. Doch ich denke sie zu beweisen. Als ich hierher hinabstieg, sah ich Ihre vier Söhne, die Fünfecke, jeden in seinem Zimmer, und Ihre zwei Enkel, die Sechsecke; ich sah Ihr jüngeres Sechseck eine Weile bei Ihnen bleiben und dann in sein Zimmer gehen und Sie und Ihre Frau allein lassen. Dann kam ich hierher, und was denken Sie: wie?

Ich: Vermutlich durch das Dach.

Fremder: Nicht so. Wie Sie wissen, ist Ihr Dach doch kürzlich repariert worden, und es hat keine Öffnung. Ich sage Ihnen ja, ich komme aus dem Raum. Hat Sie nicht das überzeugt, was ich Ihnen über Ihre Kinder erzählt habe?

Ich: Euer Gnaden können sich darüber leicht bei jemand unterrichtet haben.

Fremder (zu sich selbst): Was muß ich tun? Halt! – Wenn Sie eine gerade Linie sehen, wie viele Dimensionen legen Sie ihr bei?

Ich: Euer Gnaden behandeln mich, als ob ich einer von den Ungebildeten wäre, die nichts von Mathematik verstehen, und annähme, daß eine gerade Linie nur von einer Dimension wäre. Nein, mein Herr, wir Quadrate wissen besser Bescheid: Eine Frau, obwohl sie gewöhnlich eine ›gerade Linie‹ genannt wird, ist in Wirklichkeit und wissenschaftlich ein

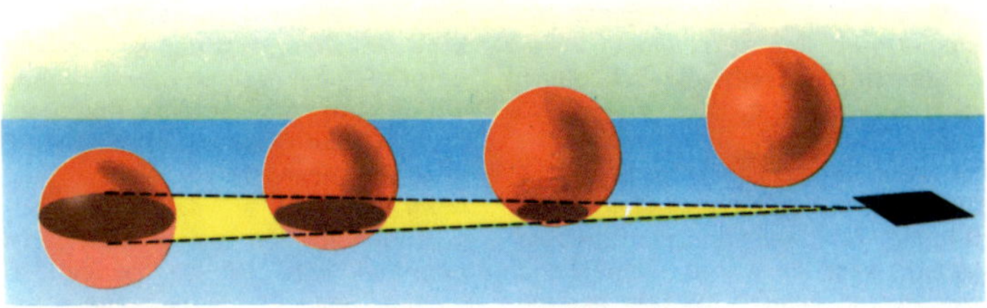

Dem Quadrat im »Flächenland«, das nur zwei Dimensionen wahrnehmen kann, zeigt sich die Kugel als Folge von Kreisen mit verschieden großem Durchmesser. Links besitzt die Kugel den größten Schnitt; das Quadrat nimmt sie als größten Kreis wahr.

sehr dünnes Parallelogramm, das zwei Dimensionen hat, wie wir andern auch, nämlich Länge und Breite (oder Dicke).
Fremder: Aber die bloße Tatsache, daß eine Linie sichtbar ist, setzt voraus, daß sie noch eine andere Dimension besitzt.
Ich: Ich habe es bereits zugegeben. Wir *sehen* die Länge, wir *folgern* die Breite, die, obwohl sehr klein, doch *meßbar* ist.
Fremder: Sie verstehen mich nicht. Wenn eine Linie bloße Länge ohne ›Höhe‹ wäre, würde sie aufhören, Raum einzunehmen, und müßte damit unsichtbar werden.
Ich: Ich muß allerdings bekennen, daß ich aus Ihnen nicht im entferntesten klug werde. Soll ich Euer Gnaden dahin verstehen, daß Sie der *Helligkeit* den Namen einer Dimension geben, und daß Sie ›hoch‹ nennen, was wir ›hell‹ nennen?
Fremder: Nein, nein. Mit ›Höhe‹ meine ich eine Dimension gleich Ihrer ›Länge‹; nur ist für Sie ›Höhe‹ nicht so leicht wahrnehmbar, da sie außerordentlich klein ist.
Ich: Euer Gnaden, Ihre Behauptung ist leicht nachzuprüfen. Sie sagen, ich habe eine dritte Dimension, die Sie ›Höhe‹ nennen. Nun, zu einer Dimension gehört Richtung und Meßbarkeit. Messen Sie doch einfach meine ›Höhe‹, oder zeigen Sie mir bloß, in welcher Richtung sich meine ›Höhe‹ erstreckt, und ich will mich bekehren lassen. Sonst . . .
Fremder (zu sich selbst): Das kann ich auch nicht. Wie soll ich ihn überzeugen? – Nun, hören Sie zu. Sie leben in einer Ebene. Was Sie mit Flächenland bezeichnen, ist die ebene Oberfläche von etwas, was ich eine Flüssigkeit nennen könnte, in deren oberster Schicht Sie sich bewegen, ohne sich darüber zu erheben oder darunter zu fallen. – Ich bin keine ebene Figur, sondern ein Körper. Sie nennen mich einen Kreis; aber in Wirklichkeit bin ich kein Kreis, sondern eine unendliche Anzahl von Kreisen, die in ihrer Größe von einem Punkt bis zu einem Kreis von 14 Zoll Durchmesser wechseln, einer über den andern gelegt. Wenn ich durch Ihre Ebene hindurchgehe, wie ich es jetzt tue, dann bilde ich in Ihrer Ebene einen Schnitt, den Sie sehr richtig einen Kreis nennen. Denn sogar eine Kugel – dies ist mein richtiger Name in meinem Heimatlande –, wenn sie sich überhaupt einem Einwohner von Flächenland kundgibt, muß dies notwendigerweise als Kreis tun. Ihr Land von zwei Dimensionen ist nicht geräumig genug, um mich, ein Wesen von drei Dimensionen, darzustellen; es kann von mir nur eine Scheibe darstellen, nämlich einen Kreis. – Ihr Auge verrät Ungläubigkeit. Sehen Sie her, ich werde mich erheben; die Wirkung auf Ihr Auge

wird sein, daß mein Kreis kleiner und kleiner wird, bis er zu einem Punkt zusammenschrumpft und schließlich ganz verschwindet.

Ich konnte«, so fährt der Erzähler, das Quadrat mit der mathematischen Bildung, fort, »nichts von ›Erheben‹ sehen; aber er wurde kleiner und verschwand zuletzt. Ich rieb mir die Augen, um mich zu vergewissern, daß ich nicht träumte. Aber es war kein Traum. Denn aus den Tiefen von Nirgendwo kam eine hohle Stimme – dicht neben meinem Herzen schien es mir –: ›Bin ich ganz fort? Sind Sie nun überzeugt? Wohlan, jetzt will ich allmählich zurückkehren, und Sie werden sehen, wie mein Schnitt größer und größer wird.‹
Aber obgleich ich die Tatsachen vor mir sah, waren die Ursachen für mich so dunkel wie vorher. Alles, was ich begreifen konnte, war, daß der Kreis sich kleiner gemacht hatte und verschwunden war, und daß er nun wiedererschienen war und sich schnell vergrößerte. Als er seine ursprüngliche Größe wiedererhalten hatte, stieß er einen tiefen Seufzer aus, denn er merkte an meinem Schweigen, daß ich ihn immer noch nicht begriffen hatte. Ich war geneigt zu glauben, daß er ein besonders geschickter Gaukler wäre. Nach einer langen Pause murmelte er vor sich hin: ›Ich muß es mit der Methode der Analogie versuchen.‹

Kugel: Sagen Sie mir, Herr Mathematikus, wenn ein Punkt sich ein Stück nordwärts bewegt und eine leuchtende Spur hinterläßt, welchen Namen würden Sie der Spur geben?
Ich: Eine Strecke.
Kugel: Und wie viele Enden hat eine Strecke?
Ich: Zwei.
Kugel: Nun stellen Sie sich vor, daß

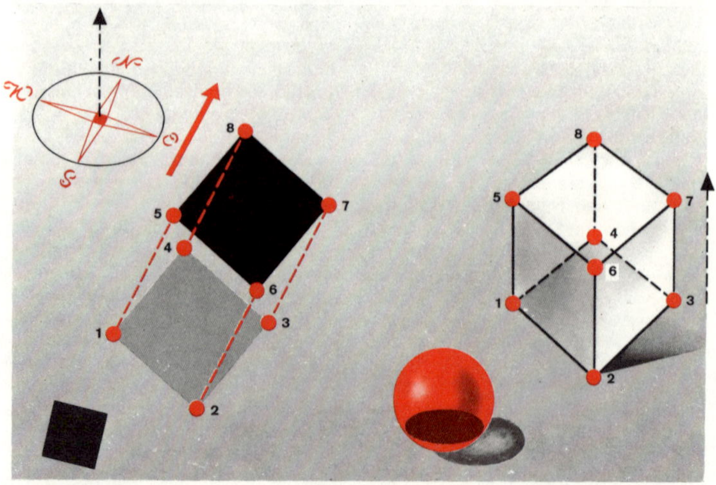

Das zweidimensionale »Wesen« Quadrat kann sich eine Bewegung »nach oben« nicht vorstellen. Daß sich ein Quadrat »aus Flächenland hinaus« heben kann, überschreitet sein Vorstellungsvermögen (rechts).

diese nordwärts laufende Linie sich parallel zu sich selbst bewegt, von Westen nach Osten, so daß jeder Punkt in ihr hinter sich die Spur einer geraden Linie zurückläßt. Welchen Namen werden Sie der dadurch gebildeten Figur geben?
Ich: Ein Quadrat.
Kugel: Und wie viele Seiten hat ein Quadrat? Und wie viele Winkel?
Ich: Vier Seiten und vier Winkel.
Kugel: Nun strengen Sie Ihre Vorstellungskraft ein bißchen an, und denken Sie sich ein Quadrat im Flächenland, das sich parallel zu sich selbst nach oben bewegt.
Ich? Was? Nach Norden?
Kugel: Nein, nicht nach Norden, nach oben! Überhaupt aus Flächenland hinaus. Ich meine, daß jeder Punkt in Ihnen – Sie sind ja ein Quadrat –, jeder Punkt in Ihnen, sozusagen in dem, was Sie Ihr Inneres nennen, sich nach oben durch den Raum bewegen soll, derart, daß kein Punkt durch die Stellung gehen soll, die vorher ein anderer Punkt innehatte; das muß Ihnen doch klar sein?

Ich bezwang«, berichtet das Quadrat weiter, »meine Ungeduld, denn ich fühlte eine starke Versuchung, mich blindlings auf meinen Besucher zu stürzen und ihn in den Raum zu befördern oder hinaus aus Flächenland, ganz gleich wohin, nur daß ich ihn loswürde; ich erwiderte: ›Und welcher Art soll die Figur sein, die ich bei dieser Bewegung nach oben bilden soll? Ich denke, sie ist in der Sprache Flächenlands beschreibbar.‹
Kugel: O gewiß, das ist ganz klar und einfach, nur, nebenbei bemerkt, Sie müssen von dem Ergebnis nicht als von einer ›Figur‹, sondern als von einem ›Körper‹ sprechen. Aber ich will ihn Ihnen beschreiben. Oder vielmehr nicht ich, sondern die Analogie. Wir begannen mit einem einzigen Punkt, der natürlich, weil er eben ein Punkt ist, nur einen Endpunkt hat. Ein Punkt bringt eine Linie mit zwei

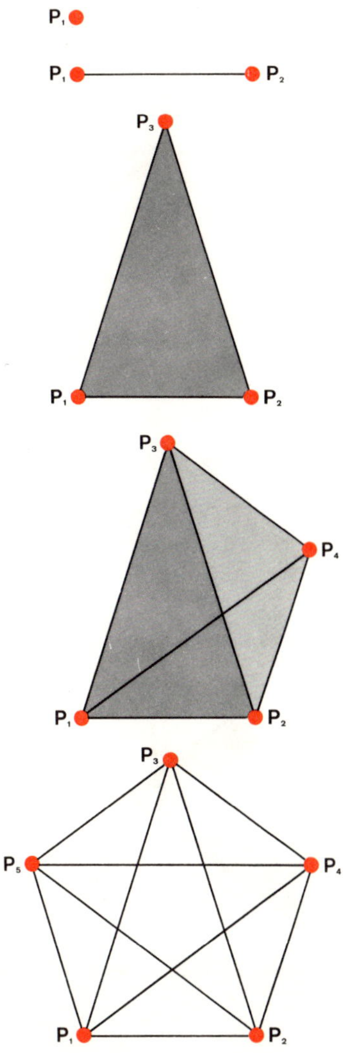

Durch schrittweises Hinzufügen eines Punktes läßt sich der jeweils einfachste Körper im ein-, zwei-, drei- und vierdimensionalen Raum bilden: Strecke, Dreieck, Tetraeder, Simplex S_4.

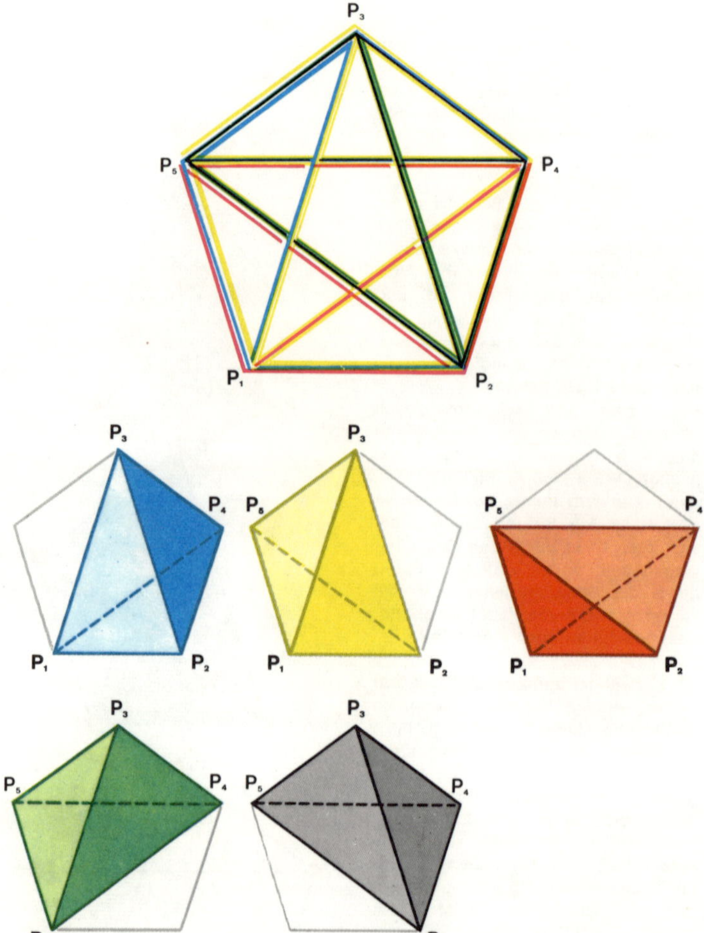

Das einfachste von linearen Räumen begrenzte Stück des vierdimensionalen Raumes ist das fünfeckige Simplex S_4. Es kann in fünf dreidimensionale Tetraeder zerlegt werden. Neben diesen fünf Körpern besitzt das Simplex zehn Kanten und zehn Flächen.

Endpunkten hervor. Eine Linie bringt ein Quadrat mit vier Endpunkten hervor. Nun können Sie sich selbst die Antwort auf Ihre eigene Frage geben: 1, 2, 4 ist augenscheinlich eine geometrische Reihe. Welches ist das nächste Glied?

Ich: 8.

Kugel: Stimmt. Das eine Quadrat bringt ein Etwas hervor, für das Sie

Für ein beliebiges dreidimensionales Vielflach gilt der »Eulersche Polyedersatz«, der eine äußerst einfache Beziehung zwischen der Anzahl der Ecken (E), Flächen (F) und Kanten (K) aussagt: $E + F = K + 2$.

bisher keinen Namen haben, aber das wir einen Würfel nennen, mit acht Endpunkten. Überzeugt?
Ich: Und hat dieses Geschöpf auch Seiten, ebensogut wie Ecken oder ›Endpunkte‹, wie Sie es nannten?
Kugel: Natürlich, und ganz entsprechend der Analogie. Aber, nebenbei, nicht was *Sie* ›Seiten‹ nennen, sondern was *wir* ›Seiten‹ nennen. Sie würden das ›Körper‹ nennen.
Ich: Und wie viele Körper oder Seiten gehören denn zu diesem Wesen, das ich durch die Bewegung meines Innern ›nach oben‹ erzeugen soll, und das Sie Würfel nennen?
Kugel: Wie können Sie danach fragen? Sie, ein Mathematiker! Ein Punkt hat 0 Seiten, eine Linie hat sozusagen 2 Seiten, ein Quadrat hat 4 Seiten; 0, 2, 4 – wie nennen Sie diese Reihe?
Ich: Arithmetisch.
Kugel: Und welches ist das nächste Glied?
Ich: 6.
Kugel: Stimmt genau. Sehen Sie, Sie haben Ihre eigene Frage beantwortet. Der Würfel, den Sie erzeugen werden, wird von sechs Seiten begrenzt, d.h. von sechs Ihrer Innenseiten. Nun ist es ganz klar, wie?
›Ungeheuer‹, rief ich, ›seist du Gaukler, Zauberer, Traum oder Teufel, länger will ich deinen Spott nicht ertragen. Entweder du mußt sterben oder ich!‹ Und damit stürzte ich mich auf ihn.«
Diese verzweifelte Reaktion des Abbotschen Quadrates scheint den meisten Menschen verständlich: Als zweidimensionales intelligentes Wesen steht es nämlich vor einer ganz ähnlichen Situation wie wir Menschen, wenn man uns von der vierten Dimension erzählt. Aber gehen

wir doch besser genauso systematisch vor wie die Kugel in Abbots Erzählung. Ihren Argumentationen, wie man von der zweiten in die dritte Dimension gelangt, konnten wir ja gut folgen, weil wir dabei, im Gegensatz zum Quadrat, »über den Dingen standen«.

Wir wollen wieder beim ausdehnungslosen Punkt beginnen, dem Grundelement unserer geometrischen Anschauung: Ein einziger Punkt P_1 »verkörpert« uns dann die nullte Dimension. Wir können ihn aber auch als nulldimensionalen »Raum« ansehen. Was geschieht aber, wenn wir nun zwei verschiedene Punkte P_1 und P_2 betrachten? Nach Euklids Lehrbuch können wir zwischen ihnen »eine gerade Linie ziehen« und erhalten eine eindimensionale Strecke. Eine solche Strecke ist das einfachste Gebilde im eindimensionalen Raum. Jetzt nehmen wir einen weiteren Punkt hinzu: Mit P_1, P_2 und P_3 können wir bereits ein Dreieck bilden und damit einen zweidimensionalen Raum, eine Fläche, »aufspannen«. Dreiecke sind also die einfachsten Gebilde des zweidimensionalen Raumes. Zu den Punkten P_1, P_2, P_3 fügen wir nun den Punkt P_4 und machen damit den Schritt vom zweidimensionalen zum dreidimensionalen Raum: Hier ist das einfachste Gebilde der Vierflach oder *»Tetraeder«*. dessen vier Ecken von den vier Punkten P_1, P_2, P_3, P_4 gebildet werden. Dabei müssen wir uns freilich darüber klar sein, daß wir hier den *drei*dimensionalen Körper auf dem *zwei*dimensionalen Papier abgebildet haben.

Bisher sind wir also durch das jeweilige Hinzufügen eines weiteren Punktes stets in einen Raum höherer Dimension gelangt. Warum sollte beim dreidimensionalen Raum nun ein Ende sein? Tatsächlich schaffen wir durch einfaches Hinzufügen eines weiteren Punktes P_5 zu den übrigen vier Punkten den »Sprung« in die vierte Dimension. Unsere Abbildung zeigt, wie dieses fünfeckige Gebilde entsteht, das nicht mehr dreidimensional erfaßt werden kann. Dieser eigenartige Körper, den wir hier nun ebenfalls auf die zweidimensionale Papierfläche projiziert haben, wird *»Simplex S_4«* genannt und stellt das einfachste Gebilde im vierdimensionalen Raum dar. Der Mathematiker wird es etwas präziser so ausdrükken: Es ist »das einfachste von linearen Räumen begrenzte Stück des vierdimensionalen Raumes«. Mit fünf unscheinbaren Punkten sind wir also bereits in der vierten Dimension gelandet. In einer axiomatischen Geometrie, die über die dritte Dimension hinausgreifen möchte, kann deshalb folgendes Axiom verwendet werden:

»Es gibt wenigstens fünf Punkte, die nicht im gleichen dreidimensionalen Raum liegen.«

Sicher fühlt sich jetzt mancher Leser nicht besser als das verzweifelte Quadrat aus dem Flächenland, das die von der Kugel angebotene Hinführung zum Raumland als böse Gaukelei, Zauberei und Teufelei betrachtet. Um aber zu zeigen, daß unser Simplex tatsächlich über die uns vertrauten drei Dimensionen hinausreicht, wollen wir ihn zunächst in fünf dreidimensionale Körper mit

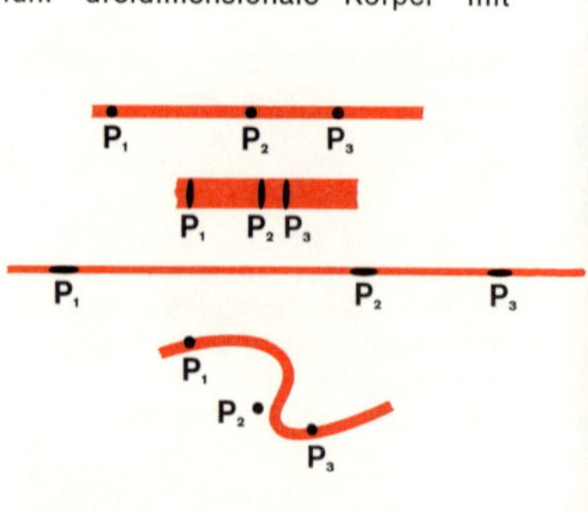

Die Beziehung »P_2 liegt zwischen P_1 und P_3« gilt auf einem Gummifaden für drei Punkte P_1, P_2, P_3 auch dann, wenn der Faden gestaucht, gezogen oder verbogen wird.

Der Eulersche Polyedersatz besitzt auch dann noch Gültigkeit, wenn das Vielflach wie ein Gummikörper verformt wird. In unserer Abbildung ist das z.B. mit einem Würfel geschehen.

verschiedenen Eckpunkten zerlegen. Wir erhalten dann die folgenden Tetraeder:

1. Tetraeder: $P_1P_2P_3P_4$
2. Tetraeder: $P_1P_2P_3P_5$
3. Tetraeder: $P_1P_2P_4P_5$
4. Tetraeder: $P_1P_3P_4P_5$
5. Tetraeder: $P_2P_3P_4P_5$

Jedes dieser Tetraeder von der Dimensionszahl Drei »zerschneidet« gleichsam das Simplex von der Dimensionszahl Vier in ähnlicher Weise wie eine Fläche den Würfel oder eine Linie die Fläche (vgl. Seite 219). Wie unsere Abbildung und die ihr angefügte Aufstellung zeigt, besitzt das Simplex S_4 neben diesen fünf *Körpern* noch jeweils zehn *Kanten* und *Flächen*. Von den fünf *Ecken* dieses seltsamen Gebildes war bereits die Rede.

Warum sollte aber ein solches Gebilde, das wie jeder beliebige dreidimensionale Körper Ecken, Flächen und Kanten besitzt, der vierten Dimension angehören? Der berühmte Schweizer Mathematiker Leonhard Euler hat schon im 18. Jahrhundert einen allgemeinen Satz bewiesen, der für jedes dreidimensionale Vielflach (»Polyeder«), für Würfel, Pyramide, Doppelpyramide usw., folgendes aussagt:

Die Summe aus der Anzahl der Ecken **(E)** und Flächen **(F)** eines Polyeders ist gleich der Summe aus der Kantenzahl **(K)** und der natürlichen Zahl 2.

Es gilt also stets die einfache Gleichung:

$\mathbf{E} + \mathbf{F} = \mathbf{K} + 2$

Wie wir auf unserer Abbildung leicht nachzählen können, gilt für das Tetraeder 4 + 4 = 6 + 2, für den Würfel $8 + 6 = 12 + 2$, für die Doppelpyramide (»Oktaeder« oder Achtflach) $6 + 8 = 12 + 2$ und unsere beiden ganz willkürlich gebildeten Phantasiekörper $8 + 8 = 14 + 2$ und $12 + 9 = 19 + 2$. Für unser *vier*dimensionales Simplex gilt jedoch dieser »Eulersche Polyedersatz« nicht. Dagegen bleibt im dreidimensionalen Bereich die Gültigkeit des Euler-Satzes auch dann erhalten, wenn wir die Gebilde Tetraeder, Würfel, Oktaeder usw. auf beliebige Weise verformen: Wir können die Flächen verbiegen, die Kanten verzerren und dergleichen mehr tun, genauso, als wären die Körper aus hochelastischem Gummi oder aus Knetmasse. Der Zweig der geometrischen Wissenschaft, der sich mit solchen gummiartig verformbaren Gebilden beschäftigt, wird *»Topologie«* genannt. Das Wort leitet sich vom griechischen »topos« ab, das Ort, Stelle, Raum bedeutet.

Eine wichtige topologische Relation ist z.B. die *»Zwischen-Beziehung«*: Wenn wir uns einen Gummifaden vorstellen, auf dem drei Punkte P_1, P_2 und P_3 markiert sind, so bleibt die Beziehung »P_2 liegt zwischen P_1 und P_3« stets erhalten, ganz gleich wie stark wir den Faden dehnen, zusammenstauchen oder verbiegen. Es ist ähnlich wie beim Blick in einen Zerrspiegel, wo uns das Spiegelbild unseres Gesichts eine ungemein lange und verbogene Nase zeigen kann, einen windschiefen Mund und winzige Äuglein. Trotzdem wird die Nase immer noch *zwischen* Mund und Augen liegen.

Es gibt viele solcher höchst amüsanter Hilfsbilder, die uns topologische Erkenntnisse vermitteln können. Trotzdem sollten wir uns nicht der fragwürdigen Illusion hingeben, die Topologie gleiche einer großen Spielwiese, auf der vertrocknete Mathematiker ihr kindliches Gemüt entdecken. Das ist nämlich eine maßlose Übertreibung, die von gewissen populärwissenschaftlichen Werken suggeriert wird. Wer daraufhin glaubt, in den mathematischen Abhandlungen der Topologie viele ergötzliche Bildchen und neckische Erläuterungen ohne »Formalballast« zu entdecken, muß sich auf eine herbe Enttäuschung gefaßt machen. Gerade in der Topologie wird auf intensive Weise vom Handwerkszeug der Analysis, der Mengenlehre und Gruppentheorie Gebrauch gemacht. »In der Anwendung auf die Punktmengen des Raumes, in der Klärung und Verschärfung der geometrischen Grundbegriffe hat die Mengenlehre ihre schönsten Triumphe gefeiert«, konnte in diesem Zusammenhang Felix Hausdorff bereits 1914 feststellen (vgl. Seite 102). Er erläuterte seine topologischen Betrachtungen als solche, wo »es sich um Dinge handelt, die *ohne Maß und Zahl* ausdrückbar sind«. Wichtige Begriffe der Topologie sind etwa Umgebungen, Randpunkte, Überdeckungen, Kompakten usw. Sie können wieder axiomatisch eingeführt werden.

Unsere Betrachtungen zur Wissenschaft von der räumlichen Ordnung haben uns oftmals weit von der klassischen Geometrie Euklids entfernt. Die Euklidische Methode, Geometrie zu betreiben, ist nur eine, wenn auch sehr solide Weise. Einige sehr wesentliche Ansätze in der geometrischen Wissenschaft sollen noch kurz erwähnt sein:

Es gibt bereits seit mehr als drei Jahrhunderten ein höchst bedeutsames *arithmetisches Modell* für die Axiome Euklids. Werden nämlich die Sätze der Euklidischen Geometrie ins »Arithmetische« übersetzt, dann erhalten wir das konsistente »Cartesische Modell«. Es trägt den latinisierten Namen des bedeutenden französischen Mathematikers und Philosophen René Descartes (1596 bis 1650). Die von ihm erstmals praktizierte arithmetische Übersetzung ist die *»analytische Geometrie«*. Aus den

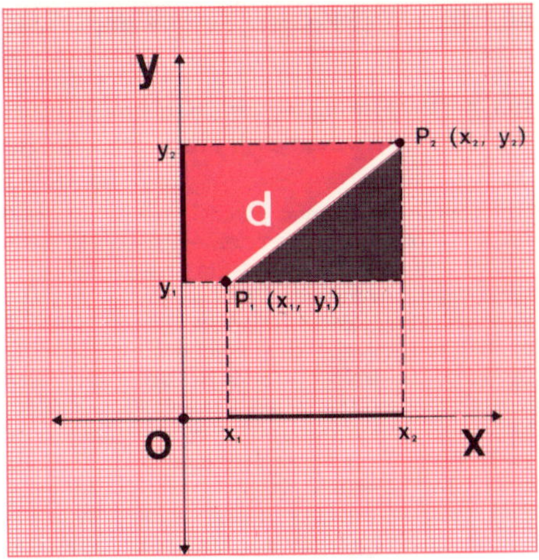

Die Lage zweier Punkte P_1 und P_2 auf einer Euklidischen Ebene kann durch »Cartesische Koordinaten« festgehalten werden. P_2 besitzt z.B. die »Abszisse« x_2 und die »Ordinate« y_2, was durch die Schreibweise »P_2 (x_2, y_2)« ausgedrückt werden kann. Im Cartesischen Koordinatensystem steht die y-Achse senkrecht auf der x-Achse. Dadurch kann die Distanz d beider Punkte P_1, P_2 einfach nach dem Pythagoreischen Lehrsatz berechnet werden. In dem in der Abbildung dunkelgrau eingezeichneten Dreieck gilt:
$d^2 = (x_2 - x_1)^2 + (y_2 - y_1)^2$
Also:
$d - \sqrt{(x_2 - x_1)^2 + (y_2 - y_1)^2}$

geometrischen Axiomen Euklids werden auf diese Weise im Cartesischen Modell beweisbare arithmetische Sätze.

Auch den *gruppentheoretischen Standpunkt* in der Geometrie, der in Felix Kleins »Erlanger Programm« von 1872 (Klein war zu der Zeit Professor an der Universität Erlangen) am klarsten zum Ausdruck gebracht wurde, können wir hier nicht ausführlicher würdigen.

Mit den Gedanken der reinen Gruppentheorie haben wir uns ja ausführlich beschäftigt (s. Seite 179 ff.). Bereits Karl Friedrich Gauß war nämlich vom Begriff der Entfernung zweier Punkte, ihrer »Distanz«, als einzigem geometrischen Grundbegriff ausgegangen. Damit hat er eine *»Distanzgeometrie«* begründet, die von Helmholtz und Lie weitergeführt wurde. Die einleuchtendste Forderung einer solchen Distanzgeometrie ist die *freie Beweglichkeit der geometrischen Objekte.* Hermann Weyl drückte diese Annahme so aus: »Ein Körper kann, ohne seine inhaltliche Beschaffenheit zu ändern, indem er genauso bleibt, wie er war (starrer Körper), statt hier auch an einem beliebigen anderen Orte im Raum sich befinden.« Die Bewegungen, die der Körper dabei ausführt, werden »Transformationen« genannt. Sie bilden dann eine *»Gruppe«* im erläuterten Sinne (s. Seite 180). Mit Hilfe des Begriffs der *Bewegungsgruppe* des Raumes können nun alle anderen geometrischen Begriffe erklärt werden. Zudem ist »die Bewegungsgruppe bereits vollständig dadurch gekennzeichnet, daß sie dem *starren Körper* bereits dasjenige Maß von freier Beweglichkeit verleiht, das uns aus der Erfahrung vertraut ist«. Mit diesem Weylschen Hinweis haben wir aber bereits im Terrain der exakten Naturwissenschaft Physik Fuß gefaßt.

10. Bilder der Folgen, Folgen der Bilder

10.1 Am Grenzübergang von Geometrie und theoretischer Physik

Zu den Prinzipien einer exakten Naturwissenschaft

Mit dem bedeutsamen Begriff des *starren Körpers* haben wir den ersten Schritt von der Geometrie als »reiner« mathematischer Theorie zur *physikalischen Geometrie* getan. Diese Art, Wissenschaft der räumlichen Ordnung zu treiben, fand in der Einsteinschen Gravitationsgeometrie 1915 ihren ersten glänzenden Höhepunkt. Auch heute ist die Begründung einer physikalischen Geometrie immer noch am besten in Einsteins berühmter Theorie gelöst. Erinnern wir uns an die wichtigsten Stationen: In der Gaußschen Distanzgeometrie war dieser Zweig der Geometrie noch reinste Mathematik. Erst als dann Hermann von Helmholtz eine physikalische Begründung der Grundsätze gab, wurde aus der Distanzgeometrie Physik. Das Destillat der Helmholtzschen Überlegungen faßt Lorenzen so zusammen:

»Helmholtz untersuchte das Verfahren, mit dem wir Distanzen messen. Die Distanzmessung läßt sich auf ein *Zählen* zurückführen: Man zählt, wie oft sich ein Maßstab zwischen zwei Punkten abtragen läßt. Begrifflich bedeutet dieses Abtragen, daß man die *Kongruenz von zwei Punktepaaren* als Grundbegriff benutzt. Wird

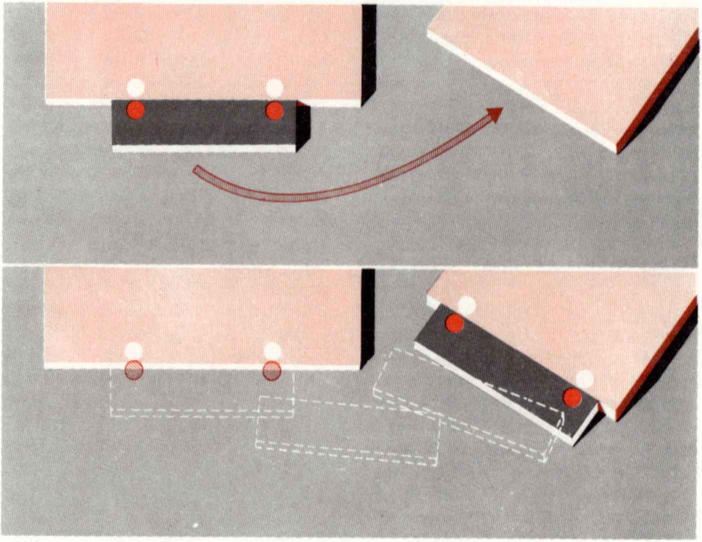

Wenn ein Maßstab von einer Lage in eine andere gebracht wird, dann bilden zwei Punkte (rot) auf diesem Maßstab vor und nach der Bewegung kongruente Punktepaare.

ein Maßstab von einer Lage in eine andere bewegt, so bilden die Eckpunkte vor und nach der Bewegung kongruente Punktepaare. Also können alle Begriffe der Geometrie physikalisch definiert werden, wenn man physikalisch definieren kann, was ein Maßstab ist. Nun, als Maßstab kann jeder starre Körper dienen, auf dem zwei Punkte markiert sind.«

Der von Lorenzen hier verwendete Begriff der *Kongruenz* besagt einfach, daß ein materieller Körper (in diesem Fall der Maßstab), wenn er natürlicherweise einen bestimmten Raum einnimmt, seine Eigenschaften auch dann behält, wenn er in ein anderes Raumstück gebracht wird. Das ist allerdings eine Idealforderung, die sich praktisch nie vollständig erfüllen läßt. Man kann sie abschwächen und verlangen, daß der starre Körper vor und nach seiner Bewegung »möglichst unverändert« sein soll. Henri Poincaré hat aber darauf hingewiesen, daß eine solche Forderung nur mit Hilfe *physikalischer Sätze* erfüllt werden kann. Diese erkenntnistheoretisch hochinteressanten Fragen – z.B. die Frage nach der »Veränderlichkeit« eines starren Körpers als Maßstab – können hier nicht im einzelnen behandelt werden. Im Zusammenhang mit der Einsteinschen Relativitätstheorie ist dies in *Knaurs Buch der modernen Physik* in aller Ausführlichkeit geschehen.

Beim starren Körper beißt sich also die Katze gleichsam in den Schwanz: Jede physikalische Geometrie läßt damit die Möglichkeit offen, entweder gewisse Grundannahmen in der Physik zu ändern, falls sich das als zweckmäßig und einleuchtend erweisen sollte, oder aber die Euklidische Geometrie zu einer Riemannschen oder anderen Geometrie abzuwandeln.

Wir wissen bereits, daß die Axiomatizisten in der Mathematik gern von der »Sicherheit« ihrer Theorien sprechen (vgl. Seite 57). Albert Einstein, der die angedeuteten Möglichkeiten, sowohl physikalische Prinzipien zu verändern – in der *Speziellen Relativitätstheorie* – als auch die Geometrie umzuwandeln – in der *Allgemeinen Relativitätstheorie* –, mit Erfolg praktiziert hat, kommentiert dagegen die »Sicherheit« einer physikalischen Geometrie so:

»Insofern sich die Sätze der Mathematik auf die Wirklichkeit beziehen, sind sie nicht sicher, und insofern sie sicher sind, beziehen sie sich nicht auf die Wirklichkeit.«

Eine physikalische Geometrie bezieht sich aber auf die Wirklichkeit, wie alles, was mit Physik zu tun hat. Keine physikalische Theorie ist (wie wir auf Seite 241 sehen werden) in ihrer Sicherheit mit einer axiomatisch aufgebauten mathematischen Theorie vergleichbar, mit einer soliden konstruktiven Theorie der Mathematik schon gar nicht. Der englische Mathematiker und Astrophysiker Hermann Bondi (geb. 1919) trifft nämlich den Nagel auf den Kopf, wenn er feststellt: »Wie sehr uns auch eine bestimmte physikalische Theorie ansprechen mag: *Der Zweck einer jeden solchen Theorie ist es, Beobachtungen zu veranlassen, durch die sie unter Umständen widerlegt werden kann.«* Das gilt selbstverständlich auch für die Einsteinsche Gravitationsgeometrie. Aber wie bereits gesagt: Die Vorstellungen des Begründers der Allgemeinen Relativitätstheorie sind bisher noch immer die überzeugendsten und bestmöglichen.

Nicht nur durch den Gaußschen Distanzbegriff als geometrischen Grundbegriff und den physikalisch zu definierenden Maßstab der Helmholtzschen Deutung sind jedoch Geometrie und Physik eng verknüpft. Auch das *Erfahrungsmaterial* ist ja bisweilen das gleiche. Poincaré schrieb dazu: »Unter den Objekten, die uns umgeben, gibt es solche, die häufig Ortsveränderungen erfahren, so daß

»Wenn wir den Sätzen der Euklidischen Geometrie den einzigen Satz hinzufügen, daß zwei Punkten eines praktisch starren Körpers stets die nämliche Entfernung (d) entspreche, was für Lageänderungen wir auch mit dem Körper vornehmen mögen, so werden aus den Sätzen der Euklidischen Geometrie Sätze über die mögliche relative Lagerung praktisch starrer Körper. Die so ergänzte Geometrie ist dann als ein Zweig der Physik zu behandeln.« (Albert Einstein)

sie durch eine entsprechende Bewegung unseres Körpers korrigiert werden können. Das sind die festen Körper.« Ein starrer Körper, der zur Anfertigung eines Maßstabs notwendig ist, muß natürlich zunächst ein solcher fester Körper sein. Ein Maß*stab* aus einer Flüssigkeit oder gar einem gasförmigen Stoff ist ja nicht gut denkbar.

Poincaré stellte außerdem fest: *»Gäbe es keine festen Körper in der Natur, dann hätten wir keine Geometrie.«* Das ist ein sehr wesentlicher Gedanke: Nicht nur die physikalische Geometrie, sondern jede Geometrie überhaupt ist materialgebunden und ohne feste Körper überhaupt nicht denkbar. Trotzdem sind die reinen Geometrien mathematische Theorien, keine physikalischen. So ist auch die Euklidische Geometrie keine Erfahrungswissenschaft: Obwohl es sie ohne feste Körper nicht gäbe, beschäftigt sie sich »in Wirklichkeit nicht mit natürlichen Körpern; sie hat gewisse ideale, durchaus unveränderliche Körper zum Gegenstand, die nur ein vereinfachtes und wenig genaues Bild der natürlichen Körper geben. Der Begriff dieser idealen Körper ist aus den verschiedenen Gebieten unserer Verstandestätigkeit hervorgegangen. Die Erfahrung ist nur eine Gelegenheit, die uns antreibt, diese idealen Körper daraus hervorgehen zu lassen.« Henri Poincaré deutete uns durch diese Überlegung an, wie durch ein feinsinniges Zusammenspiel von »vernünftig« ausgewähltem Erfahrungsmaterial und reiner Verstandestätigkeit die mathematische Wissenschaft von der räumlichen Ordnung entsteht.

Albert Einstein verriet dann das Rezept, wie man am einfachsten von der Euklidischen Geometrie als mathematischer Theorie zur entsprechenden physikalischen Geometrie kommen kann: »Wenn wir den Sätzen der Euklidischen Geometrie den einzigen Satz hinzufügen, daß zwei Punkten eines praktisch starren Körpers stets die nämliche Entfernung (Strecke) entspreche, was für Lageänderungen wir auch mit dem Körper vornehmen mögen, so werden aus den Sätzen der Euklidischen Geometrie Sätze über die mögliche relative Lagerung praktisch starrer Körper. Die so ergänzte Geometrie ist dann als ein *Zweig der Physik* zu behandeln.«

Noch einmal haben wir mit Einsteins Worten *die zentrale Bedeutung des starren Körpers* für die physikalische Geometrie beleuchtet. Einstein selbst ergänzte seine Erläuterung in einer Fußnote: »Mit dem praktisch starren Körper ist der geraden Linie *ein Naturobjekt zugeordnet.* Drei Punkte eines starren Körpers P_1, P_2, P_3 liegen dann in einer Geraden, wenn bei gegebenen Punkten P_1 und P_3 der Punkt P_2 so gewählt ist, daß die Summe der Entfernungen $\overline{P_1P_2}$ und $\overline{P_2P_3}$ *möglichst gering* wird.« Einstein selbst empfand diese Erläuterung als »lückenhafte Andeutung«. Tatsächlich ist der starre Körper aber ein höchst künstliches »Grenzlandkind« aus dem Übergangsgebiet zwischen geometrischer und physikalischer Landschaft. Und hier kommen wir eben nicht aus ohne ein gerütteltes Maß an Definition und Konvention, an willkürlicher Festlegung und praktischer Übereinkunft. Da können wir überhaupt nicht fragen, was das richtigste ist, sondern müssen uns mit der Frage begnügen, was das zweckmäßigste, was das bequemste ist. Zwar *»leitet* die Erfahrung unsere Wahl, zwingt sie uns aber nicht auf«, wie es Poincaré ausgedrückt hat. Wir fühlen uns da an den verwandten Wittgensteinschen Satz erinnert, der die mathematischen Beweistechniken kommentiert: »Sieh den Beweis nicht als einen Vorgang an, der dich zwingt, sondern der dich *führt*...«

Nun haben wir bereits mehrere Male die Wörter »Physik« oder »physikalisch« gebraucht. Nach unseren bitteren Erfahrungen mit den nur scheinbar schlichten »Was ist...?«-Fragen scheint es jedoch müßig, die Wesensfrage nach einem Begriff zu stellen, der eine so weite Landschaft kennzeichnet wie die moderne Physik. Eine Erkenntnis ist uns hier jedoch sicher: *Ohne einen reichhaltigen mathematischen Werkzeugkasten kann diese exakte Naturwissenschaft Physik heute nicht mehr auskommen.* Bereits der erste Physiker moderner Prägung, Galileo Galilei (1564–1642), bekannte, daß seine Wissenschaft ein Buch darstellt, »das in mathematischer Sprache« geschrieben ist. Unsere gewöhnliche Sprache ist nämlich »zu arm, sie ist aber auch zu unbestimmt, um so zarte, genaue und inhaltsreiche Beziehungen auszudrücken«, wie sie in der Physik benötigt werden. So hat es Poincaré gesehen; und kein vernünftiger Physiker wird ihm da widersprechen wollen.

Hermann Weyl hat uns schon das Stichwort von der *»symbolischen Gestaltung«* gegeben, die den entscheidenden Gesichtspunkt des naturwissenschaftlich-theoretischen Erkennens ausdrückt (s. Seite 165). Hier wird »die Mathematik durch die Physik in den Prozeß der *theoretischen Weltkonstruktion* mit hineingenommen«. Auch auf die starke Ähnlichkeit der physikalischen und geometrischen Wissenschaft hat Weyl immer wieder hingewiesen: Sie seien »von genau dem gleichen Gepräge«. Physikalische Theorien und Geometrien sind sich tatsächlich heute »in ihrer mathematischen Konstitution zum Verwechseln ähnlich«. Und wir spüren die gedankliche Ausstrahlung des Weyl-Lehrers David Hilbert, wenn wir in den Schriften des »Schülers« die Worte finden:

»Die Physik, das stellt sich damit heraus, handelt gar nicht von dem Materiellen, Inhaltlichen der Wirklichkeit, sondern was sie erkennt, ist lediglich deren *formale Verfassung.*«

Und um die formale Verfassung der

Wirklichkeit, der Natur und ihrer Geschehnisse präzise zu erfassen, ist das mathematische Werkzeug natürlich unersetzlich. Goethes Vorwurf, Newton habe seine Betrachtungen zur Optik »in die Geheimnisse der Mathematik gehüllt«, erweist sich im Zeitalter der brillanten und leistungskräftigen physikalischen, mit mathematischem Werkzeug geschaffenen Theorien von Einstein und Born, Heisenberg und Dirac als mehr als nur kurzsichtig.

In der ersten Hälfte des 19. Jahrhunderts durfte der Verfasser einer polemischen Farbenlehre kontra Newton noch räsonieren: »Eben die Vorliebe für die Anwendung von Formeln macht nach und nach diese zur Hauptsache.« (S. Seite 24.)

In der ersten Hälfte des 20. Jahrhunderts mußte dagegen Hermann Weyl feststellen:

»Es ist gewiß bedauerlich, daß wir uns um das rein Formale so ausführlich bemühen und ihm einen solchen Platz einräumen müssen; aber es läßt sich nicht vermeiden. Wie jeder Sprache und Schrift mühsam erlernen muß, ehe er sie mit Freiheit zum Ausdruck seiner Gedanken gebrauchen kann, so ist auch hier der einzige Weg, den Druck der Formeln von sich abzuwälzen, der, das mathematische Werkzeug so in seine Gewalt zu bringen, daß man sich durch das Formale unbehindert den wahren Problemen zuwenden kann, die uns beschäftigen: Einsicht in das Wesen von Raum, Zeit und Materie zu gewinnen, sofern sie am Aufbau der objektiven Wirklichkeit beteiligt sind. Für den, der auf solche Ziele aus ist, müßte es eigentlich heißen: *Das Mathematische versteht sich immer von selbst.*«

Diese Weylsche Forderung wird den meisten Menschen sicher höchst bedauerlich erscheinen. Aber die Mathematik stellt eben heute *das* Handwerkszeug der Physik dar: Ohne ein grundsätzliches Verständnis für mathematische Probleme kann heute niemand mehr die Ereignisse der modernen physikalischen Forschung begreifen, auch wenn in manchen populärwissenschaftlichen Werken immer wieder das Gegenteil behauptet wird. Aber wie man auch als Nichtrusse Maxim Gorki als Schriftsteller schätzen kann, ohne der russischen Sprache mächtig zu sein, jedoch schwerlich eine Beziehung zu ihm bekommt, wenn man Analphabet ist, so ist es ähnlich auch mit der Physik: Wer die Grundgedanken der Speziellen Relativitätstheorie kennenlernen will, der darf kein mathematischer Analphabet sein. Andererseits wird jedoch auch nicht gleich verlangt, daß er das mathematische Handwerkszeug brillant handhaben kann ...

Die Physik in unserem Jahrhundert ist nun einmal durch und durch mathematisch. Jeder »Bürger der zweiten Jahrhunderthälfte«, um noch einmal das Wort Conants aufzugreifen, muß sich mit dieser Tatsache abfinden und ihr Rechnung tragen, wenn er sich für die exakte Wissenschaft interessiert. Die leider allenthalben verbreitete Angst vor der Formel ist eigentlich auch menschenunwürdig: Wenn unser Ehrentitel »Homo sapiens«, die Kennzeichnung des Menschen als vernunftbegabt, klug und einsichtig, nicht ironisch gemeint sein soll, gilt es vor allem in der mathematischen Landschaft einiges an Verständnis nachzuholen. Und das gleiche gilt im besonderen Maße für die exakten Naturwissenschaften Physik, Chemie, Biochemie und Molekularbiologie. Wer glaubt, daß die Gedanken eines David Hilbert und Albert Einstein, eines Adolf Butenandt und Linus Pauling bedeutungslose Zeichen in der geistigen Landschaft unseres Jahrhunderts seien, der möge über folgende Feststellung Hermann Weyls nachden-

ken und sich vielleicht doch nachdenklich stimmen lassen:
»Die exakte Naturwissenschaft ist, wenn nicht das wichtigste, so doch das ausgezeichnetste Faktum unserer Kultur im Vergleich zu anderen Kulturen.«

Doch kehren wir zur eigentlichen Problematik unserer Betrachtung zurück: Daß sich in der exakten Naturwissenschaft »das Mathematische von selbst versteht«, ist natürlich ein so großes Ziel, daß es nur der aktive Naturforscher selbst ins Auge fassen kann. Wer sich aber dafür interessiert, was diese Menschen erarbeiten, welche Probleme sie zu enträtseln suchen, der muß ein gewisses mathematisches Verständnis erwerben. Er muß vor allem das unsinnige Vorurteil verlieren, daß dem Physiker die mathematische Formel zum reinen Selbstzweck wird, daß er sie nur für brillante geistige Höhenflüge verwendet: »Nicht um seiner selbst willen ist der Holzstoß von Formeln von uns errichtet worden«, erläuterte Hermann Weyl, »sondern: wenn der Blitz des Gedankens niederfährt, wird er ihn entzünden zu einem Feuer, das ringsum das Land erleuchtet, und nicht in einem Sumpf vager, gestaltloser Vorstellungen verzischen.«

Natürlich soll uns dieses fast poetische Bild eines leidenschaftlichen Vertreters der exakten Wissenschaft nicht darüber hinwegtäuschen, daß der mathematisch Ungeübte beim Aufschichten eines solchen »Holzstoßes von Formeln« mächtige Rükkenschmerzen bekommen kann oder gar unter der Last der Formeln zusammenbricht. Aber nicht jedermann muß ja gleich zum Mathematiker und Physiker gemacht werden, um *Verständnis* für diese Wissenschaft und ihre Forscher zu gewinnen. Und gerade dieses Verständnis ist es ja, um das es in diesem Buch geht.

Für Freunde und »Aktive« der physikalischen Forschung gibt es übrigens eine großartige und erhellende Betrachtung über das Wesen der theoretischen Naturwissenschaft. Der Physiker Heinrich Hertz hat sie im Jahre 1876 in der Einleitung seiner »Prinzipien der Mechanik« angestellt. Hier wird auf eindringliche Weise geschildert, wie die Physik die mathematische Wissenschaft »in den Prozeß der theoretischen Weltkonstruktion mit hineinnimmt«. Die Hertzschen Überlegungen gipfeln im »klassischen« Satz moderner theoretischer Naturbetrachtung: »Es ist die nächste und im gewissen Sinne wichtigste Aufgabe unserer bewußten Naturerkenntnis, daß sie uns befähigt, zukünftige Erfahrungen vorauszusehen, um nach dieser Voraussicht unser gegenwärtiges Handeln einrichten zu können. Als Grundlage für die Lösung jener Aufgabe der Erkenntnis benutzen wir unter allen Umständen vorangegangene Erfahrungen, gewonnen durch zufällige Beobachtungen oder durch absichtlichen Versuch.

Das Verfahren aber, dessen wir uns zur Ableitung des Zukünftigen aus dem Vergangenen und damit zur Erlangung der erstrebten Voraussicht bedienen, ist dieses:
Wir machen uns innere Scheinbilder oder Symbole der äußeren Gegenstände, und zwar machen wir sie von solcher Art, daß die denknotwendigen Folgen der Bilder stets wieder die Bilder seien von den naturnotwendigen Folgen der abgebildeten Gegenstände.«

Es lohnt sich, diesen letzten Satz mehrmals zu lesen, ihn ins Bewußtsein zu prägen, ihn nachdenklich zu betrachten, ihn hellhörig anzunehmen. Diese Hertzsche Formulierung ist geradezu das »Sesam öffne dich« der theoretischen Physik. Nur die »Denknotwendigkeit« der Bilderfolgen läßt sich im Lichte der modernen Mathematik schwächer ausdrükken: Beliebige, zweckmäßig ausgewählte Beweisverfahren und Rechenvorschriften, die der Mathematiker auch *»Algorithmen«* nennt, sollen uns hier ja *nicht zwingen,* sondern lediglich *führen.*

Von zentraler Bedeutung ist die Hertzsche Überlegung, daß es »die nächste und im gewissen Sinne wichtigste Aufgabe« der exakten Naturwissenschaft Physik sei, *»zukünftige Erfahrungen vorauszusehen«.* Eine plastische Kennzeichnung dieser bedeutsamen Situation gibt der Astronom Fred Hoyle in seinem phantastischen Roman »Die schwarze Wolke«: »Es hat keinen Zweck, zuerst eine Menge Experimente durchzuführen und dann eine Menge von Wechselbeziehungen festzustellen; es sei denn, man kann aus diesen Wechselbeziehungen auf neue Tatsachen schließen. Das wäre so, als setzte man bei einem Rennen auf ein Pferd, das bereits gelaufen ist.«

Das uns vertraute Klötzchenspiel im Kalkül wird nun mit den *Hertzschen Scheinbildern* gespielt. Die Folge dieser Bilder lenkt der Algorithmus: Die inneren Scheinbilder werden durch die »Kinematographen« der mathematischen Wissenschaft gespult, d.h. mehr oder weniger einfache Regelsysteme steuern den Gang der Bildfolgen. Beim Mathematiker bekommt der Physiker für diesen Zweck die passende »Formelmaschine«, die er frei nach seinen Gesichtspunkten auswählt. Dann jedoch rollt der eingespannte Bilderfilm präzise ab. Man kann daher tatsächlich sagen, daß »die Reize und Vergnügen der Erkenntnis von den Kaprizen und Phantasien der Mathematiker abhängen«, wie sich der Philosoph Max Bense ausdrückt.

Die Hertzschen Scheinbilder stellen also die eine wichtige Gruppe der theoretischen Naturforschung dar. Die andere Gruppe, gleichsam der physikalische »Maschinenpark«, bilden die (vorwiegend axiomatischen) Formelsysteme der Mathematik. Sie sorgen für den klaren und ungestörten Ablauf der Bilder. Die Grundgedanken solcher Formelsysteme aus Logik und Mathematik haben wir bereits kennengelernt. Lassen wir deshalb als Abschluß unserer allgemeinen Betrachtung zur theoretischen Physik noch einmal Heinrich Hertz zu Worte kommen. In den »Prinzipien der Mechanik« erläuterte er den Gebrauch seiner Scheinbilder:

»Eindeutig sind die Bilder, welche wir uns vor den Dingen machen wollen, noch nicht bestimmt durch die Forderung, daß die Folgen der Bilder wieder die Bilder der Folgen seien. *Verschiedene Bilder derselben Gegenstände sind möglich,* und diese Bilder können sich nach verschiedenen Richtungen unterscheiden. Als unzulässig sollten wir von vornherein solche Bilder bezeichnen, welche schon einen Widerspruch gegen die Gesetze unseres Denkens in sich tragen, und wir fordern also zunächst, daß alle unsere Bilder logisch zulässige oder kurz zulässige seien. Unrichtig nennen wir zulässige Bilder dann, wenn ihre wesentlichen Beziehungen den äußeren Dingen widersprechen, d.h., wenn sie jener ersten Grundforderung nicht genügen. Wir verlangen demnach zweitens, daß unsere Bilder richtig seien.

Aber zwei zulässige und richtige Bilder derselben äußeren Gegenstände können sich noch unterscheiden nach der *Zweckmäßigkeit.* Von zwei Bildern desselben Gegenstandes wird dasjenige das zweckmäßigere sein, welches mehr wesentliche Beziehungen des Gegenstandes widerspiegelt als das andere; welches, wie wir sagen wollen, das deutlichere sei. Bei gleicher Deutlichkeit wird von zwei Bildern dasjenige zweckmäßiger sein, welches neben den wesentlichen Zügen die geringere Zahl überflüssiger und leerer Beziehungen enthält, welches also das einfachere ist. Ganz werden sich leere Beziehungen nicht vermeiden lassen, denn sie kommen den Bildern schon deshalb zu, weil es eben nur Bilder, und zwar Bilder unseres besonderen Geistes, sind und also von den Eigenschaften seiner Abbildungsweise mitbestimmt sein müssen.«

10.2 Handwerkszeug Infinitesimalrechnung

Mathematik und Mechanik

»Es ist die nächste und im gewissen Sinne wichtigste Aufgabe unserer bewußten Naturerkenntnis, daß sie uns befähigt, zukünftige Erfahrungen vorauszusehen«, stellte der Physiker Heinrich Hertz in seinen »Prinzipien der Mechanik« fest. Das erste Ziel jeder exakten Naturwissenschaft ist es also, *bestimmte Ereignisse vorauszusagen.* Das unterscheidet eine physikalische Theorie von allen anderen Systemen theoretischer Weltbeschreibung, seien sie von der Art der Goetheschen Farbenlehre oder der Heideggerschen Philosophie. Eine physikalische Theorie zeichnet sich durch das »Kriterium der Prognostizierbarkeit« aus, würde der Wissenschaftstheoretiker in diesem Falle sagen. Das wertet weder die Physik auf noch wertet es die Philosophie ab: Dieses Kriterium ist lediglich ein entscheidendes Wesenselement moderner theoretischer Naturforschung, das sie von anderen Theorien klar unterscheidet. Der Physiker setzt eben auf kein Pferd, das bereits gelaufen ist, um mit Fred Hoyle zu sprechen.

Die einfachste und bestechendste Theorie der Physik ist auch heute noch die *»Klassische Mechanik«,* die vor allem mit den Namen dreier großer Naturforscher verknüpft ist: Galileo Galilei (1564–1642), Isaac Newton (1643–1727) und Joseph Louis Lagrange (1736–1813). Newtons Mechanik können wir durchaus als eine erweiterte Euklidische Geometrie auffassen. Lagranges »analytische Mechanik« zeichnete sich dagegen dadurch aus, daß man »keine einzige Figur in diesem Werke finden werde«.

Gehört aber diese Klassische Mechanik nicht längst zum »alten Eisen«? So wird mancher Außenstehende fragen, der bereits einiges von Einsteins Relativitätstheorie gehört hat. Lassen wir dazu als kompetenten Mann den Physiker Werner Heisenberg antworten, der in einem Aufsatz aus dem Jahre 1948 folgendes schrieb:

»Die Klassische Mechanik ist eine in sich geschlossene wissenschaftliche Theorie. *Sie ist überall eine streng ›richtige‹ Beschreibung der Natur, wo ihre Begriffe angewandt werden können.* Wir billigen der Newtonschen Mechanik auch heute noch einen Wahrheitsgehalt, ja sogar eine strenge und allgemeine Gültigkeit zu, nur deuten wir durch den Zusatz ›wo ihre Begriffe angewendet werden können‹ an, daß wir den Anwendungsbereich der Newtonschen Theorie für beschränkt halten.«

Die Klassische Mechanik gehört also keineswegs in die physikalische Rumpelkammer. Sie ist nicht »überholt« durch die Einsteinsche Mechanik. Im Gegenteil: Die Relativitätstheorie ist nur eine konsequente Erweiterung der Mechanik Newtons. Im gleichen Jahr wie Heisenberg kommentierte ein anderer bedeutender Physiker, Arnold Sommerfeld:

»Die Mechanik ist das Rückgrat der mathematischen Physik. Obwohl wir nicht mehr, wie es im vorigen Jahrhundert üblich war, die Aufgabe der Physik in der Zurückführung aller

Erscheinungen auf mechanische Modelle sehen, sind wir doch überzeugt, daß die Prinzipien der Mechanik in alle Gebiete der Physik hinübergreifen.«
Es wird sich also lohnen, einige grundlegende Gedanken zur Klassischen Mechanik in unsere Betrachtungen aufzunehmen. Dabei wollen wir vor allem das angemessene mathematische »Kleid« der Mechanik unter die Lupe nehmen, das der »Ahnfrau« unter den physikalischen Theorien in der Tat auf den Leib geschneidert wurde, die *»Infinitesimalrechnung«*. Diese Art, Mathematik zu treiben, ist auch unter dem Namen »Differential- und Integralrechnung« bekannt. In den vergangenen Jahrhunderten sprach man auch einfach von »Calculus«, eine Bezeichnung, aus der sich, wie wir bereits wissen, der Begriff Kalkül entwickelt hat.
In unserer kurzen Betrachtung müssen wir zweckmäßigerweise mehr Gewicht auf Anschaulichkeit als auf eine exakte Erarbeitung der Begriffe legen. Aber die Vertreter der reinen Mathematik sind in dieser Hinsicht ohnehin einigen Kummer gewöhnt, während Nichtmathematiker ein solches Vorgehen stets begrüßen werden. Tatsächlich sind bestimmte Teilgebiete der Infinitesimalrechnung für den Physiker ein so brauchbares Handwerkszeug, daß er sie eben ganz seinen Bedürfnissen entsprechend handhabt, nicht immer zur ungetrübten Freude der Mathematiker. Bedauernd kommentierte aber der Physiker Georg Joos: »Die in der strengen Mathematik verpönten ›kleinen Größen‹ sind in der Physik unentbehrlich.« Daher sei für den theoretischen Physiker »die handwerksmäßige Beherrschung der Differential- und Integralrechnung viel wichtiger als die Kenntnis der strengen Begriffe«. Die folgenden Betrachtungen sind in diesem Sinne mehr durch die physikalische als durch die mathematische Brille gesehen.
Aus der alltäglichen Erfahrung in unserer Umwelt wissen wir, daß sich gewisse Körper in bezug auf andere Körper *bewegen* können: Autos fahren an uns vorüber, Menschen gehen an uns vorbei, ein Vogel fliegt über uns hinweg usw. Dabei ist es völlig uninteressant, ob wir bei unserer Betrachtung stehenbleiben oder uns selbst bewegen. Auch wenn wir irgendwo auf der Erdoberfläche stehen, machen wir ja die Drehung des vergleichsweise gigantischen Erdkörpers um seine Achse mit. Zusätzlich bewegen wir uns gar mit der Erde um die Sonne, mit Erde und Sonne in bezug auf andere Sonnen usw. Da wir diese Bewegungen aber allesamt gar nicht empfinden, interessieren sie uns auch nicht. Es wäre außerdem völlig unzweckmäßig, die Bewegung eines Autos, das von München nach Rom fährt, in bezug auf den Hundsstern Sirius zu beschreiben, oder die Botengänge eines Pariser Bäckerburschen relativ zum Mond zu betrachten ...
Eine ähnliche Erfahrung machen wir bereits auf einem großen Schiff. Wir wissen hier zwar, daß sich das Schiff irgendwo auf hoher See bewegt, nehmen diese Bewegung auf ruhigem Wasser aber überhaupt nicht wahr. Wer hier z.B. übers Deck promeniert, merkt bei ruhiger See die gleichmäßige Schiffsbewegung überhaupt nicht. Wer sich in einer solchen Situation in der Kabine ein Glas Bier einschenkt, muß die Schiffsbewegung nicht »einkalkulieren«, um das Glas mit dem Flüssigkeitsstrahl zu treffen. Wer hier bei einer Partie Tischtennis gegen die Bewegungsrichtung des Schiffes spielt, ist weder im Vor- noch im Nachteil. Die Erfahrungswerte, die uns die »normale« Umwelt liefert, reichen völlig aus. Alles spielt sich auf dem gleichförmig bewegten

Schiffsriesen so ab, als hätte man festen Boden unter den Füßen.
Alle Bewegungen, die wir mit unseren Sinneswerkzeugen oder auch mit physikalischen Meßgeräten feststellen können, sind also *Relativbewegungen:* Die Bewegung eines beliebigen Körpers kann nur in bezug auf einen anderen, relativ zu einem anderen, festgestellt werden. Ohne eine solche Bezugnahme ist eine Bewegungsaussage (physikalisch) sinnlos. Diese Erkenntnis verdanken wir den beiden Physikern Galilei und Newton. Ein *»Relativitätsprinzip der Bewegung«* findet sich in den Newtonschen »Mathematische Grundlagen der Naturwissenschaften (Philosophiae Naturalis Principia Mathematica)«, die 1687 veröffentlicht wurden:
»Körper, die in einem Raum eingeschlossen sind, vollführen dieselben Bewegungen im Verhältnis zueinander, ob der Raum selbst nun unbewegt ist oder sich in einer gleichförmigen und geradlinigen Bewegung befindet.«
Bei der präzisen Beschreibung von (relativen) Bewegungen hat es sich nun als nützlich erwiesen, den bewegten Körper jeweils in verschiedene materielle Punkte zu zerlegen. Dieses Vorgehen ist natürlich die Festlegung eines Hertzschen Scheinbildes: Man denkt sich den materiellen Körper in *»Massenpunkte«* zerlegt. In diesem System von Massenpunkten ist das Grundelement der »punktförmige Körper«. Selbstverständlich wird damit wieder *keine* Frage nach dem »Wesen« der Masse oder Materie gestellt. Der Physiker setzt nur ungefähr so fest:
Ein materieller Körper, der relativ so klein ist, daß seine räumliche Ausdehnung im Vergleich zu den rechnerisch behandelten Entfernungen von anderen Körpern vernachlässigbar ist, kann als Massenpunkt behandelt werden.
In einer *»Punktmechanik«* werden dann die Bewegungen solcher Massenpunkte betrachtet. Diese Gebilde sind die ausdehnungslosen Punkte der Euklidischen Geometrie, aber mit Masse behaftet. Sie stellen damit ein sehr einfaches Scheinbild im Hertzschen Sinne dar.
Wir haben bereits von *»gleichförmi-*

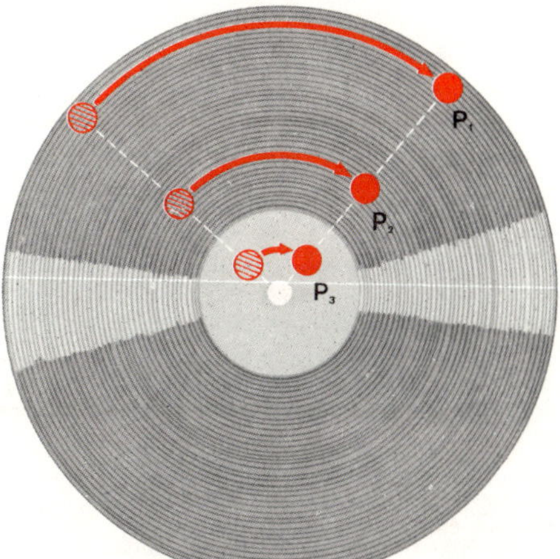

Wird mit einer Schallplatte auf dem Plattenteller eine Vierteldrehung durchgeführt, dann führen die drei Massenpunkte P_1, P_2, P_3 nicht nur keine geradlinigen Bewegungen aus; sie legen auch verschieden lange Wege zurück.

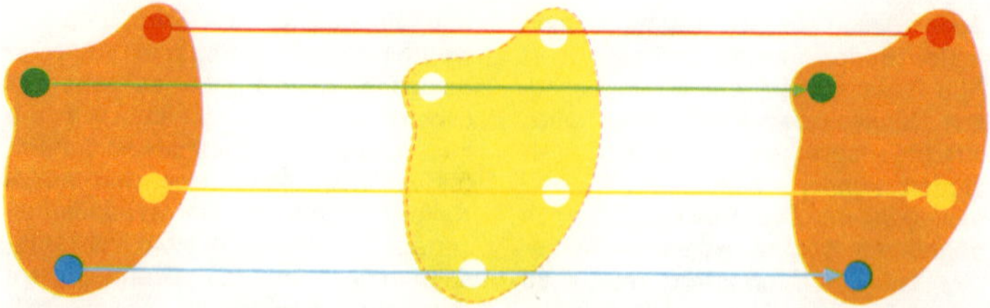

In einer Punktmechanik werden alle materiellen Körper aus Massenpunkten zusammengesetzt gedacht. Durchläuft ein einzelner Massenpunkt oder ein System solcher Gebilde in gleichen Zeitabschnitten gleiche Wege, spricht der Physiker von einer »gleichförmigen Bewegung«.

gen« und *»geradlinigen«* Bewegungen gesprochen: Durchläuft nämlich ein Massenpunkt oder ein System solcher Punkte in gleichen Zeitabschnitten gleiche, geradlinige Strecken (»Wege«), dann ist dieser Sachverhalt erfüllt. Schieben wir etwa ein beliebig geformtes Stück Karton geradlinig über eine Tischplatte, dann sind alle Wege seiner Massenpunkte gleichlang und verlaufen parallel. Ganz anders verhält es sich dagegen, wenn sich ein beliebiger Körper um eine Achse dreht: Dann legen seine Massenpunkte nicht nur keine geradlinigen Bewegungen aus; sie legen auch verschieden lange Wege zurück. Führt etwa eine Schallplatte auf dem Plattenteller eine Vierteldrehung aus, dann wird ein Punkt P_1, der in der Nähe des Plattenrandes liegt, einen weiteren Weg zurücklegen als ein Punkt P_2, der weiter innen auf der Platte liegt, oder gar als ein Punkt P_3, der in Achsennähe liegt. Wir werden uns jedoch der Einfachheit halber in unserer Betrachtung nur mit geradlinigen Bewegungen beschäftigen.

Versuchen wir zunächst also, die gleichförmige geradlinige Bewegung mathematisch »einzukleiden«. Das ist sehr einfach: Legt nämlich ein Massenpunkt P_M in jeder Sekunde

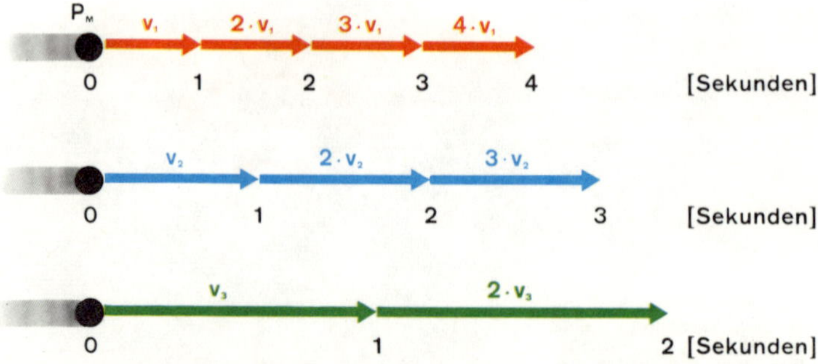

Die gleichförmig geradlinige Bewegung eines Massenpunktes P_M, der in jeder Sekunde eine gewisse Wegstrecke (v_1, v_2 oder v_3) durchläuft, kann auf einer eindimensionalen Geraden abgebildet werden. Ein Vergleich ist durch die verschiedenen Zeitskalen jedoch ungünstig.

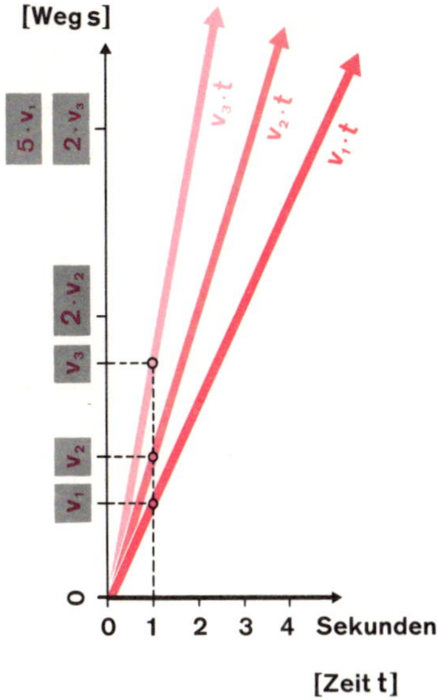

Gute Vergleichsmöglichkeiten für die in gleichen Zeitabschnitten zurückgelegten Wege von gleichförmig bewegten Körpern mit verschiedenen Geschwindigkeiten v_1, v_2, v_3 bietet die zweidimensionale Darstellung im »Weg-Zeit-Diagramm«. Je steiler hier die geradlinige »Kurve« verläuft, um so schneller bewegt sich der Körper, um so höher ist dann seine Geschwindigkeit.

v Zentimeter zurück, in einer Sekunde also v Zentimeter, in zwei Sekunden $2 \cdot v$ Zentimeter, in drei Sekunden $3 \cdot v$ Zentimeter, dann hat er nach t Sekunden eine Strecke $s = v \cdot t$ Zentimeter durchlaufen. Eine einfache Umformung ergibt dann die Formel:

$$v = \frac{s}{t}.$$

Auf diese Weise läßt sich für jeden Körper – in unserem Fall für jeden punktförmigen Körper P_M – die *Geschwindigkeit* v angeben, wenn der in einer beliebigen Zeit t durchlaufene Weg s bekannt ist. Nachdem der Massenpunkt hier v *Zentimeter pro Sekunde* durchläuft, kennen wir auch gleich das Geschwindigkeitsmaß: Neben Zentimeter pro Sekunde ist uns vor allem die Angabe »Kilometer pro Stunde« im Alltag sehr vertraut. Allgemein können wir sagen: Die Maßzahl der Geschwindigkeit ist bestimmt durch den Bruch aus der Maßzahl des Weges und der Maßzahl der Zeit.
Beispiele: Ein Spaziergänger kann mit einer Geschwindigkeit von 1,5 Meter pro Sekunde eine Allee entlanggehen. Ein Auto darf nur mit einer Geschwindigkeit von 50 Kilometer pro Stunde durch die Stadt fahren. Der Polarstern bombardiert wie jeder andere Stern am Firmament unsere Augen mit winzigen Energiepaketen, die mit 300 000 Kilometer pro Sekunde das Weltall durcheilen. Der Physiker nennt sie »Photonen«.
Nun sind aber Geschwindigkeiten in unserem Erfahrungsraum in der Regel gar nicht gleichförmig: Der Spaziergänger schreitet nicht wie ein aufgezogenes Uhrwerk die Allee entlang. Und das Auto kann nicht ununterbrochen die gleiche Geschwindigkeit einhalten.
Wie können wir diese Situation aufs Scheinbild unseres Massenpunktes übertragen? Gehen wir wieder Schritt für Schritt vor: Benötigt ein Massenpunkt P_M t_1 Sekunden, um einen Weg s_1 zurückzulegen, für einen etwas längeren Weg s_2 dagegen t_2 Sekunden, dann läßt sich seine Geschwindigkeit durch den Bruch $\frac{s_2 - s_1}{t_2 - t_1}$ angeben. In diesem Bruch kommt eine Weg- und eine Zeit-*Differenz* vor, die wir mit »Δ s« (gelesen »Delta s« – Delta ist das große griechische D) und »Δ t« (»Delta t«) anschreiben können:

$$v = \frac{s_2 - s_1}{t_2 - t_1} = \frac{\Delta s}{\Delta t}.$$

$\frac{\Delta s}{\Delta t}$ hat den Namen *»Differenzquotient«* erhalten.

Für den gleichförmig bewegten Punkt gilt nun: In gleichen Zeitdifferenzen Δt werden gleiche Wege Δs zurückgelegt. Der Differenzquotient $\frac{\Delta s}{\Delta t}$ liefert also stets den gleichen Wert: v ist *konstant*. In jeder Zeitspanne bewegt sich der Massenpunkt mit der gleichen Geschwindigkeit v.

Bei einer ungleichförmigen (geradlinigen) Bewegung des Punktes werden dann aber in gleichen Zeitspannen Δt verschieden lange Wege durchlaufen. Damit ändert sich natürlich auch der Wert des Differenzquotienten. Aber läßt sich hier nicht die Frage nach einer *»Augenblicksgeschwindigkeit«* stellen, die sich natürlich »im nächsten Augenblick«, einen Sekundenbruchteil später also, wieder geändert hat? Vorstellen kann man sich das ganz einfach. Wie sieht aber das entsprechende Rechenverfahren aus?

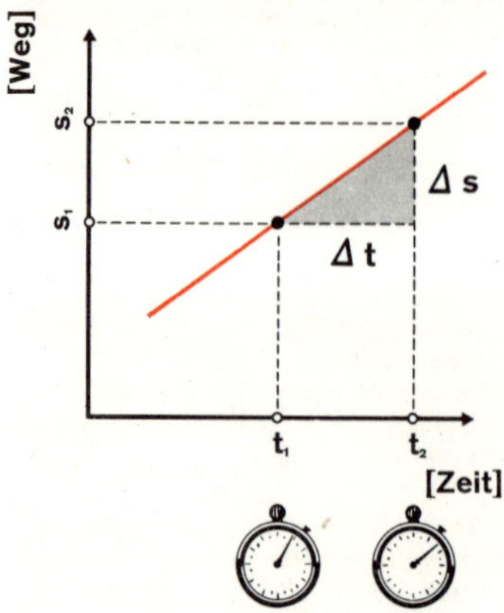

Die Geschwindigkeit eines bewegten Körpers innerhalb einer kurzen Zeitspanne Δt, die zwischen den Zeitpunkten t_1 und t_2 liegt, läßt sich durch den Bruch $v = \frac{\Delta s}{\Delta t}$ angeben. Für gleichförmig bewegte Körper ergibt $\frac{\Delta s}{\Delta t}$ stets den gleichen Wert: v ist konstant.

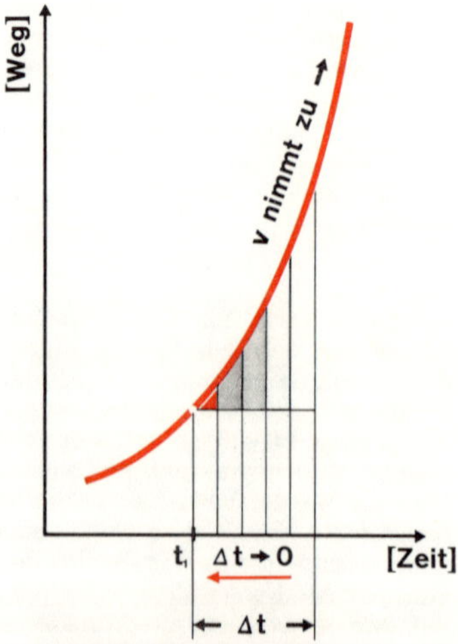

$$v = \lim_{\Delta t \to 0} \frac{\Delta s}{\Delta t} = \frac{ds}{dt}$$

Die Grenzwertbildung des Differentialquotienten $\left(\frac{ds}{dt}\right)$ spielt in der exakten Naturwissenschaft eine bedeutende Rolle: Die Zeitdifferenz Δt schrumpft dabei immer mehr zusammen. Sie nähert sich dem Grenzwert Null. Auf diese Weise ist eine Bestimmung der Augenblicksgeschwindigkeit bei ungleichförmigen Bewegungen möglich.

Ein Blick auf die Formel $v = \frac{\Delta s}{\Delta t}$ läßt uns erkennen, daß zu diesem Zweck vernünftigerweise beide Werte des Bruchs »möglichst« klein gemacht werden müssen. Machen wir sie beide jedoch gleich zu Null, erhalten wir den unbestimmten Wert $\frac{0}{0}$, der uns zu nichts führt (vgl. Seite 128).

Eine andere Überlegung hilft uns aber weiter: Wenn wir die Zeitdifferenz Δt immer mehr zusammenschrumpfen lassen, so daß sie sich allmählich dem Wert 0 als *Grenzwert* nähert, dann muß auch die Geschwindigkeit v sich einem Grenzwert nähern. Vom Grenzwert oder »Limes« haben wir bereits gehört (s. Seite 152). Im vorliegenden Fall haben wir es mit einer höchst bedeutsamen Limes-Bildung zu tun: Diesen Grenzwert nennt man *»Differentialquotient des Weges nach der Zeit«*. Die »Limes-Formel« wird gewöhnlich so angeschrieben:

$$v = \lim_{\Delta t \to 0} \frac{\Delta s}{\Delta t} = \frac{ds}{dt}$$

Unsere Überlegung hat bereits gezeigt, daß dieser Grenzwert der Geschwindigkeit $\frac{ds}{dt}$ *kein Bruch* im üblichen Sinne sein kann: Es ist daher zweckmäßig, ihn »ds nach dt« zu lesen. Neben der Bezeichnung »Differentialquotient« ist auch die Benennung *»Ableitung* (des Weges nach der Zeit)« üblich. Von den Gliedern ds und dt spricht der Mathematiker als den *»Differentialen«*.

Die Grenzwertbetrachtung macht deutlich, daß in der Limes-Formel zwar $\Delta t = dt$ ist: Die Zeitdifferenz strebt ja kraft Festsetzung gegen Null, wodurch man t als »unabhängige« Variable ansehen kann. Dagegen ist die schrumpfende Wegstrecke Δs im allgemeinen von ds verschieden: Sie hängt ja eindeutig von Δt und dt ab. s ist daher eine »abhängige« Variable.

Daß s von t abhängt, drückt der Mathematiker aus, indem er von einer *»Funktion«* $s = f(t)$ spricht. Der Ausdruck »$s = f(t)$« kann dabei gelesen werden: »s ist Funktion von t«. Es wird damit einfach der Sachverhalt ausgedrückt, daß der Weg s, den der Massenpunkt P_M zurücklegt, von der Zeit t abhängt, in der er sich bewegt. Die Funktion ist also eine *eindeutige* Relation: Der zurückgelegte Weg hängt von der Zeit ab, jedoch die Zeit nicht vom zurückgelegten Weg. Dann wäre die Beziehung ja ein-eindeutig oder umkehrbar eindeutig.

Natürlich gibt es außer $s = f(t)$ auch zahlreiche andere mathematische Funktionen. Allgemein definierte Weyl:

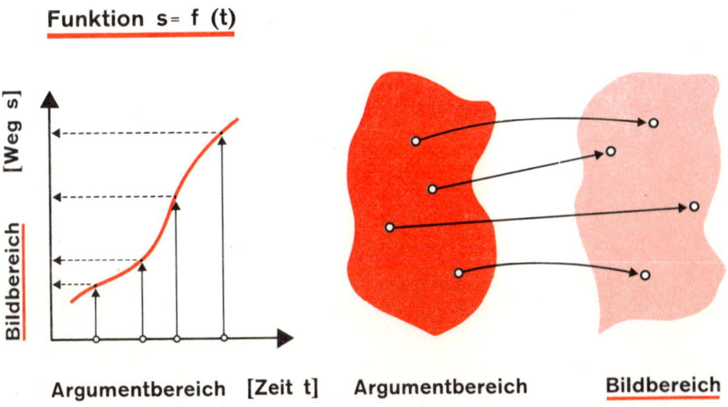

Daß der Weg eines bewegten Körpers von der Zeit abhängt, kann man durch die Beziehung $s = f(t)$ ausdrücken: »s ist Funktion von t.« In dieser Funktion bilden die Wegstrecken den Bildbereich, die Zeitwerte den Argumentbereich. Es herrscht also, wie das Bild rechts zeigt, eine eindeutige Zuordnung von Elementen aus zwei Mengen.

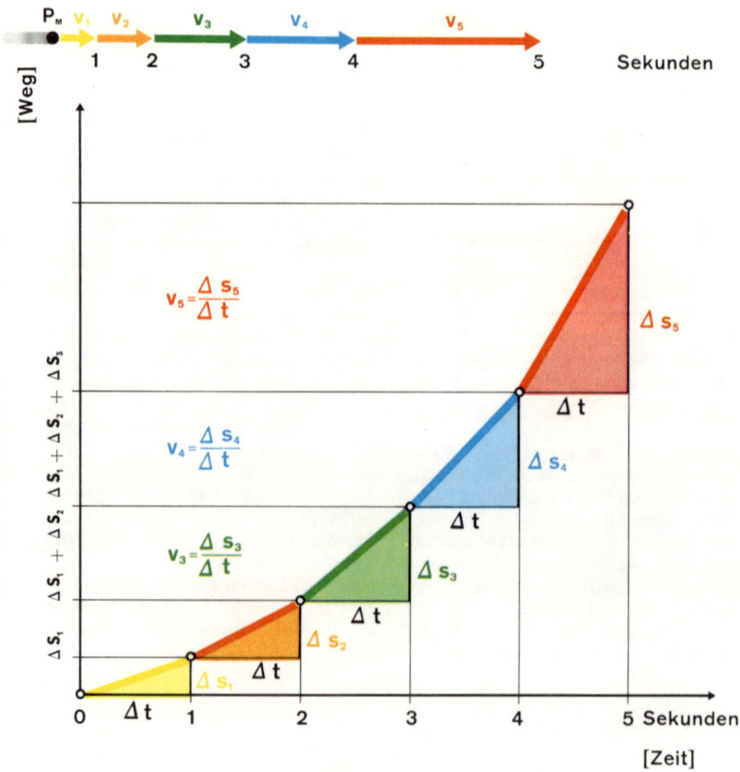

Ein ungleichförmig bewegter Körper durchläuft in gleichen Zeitabschnitten Δt verschieden lange Wegstrecken. Der Wert des Bruchs $\frac{\Delta s}{\Delta t}$ nimmt daher verschiedene Werte an, die Geschwindigkeit verändert sich. Unser Diagramm zeigt die Wegkurve eines Massenpunktes P_M, dessen Geschwindigkeit zunimmt. Es ist leicht zu sehen, daß $\frac{\Delta s_5}{\Delta t}$ einen weit höheren Geschwindigkeitswert ergibt als $\frac{\Delta s_1}{\Delta t}$.

»Eine Funktion f ist gegeben, wenn auf irgendeine bestimmte gesetzmäßige Weise jeder reellen Zahl a eine Zahl b zugeordnet ist (wie z.B. durch die Formel $b = 2 \cdot a + 1$). Man sagt dann, b sei der Wert der Funktion f für den Argumentwert a.«

Wir können das Weylsche Beispiel also auch in der Form $b = f(a)$ anschreiben. Wie Weyl andeutete, läßt sich eine Funktion stets als eine Folge eindeutiger Zuordnungen von Elementen zweier Mengen auffassen: Dann ist a Element der Menge der reellen Zahlen, die den *Argumentbereich* der Funktion bilden. b dagegen stellt das Bild von a dar, das im eindeutigen Zuordnungsschema f, der Funktion also, gewon-

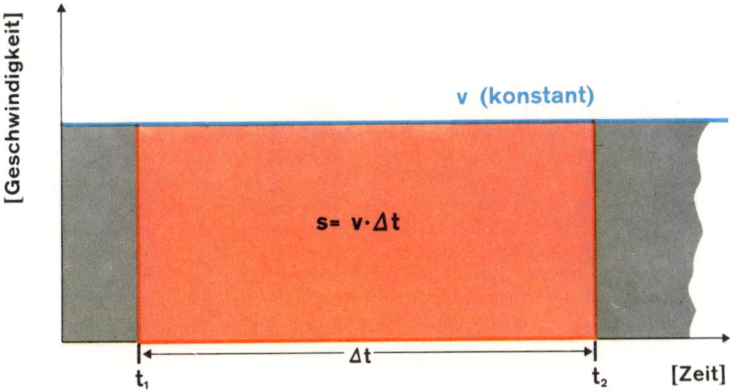

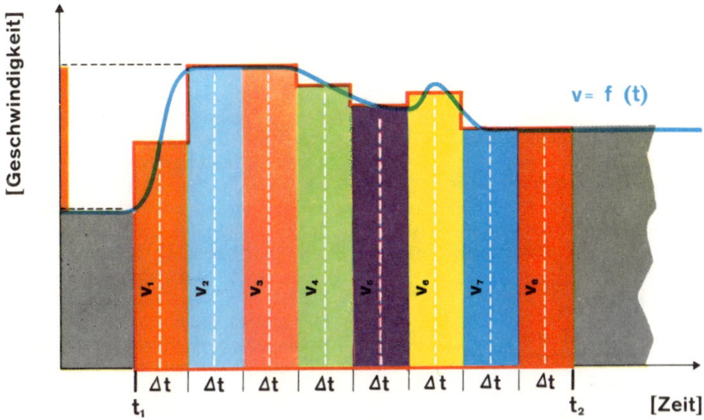

In Geschwindigkeit-Zeit-Diagrammen kann der zurückgelegte Weg eines (gleichförmig oder ungleichförmig) bewegten Körpers durch Berechnung der Fläche zwischen Zeitachse und Geschwindigkeitskurve bestimmt werden. Die im unteren Diagramm festgehaltene ungleichförmige Bewegung mit oftmals wechselnden Geschwindigkeiten ergibt den Näherungswert $s = v_1 \cdot \Delta t + v_2 \cdot \Delta t + v_3 \cdot \Delta t + v_4 \cdot \Delta t + v_5 \cdot \Delta t + v_6 \cdot \Delta t + v_7 \cdot \Delta t + v_8 \cdot \Delta t$. Deutlich ist vor allem v_1 als »Durchschnittsgeschwindigkeit« für den ersten Bereich Δt zu erkennen. Tatsächlich wird nämlich der auf der Geschwindigkeitsachse angegebene Bereich (links) während Δt durchlaufen.

nen wird. Damit gehört b im Gegensatz zu a zur Menge der Bilder, zum *Bildbereich* der Funktion.

Natürlich können wir diese allgemeine Betrachtung jetzt auf unseren Fall der zeitlichen Abhängigkeit des Weges von P_M anwenden: In der Funktion $s = f(t)$ bilden die vom Massenpunkt zurückgelegten Wegstrecken den Bildbereich, die Zeitwerte dagegen den Argumentbereich der Funktion.

Für den Fall der ungleichförmigen (geradlinigen) Bewegung, bei der die Geschwindigkeit v zu verschiedenen Zeitpunkten t_1, t_2, t_3, usw. verschieden groß ist, läßt sich noch eine weitere sinnvolle Funktion bilden: Auch die zeitlich wechselnden Geschwindigkeitswerte lassen sich ja in Form der Funktion $v = f(t)$ ausdrücken. Eine Geschwindigkeitsänderung nennt der Physiker allgemein eine *»Beschleunigung«*. Dabei ist es ihm, im Gegensatz zum alltäglichen Sprachgebrauch, gleichgültig, ob die Geschwindigkeit zu- oder abnimmt. Auch wenn ein Autofahrer kräftig aufs Bremspedal steigen muß, »beschleunigt« er damit nach physikalischem Sprachgebrauch seinen Wagen – in der Umgangssprache wird man hier von »Verzögerung« sprechen.

Wir werden dagegen sagen: Verändert sich die Geschwindigkeit eines geradlinig bewegten Massenpunktes P_M innerhalb einer möglichst kurzen Zeitspanne Δt um $\Delta v = v_2 - v_1$, wobei es gleichgültig ist, ob $v_2 > v_1$ oder $v_2 < v_1$ ist, ob also seine Geschwindigkeit zu- oder abnimmt, dann ist seine Beschleunigung:

$$b = \lim_{\Delta t \to 0} \frac{\Delta v}{\Delta t} = \frac{dv}{dt}$$

Die Ähnlichkeit der beiden Limes-Formeln für Geschwindigkeit und Beschleunigung ist deutlich zu erkennen. Die Überlegungen sind ja auch analog: Der gleichförmig bewegte Punkt P_M besitzt seine konstante Geschwindigkeit v und legt daher in t Sekunden den Weg $s = v \cdot t$ zurück. Hier bestimmt also die Funktion $s = f(t)$ den Sachverhalt. Der ungleichförmig bewegte Punkt, der beschleunigt (also auch verzögert) geradlinige Strecken durcheilt, besitzt zu jedem Zeitpunkt t_1, t_2, t_3, usw. eine andere Augenblicksgeschwindigkeit (»Momentangeschwindigkeit«). Nun beschreibt also die Funktion $v = f(t)$ die Situation.

In einigen »Weg-Zeit-Diagrammen«, wie die Abbildungen sie zeigen, lassen sich die verschiedenartigen Sachverhalte gut illustrieren. Mit Hilfe zweier »Geschwindigkeit-Zeit-Diagramme« wollen wir nun den für die Mechanik anderen wichtigen Grenzwert-Prozeß betrachten: Am einfachsten ist es hier natürlich, wenn die Geschwindigkeit v konstant bleibt. Dann ist die »Geschwindigkeitskurve« im Diagramm einfach eine Parallele zur Zeitachse im Abstand v. Der Weg s, den ein Massenpunkt in einer Zeitspanne Δt zurücklegt, berechnet sich bekanntlich nach der Weg-Formel zu $s = v \cdot \Delta t$. Im Diagramm entspricht das der Fläche des Rechtecks mit den Seiten v und Δt.

Ändert sich dagegen die Geschwindigkeit im Fall der ungleichförmigen Bewegung, so steigt die entsprechende Geschwindigkeitskurve dann an, wenn die Geschwindigkeit zunimmt, verläuft parallel zur Zeitachse, wenn sie gleichbleibt, und fällt, wenn die Geschwindigkeit abnimmt. Wieder entspricht der zurückgelegte Weg des ungleichförmig bewegten Massenpunktes der eingeschlossenen Fläche im Diagramm. Aber dieses Mal gibt es keine einfache Rechteckfläche, das eine »leichte« Flächenformel zur Folge hat. Wie die nächste Abbildung aber zeigt, läßt sich die Fläche in eine Reihe von Rechtecken mit den Flächen $v_1 \cdot \Delta t$, $v_2 \cdot \Delta t$, $v_3 \cdot \Delta t$, usw. zerlegen. In unserem Fall sind wir mit 8 Rechtecken ganz gut ausgekommen. Dadurch läßt sich aber die Fläche *nur näherungsweise* berechnen. Der Weg, den der Massenpunkt zwischen zwei Zeitpunkten t_1 und t_2 zurücklegt, ist dann

$s = v_1 \cdot \Delta t + v_2 \cdot \Delta t + \ldots + v_8 \cdot \Delta t$.

Der Übergang der einzelnen Geschwindigkeiten ist hier aber sichtlich sprunghaft und grob. In der Klassischen Mechanik sind jedoch die Physiker mit ihrem großen Kollegen Gottfried Wilhelm Leibniz (1646 bis 1716) der Meinung, daß die Natur

»keine Sprünge macht«. Der Übergang von einer Geschwindigkeit zur anderen wird also *stetig* erfolgen (vgl. Seite 146). Dieses »Stetigkeitsprinzip« der Klassischen Mechanik wollen wir in der präzisierten Formulierung von Heinrich Scholz aus dem Jahre 1944 betrachten. Scholz selbst nannte es das »Prinzip der Anwendbarkeit der Infinitesimalrechnung« auf die exakte Beschreibung physikalischer Vorgänge: »Es ist möglich, Zustandsgrößen von der Art der Augenblicksgeschwindigkeit oder Augenblicksbeschleunigung durch Differentialquotienten so zu bestimmen, daß sie meßbar sind.«
Diese Meßbarkeit der Zustandsgrößen ist für eine physikalische Theorie natürlich unerläßlich. Wir brauchen diesen Grundgedanken einer exakten Naturwissenschaft hier aber nicht zu diskutieren. Interessant ist allerdings der mathematische Aspekt: »Ordnet man irgend zwei verschiedenen Zahlenwerten a, b ($a < b$) einer physikalischen Zustandsgröße die Menge der rellen Zahlen zwischen a und b zu, so gibt es zu jeder reellen Zahl einen Zeitpunkt t derart, daß die betrachtete Zustandsgröße in t den Wert einer dieser reellen Zahlen annimmt.« Diese Sätze von Scholz sind die klare Präzisierung des Leibnizschen Gedankens, daß die Natur keine Sprünge macht.
Es ist nun gar nicht schwer vorstellbar, daß bei der Weg-Berechnung einer ungleichförmigen Bewegung, die im Diagramm zur Flächenberechnung wird, wieder ein Grenzübergang vollzogen werden kann, bei dem die einzelnen Zeitdifferenzen Δt (der Rechtecke) immer mehr zusammenschrumpfen. Die Rechtecke im Diagramm werden dabei immer »schlanker«. In der Leibniz-Schreibweise wird dieser Prozeß so formuliert:

$$s = \int_{t_1}^{t_2} v \cdot dt$$

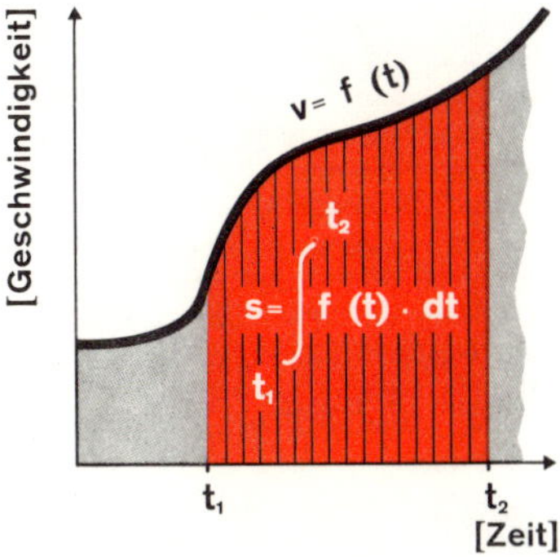

Die zweite bedeutende Grenzwertbildung, die der Physiker aus dem Werkzeugschrank der klassischen Analysis bezieht, ist das Integral. Die rot eingezeichnete Fläche ist das bestimmte Integral der Funktion f(t) zwischen den Grenzen t_1 und t_2. Sie bestimmt den Weg, den ein ungleichförmig bewegter (beschleunigter) Körper zurücklegt.

Wiederum gehen also die einzelnen Zeitdifferenzen »gegen Null«. Das Zeichen $\int$ kennen die meisten von uns schon als mehr oder weniger gefürchtetes *»Integralzeichen«*. Weil $v = f(t)$ ist, können wir auch schreiben:

$$s = \int_{t_1}^{t_2} f(t) \cdot dt$$

Der Wert für den Weg s, den der Massenpunkt P_M bei der geradlinigen aber ungleichförmigen Bewegung durchführt, ergibt sich damit als *»Integral von f(t) nach t* (zwischen t_1 und t_2)«. Man spricht auch von einer *»Integration von f(t) nach t«*. Die elementare Praxis der Differential- und Integralrechnung ist heute bereits jedem Abiturienten vertraut. Für den Naturwissenschaftler und den Ingenieur bildet sie ein Haupthandwerkszeug.
Für unsere Darstellung war vor allem die Erkenntnis wichtig, daß es sich

bei der Infinitesimalrechnung um einen Zweig der (höheren) *Analysis* handelt, daß *Grenzwert-Betrachtungen* hier die bedeutende Rolle spielen. Bereits Leibniz hatte nämlich im Jahre 1702 bekannt:

»Die unvergleichlich kleinen Größen, selbst in ihrem populären Sinn genommen, sind keineswegs konstant und bestimmt. Sie spielen vielmehr, da man sie so klein annehmen kann, als man nur will, in geometrischen Erwägungen dieselbe Rolle wie die Unendlichkeiten im strengen Sinn.«

Allerdings blieb diese Leibnizsche Charakterisierung für lange Zeit lediglich ein Programm. Erst die strengeren Grundlegungen der Analysis, die vor allem durch L. Euler, A. L. Cauchy, J. B. Fourier und P. G. Dirichlet (1805–1859) vollzogen wurde, erfüllten das Leibnizsche Programm. Der Engländer Newton und der Deutsche Leibniz werden heute als die »Klassiker des Infinitesimalkalküls« angesehen. Leider löste die fast gleichzeitige Erfindung ihrer Rechenmethoden einen sehr unglücklichen und für die Geschichte der exakten Wissenschaft unrühmlichen Prioritätsstreit aus. Heute wissen wir, daß bereits der 1665 verstorbene Franzose Pierre de Fermat nahezu alle Grundgedanken der Differentialrechnung erarbeitet hatte, bevor sich Newton (1665) und Leibniz (1676) mit diesen Fragen beschäftigt haben. Mit Alfred North Whitehead dürfen wir jedoch bekennen: »Dies soll unserer Bewunderung weder für Newton noch für Leibniz Abbruch tun. Newton war Mathematiker und Physiker, Leibniz Mathematiker und Philosoph, und beide waren auf ihrem eigenen Wissensgebiet zwei der größten Geister, die die Welt je gekannt hat.«

11. Im mathematischen Maschinenzeitalter

11.1 »Tüchtige« Geräte, die nicht bis drei zählen können ...

Die Mathematik der Digital-Rechner

Scharfe Grenzlinien an der Dreiländerecke Mathematik – Geometrie – Theoretische Physik sind problematische Gebilde: Es wird immer eine Frage des entsprechenden philosophischen Standpunkts und verschiedener zweckmäßiger Definitionen sein, wo man die Grenzpfähle in dieses Terrain setzen möchte. Auch diese Erkenntnis hat sich am Rande unserer Betrachtungen zur geometrischen Wissenschaft von der räumlichen Ordnung und zur physikalischen theoretischen Weltkonstruktion ergeben. Sogar viele Fragestellungen der modernen Technik greifen heute in diese Landschaft hinein, regen zumindest die mathematische Forschung an und liefern der Physik wertvolle Impulse. Nur am Rande sei hier die *»Kybernetik«* erwähnt, diese junge, zukunftsträchtige Schwester der theoretischen Physik. Eine auch nur skizzenhafte Darstellung dieses neuen Forschungsgebietes zwischen Technik und Biologie würde den Rahmen unserer Betrachtung sprengen.

Gerade die Technik der modernen »Rechenautomaten« ist ein faszinierendes neuartiges Forschungsgebiet, auf dem Mathematiker, Physiker und Techniker eng zusammenarbeiten. Gewöhnlich bezeichnet man die Mitglieder dieses Maschinenparks der modernen Technik als »elektronische Rechenanlagen« oder kurz »Elektronenrechner«. Diesen Namen haben sie erhalten, weil elektrischer Strom in Form von winzigen Elektronen durch ihre metallischen Adern fließt, weil ihre Schalter elektronisch betätigt werden usw. Solche Fragen sollen uns aber hier nur am Rande beschäftigen. Es ist nämlich genausogut möglich, daß diese Schaltvorgänge und Impulse durch ein Flüssigkeitssystem (Wasser) geregelt werden, ja sogar, daß statt der Elektronen Preßluft durch die Adern des Rechners gepumpt wird.

Viele Leute nennen diese bedeutsamen großen und kleinen Maschinen heute einfach *»Computer«,* was im Englischen »Rechner« bedeutet. So schlicht und selbstverständlich, wie diese Bezeichnung klingt, so selbstverständlich werden diese Geräte für uns alle bald auch sein: Es sind praktische Werkzeuge, die uns viele umständliche und zeitraubende Rechnereien abnehmen können. Sie werden eines Tages gewiß von Lohnbuchhaltern in der Alltagspraxis mit ähnlichem Gleichmut bedient werden, wie dies heute bereits Physiker, Meteorologen oder Mediziner in der Forschungspraxis tun. Einer Mystifizierung – wie sie leider immer noch in gewissen populärwissenschaftlichen Feuilletons beliebt ist – sind die Computer jedenfalls nicht würdiger als die guten alten Rechenbretter mit Kugeln und Drähten (vgl. Seite 119). Wir könnten diese soliden konventionellen Rechner mit gleicher Berechtigung »Kugelgehirne« nennen, wenn wir bei den Elektronenrechnern von »Elektronengehirnen« sprechen. Die Maschinen, die wir nun behandeln werden, sind nämlich wie Rechenbretter oder Registriermaschinen *Zählmaschinen,* technische Verbesserungen unseres »An-den-Fingern-Abzählens« also. Mit gutem Grund nennt man diese Spielart der Rechner daher »Digital-Computer« oder *»Digitalrechner«:* Im Lateinischen heißt digitus Finger.

Digital-Computer sind *Ziffern*-Rechenmaschinen. Ihr wesentlicher Vor-

Elektronenrechner wie diese Maschine vom Typ IBM 7090 sind heute aus dem wohlbestückten Werkzeugkasten der exakten Wissenschaft nicht mehr wegzudenken.

teil ist: Sie rechnen mit unglaublichen, unvorstellbaren Geschwindigkeiten. Eine einzige Rechenoperation bewältigen sie nämlich in knapp einer millionstel Sekunde! Sogar die »hydrodynamischen« Computer, die mit Wassermolekülen statt mit Elektronen gespeist werden, reagieren fast ähnlich schnell. Die Vorteile dieses maschinellen Blitzrechnens liegen vor allem in der exakten Naturforschung auf der Hand: In Physik und Chemie gibt es immer wieder Versuchsanordnungen, die laufend zahlreiche Meßwerte liefern. Und bei Heinrich Hertz haben wir ja gelesen, daß es zu den wichtigsten Aufgaben »bewußter Naturerkenntnis« gehört, »zukünftige Erfahrungen vorauszusehen, um nach dieser Voraussicht das gegenwärtige Handeln einrichten zu können«. Was soll der Physiker aber tun, wenn das Ereignis, das er im Versuch voraussagen möchte, schon eintritt, bevor er mit seiner Berechnung fertig ist? Was nützt es denn, wenn der Meteorologe aufgrund der von ihm ermittelten Meßwerte die Voraussage errechnet, daß es am Samstagnachmittag in Hamburg in Strömen regnen wird, wenn er aber mit seiner Prognose nach höchst umfangreicher und zeitraubender Rechnung erst am Sonntagmorgen fertig ist? Dann kommt nämlich »das Wetter vor der Prognose«, wie es Karl Steinbuch einmal plakativ formulierte. Vor ähnliche Probleme sehen sich auch die Wissenschaftler der Raketen- und Satellitentechnik gestellt, wenn es gilt, Bahnkorrekturen an ihren »himmelstürmenden« Objekten auszuführen.

Wie funktionieren nun aber diese schwindelerregenden Blitzrechner, gegen die sich unsere »Gedankenschnelle« wie das Dahinkriechen einer trägen Schnecke ausnimmt? Wie gesagt, alles, was wir im folgenden betrachten, bezieht sich ausschließlich auf *digitale Rechengeräte.* Es gibt nämlich auch *»Analogrech-*

ner«, die auf ganz anderen Prinzipien beruhen. Einer der berühmtesten »Ziehväter« der Computer, der amerikanische Mathematiker Norbert Wiener (1894–1964), erläuterte den Unterschied in einem lapidaren Satz: »Die Analogiemaschine *mißt*, die Digitalmaschine *zählt*.« In den Analogrechnern wird nämlich jede Zahl, mit der gerechnet werden soll, durch eine physikalische Größe repräsentiert: Das kann die Stärke eines elektrischen Stroms sein, der Rotationswinkel einer Drehscheibe usw. Solche Meßgrößen eignen sich besonders gut, *stetige* Größenänderungen auszudrücken. Analogrechner werden daher vor allem zum Integrieren und Differenzieren verwendet (vgl. Seite 245). Eine sehr einfache und vielen gut vertraute Analogiemaschine ist der Tachometer in Kraftfahrzeugen: Dieses Gerät ist bekanntlich in der Lage, die Geschwindigkeitsänderungen des Wagens kontinuierlich anzuzeigen. Dagegen sind die Ziffernrechenmaschinen, die Digital-Computer, von anderer, von »arithmetischer« Konstitution. Norbert Wiener fand, »daß ein Digitalgerät im wesentlichen dasselbe tut, was wir tun, wenn wir Bleistift und Papier zur Hand nehmen und rechnen«.
Wenn wir »im Kopf« oder mit Bleistift und Papier rechnen, benützen wir das »Dezimalsystem«. Das tun wir nicht etwa, weil man nur in diesem System rechnen kann. Wir benützen es eben, weil es uns vertraut ist. In diesem Dezimal- oder Zehnersystem besitzt aber die Zahl 10 eine sehr künstliche Vorzugsstellung. Das hängt gewiß auch damit zusammen, daß wir mit unseren zehn Fingern an beiden Händen eine höchst einfache und natürliche »Rechenmaschine« besitzen. Bei der Konstruktion eines Computers ist es jedoch nicht unbedingt sinnvoll, sich am Modell unserer Finger zu orientieren. Es gibt viele technische Gründe, die gegen eine Verwendung des Dezimalsystems bei den modernen Blitzrechnern sprechen. So wie es nämlich für uns am informativsten ist, wenn jemand auf unsere Frage entweder einfach mit »Ja« oder einfach mit »Nein« antwortet, so »vielsagend« kann eine Maschine rechnerisch reagieren, wenn *etwas in ihr geschieht* oder halt *nicht geschieht:* Da kann dann ein Lämpchen aufleuchten oder nicht aufleuchten, ein Luftventil geöffnet oder geschlossen sein, ein Elektromagnet ein- oder ausgeschaltet sein usw.
Aber auch eine »reine« Wurzel jeder mathematischen Tätigkeit im konstruktiven Sinn besitzt ja die ähnliche Eigenschaft: Es ist das »Um-eins-Weiterzählen«, die schlichte Tatsache, daß dabei immer wieder *»eins zu zwei«* wird. Erinnern wir uns doch, wie Brouwer das formuliert hat (vgl. Seite 148):
»Mathematik entsteht, wenn das Subjekt von der Zweiheit, die aus dem Fortgang der Zeit resultiert, alle Be-

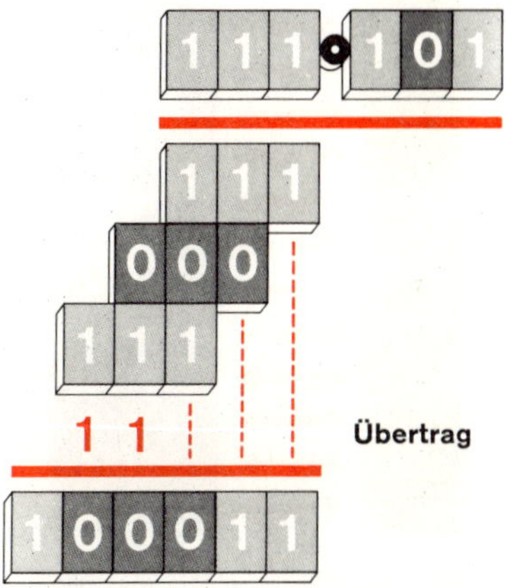

Sieben mal fünf ist fünfunddreißig: Um diese Rechnung im Dualsystem auszuführen, braucht man nur zu wissen, daß 1 · 1 = 1 und 1 · 0 = 0 ist. Beim Zusammenzählen ist dann zu wissen, daß 1 + 0 = 1 und 1 + 1 = 10 ist.

1	↔	1
2	↔	10
3	↔	11
4	↔	100
5	↔	101
6	↔	110
7	↔	111
8	↔	1000
9	↔	1001
10	↔	1010
11	↔	1011
12	↔	1100
13	↔	1101
14	↔	1110
15	↔	1111
16	↔	10000
17	↔	10001
18	↔	10010
19	↔	10011
20	↔	10100
21	↔	10101
22	↔	10110
23	↔	10111
24	↔	11000
25	↔	11001
26	↔	11010
27	↔	11011
28	↔	11100
29	↔	11101
30	↔	11110
31	↔	11111
32	↔	100000

Zwischen Dezimalzahlen und Dualzahlen gibt es ein umkehrbar eindeutiges Zuordnungsschema. Eine »Übersetzung« der Zahlenwerte ist daher ohne Schwierigkeit möglich.

sonderheiten abstrahiert. *Die übrigbleibende leere Form des gemeinsamen Inhalts aller dieser Zweiheiten* wird als die Ur-Intuition der Mathematik unbeschränkt wiederholt und erschafft neue mathematische Gegenstände.«

Mit den beiden Ziffern 1 und 0 läßt sich diese unbeschränkt wiederholbare Erzeugung von Zahlen auf einfache Weise illustrieren. Die Brouwersche Konstruktion sieht dann so aus:

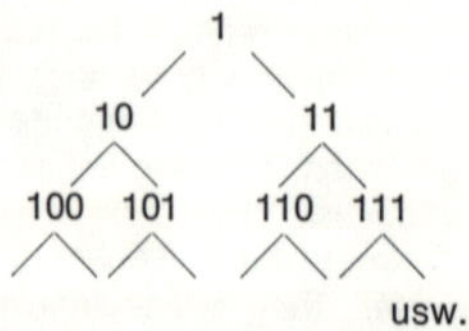

Bringen wir die so erzeugten Zahlen – eins, eins-null, eins-eins, eins-null-null, eins-null-eins, usw. – in eine lineare Ordnung, dann erhalten wir die natürliche Zahlenreihe im *»Dualsystem«* (Zweiersystem) – Zweiersystem deshalb, weil wir es nur mit zwei Ziffern – 1 und 0 – zu tun haben, aus denen alle »Dualzahlen« gebildet werden können.

1, 10, 11, 100, 101, 110, 111, 1000, 1001, 1010, 1011, usw.

Mit diesem System rechnen die meisten Ziffernrechenmaschinen. Wie unsere Abbildung zeigt, können die Dualzahlen auf höchst einfache Weise in die uns vertrauten Dezimalzahlen »übersetzt« werden: Zwischen den Zahlen bestehen wieder umkehrbar eindeutige Zuordnungen. Greifen wir uns die Zahl fünfundzwanzig heraus: »25« heißt sie im Zehnersystem, »11001« im Zweiersystem.

Im ersten Fall können wir eine Zerlegung so anschreiben: $25 = 20 + 5 = 2 \cdot 10 + 5 \cdot 1$. Mit Hilfe der beiden definitorischen Ausdrücke »$10 = 10^1$« (»zehn hoch eins«) und »$1 = 10^0$« (»zehn hoch null«) läßt sich die Aufteilung auch so ausdrücken: $25 = \mathbf{2} \cdot 10^1 + \mathbf{5} \cdot 10^0$. Die Zahl Fünfundzwanzig läßt sich also im Zehnersystem als Summe von zwei Zehner- und fünf Einerblöcken darstellen. 10^0, 10^1, 10^2, 10^3, usw. heißen »Potenzen« von 10. Die Schreibweise »25« für die Zahl Fünfundzwanzig entsteht also dadurch, daß die Potenzen einfach weggelassen werden: Aus $\mathbf{2} \cdot 10^1 + \mathbf{5} \cdot 10^0$ wird **25**.

In ganz ähnlicher Weise sind aber nun $2^0, 2^1, 2^2, 2^3, 2^4$ (»zwei hoch vier«), usw Potenzen von 2 : $2^4 = 2 \cdot 2 \cdot 2 \cdot 2 = 16$, $2^3 = 2 \cdot 2 \cdot 2 = 8$, $2^2 = 2 \cdot 2 = 4$, $2^1 = 2$ und $2^0 = 1$. (Es gilt nämlich allgemein: $a^0 = 1$. Das läßt sich wieder einmal nicht beweisen, sondern ist eine höchst zweckmäßige Definition.) Doch zurück zu unserer Zahl Fünfundzwanzig: Die größte Potenz von 2, die in ihr enthalten ist, ist 2^4 (16). Der Restbetrag $25 - 16 = 9$ läßt sich noch in die Zweierpotenzen $2^3 = 8$ und $2^0 = 1$ zerlegen. Führen wir außerdem noch die beiden Po-

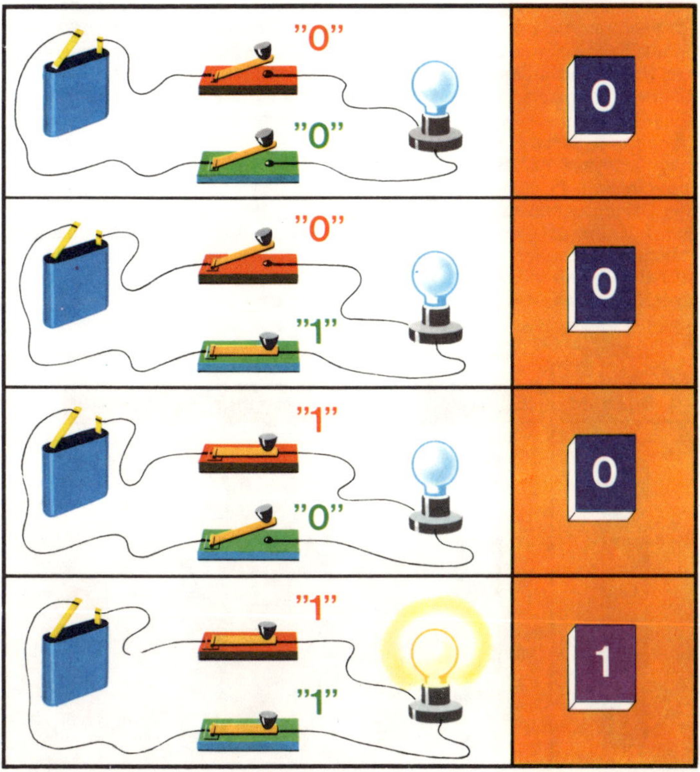

Mit zwei Schaltern in einem Stromkreis kann die duale Multiplikation auf einfache Weise technisch realisiert werden: »Schalter auf« bedeutet hier »0«, »Schalter zu« bedeutet »1«. Ein Kontrollämpchen brennt genau dann, wenn beide Schalter geschlossen sind (»1«).

tenzen auf, die bei dieser Zerlegung »leer« ausgingen (2^2 und 2^1), sieht das so aus:
$25 = \mathbf{1} \cdot 2^4 + \mathbf{1} \cdot 2^3 + \mathbf{0} \cdot 2^2 + \mathbf{0} \cdot 2^1 + \mathbf{1} \cdot 2^0$.
Lassen wir nun – wie bei der Dezimalschreibweise – die (Zweier-)Potenzen weg, ergibt sich das Gebilde: **11001**. Das ist die natürliche Zahl Fünfundzwanzig in Dualschreibweise.
Für unser praktisches Rechnen ist der Nachteil dieses Dualsystems offenkundig: Die Zahlen bilden im allgemeinen lange Ziffernreihen. Die in der vertrauten Dezimalschreibweise mit drei Ziffern festgehaltene Zahl 303 »verbraucht« z.B. im Dualsystem bereits neun Ziffern: 100101111. Rechnen wir mit Milliardenbeträgen (zehn Ziffern in Dezimalschreibweise), benötigen wir im Zweiersystem schon Folgen von 35 und 36 Ziffern. Das mag für unsere Papier- und Bleistiftrechnungen sehr unbequem sein, für den Computer bedeutet es lediglich: 36mal »Hahn auf« oder »Hahn zu«, »Magnet ein« oder »Magnet aus«, »Schalter offen« oder »Schalter geschlossen« usw. Der für die Konstruktion solcher Maschinen unschätzbare Vorteil ist nämlich die Tatsache, »daß die Multiplikationstabelle auf die Feststellung ›einmal eins ist eins‹ zusammenschrumpft«. So knapp hat es wieder Norbert Wiener formuliert. Der Rechengenauigkeit der Digitalrechner sind damit aber (theoretisch) keine Grenzen gesetzt: Es ist diesen Maschinen »gleichgültig«, ob sie nun zehn- oder hundertmal zu einer Dualzahl in der angedeuteten Weise »ja« oder »nein« sagen sollen ...
Das wollen wir etwas näher betrachten: Tatsächlich stimmt Wieners lapidare Kennzeichnung des dualen Einmaleins. Mit den beiden Ziffern 1 und 0 ist ja nur folgende Multiplikationstafel möglich:

$0 \cdot 0 = 0$
$0 \cdot 1 = 0$
$1 \cdot 0 = 0$
$1 \cdot 1 = 1$

Auch die Additionstafel für Dualzahlen ist von ähnlicher Schlichtheit, ein höchst erfreulicher Anblick für jeden, der nicht gerne rechnet:

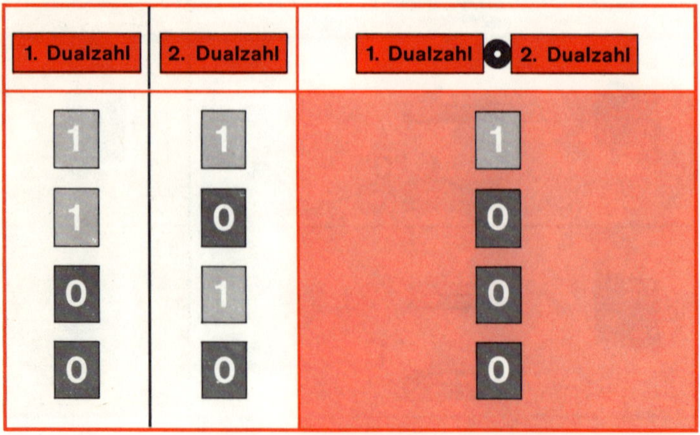

Der logische Charakter der dualen Multiplikation, ihre Verwandtschaft mit der Und-Verknüpfung in der Aussagenlogik wird unverkennbar, wenn eine »Multiplikationstafel« gelegt ist.

$0 + 0 = 0 \quad 1 + 0 = 1$

$0 + 1 = 1 \quad 1 + 1 = 10$

»Ein mal eins ist eins« und »eins und eins ist zwei, geschrieben: eins null (10)« – auf diesen fundamentalen Grundsätzen der Mathematik beruht die Leistungsfähigkeit der Digitalrechner. Die Operationen der Subtraktion können nämlich auf die Addition zurückgeführt werden, die der Division auf Subtraktion. Jeder Maschine muß nur durch ein entsprechendes »Programm« gleichsam »eingeimpft« werden, »wie digitale Summen zu bilden sind, wann ein Übertrag zu erzeugen ist und wie diese Operationen zu wiederholen und zu verbinden sind«. So hat es ein anderer großer Mathematiker ausgedrückt, der an der Entwicklung der Computer entscheidend beteiligt war, John von Neumann, der Schöpfer der Spieltheorie.

Betrachten wir nun aber einmal die Multiplikationstafel für Dualzahlen durch die Brille der mathematischen Logik: Der *logische Charakter* dieser Operation ist unverkennbar. Eine Verwandtschaft mit der »Und«-Verknüpfung von Aussagen $A \wedge B$ zeigt sich vor allem dann, wenn wir die Ziffern 1 und 0 wieder einmal als Klötzchen auffassen und mit ihnen eine Tafel legen, wie die Abbildung sie zeigt. Vergleichen wir jetzt dieses »Legespiel« mit der Wahrheitstafel für die Verknüpfung $A \wedge B$ (s. Seite 41): »1« entspricht nun »W«, und »0« ist an die Stelle von »F« getreten.

In einer Maschine kann diese Situation technisch denkbar einfach realisiert werden durch zwei in einem Stromkreis hintereinander liegende Schalter: Ein offener Schalter soll die Situation »0« ausdrücken, ein geschlossener dagegen »1«. Ein Kontrollämpchen im Stromkreis brennt jetzt dann und nur dann, wenn beide Schalter zugleich geschlossen sind: Die Situation »1« muß zweimal technisch formuliert sein. Die elementare »Auf-Zu-Sprache« der Schalter kann also die vier Grundsituationen der dualen Multiplikation ohne Schwierigkeit »aussprechen«. Dieses einfache Beispiel mag im Rahmen dieser Betrachtung genügen, um die enge Verwandtschaft aufzuzeigen, die zwischen den Problemen der mathematischen Logik und den Konstruktionsprinzipien moderner Rechenmaschinen besteht.

11.2 Automaten für mathematische Beweise?

Algorithmus und Turingmaschine

Computer sind aus dem wohlbestückten Werkzeugkasten der exakten Naturwissenschaft nicht mehr wegzudenken. Sie sind solide Arbeitsgeräte für den praktisch tätigen Forscher und werden von ihm als solche geschätzt. Von einer »Beherrschung« des Naturwissenschaftlers und Technikers durch die Maschine kann jedoch keinesfalls die Rede sein: Wie er zu diesen Apparaturen steht, das ist eine Frage seiner Mentalität. Verschiedene Menschen haben verschiedene »Beziehungen« zu ihren Autos. Für den einen ist es ein Verkehrsmittel, für den anderen ein Mythos . .

Auch die »reine« mathematische Grundlagenforschung wird heute jedoch auf bestimmten Problemzonen von »maschinellen« Gedanken beherrscht: Wie weit reichen die Fähigkeiten eines absolut phantasielosen maschinellen Rechners? fragt man sich hier. Erinnern wir uns an die ersten einfachen Kalküle, die wir kennengelernt haben (s. Seite 60 f.). Hier wurden rein mechanisch Figuren hergestellt. Entscheidendes Merkmal ist die *schematische Operation.* Tätigkeiten dieser Eigenschaft können aber ohne größere Schwierigkeit von Maschinen ausgeführt werden. Statt

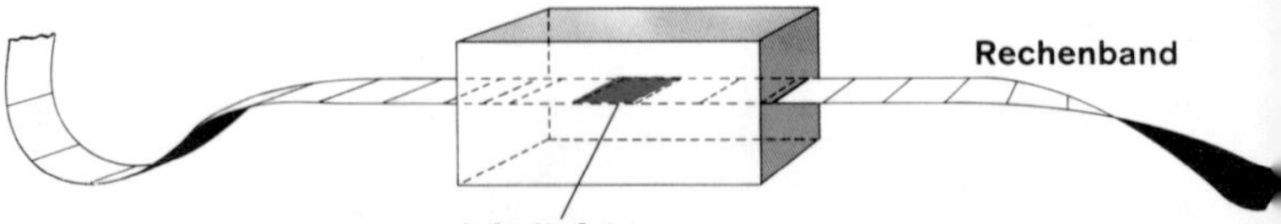

Eine Turingmaschine ist das (ideelle) Schema eines maschinellen Rechners. Auf einem Rechenband führt die Maschine ihre Rechenschritte aus. Es ist in zahlreiche Felder unterteilt.

vom »Kalkül« ist in der modernen Mathematik auch allgemeiner vom *»Algorithmus«* die Rede (vgl. Seite 240). Solche Algorithmen werden gewöhnlich als »allgemeine Rechenverfahren« gekennzeichnet. Damit ist aber noch nicht allzuviel gesagt. In einer sehr informativen Studie über den Algorithmus-Begriff schreibt Hans Hermes: »Wenn hier von einem ›allgemeinen Verfahren‹ die Rede ist, so soll darunter stets ein Prozeß verstanden werden, dessen Ausführung bis in die letzte Einzelheit hinein eindeutig vorgeschrieben ist. Dazu gehört insbesondere, daß die Vorschrift in einem *endlichen* Text niedergelegt werden kann. *Für die Betätigung der schöpferischen Phantasie des Ausführenden bleibt dabei kein Platz. Er muß sklavisch nach den ihm gegebenen Vorschriften arbeiten, die alles bis ins kleinste regeln.«*

Für eine solche gewiß höchst stumpfsinnige Tätigkeit ist eine Maschine doch gerade richtig: Algorithmus und Maschine, das scheint demnach eine gute Verbindung zu sein. All denjenigen, die trotzdem eine solche Situation in der modernen Mathematik »beklemmend« finden, sei folgendes gesagt: Um ein derartiges maschinelles Schema auszudenken, das einen präzisen und bis ins letzte Detail geregelten Ablauf garantiert, ist doch zunächst einmal ein höchst schöpferisch tätiger Mensch, ein Mathematiker, vonnöten. Ist dieser Mathematiker phantasielos, schafft er die ihm gestellte Aufgabe niemals. Er braucht »Erfindergeist«, »Intuition«, »Gespür« – wie immer man diese schöpferische Funktion nennen will. Ohne diese treibende Kraft gäbe es keine Mathematik (vgl. Seite 18).

Allerdings hat Hans Hermes auch dann recht, wenn er fast dialektisch formuliert: »Ein schöpferischer Mathematiker entwertet mathematisch durch eine spezifisch mathematische Leistung (die Entwicklung einer allgemeinen Methode) den durch diese Methode beherrschten Bereich.« Ist der entsprechende Algorithmus nämlich erst einmal geschaffen, zählt er als fertiges Werkzeug für die reine mathematische Forschung bereits wieder zum »alten Eisen«. Trotzdem wird kein Mathematiker die Mechanik seiner Formeln, die Maschinerie seiner Algorithmen unterschätzen. Tatsächlich hat der solide Mechanismus der mathematischen Formeln schon manche wesentliche Erkenntnis aufgerollt, die sonst der »ungesteuerten« Phantasie verborgen geblieben wäre. Bereits der geniale Blaise Pascal hat darüber reflektiert:

»Wir sind ebensosehr Maschine wie Geist. Deshalb ist das Mittel zu überzeugen nicht allein der Geist. Die Beweise überzeugen nur die Vernunft. Die Gewohnheit macht unsere Beweise aber stärker und deutlicher. Sie richtet die Maschine aus, die den Geist, ohne daß er es merkt, mit sich zieht.«

Die moderne Mathematik braucht sich also des Gedankens an einen rein mechanisch arbeitenden Rechner nicht zu schämen, wenn es darum geht, den Begriff des Algorithmus möglichst präzis zu fassen. Ein klares maschinelles Schema, das diese Präzisierung gut gelöst hat, ist die *»Turingmaschine«*. Sie ist nach dem englischen Mathematiker Alan M. Turing benannt, der sie sich im Jahre 1936 ausgedacht hat. Aufgrund dieses Schemas kann jeder Algorithmus durch eine entsprechende Turingmaschine formuliert werden. Turingmaschinen stellen damit Konstruktionspläne für maschinelle Rechner dar. Ein rechnender Mensch kann unter diesem Blickwinkel als eine Art von »universeller Turingmaschine« betrachtet werden. Wen es bei dieser Formulierung wieder fröstelt, der denke an Blaise Pascals Worte: »Wir sind ebensosehr Maschine wie Geist.«

Bevor wir uns ansehen, wie eine solche Turingmaschine im Prinzip funktioniert, müssen wir kurz drei sehr wichtige Begriffe beleuchten, die mit dem Algorithmus-Problem in engster Verbindung stehen. Da ist zunächst die *»Berechenbarkeit«:* Turingmaschinen werden nämlich auf »berechenbare Funktionen« angesetzt. Als wir auf den Funktionsbegriff gestoßen sind, war von *reellen* Zahlen im Argument- und im Bild- oder Wertebereich die Rede (s. Seite 246). Wir wollen uns hier aber nur mit natürlichen Zahlen in beiden Bereichen beschäftigen, obwohl ein Algorithmus selbstverständlich auch den Bereich der noch »individuellen« rationalen Zahlen einschließen muß. Erscheinen bei einer Funktion sowohl im Argument- als auch im Wertebereich lediglich natürliche Zahlen 0, 1, 2, 3, . . ., dann spricht der Mathematiker von einer »zahlentheoretischen Funktion« f(n), wobei n als Variable eine natürliche Zahl andeutet. Eine solche Funktion f(n) ist nun genau dann berechenbar, wenn es einen Algorithmus gibt, mit dessen Hilfe für jeden Argumentwert n der eindeutig zugeordnete Funktionswert f(n) *in endlich vielen Schritten* ermittelt werden kann. Dann und nur dann liegt eine »berechenbare Funktion« vor. Da bei diesem Verfahren jeweils nur endlich viele Rechenschritte ausgeführt werden, wird von einem *»abbrechenden* Algorithmus« gesprochen.

Der zweite bedeutsame Begriff in diesem Zusammenhang ist die *»Aufzählbarkeit«*; von ihr war bereits kurz die Rede (vgl. Seite 159). Hier wollen wir noch einmal Hans Hermes zu

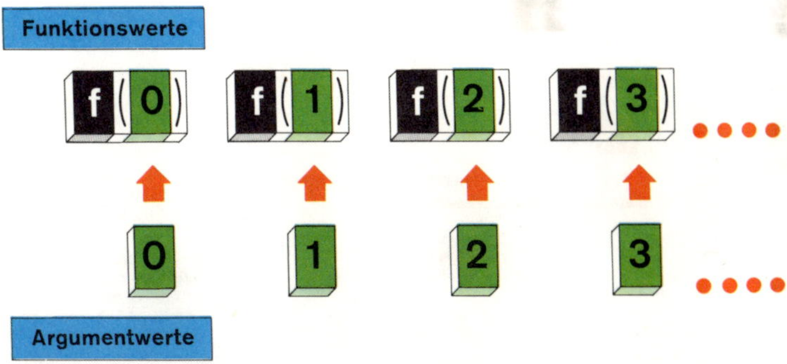

In einer zahlentheoretischen Funktion f(n), die genau dann berechenbar ist, wenn jeder Funktionswert nach endlich vielen Schritten bestimmt werden kann, sind die Elemente f(0), f(1), f(2), . . . aufzählbar.

Wort kommen lassen: »Sei f(n) eine berechenbare Funktion, deren Argumentbereich der Bereich der natürlichen Zahlen sei. Dann ist für den Wertebereich M von f(n) eine natürliche Reihenfolge f(0), f(1), f(2), ... festgelegt, in welcher M durchlaufen wird, unter Umständen mit Wiederholungen. Man kann sagen, daß die Funktion f(n) die Elemente von M in der Reihenfolge f(0), f(1), f(2), ... *aufzählt*.« Daß die effektive Aufzählbarkeit wohl zu unterscheiden ist von der bloßen »Abzählbarkeit« im Cantorschen Sinne, wissen wir bereits.

Bei der *»Entscheidbarkeit«* als dem dritten Begriff schließlich wird verlangt, daß von einer vorliegenden Zeichenreihe nach endlich vielen Schritten festgestellt werden kann, ob sie aus einer gegebenen Zeichenreihe durch Anwendung des entsprechenden Algorithmus hergestellt werden kann oder nicht. Auch diesen Gedankengang haben wir bereits bei unseren Kalkül-Betrachtungen kennengelernt (s. Seite 64). Derartige »Entscheidungsprobleme« stellen ein wichtiges Arbeitsgebiet mathematischer Grundlagenforschung dar.

Doch nun wollen wir uns wieder der Turingmaschine zuwenden: Angenommen, eine solche Maschine soll aufgrund einer bis ins letzte Detail ausgearbeiteten Vorschrift den Wert einer Funktion f(n) für das Argument 3 berechnen, f(3) also. Wie jeder Rechner braucht die Maschine dazu Papier und eine Schreibvorrichtung. Die einzelnen Rechenschritte werden von der Turingmaschine auf einem sehr langen Papierstreifen notiert, der in schmale Felder aufgeteilt ist. Dieser lange, schmale Streifen wird das »Rechenband« der Turingmaschine genannt. Diese Felder kann die Maschine mit Zeichen (Symbolen) bedrucken. Sie kann außerdem das Rechenband vor- und zurücklaufen lassen und natürlich auch anhalten. Der Mathematiker spricht hier vom »Nach-rechts-Gehen«, vom »Nach-links-Gehen« und vom »Stoppen« der Maschine. Zusammen mit dem Beschriften des jeweiligen »Arbeitsfeldes« auf dem Rechenband sind das die vier grundlegenden Rechenschritte der Turingmaschine.

Der Verhaltensmechanismus einer Turingmaschine wird nun durch eine Reihe von Kommandos geregelt: Die

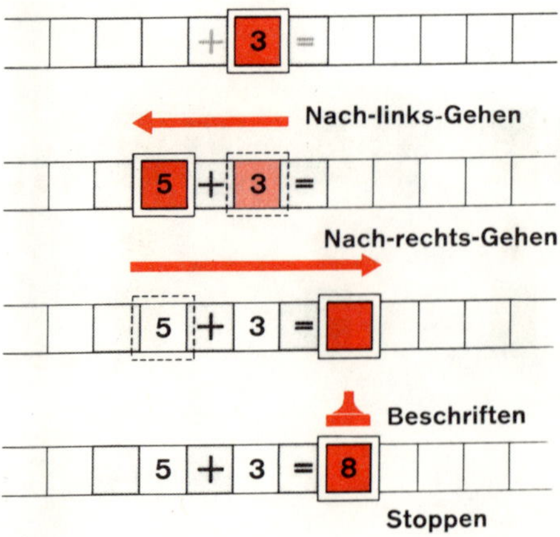

Die vier grundlegenden Rechenschritte der Turingmaschine sind das Nach-links-Gehen, das Nach-rechts-Gehen, das Beschriften des Arbeitsfeldes und das Stoppen. Hier führt die Maschine eine einfache Addition aus.

Rechenvorschrift kann normiert und auf der »Turingtafel« notiert werden. Da nur dieses *maschinelle Schema* für den Mathematiker von Interesse zu sein braucht, kann er mit Hans Hermes bekennen: »Eine Turingmaschine ist für uns nichts anderes als eine Turingtafel.«

Grob skizziert sieht der Ablauf einer Kommandoserie etwa so aus: Die Maschine beginnt mit der »Beobachtung« eines bestimmten Arbeitsfeldes. »Erscheint auf dem Arbeitsfeld das Symbol ›3‹, verhalte dich nach V_3 und verfahre weiter nach Vorschrift k_1!«, kann dann der Befehl an die Maschine lauten. »7« hätte das Verhalten V_7 ausgelöst, »9« das Verhalten V_9, usw. Nehmen wir an, das V_3-Verhalten sei ein Nach-links-Gehen um zwei Felder. Damit besitzt die Turingmaschine ein neues Arbeitsfeld. Die Vorschrift k_1 lautet dann: »Erscheint auf dem Arbeitsfeld das Symbol ›5‹, verhalte dich nach V_5 und verfahre weiter nach Vorschrift k_2!« Das V_5-Verhalten bestehe dann im Nach-rechts-Gehen der Maschine um vier Felder. Vorschrift k_2: »Drucke das Symbol ›8‹!« Nächstes Verhalten: Maschine stoppt. Damit wissen wir, daß die Turingmaschine die beiden Zahlen 3 und 5 einfach zusammengezählt hat.

Das war natürlich ein höchst primitives Beispiel. Tatsächlich kann der maschinelle Rechner auf diese Weise aber Schritt für Schritt beliebige Funktionswerte berechnen: Die Turingmaschine setzt an einer bestimmten Ausgangssituation ein, führt einen Rechenschritt aus, benützt die neue Situation als neue Ausgangssituation, führt einen weiteren Rechenschritt aus, – – –, und bleibt schließlich stehen, wenn der gewünschte Funktionswert erreicht ist.

Die eingehende Beschäftigung mit der Theorie der Turingmaschine ist selbstverständlich eine ziemlich komplizierte Angelegenheit, so einfach auch die Grundbetrachtungen scheinen mögen. Wichtig für unsere Wanderung durch die Mathematik ist die erstaunliche Tatsache, daß die mit Hilfe einer Turingmaschine berechenbaren Funktionen genau alle die Funktionen erfassen, die von einem »endlichen« Rechner Schritt für Schritt berechnet werden können. Und »endliche« Rechner, das sind wir schließlich alle. Weite Teile der mathematischen Landschaft können damit rein mechanisch, »turingmaschinell« erzeugt werden. Natürlich ist damit der Formenreichtum des mathematischen Terrains nicht erschöpft. Das hängt vor allem mit dem *Problem der Entscheidbarkeit* zusammen: Der Amerikaner Alonzo Church hat nämlich 1936 zeigen können, daß für die meisten Teilgebiete der Logik und Mathematik die effektive Entscheidbarkeit ein *unlösbares Problem* darstellt. Das ist wieder höchst bemerkenswert. Betrachten wir dazu einen beliebigen, einfachen Kalkül (s. Seite 83). Mit dem Strich I als Anfangsfigur und der Regel »Wenn a, dann auch a I« lassen sich bekanntlich die Figuren I, II, III, IIII, . . . legen. Die Menge der in diesem Kalkül ableitbaren Figuren ist *aufzählbar.* Der amerikanische Logiker Emil L. Post hat nun definiert, daß ein Kalkül genau dann *»entscheidbar«* sein soll, *wenn auch seine nichtableitbaren Figuren aufzählbar sind,* die Figuren also, die aus dem gleichen Anfangsmaterial gebildet sind, nicht aber aufgrund der Kalkülregel hergestellt werden. Beim gerade betrachteten Kalkül, der lediglich aus Strichgruppen besteht, ist diese Entscheidbarkeit noch erfüllt. Schwieriger ist es bereits bei dem – auch noch verhältnismäßig einfachen – Kalkül der klassischen Aussagenlogik, der auch *»Aussagenkalkül«* genannt wird. Bekanntlich wird er mit den Bausteinen A, B, C, $\neg$, $\wedge$, $\vee$, $\rightarrow$ gespielt. Im Postschen Sinne ist selbst dieser Aussagenkalkül nicht entscheidbar. Alonzo

Church hat zudem effektiv unentscheidbare Kalküle ausgemacht: Sein berühmter *»Unentscheidbarkeitssatz«* ist für den Kalkül der *»Prädikatenlogik«* formuliert, von der noch die Rede sein wird (s. Seite 269). Er sagt aus, daß die Menge der im Kalkül der Prädikatenlogik *nicht ableitbaren* Formeln *nicht aufzählbar* sein kann. Hier muß also sogar die perfektest funktionierende Maschine kapitulieren. Manche Menschen werden dadurch sogar befreit aufatmen können. Was diese Erkenntnis in ihrer vollen Tragweite nämlich bedeutet, hat Wolfgang Stegmüller knapp und klar formuliert:

»Es gibt kein mechanisches Verfahren zur Lösung logischer und mathematischer Probleme. Daß dies auch für den Bereich der Logik gilt, ist ziemlich überraschend und zeigt, daß dieses Gebiet keineswegs trivial ist, wie bisweilen angenommen wird; denn es ist danach ja auch unmöglich, eine Maschine zu konstruieren, mit deren Hilfe man für eine beliebige Aussage feststellen könnte, ob sie aus rein logischen Gründen wahr ist oder nicht. Das Ergebnis von Church besagt dabei nicht etwa, daß es uns bis heute nicht möglich sei, eine derartige Maschine zu konstruieren, sondern es besagt etwas wesentlich Stärkeres: Die Konstruktion einer solchen Maschine wird niemals möglich sein, weil sie logisch unmöglich ist.«

12. »Sprachliche Empfehlungen«

12.1 »Nicht gegen ein mathematisches Problem rennen«
Zur Philosophie der Mathematik

Unsere Betrachtungen zur Mathematik haben sich immer wieder in mehr oder weniger engen Kreisen um die Grundlagen dieser exakten Wissenschaft bewegt. Damit tauchten auch immer wieder *»philosophische«* Gedanken auf: Tatsächlich gehört das meiste, was wir in dieser Untersuchung von Hilbert und Poincaré, von Brouwer und Weyl zitiert haben, zur »Philosophie der Mathematik«. Das war vor allem stets dann der Fall, wenn es um *Grundtatsachen, Grundbegriffe, Grundstrukturen* usw. ging, wo dem Mathematiker ein weiter Raum der freien Auswahl zur Verfügung steht: *»Die Frage, ob sich hier ein wesenhaft Originäres einem wesenhaft Abgeleiteten gegenüberstellen läßt, liegt außerhalb der Kompetenz des Mathematikers«,* erläuterte Hermann Weyl diese Situation. Nachdem der Mathematiker aber irgendwo ansetzen muß, wird er schließlich zum »Philosophierenden«. Dabei wird es sich jedoch stets als nützlich erweisen, wenn er einen Ratschlag Ludwig Wittgensteins beherzigt:

»Der Philosoph muß sich drehen und wenden, daß er an den mathematischen Problemen vorbeikommt, nicht gegen eines rennt – das gelöst werden müßte, ehe er weitergehen kann. Sein Arbeiten in der Philosophie ist gleichsam eine Faulheit in der Mathematik. *Nicht ein Gebäude ist aufzuführen, oder eine neue Brücke zu schlagen, sondern die Geographie, wie sie jetzt ist, zu beurteilen.«*

Diese weise Beschränkung des philosophierenden Mathematikers ist in unserer Zeit mehr denn je eine notwendige Tugend: Die unüberschaubar vielfältige, vielschichtige und filigrane Landschaft (»Geographie«) des menschlichen Wissens nach der 20. Jahrhundertmitte läßt es unmöglich erscheinen, in einer einzigen Sprache, mit einem einzigen philosophischen Ansatz »über Gott und die Welt« zu sprechen. Es gibt keine gemeinsame Leibnizsche »Universalsprache« für alle Wissenschaft. Es gibt nicht einmal eine gemeinsame Sprache der Mathematik. Es gibt immer nur ein in gewissen Bezirken für den einzelnen überschaubares Netz von Sprachmodellen, »Sprachspielen«, wie sie Wittgenstein auch in einfachen Fällen nennt, die mehr oder weniger deutliche *Ähnlichkeiten* aufweisen.

Weder Logik noch Mathematik sind Wissensgebiete, die dem Menschen vorschreiben sollen, wie er denken muß: Sie zwingen ihn nicht, sie führen ihn. Und nach den bisherigen Ergebnissen dieser Wissenschaften haben sie auf verblüffend sichere und nützliche Weise geführt. Trotzdem mußte der Holländer Luitzen Brouwer zu Beginn unseres Jahrhunderts darauf hinweisen, daß wir das mathematische *Tun* und die mathematische *Sprache* sauber trennen sollten. Wir haben gesehen, daß Mathematiker nicht nur eine Sprache sprechen: Leopold Kronecker sprach nicht wie Georg Cantor, Henri Poincaré nicht wie Bertrand Russell spricht, André Weil spricht nicht, wie Hermann Weyl sprach usw. Mit der jeweiligen Muttersprache hat das im Grunde sehr wenig zu tun: Trotz Nicolas Bourbaki und David Hilbert, trotz Luitzen Brouwer und Norbert Wiener unterscheidet niemand zwischen einer »französischen Mathematik« und einer »deutschen«, zwischen einer »niederländischen« und »amerikanischen«. Die *mathematische Tätigkeit* unterscheidet sich in Tokio nicht von der in London, in Leningrad nicht von der in Rio de Janeiro. Die *mathematische Sprache* hingegen kann sich sehr wandeln und unterscheiden: Sie ist eben keine Universalsprache, die gleichgeschaltete Denkprozesse widerspiegelt. Sie ist nicht bloßer Ausdruck mechanischer Präzision und phantasielosen Regelwerks. Wir haben im Laufe unserer Betrachtungen immer wieder die Mathematiker selbst zu Wort kommen lassen, um die Klarheit und Redlichkeit ihrer Sprache zu zeigen. Diese Sprache der großen Mathematiker hat mit Laborslang und Institutsjargon nichts gemein. Sie ist aufrichtig, knapp, informativ.

Ob diese Sprache »schön« ist, darüber mögen sich die Fachphilosophen streiten. Gewiß ist es nicht so, daß sie »uns wie ein Büffel anfällt«, was Ortega y Gasset bei der geistigen Erregung der Menschen verlangt. Bestimmt kann sie aber das von Kant geforderte »interesselose Wohlgefallen« erwecken. Doch das alles ist gar nicht entscheidend: Mathematik wird nicht um der Schönheit willen betrieben. Der futuristische Maler Marinetti hat uns im faschistischen Italien Mussolinis nämlich deutlich vor Augen geführt, auf welche Bahnen die gefühlsbetonte Verknüpfung von Mathematik und Schönheit führen kann. In seiner verlogenen und schändlichen »Ästhetik des Krieges« bekannte er: »Der Krieg ist schön, weil er *neue Architekturen* wie die der großen Tanks, der *geometrischen* Fliegergeschwader, der *Rauchspiralen* aus brennenden Dörfern schafft ...« Die Möglichkeit solchen Bekenntnisses erübrigt eigentlich die Frage nach der »Schönheit« der Mathematik und ihrer Sprache. Damit soll gewiß nicht gesagt sein, daß es nicht auch kluge und redliche Bestrebungen gibt, die Schönheit der Mathematik zu preisen. Aber die Gefahren des Mißbrauchs sind doch ungemein groß. Wenn Heinrich Scholz die Frage »Warum Mathematik?« so beantwortete: »Um der Menschen willen, die von der Schönheit dieser Mathematik so erleuchtet sind, daß diese Frage für sie nicht mehr existiert«, dann ist das heute »l'art pour l'art«, ein Spiel, das die riesige Macht der angewandten Mathematik mißachtet: Der Kalkül als Werkzeug für die exakte Naturforschung kann heute nicht mehr auf diese Weise vernebelt werden.

Als ein bedeutsames Merkmal der mathematischen Sprache muß jedoch die Tatsache gewertet werden, daß sich ihre exakten Begriffe ohne Schwierigkeit und praktisch ohne jeglichen Substanzverlust in die Sprachen aller Kulturvölker übersetzen lassen. Ähnliches gilt natürlich für den Sprachgebrauch in den exakten Naturwissenschaften und in der Technik. Die Internationalität der Fachliteratur bringt es mit sich, daß heute kein Mathematiker mehr zum Wörterbuch greifen muß, wenn von »lattice« (engl. Verband) oder »consistency« (engl. Widerspruchsfreiheit), von »ensemble« (frz. Menge) oder »numeri transfiniti« (ital. überabzählbare Kardinalzahlen) die Rede ist. Die praktische Verständigung ist daher vorzüglich. Ein Aneinandervorbei-Reden gibt es kaum ...

Die in der Praxis gebrauchten mathematischen Theorien haben wir immer wieder als »Werkzeuge« bezeichnet. Tatsächlich ähneln die Vertreter der angewandten Mathematik den Werkzeugmachern, die in der modernen Technik tätig sind: Jedes Werkzeug, das angefertigt wird, muß einer bestimmten Aufgabe gerecht werden. Universalwerkzeuge sind höchst selten: Mit einem Rasiermesser sollte man keine Bäume fällen, mit einer Bandsäge keine Briefe öffnen. Ähnlich ist es mit den mathematischen Werkzeugen: Gruppentheoretische Hilfsmittel eignen sich vorzüglich dazu, gewisse geometrische und physikalische Probleme zu behandeln. Dagegen erscheint es höchst *unzweckmäßig,* sie auf Beethovens Neunte Symphonie anzusetzen. Computer sind großartige Werkzeuge, wenn in der naturwissenschaftlichen Praxis Rechnereien ausgeführt werden sollten. Auch als Übersetzungsmaschinen leisten sie bereits sehr gute Arbeit. Man kann sie aber auch in Mozartschen Stilprinzipien »komponieren« lassen: Das klingt dann, als sei der Komponist der »Zauberflöte« ein musizierender Homunculus gewesen.

Halten wir also fest: Mathematiker sprechen weder eine allumfassende, phantasietötende Einheitssprache, die ihren Gedanken keinen Spielraum läßt, noch stellen sie mit ihren formalen Systemen Werkzeuge her, die für die Behandlung *aller* Probleme taugen.

Philosophierende Mathematiker sind zudem meist sehr vorsichtig »spekulierende« Denker und treiben eigentlich »nur« redliche *Wissenschaftstheorie* für ihre Mathematik, wie wir das bei Hilbert, Brouwer und Weyl gesehen haben. Das ist vernünftig für eine Zeit, in der ein einzelner Mathematiker sogar seine eigene Wissenschaft gar nicht mehr vollständig übersehen kann. Als letzter Forscher konnte das vielleicht noch Hilbert (für die Mathematik *seiner* Zeit).

Wer aber heute über Mathematik philosophieren möchte, kann das nur über den Teil der mathematischen Landschaft tun, den er selbst noch klar zu überblicken vermag. Er soll ja, wie Wittgenstein sagte, »die Geographie, *wie sie jetzt ist,* beurteilen«. Gemeint ist natürlich die »Geographie der mathematischen Landschaft«. Die reichlich kühne Ansicht des neupositivistischen Philosophen Hans Reichenbach, daß »es unter mathematischen Philosophen keine Meinungsverschiedenheiten geben kann«, ist durch die Praxis der philosophierenden Mathematiker eindeutig widerlegt worden. Wäre Reichenbachs Wunschtraum Wirklichkeit, würde die geistige Szenerie unserer Zeit ihre lebendige Farbigkeit nicht besitzen. Die Reichenbachsche Gleichschaltung wird niemals stattfinden. Tatsächlich gilt für den Mathematiker wie für jeden denkenden Menschen der berühmte Ausspruch des Philosophen Johann Gottlieb Fichte (1762–1814): »Was für eine Philosophie man wählt, hängt davon ab, was für ein Mensch man ist.« Und da hat die Natur – auch bei den Mathematikern – nun wahrlich für eine reichhaltige Palette gesorgt . . .

Es gibt also keine verbindliche Philosophie der Mathematik oder gar eine gleichgeschaltete »mathematische Philosophie«, die alles andere Philosophieren hinfällig macht. Aber es gibt philosophierende Mathematiker, deren Gedanken sich mehr oder weniger ähneln, die in bestimmten Grundfragen übereinstimmen oder aber verschiedener Ansicht sind. Wie wir gesehen haben, besteht jedoch kein theoretischer Widerspruch, wenn sich Mathematiker axiomatizistisch oder konstruktivistisch orientieren (vgl. vor allem Seite 160). Wir haben ja immer wieder darauf hingewiesen, daß der Mathematiker, sei er nun »Bourbakist« oder »Intuitionist«, in seiner Wissenschaft niemals Wesensfragen stellt. Das gilt für die spezielle Frage »Was *ist* eine Menge?« wie für die allgemeine »Was *ist* Mathematik?« (vgl. Seiten 102 u. 14). In der Philosophie werden solche Fragen aber gestellt. Wieder bietet sich jedoch dem philosophierenden Mathematiker eine vorsichtige Bestimmung Wittgensteins an, der in seinen »Bemerkun-

gen über die Grundlagen der Mathematik« notierte:
»Wer über das *Wesen* spricht, konstatiert bloß eine *Übereinkunft*. Und da möchte man doch entgegnen: ›Es gibt nichts Verschiedeneres als ein Satz über die Tiefe des Wesens und einer über die bloße Übereinkunft.‹ Wie aber, wenn ich antworte: Der *Tiefe* des Wesens entspricht das tiefe *Bedürfnis* nach Übereinkunft.«
Dieses »Bedürfnis nach Übereinkunft« ist ein bedeutsamer soziologischer Aspekt jeder wissenschaftlichen Tätigkeit. Wissenschaft ohne Gespräch und ohne gemeinsam erarbeitete Übereinkunft ist ja nicht möglich. Gerade in unserer Zeit wird dieses »philosophische« Bedürfnis sehr stark empfunden: Denn leider besteht nicht mehr bloß die Gefahr, daß der Autoverkäufer und die Sekretärin den Mathematiker nicht verstehen, sondern, daß innerhalb der Mathematik der axiomatizistisch gesinnte Mengentheoretiker seinen Fachkollegen nicht mehr versteht, der sich mit konstruktiver Analysis beschäftigt. Wir sollten uns aber in diesem Zusammenhang einfach die ganz natürliche Neugier zunutze machen, die Neugier, die uns bewegt, das zu erfahren, was denn »der andere« macht. Und um wenigstens einen ungefähren Eindruck davon zu bekommen, wie ein Mathematiker Mengenlehre oder Gruppentheorie betreibt, brauchen wir keineswegs Fachleute auf dieser sehr schwierigen Disziplin zu sein. Dies zu zeigen, ist ja gerade der Sinn dieses Buches.
Doch zurück zum philosophierenden Mathematiker: Wir haben gesehen, daß er bereits philosophisches Gelände betreten muß, wenn er nach den Grundlagen seiner Wissenschaft fragt. Das »Hausrecht« in diesem mathematischen Grenzland wird ihm deshalb kein Philosoph bestreiten wollen. Aber der Mathematiker wird gut beraten sein, wenn er hier mit Wittgenstein Wesensbestimmungen als (zweckmäßige) Übereinkünfte betrachtet. Denn »es werden Probleme gelöst (Schwierigkeiten beseitigt), nicht *ein* Problem. Es gibt nicht *eine* Methode der Philosophie, wohl aber gibt es Methoden, gleichsam verschiedene Therapien.« Ganz ähnlich wie Wittgenstein hat es sein Philosophenkollege John Wisdom ausgedrückt: »Eine philosophische Antwort ist im Grunde eine *sprachliche Empfehlung*.«
Nun wirkten aber und wirken auch immer noch Mathematiker, die über diese philosophische Zone hinaus philosophieren. Ohne Zweifel ist das ihr gutes Recht. Es kommt dann allerdings bisweilen vor, daß sie »hinausphilosophieren«. Das war etwa der Fall, als Georg Cantor meinte, die mathematische Mengenlehre gehöre »durchaus zur Metaphysik«. Wie bitter sich diese vermeintliche Universalität seiner Theorie gerächt hat, haben wir ausführlich behandelt (s. Seite 155 f.). Dem Mathematiker kann die Cantorsche Mengenlehre als wirkungsvolles Beispiel einer *unzulässigen Verallgemeinerung* dienen, einer schlechten »sprachlichen Empfehlung«.
Da gibt es natürlich weit naivere Beispiele für den Fall, daß philosophierende Mathematiker übers Ziel hinausschießen. Rückwirkungen auf mathematische Theorien hat das zwar meistens nicht zur Folge, aber das Unheil wird dann außerhalb der Mathematik gestiftet. Fachphilosophen müssen da oft die Stirn in bedenkliche Falten legen. Umgekehrt sieht es übrigens nicht viel anders aus: Ein Satz wie »Reine Mathematik ist Religion«, den ein Dichter und Philosoph der Romantik geprägt hat, hat genauso wenig mit Mathematik zu tun wie folgende Argumentation eines Mathematikers: »Das Wesen, dem der Fromme das Merkmal der Vollkommenheit in jeder Beziehung zuordnet, nennt er

Gott. Es besteht kein Grund dagegen, daß der Mathematiker als der Träger der vollkommenen mathematischen Geistigkeit denselben Gott anerkennt.« Es besteht aber auch kein mathematischer Grund *dafür,* daß er diesem Ratschlag folgt. Natürlich *kann* der Mathematiker Gott »anerkennen«, kann an ihn *glauben.* Aber das hat mit Mathematik nichts mehr zu tun.

Selbstverständlich gilt das in gleicher Weise für die gegenteilige Behauptung, wie sie etwa ein Philosoph aufgestellt hat, der sich viel mit mathematischen Problemen beschäftigt. Er meint nämlich, daß »der Atheismus die notwendige und selbstverständliche Form menschlicher Intelligenz« sei. Auch das ist wieder ein Glaubensbekenntnis, bestenfalls ein unbeweisbares Postulat. Ob man es annehmen will oder nicht, das »hängt davon ab, was für ein Mensch man ist«, um mit Fichte zu sprechen, oder ob man dieser »sprachlichen Empfehlung« folgen will, um nochmals Wisdom zu zitieren. Keine Argumentation aus dem Gebiet der reinen und angewandten Mathematik kann uns hier leiten oder gar zwingen. Unter den Mathematikern gibt es Juden und Hindus, Christen und Atheisten usw. Es kann weder Aufgabe der Mathematik sein, die »letzten Fragen« eines religiösen Menschen als »Scheinprobleme« abzutun, noch vermag sie ihn zu einer »göttlichen Exaktheit« hinzuführen . . .

Ein redlicher Weg ist hier wohl die *Abgrenzung der Landschaften,* die wir bei einigen Nachbargebieten der Mathematik angedeutet, »empfohlen« haben. Hier können wir vor allem die Lage der konstruktiven Mathematik klar angeben: *Das mathematische Tun als eine sinnvolle Aktivität des Menschen ist grundsätzlich verschieden von seinem philosophischen und religiösen Streben.* Das ist natürlich nur eine sehr grobe Abgrenzung. Aber sie kann zunächst einmal mithelfen, zahlreiche Mißverständnisse zu beseitigen: Die moderne Mathematik der »Bourbakisten« und Konstruktivisten hat nämlich mit der Mathematik Platons und Keplers nur noch weniges gemein: Es geht hier nicht mehr, auch nicht irgendwo am Rande, um die »Unsterblichkeit der Seele« oder die »Harmonice mundi«. Es geht um Widerspruchsfreiheit oder Berechenbarkeit: um »Metamathematik« im weiteren Sinne. In diesen Problemzonen werden heute die Fragen der Philosophie des Mathematikers formuliert und Lösungsvorschläge gemacht.

12.2 »Den Weltlauf verstehen, nicht nur berechnen«

Die Philosophie jenseits von Logik und Mathematik

Nur wenig anders verhält es sich, wenn wir statt der mathematischen die Beziehungen der *formalen Logik* zur Philosophie betrachten. Sie war zunächst (bei Boole, Frege, Russell und Whitehead) einfach Hilfsmittel, um über mathematische Grundlagenprobleme präzise zu sprechen. Heute repräsentieren dagegen verschiedenartig gebildete Logiken ein weites, selbständiges Feld in der mathematischen Landschaft. In unsere Betrachtungen haben wir nur die klassische und effektive (intuitionistische) Aussagenlogik aufgenommen: Sie gibt einen guten Einblick in das, was der Logiker tut, welche Beziehungen zu anderen Gebieten der Mathematik (Algebra, Schaltschemata von Computern) sich ergeben.

Nun gibt es noch eine ganze Reihe weiterer bedeutsamer Logiken, von denen nur die »Prädikatenlogik«, die »Relationenlogik« und »Modallogik« erwähnt sein sollen. In der *Prädikatenlogik* erscheinen einfache Ausdrücke wie »Alle x sind y« oder »Es gibt ein x, das y ist«. Diese Logik wird in der mathematischen Grundlagenforschung dazu benützt, die Arithmetik vollständig zu formulieren. Hier stößt der Mathematiker wiederum auf zahlreiche Schwierigkeiten, deren Diskussion sich im Rahmen unserer Betrachtung nicht lohnt. Vor allem für die *»analytische Philosophie«* ist die formale Logik ein wichtiges Instrument geworden, um verschiedenartige Sprachmodelle zu sezieren. Sogar Probleme der Metaphysik und Theologie lassen sich mit diesem Werkzeug präzisieren. Es ist aber wichtig, darauf hinzuweisen, daß die Kalküle, die von den Logikern bereitgestellt werden, ausschließlich als *Arbeitsgerät* benützt werden: *Die Fragen, die das Werkzeug betreffen, müssen daher in jedem Fall gesondert von den Fragen behandelt werden, auf die das Werkzeug angesetzt wird.* Eine Verquickung der Bereiche kann oft zu großen Schwierigkeiten der Verständigung führen. Auch in den altehrwürdigen »Dialogen« des Philosophen Platon wird die Grundregel der Problemtrennung leider nicht immer befolgt. So verirrte sich der antike Denker weit über die logischen Bezirke hinaus, als er die Allgemeingültigkeit der prädikatenlogischen Verknüpfung »Wenn alle x y sind, dann sind auch alle y x« zu widerlegen suchte. Wem nicht auf Anhieb einleuchtet, daß dieses Schema keineswegs allgemeingültig ist, der kann zur Probe die Variable x durch »Elefant« und y durch »Tier« ersetzen. Dann entsteht die falsche Aussage »Wenn alle Elefanten Tiere sind, dann sind alle Tiere Elefanten«. Der entsprechende Gedankengang im Platonischen Dialog »Protagoras« sieht so aus:

»Gefragt von dir, ob die Tapferen kühn seien, habe ich das zugegeben. Ob aber auch die Kühnen tapfer sind, danach wurde ich nicht gefragt, und wenn du mir vorhin diese Frage vorgelegt hättest, so würde ich erwidert haben: Nicht alle. Daß aber die Tapferen kühn seien, dieses mein Zugeständnis hast du nicht im mindesten widerlegt. Ferner tust du dar, daß die Einsichtigen kühner sind, als daß sie es selbst noch nicht waren und als andere Unkundige, und meinst, danach treffe die Weisheit mit der Tapferkeit in eins zusammen. Wenn du auf diese Weise weiter schließen wolltest, könntest du am Ende auch glauben, die Körperstärke sei Weisheit. Denn wenn du zunächst, in dieser Art weiter vorgehend, mich fragtest, ob die Starken auch etwas auszurichten vermöchten, so würde ich es bejahen, und wenn dann weiter, ob die des Ringens Kundigen mehr darin auszurichten vermögen als die dessen Unkundigen, und, nachdem sie es gelernt, selber mehr, als bevor dies der Fall war, so würde ich auch das zugestehen. Und wenn ich dann dies getan, so könntest du mit eben demselben Schlußverfahren dartun, daß meinem Zugeständnis zufolge die Weisheit auch körperliche Stärke sei. Ich gebe aber auch hier keineswegs zu, daß die, welche körperlich etwas auszurichten vermögen, alle stark von Körper sind, wohl aber, daß die, welche stark sind, alle etwas auszurichten vermögen. Denn die Fähigkeit und die Stärke halte ich nicht für dasselbe; sondern jene entspringt nach meiner Meinung auch aus Kenntnis und Geschick oder auch aus Raserei oder irgendeinem Affekte. Die Stärke dagegen ist teils Naturgabe, teils verdankt man sie der richtigen Ausbildung und Behandlung des Körpers. Und ebenso gebe ich auch in unserem Falle nicht zu, daß Kühnheit und Tapferkeit eins und dasselbe seien, so daß zwar wirklich alle Tapferen auch kühn sind, aber nicht alle Kühnen auch tapfer; sondern Kühnheit entspringt im Menschen auch aus Übung, so wie die Fähigkeit, körperlich etwas auszurichten, Tapferkeit aber aus natürlicher Anlage und richtiger Pflege und Ausbildung des Geistes.«

Soweit Platon, dessen »Dialektik« logische und inhaltliche Überlegungen nicht trennte. Wenn Platon seine Methoden anhand von Beispielen erläuterte, die oft gar nicht exemplarisch waren, lieferte er Teilansichten, keine allgemeinen Prinzipien. Das wäre kein Vorwurf, wenn er sich klar und eindeutig über die *methodischen Grenzen* seiner Betrachtung ausgelassen hätte. Erst dann wäre ja der effektive Anwendungsbereich für die entwickelten Regeln bestimmt worden. Solche Hinweise fehlen jedoch in seinen Schriften. Auf diese Weise löste Platon einige Verquickungen von logisch-mathematischen Problemen mit Überlegungen aus anderen Wissensgebieten aus.

Mancher Philosoph ist in dieser Hinsicht in Platons Fußstapfen getreten. Von Spinoza war ja bereits die Rede, der die philosophische Disziplin *Ethik* »more geometrico« behandeln wollte (s. Seite 34). Wieder einmal war es Henri Poincaré, der zu Beginn unseres Jahrhunderts eindeutig feststellte: »Es führt kein Weg von dem, was *ist,* zu dem, was *sein soll.*« Weder der Mathematiker noch der Physiker oder Chemiker kann uns daher verbindlich sagen, wie man sich verhalten muß. Die exakte Wissenschaft kann der Ethik über das »Sein-sollende« keine Auskunft geben, auch wenn zahlreiche Popularphilosophien immer wieder das Gegenteil behaupten. Damit ist nicht gesagt, daß der Wissenschaftler als Mensch nicht eine große Verantwortung auf sich nimmt, wenn er heute in der exakten Forschung tätig ist. Max Born argumentiert etwa so:

»Der Verstand unterscheidet zwischen möglich und unmöglich. Die Vernunft unterscheidet zwischen sinnvoll und sinnlos. Auch das Mögliche kann sinnlos sein. Es ist z.B. heute möglich, alles Leben auf der Erde in kurzer Zeit zu vernichten. *Also* ist es nicht nur Aufgabe des Verstandes, Grenzen zu erkennen, sondern auch der Vernunft!«

Dieses Bornsche »also« zeigt aber keinen logischen Schluß an, sondern weist bereits *fordernd* auf das hin, was sein soll. Die Argumentation Borns ist ethisch, nicht logisch. Das Wörtchen »also« steht hier gleichbedeutend mit »daher«, »deshalb«, »darum« usw.

Die Verquickung der geistigen Zonen wird auch dann sichtbar, wenn ein bedeutender Vertreter der theoretischen Physik heute von »einer weiten Landschaft« träumt, »die wissenschaftlich fast nicht betreten ist«, und bedauernd meint, »es gibt Andeutungen dafür, daß in früheren Zeiten gelegentlich Blicke in diese Landschaft geworfen wurden (Pythagoras, Plato?), die später wieder vergessen wurden und unter dem Impuls der modernen Wissenschaft ganz untergingen«. Es scheint uns, daß hier ein Physiker eine schlechte »sprachliche Empfehlung« gibt, um nochmals mit John Wisdom zu sprechen: Es ist heute bereits wieder die Tendenz spürbar, daß alles, was bei Pythagoras, Platon, Kepler, Newton usw. dunkel und vage angedeutet ist, nun kultiviert und bestaunt werden soll. Das verständlicherweise oft unklare Beiwerk der jeweiligen Epoche, das von späteren Generationen gerodet und gelichtet wurde, soll nun plötzlich wieder neu gezüchtet werden. Hier sollte jeder spekulierende Vertreter der exakten Wissenschaft auf seinen Kollegen Paul Bernays hören:

»Die altgriechische Bemerkung, daß die philosophische Betrachtung vielfach von dem *philosophischen Stau-*

nen ausgeht, verführt heute viele Philosophen zu der Ansicht, daß schon die Kultivierung des Staunens eine philosophische Leistung bedeute. Es ist sicherlich methodisch bedenklich, wenn angehende Philosophen gewissermaßen im Staunen trainiert werden. Das Staunen hat ja nur da eine heuristische Fruchtbarkeit, wo es *Ausdruck eines Instinkts der Forschung* ist. *Natürlich kann von keiner Philosophie verlangt werden, daß sie alles Erstaunliche begreiflich macht.*«

Insbesondere sollte das für eine Philosophie der Mathematik, für eine Philosophie der exakten Naturwissenschaften gelten. Hier können gewiß ganz erstaunliche Dinge faßbar und präzisiert werden. Das Geheimnis wird aber immer nur exakter gemacht, nicht »gelöst«, nicht zerstört. Natürlich bleiben damit gewisse »letzte Fragen« unbeantwortet. Aber wir können dort erhellen, wo andere verdunkeln, wir können dort präzisieren, wo andere Nebel wallen lassen. Sicher werden dann auch viele Mathematiker, von mehr oder weniger starkem Drang nach Metaphysik beseelt, immer wieder versuchen, über ihre mathematische Landschaft mit ihrer philosophischen Randzone hinauszusehen. Aber die letzte Erhellung dieser Zonen wird er seinen Kollegen von der »reinen« Philosophie, ja von der Theologie überlassen. Freges Lehrer, Hermann Lotze, hat hier ein schönes Bild gezeichnet: Die Philosophie »möge sich immer wieder einmal erheben, zu dem Versuch, *den Weltlauf zu verstehen und nicht nur zu berechnen*«. Je mehr man sich nämlich mit der faszinierenden Wissenschaft Mathematik beschäftigt, um so klarer wird einem die Erkenntnis, daß es sehr wesentliche Probleme für den Menschen gibt, die nicht »more geometrico« behandelt werden können. Es geht zwar sehr vieles, aber eben doch nicht alles »mathematisch zu in der ganzen weiten Welt«, trotz Kybernetik und Spieltheorie, trotz Elementarteilchen-Theorie und Molekularbiologie. Heinrich Scholz, Mathematiker, Logiker und evangelischer Theologe, hat Lotzes Bild um einige Striche ausgezeichnet:

»Es ist gut, daß immer wieder einmal gesagt wird, daß auch die profundeste Erhellung der Welt bei weitem nicht das Letzte ist, was einen ernst zu nehmenden Menschen immer wieder einmal muß bewegen dürfen.

Es ist gut, daß immer wieder einmal gesagt wird, *daß wir das Letzte den Landsknechten ausliefern, wenn wir mit den Saturierten alles für sinnlos erklären, womit wir nicht fertig werden können.*«

Die Verbindlichkeitsansprüche der Mathematiker reichen eben nicht in alle Zonen menschlichen Denkens und Handelns hinein. Genausowenig wie wir die Reize der mathematischen Tätigkeit an denen eines gelungenen Tanzabends messen können, lassen sich gewisse Werke der Theologie und Philosophie mit irgendeiner mathematischen Elle messen. Wer auf diese Weise attackieren oder abwerten möchte, hat nicht verstanden, wo die Mathematik ihren Platz hat. Die Worte des englischen Philosophen David Hume, im 18. Jahrhundert ausgesprochen, haben in unserer Zeit einen gefährlichen, ja makabren Klang bekommen: »Enthält das Buch irgendeinen abstrakten Gedankengang über Größe und Zahl? Nein. Enthält es irgendeinen auf Erfahrung gestützten Gedankengang über Tatsache und Dasein? Nein. Nun, so werft es ins Feuer, denn es kann nichts als Blendwerk und Täuschung enthalten.« Wir wissen heute aus Erfahrung, daß so etwas nicht nur geschrieben, sondern auch *getan* werden kann ...

Lösung der Denkaufgaben:

Lösung der Lügner-Aufgaben:

»Hätten Sie auch schon vor ein paar Minuten gesagt, daß dieser Weg nach W-Dorf führt?«
So etwa kann die einfachste Frage lauten, die uns eine eindeutige Antwort liefert: Es kommt ja darauf an, daß es ganz gleichgültig ist, ob das »Ja« oder das »Nein«, das wir erwarten, vom Wahrheitssager oder vom Lügner gesagt wird. In diesem Fall sieht das so aus:
Ein wahrheitsliebender Bewohner von W-Dorf wird diese Frage ohne Umschweife bejahen können, wenn es der richtige Weg ist. Antwortet er dagegen mit einem »Nein«, müssen wir den anderen Weg gehen.
Der F-Dorfer Lügner wird nun aber mit »ja« antworten, wenn er vor ein paar Minuten das Gegenteil behauptet hätte: Diese zweifache Lüge (doppelte Verneinung) bringt es jedoch mit sich, daß er dieses Mal die Wahrheit sagt (vgl. Seite 74). Antwortet er jedoch »nein«, hätte er vor ein paar Minuten die Frage bejaht, was den falschen Weg bedeutet hätte. Wir müssen also in diesem Fall den anderen Weg einschlagen. Ganz gleich, ob uns der Wahrheitssager oder der Lügner die Frage bejaht oder verneint: Der richtige Weg ist gefunden.
»Würde ein Bewohner Ihres Nachbardorfes die Frage verneinen, daß dieser Weg nach W-Dorf führt?«
Auch das wäre eine Möglichkeit, den Weg zu erfragen. Wieder ist es völlig gleichgültig, ob der Befragte wahr oder falsch antwortet. Treffen wir auf einen ehrlichen W-Dorfer, wird er diese Frage nämlich genau dann bejahen, wenn es tatsächlich der richtige Weg ist: Er weiß ja, daß sein F-Dorfer Nachbar diese Frage dann mit einem lügnerischen »Nein« beantworten würde. Verneint der W-Dorfer dagegen unsere Frage, müssen wir den anderen Weg gehen: Ein Bewohner von F-Dorf würde in diesem Fall bekanntlich sein »Ja« lügen.
Aber auch der Lügner aus F-Dorf muß in diesem Fall Farbe bekennen, wenn er gefragt wird: Sagt er »ja«, hätte der W-Dorfer nicht verneint, also auch »ja« gesagt. Damit wäre der erfragte Weg richtig. Antwortet er dagegen sein »Lügen-Nein«, hätte auch der W-Dorfer Nachbar die Frage verneint. Der andere Weg ist dann der richtige.

Lösung der Raucher-Aufgabe:

Die Menge M aller Raucher im Zug setzt sich aus drei Mengen zusammen: der Menge der Zigarettenraucher (M_1), der Menge der Zigarrenraucher (M_2) und der Menge der Pfeifenraucher (M_3). M_1 besitzt acht Elemente, M_2 sechs und M_3 vier. Da die Mengen M_1, M_2 und M_3 aber verschiedene Durchschnitte bilden, besitzt M nicht einfach 18 Elemente: Drei Männer (»Elemente«) gehören bekanntlich sowohl zu M_1 als auch zu M_2 und sind daher doppelt gezählt worden. Das gleiche gilt auch für die beiden Männer, die zu M_2 und M_3 gehören. Doppelt Gezähltes muß daher abgezogen werden: $18 - 3 - 2 = 13$. Ein weiterer Mann raucht nun aber noch Zigaretten, Zigarren und Pfeife: Als Element gehört er deshalb zum Durchschnitt von M_1 und M_2 und M_3. Was hat also mit ihm rechnerisch zu geschehen? Nichts mehr: Er ist bereits im Ergebnis enthalten! Er wurde nämlich in M_1, M_2, M_3 dreimal mitgezählt: einmal als Zigarettenraucher, einmal als Zigarrenraucher, einmal als Pfeifenraucher. Zweimal wurde er dann abgezogen: einmal als Zigaretten- und Zigarrenraucher, ein weiteres Mal als Zigarren- und Pfeifenraucher. Damit ist er jedoch genau einmal mitgezählt worden. Am deutlichsten erkennen wir diese ungeahnt »verzwickte« Situation in unserer Abbildung.

Einführung der mathematischen und logischen Zeichen

Die Zahlen weisen auf Seiten hin; Zahlen mit * beziehen sich auf Abbildungen der entsprechenden Seiten.

Register

Alle Zahlen beziehen sich auf Seiten; Zahlen mit * geben Hinweis auf Bildunterschriften der entsprechenden Seiten.

Knaur-Taschenbücher
Vollständige
Textausgaben

217 · ·	Morris L. West	Der Botschafter. *Roman*
218 · · ·	Mary McCarthy	Die Clique. *Roman*
219 · · ·	J. K. Galbraith	Die moderne Industriegesellschaft
221 · · ·	Robert Crichton	Das Geheimnis von Santa Vittoria *Roman*
222 · ·	Oliver Hassencamp	Ich liebe mich. *Roman*
223 · ·	Peter Bamm	Alexander oder Die Verwandlung der Welt
224 · ·	Desmond Morris	Der nackte Affe
225 · · ·	Mary McCarthy	Der Zauberkreis. *Roman*
226	Irving Stone	Das Leben gehört den Liebenden *Roman.* DM 7,80
227 : :	Rudolf Pörtner	Das Römerreich der Deutschen *Mit 72 Abbildungen*
229 · ·	Morris L. West	Der zweite Sieg. *Roman*
230 ·	Tere Ríos	Der fünfzehnte Pelikan *Mit 13 Illustrationen*
231 ·	D. Frost/A. Jay	»Für England – herzlichst«
232 · ·	Paul Frischauer	Moral und Unmoral der deutschen Frau *Mit 78 Abbildungen*
233 : · :	Andreas Feininger	Die neue Foto-Lehre *Mit 26 Abbildungen, davon 8 farbig*
234 · ·	Johannes M. Simmel	Gott schützt die Liebenden. *Roman*
235	James Clavell	Tai-Pan. Der Roman Hongkongs DM 7,80
236 · · ·	Roloff Beny	Wiege unserer Welt *Mit 61 Abbildungen*
237 : :	Peter F. Drucker	Die Praxis des Management
238 · · ·	Jacqueline Susann	Das Tal der Puppen. *Roman*
239 : :	John O'Hara	Die Lockwoods. Roman einer Familie
240 · · ·	Westerman/Schumann	Knaurs Konzertführer *Mit 370 Notenbeispielen*
241 : :	Ernst Samhaber	Knaurs Geschichte der Entdeckungsreisen. Die großen Fahrten ins Unbekannte. *Mit 172 Abbildungen*
242 · · ·	Gaby von Schönthan	Madame Casanova. *Roman*
243 : :	Edwin O'Connor	Es hatte ein Mann drei Söhne. *Roman*
244 · · ·	Jürgen Thorwald	Die Traum-Oase
245 ·	John K. Galbraith	Die McLandress-Dimension *Mit 32 Illustrationen*

·	Einfachband	DM 2,80
· ·	Zweifachband	DM 3,80
· · ·	Dreifachband	DM 4,80
: :	Vierfachband	DM 5,80
:·:	Fünffachband	DM 6,80

Knaur-Taschenbücher
Vollständige
Textausgaben

246 · · ·	Morris L. West	Der Turm von Babel. *Roman*
247 · · ·	Jan de Hartog	Kapitän Harinx. *Roman*
248 · ·	Peter F. Drucker	Die ideale Führungskraft
249 · · ·	Hans Wilh. Vahlefeld	100 Millionen Außenseiter *Mit 14 Abbildungen*
250 ·	C. Northcote Parkinson	Mrs. Parkinsons Gesetz
251 : :	Elia Kazan	Das Arrangement. *Roman*
252 ·	Gilbert K. Chesterton	Der Mann der Donnerstag war. *Roman*
253 · ·	Erich von Däniken	Erinnerungen an die Zukunft *Mit 26 Abbildungen*
254 · ·	Klaus Harpprecht	Willy Brandt. *Porträt und Selbstporträt*
255	Walter R. Fuchs	Knaurs Buch der modernen Physik *Mit 300 meist farbigen Abbildungen* DM 7,80
256 · · ·	Frank Hercules	Ich will eine schwarze Puppe. *Roman*
257 · ·	Gerhard Zwerenz	Erbarmen mit den Männern. *Roman*
258 · · ·	Helen MacInnes	Das Spiegelbild. *Roman*
259 · ·	Henry Jaeger	Der Club. *Roman*
260 : :	Verner Arpe	Knaurs Schauspielführer
261 :·:	Masters/Houston	Psychedelische Kunst. *Mit 140 teils farbigen Abbildungen*
262 : :	Johannes Mario Simmel	Alle Menschen werden Brüder. *Roman*
263 · · ·	John O'Hara	Lunch am Samstag. *Stories*
264 · ·	Fritz Zwicky	Entdecken, Erfinden, Forschen *Mit 34 Abbildungen und Diagrammen*
265 : :	Peter Bamm	Alexander der Große. Ein königliches Leben. *Mit 250 Abbildungen*
266 · · ·	William Styron	Die Bekenntnisse des Nat Turner *Roman*
267	Walter R. Fuchs	Knaurs Buch der modernen Mathematik *Mit 200 meist farbigen Abbildungen* DM 7,80
268 : :	Peter F. Drucker	Die Zukunft bewältigen. *Aufgaben und Chancen im Zeitalter der Ungewißheit*
269 : :	Charlotte Bühler	Psychologie im Leben unserer Zeit *Mit ca. 120 Abbildungen*

·	Einfachband	DM 2,80
· ·	Zweifachband	DM 3,80
· · ·	Dreifachband	DM 4,80
: :	Vierfachband	DM 5,80
:·:	Fünffachband	DM 6,80